U0382630

科学出版社"十三五"普通高等教育本科规划教材

特种动物疾病学

刘建柱　主编

科学出版社

北　京

内 容 简 介

　　本书共分八章。第一章主要介绍特种动物养殖的理论基础，第二章主要介绍了特种动物养殖场的兽医卫生及疫病防控基础，第三章到第八章分别介绍了特种动物的传染病、寄生虫病、普通病等的种类、症状及防治等内容。

　　本书不仅可供高等农业院校动物医学、动物科学及经济动物养殖等相关专业教学使用，还可供广大特种动物养殖从业者及相关技术人员参考。

图书在版编目（CIP）数据

特种动物疾病学 / 刘建柱主编 . —北京：科学出版社，2020.12
科学出版社"十三五"普通高等教育本科规划教材
ISBN 978-7-03-066955-1

Ⅰ．①特…　Ⅱ．①刘…　Ⅲ．①经济动物－动物疾病－防治－高等学校
Ⅳ．① S858.9

中国版本图书馆 CIP 数据核字（2020）第 227267 号

责任编辑：周万灏 / 责任校对：严　娜
责任印制：师艳茹 / 封面设计：蓝正设计

科 学 出 版 社 出版
北京东黄城根北街16号
邮政编码：100717
http://www.sciencep.com

北京市密东印刷有限公司 印刷
科学出版社发行　各地新华书店经销

*

2020年12月第　一　版　开本：787×1092　1/16
2021年 2 月第二次印刷　印张：18 1/4
字数：460 000

定价：59.80元
（如有印装质量问题，我社负责调换）

《特种动物疾病学》编写人员名单

主　编　刘建柱
副主编　熊家军　马泽芳　韩春杨　付志新　朱洪伟　刘永夏
编　者　（按单位名称笔画排序）

山东中农普宁药业有限公司　王金纪
山东农业大学　刘建柱　刘永夏
山东德信生物科技有限公司　李克鑫
山西农业大学　牛瑞燕
云南农业大学　曲伟杰
甘肃农业大学　胡俊杰
东北农业大学　白秀娟
东北林业大学　曾祥伟
北京农学院　姚华
吉林农业科技学院　刘倩宏
华中农业大学　熊家军　王德海
齐鲁动物保健品有限公司　刘长浩
安徽农业大学　韩春杨
沈阳农业大学　李林　董婧
青岛农业大学　马泽芳　崔凯
金陵科技学院　杜改梅
河北工程大学　宋金祥
河北农业大学　刘明超
河北科技师范学院　付志新
河南科技大学　周变华　王宏伟
贵州大学　程振涛
塔里木大学　王永
黑龙江八一农垦大学　原冬伟
皖西学院　蒋平
鲁东大学　朱洪伟

主　审

四川农业大学　胡延春
西北农林科技大学　董强
山东农业大学　王振勇
山西农业大学　梁占学

前　言

　　随着社会的发展和人们对物质生活追求的不断进步，多元化的经济随之产生，特种动物的饲养逐渐兴起，形成一个独具特色、充满活力的新兴产业，已逐步成为农村经济一个十分活跃的新增长点。特种动物养殖的快速发展加快了动物生产、加工业的进步，规模化、集约化带来的问题渐趋严重，对特种动物饲养和疫病防治的人才需求激增，同时也对相关人才的培养提出了更新、更高的要求。为了满足特种动物养殖行业对人才的需要，许多高等农业院校相继将特种动物饲养和疾病防治作为教学改革和专业结构调整的重要内容而纳入本、专科教学中，并开设了特种动物饲养和疾病防治的相关课程。

　　特种动物的种类很多，每种动物又有其独特的生物学特性，随之可能发生的疾病差异很大，导致的临床诊疗难度可想而知。目前，我国对于特种动物疾病学的教材建设相对比较落后，最早从事特种动物疾病学教材编写工作的是南京农业大学的张振兴教授。相关教材编写的发展为：1994年10月，张振兴教授在中国农业出版社主编出版了全国高等农业院校教材《经济动物疾病学》；2009年5月，山东农业大学的王振勇副教授和刘建柱教授在中国农业出版社主编出版了农林院校合编教材《特种经济动物疾病学》；2013年1月，吉林农业大学王全凯教授在中国农业出版社主编出版了高等农林院校"十二五"规划教材《经济动物疾病学》；2014年8月，山东农业大学刘建柱教授和青岛农业大学马泽芳教授共同在中国农业大学出版社主编出版了高等农林院校"十二五"规划教材《特种经济动物疾病防治学》等4本教材。现在我们组织了22所高校和三家企业的30名从事特种动物疾病学课程教学的专家、教授编写了科学出版社"十三五"普通高等教育本科规划教材《特种动物疾病学》。

　　本教材紧密结合我国的特种动物养殖业的发展现状和当前我国高等农业院校特种动物疾病防治的教学实践，编写时力求做到深入浅出，突出特种动物疾病防治的新技术、新成果、新理论，重点阐述特种动物疾病防治的实用技术和知识，强调教材的系统性、科学性、理论性和应用性。

　　本书为国内本行业第一本"校企合编"教材，本教材在全体编写人员的共同努力下，经过3年多的筹备和编写，终得完成。在编写过程中，得到了山东农业大学教务处、山东农业大学动物科技学院领导及同事的关心和支持，同时也得到了其他编者所在单位的大力支持；特别要提出，在本书的筹备和编写过程中，科学出版社的丛楠编辑提出了很多建设性的意见和建议；同时，书中引用了一些专家、学者的研究成果和相关资料，在此一并表示衷心感谢！

　　尽管我们在本教材的编写过程中付出了艰辛的努力，参阅了大量的文献资料，但限于编者的业务水平、教学经验和掌握的资料不足，书中内容定有许多疏漏和不足之处，诚恳希望广大师生和读者指正，以便我们今后进一步修订和完善。

编　者

2020年8月

目　　录

绪　　论

　　特种动物，是区别于传统的畜禽养殖业而言的，指除家畜、家禽和鱼以外的其他有较大经济价值且被人工不同程度驯养，能进行人工养殖的特种野生动物。它们尚未达到"家畜化"即完全驯化，仍然保留有一定的"野性"，是动物养殖业的重要组成部分。

　　特种动物的种类多且分布范围广，为了便于生产管理和科学研究，人们习惯于将特种动物按不同的分类原则进行分类。

　　1.　按照特种动物的经济用途分类

　　（1）毛皮动物：以生产毛皮为主要产品而饲养的动物，如水貂、貉、狐、海狸鼠、水獭、艾虎、獭兔等。

　　（2）药用动物：身体的全部或局部器官有较高药用价值的一类动物，如鹿、麝、熊、毒蛇、蜈蚣、蝎子、蟾蜍、海马、蚯蚓和土鳖等。

　　（3）食用动物：肉用和蛋用价值较高的一类动物，如肉兔、肉犬、肉鸽、雉鸡、鹌鹑、鹧鸪、鸵鸟、番鸭、野鸭、甲鱼、黄鳝、泥鳅、牛蛙、蜗牛等。

　　（4）观赏伴侣：观赏价值较高、适合作为家庭伴侣（宠物）的一类动物，如宠物犬、宠物猫、观赏鸟、观赏兔、观赏鱼、观赏龟和蜥蜴等。

　　（5）饲料类动物：活体和其加工品可作为动物性蛋白质饲料的一类动物，如黄粉虫、蝇蛆、蚯蚓、蚕蛹和蜗牛等。

　　（6）实验动物：通过人工饲养和繁育，对其携带的微生物进行控制，并且遗传背景明确或来源清楚的，用于科研、教学、生产及其他科学实验的动物，如大鼠、小鼠、豚鼠、兔、青蛙、蟾蜍、比格犬、恒河猴等。

　　（7）特殊用途动物：经过驯化繁育后满足人类特殊领域（如狩猎、工业和军事等）需要的动物，如狩猎犬、导盲犬、军警犬、猎鹰、白蜡虫、蚕等。

　　这种分类方法的优点是动物的用途显而易见，缺点是如果同一动物有多种用途，则可同时归属于不同的类。例如，犬有肉用、实验用、药用、皮用、观赏和特殊用途等；鹿有药用、肉用、皮用和观赏等用途；蚯蚓既可药用，又可作饲料用。

　　2.　按照动物的自然属性分类

　　（1）特种兽类动物：药用价值、毛皮价值和肉用价值等很高的哺乳动物，如鹿、水貂、貉、狐、麝鼠等。

　　（2）特种禽类动物：具有较高经济价值的鸟类动物，如鹌鹑、雉鸡、乌骨鸡、鹦鹉、鹧鸪等。

　　（3）特种水产动物：经济价值较高的非传统养殖的水生动物，如金鱼、热带鱼等观赏鱼类及龟、鳖、黄鳝和泥鳅等。

　　（4）其他类动物：主要是环节动物、节肢动物和爬行动物等经济价值较高的一类动物，如蚯蚓、蝎子、蜜蜂等。

　　不论何种分法，不论哪类动物都是具有较高的经济价值，且能满足人类某些特殊需要，其中有些是毛皮动物，有些是药用动物，有些是实验动物，还有些是伴侣动物、观赏动物。

　　特种动物养殖业范围广、门类多，在世界很多国家的国民经济中占有相当地位，尤以北欧、东欧、北美等地区占的比重为高，被誉为第二畜牧业。特种动物饲养在我国有着悠久的历史，但直到 20 世纪 70 年代才开始迅速发展，尤其是 80 年代以后，特种动物养殖得到了突飞猛进的发展，养殖种类由少到多，养殖规模数量由小到大，养殖技术日益成熟。部分特种动物的养殖已经进入了集约化生产阶段，成为振兴地方经济的支柱产业。据统计，2015 年，我国貂、狐、貉、茸鹿等饲养总量有 1.4 亿只，兔有 5 亿只，珍禽有 2.6 亿羽，蜜蜂有 900 万群，蚕种有 1600 万张，分别占世界特种动物饲养总量的 64%、45%、72%、13% 和 82%。其中茸鹿约 120 万只（梅花鹿约占 90%），主要饲养在我国东北和西北地区，全国其他地区也有不同规模的饲养。目前，我国年出栏家兔 5 亿只，兔肉 66 万吨，分别占世界总产量的 45% 和 42%，主产区在四川、山东、江苏、河北、河南、重庆、福建、浙江、山西、内蒙古等 10 省（自治区、直辖市，占全国养殖的 90%）。雉鸡在全国养殖单位有 1000 多家，每年养殖近 3000 万只，主要分布在福建、上海、江苏、四川、湖北、湖南等省（直辖市），大型雉鸡养殖场年出栏近 500 万只。全国火鸡养殖量为 100 万只左右，养殖区域主要集中在山东、河北、河南、湖北、江苏、内蒙古、黑龙江、新疆等地。鹧鸪养殖量在 5000 万只左右，养殖区域主要集中在广东、福建、浙江、上海、江西等南方的省（直辖市）。野鸭养殖量超过 1000 万只，养殖区域主要集中在东北、江苏、安徽、江西、北京、上海、广州、成都等地，野鸭养殖已形成了一定规模，初步形成了繁殖、饲养、加工的产业链。乌骨鸡养殖规模已超过 1.8 亿只，主要集中在江西、北京、天津、上海、福建、山东、广东等省（直辖市）。我国 20 世纪 80 年代开始引进法国珍珠鸡，1988 年发展到 50 万只，目前不少地方尤其是广东等地饲养较多，约 300 万只；贵妃鸡属于观赏与肉用型珍禽，目前我国大约养殖 1200 万只，仅广东、香港、澳门年供应量就有 300 万只，当前全国均有养殖。肉鸽是一个新兴的特种禽类，我国目前肉鸽存栏量有 3000 万~3500 万对，上市肉鸽 4.5 亿~5 亿只，全国具有一定规模的养鸽场有 1200 多家，主要分布在山东、新疆、辽宁、河南、河北等地。鹌鹑的肉、蛋均营养丰富，饲料报酬高，是我国养殖量较大、经济效益较好的特种珍禽之一，其中肉用鹌鹑养殖主要集中在江苏、浙江、上海、广东等经济发达地区，年出栏量在 3 亿只以上；蛋鹑主产区集中在江西、山东、陕西、河南、湖北、河北等省，年养殖量在 5 亿只以上，产蛋量达 80 万吨。孔雀、大雁、鸵鸟等的养殖主要分布在湖北、广西、广东、吉林、福建、江苏等地，养殖规模相对较小，万只以上的养殖场约 20 家。此外，在我国已初具养殖规模的特种动物还有竹鼠、海狸鼠、麝香鼠、牛蛙、龟鳖、蝎子、蛇等，这些小规模饲养的特种动物也为我国现代化农业产业发展贡献了一份力量。

　　我国特种动物饲养虽然起步较晚，但发展速度快，并出现了集约化、规模化的发展趋势。随着特种动物本身及其产品流通渠道的增多，加之饲养管理粗放，疫病防疫观念淡薄，导致了我国特种动物疾病流行严重，发病率、死亡率居高不下，造成了巨大的经济损失。有资料表明，我国特种动物饲养业因疫病造成的经济损失每年达 20 亿元，严重影响了我国特种动物饲养业的健康发展。不仅如此，有些人兽共患性传染病还能威胁到人的健康。因此，认识和积极防治特种动物疾病就显得十分重要。

　　特种动物疾病学是兽医科学中一门新兴的边缘应用学科，它是依据特种动物生物学特性研究疾病发生、发展的特点和规律及其治疗、预防和消灭这些疾病方法的科学。它与兽医科学的其他学科有着广泛而又密切的联系和渗透，其中主要的有动物学、兽医病理学、兽医药理学、兽医微生物学与传染病学、寄生虫病学、兽医诊断学和家畜普通病学等。

　　诚然，我国特种动物饲养业起步较晚，特种动物疾病的研究和防治还相对滞后，与国际先进技术相比还有一定差距。但是近些年来也取得了一定的成就，我们已经研制了犬瘟热鸡胚细胞弱毒疫苗和绿猴肾传代细胞弱毒疫苗以及多价联苗、细小病毒性肠炎同源组织灭活疫苗、猫肾传代细胞灭活疫苗、弱毒疫苗以及与犬瘟热、肉毒梭菌一起组成的三联疫苗水貂阿留申病灭活疫苗、狐脑炎犬肾传代细胞弱毒疫苗、狐脑炎-犬瘟热弱毒二联疫苗以及狐犬瘟热、细小病毒性肠炎和脑炎三联疫苗等，并已广泛推广应用，取得了良好的预防效果，并建立了一整套无阿留申病貂场的管理措施。尽管如此，我们还要清醒地认识到特种动物疾病的防治工作任重而道远，依然要大力推广、提高、研究特种动物疾病的防治理论和具体措施，为我国特种动物养殖业的健康发展保驾护航。

（刘建柱）

第一章 特种动物养殖的理论基础

第一节 特种动物的资源与保护

一、动物资源

动物资源是指在目前的社会经济技术条件下，人类可以利用与可能利用的动物。在广义上是指生物圈中一切动物的总和。动物资源与人类的经济生活关系密切，不仅提供肉、蛋、乳、毛、皮和畜力，而且是发展食品、轻纺、医药等工业的重要原料，野生动物资源在维持生物圈的生态平衡中发挥重要作用。

我国是世界上野生动物资源种类最丰富的国家之一，特色种类很多。这主要源于我国地理环境复杂、气候变化多样的特点。我国地域辽阔，南北跨寒温带、温带、暖温带、亚热带、热带，以及西部高原的冻原带等多个温度带，东西呈现高原、山地、盆地、平原等多个地貌阶梯，兼之河流纵横、湖泊众多、植被类型多样、环境复杂，为形成和储备丰富的野生动物资源奠定了基础。我国是东亚动物区系、青藏高原 - 喜马拉雅动物区系、古北界动物区系及东洋界区系动物的汇集地，不仅有与东亚、东南亚、中亚、西伯利亚相近的动物类群，而且还具有与欧洲、美洲、非洲相类似的动物种类。同时，由于我国大部分地区未受到第三纪和第四纪大陆冰川的影响，加上独特的生态环境，使大量的特有野生动物物种得以保存。

二、特种动物资源

我国特种动物资源分布广泛且种类丰富，发展潜力巨大。据不完全统计，我国人工驯养的特种动物包括 52 个种、140 多个亚种、1200 多个品种（类型），常见的有 120 多种。我国政府十分重视特种动物资源的保护和利用工作。20 世纪 50 年代，先后成立中国农业科学院蚕业研究所（1951 年）、蜜蜂研究所（1958 年）、毛皮兽研究所（1959 年）、吉林特产试验站（1956 年）和吉林特产学院（1958 年），在国务院出台的"变野生为家养、家植"政策指导下，开展了珍贵、稀有、经济价值高的特种动物资源的收集、保存和利用工作，先后对东北、华北、西北地区特种动物资源展开调查，收集梅花鹿、马鹿、白唇鹿、驯鹿、林麝、马麝、藏獒、狍、猪獾、紫貂、水貂、赤狐、乌苏里貉、白貉、麝鼠、艾虎、中国白兔、丹顶鹤、天鹅、大雁、雉鸡、绿头鸭等特种动物资源 20 多种，成功引种驯化动物 10 余种，开展的"茸鹿驯化放养""紫貂笼养繁殖""雉鸡引种驯化""林麝养殖技术"等多项技术受到政府高度重视。

20 世纪 80 年代以后，伴随国家经济体制改革，中国特种动物养殖业进入迅速发展时期，驯养动物的种类和数量不断增加，国家对特种动物种质资源的研究也不断深入。先后对部分蚕种质资源进行多项性状调查和评价，阐明了多项性状相关性和遗传规律；发掘出20 多项特殊性状的优良素材 300 余份，创建了 7 类新种质。以蜜蜂形态、生态、生物学特性为依据，将中华蜜蜂分为东方亚种、西藏亚种、阿坝亚种和海南亚种等 4 个亚种和生态类型。2001 年，发现优良性状资源 118 份，创建了一批具有国内外领先水平的种质，如蚕的抗氟种质、蜜蜂抗螨种质、鹿的抗腐蹄病种质、狐的优质毛绒种质、林麝的高泌香种质等。

中国农业科学院特产研究所从 1999 年开始建设 "特种动物种质资源共享平台"，平台隶属于国家家养动物种质资源平台，建有中国特种动物种质资源网。至 2017 年，平台拥有包括鹿类动物、貂、狐、貉、兔、麝、狍、鸭、雉、鹌鹑、鹧鸪、蚕、蜂、竹鼠和豪猪等特种动物资源参建单位 66 家，制定特种动物种质规范 96 份，制定特种动物养殖标准 10 个，保存活体资源近 10 万份，保存的种质资源中鹿类动物 81 个品种（类型），毛皮动物 3090 个品种（类型）（其中貂 600 个、狐 2040 个、兔 423 个等），麝 15 个品种（类型），狍 3 个品种（类型），特种经济禽类 21 个品种（类型）（其中野鸭 6 个、雉鸡 6 个、鹌鹑 6 个、鹧鸪 3 个），蚕 302 个品种（类型），蜂 669 个品种（类型），虫类 536 个品种（类型）。

2014 年 9 月，中国农业科学院特产研究所建成世界上最大的特种动物基因库，为我国动物遗传资源保存利用提供了基础支撑。该基因库依托 "国家特种动物遗传资源库建设与创新利用" 项目而建，历时 36 年，整合了我国农业、林业等领域，教学、科研等方面的特种动物种质资源，涵盖鹿类动物、毛皮动物、特禽及其他特种动物种质资源 509 个品种（类型），保存在 69 家特种动物资源单位的保存场、专业实验室。该项目首次建立了特种动物评价体系，保证进入共享平台的特种动物资源的多样性和准确性，对水貂、梅花鹿、马鹿和兔资源优异基因进行了评价；制定了特种动物资源共性描述规范、个性描述规范、技术规程、活体异地保存技术规范以及数据标准和数据控制规范等，形成了特种动物种质资源标准化体系；首次建立了完善的特种动物种质资源数据库和信息检索系统，可通过中国特种动物种质资源网（www.spanimal.cn）进行检索，实现了全方位的信息共享。

三、动物资源保护方法

随着经济的发展和社会的进步，动物保护的观念在全世界已经深入人心。动物保护不仅是对动物个体生命的保护和保健，更是对动物物种和种群的保存。动物资源是人类的宝贵财富，是可再生的资源，但这种可再生能力是有限度的，一旦超过限度，生物资源会遭到毁灭性的破坏。对动物物种资源的保存或生物多样性的保育包括野生动物和家养动物两大类。目前我国人工驯养的特种动物有许多是国家野生动物保护的种类，对特种动物资源的保护和利用主要根据野生动物资源保护的方法进行。

（一）建立动物保护区或保种基地

建立野生动物自然保护区是目前国际上普遍采用的保护物种多样性的有效手段，特别是对于濒危野生动物集中分布的区域或具有重要保护价值和代表性的自然生态系统等保护对象所在的区域，需要划定一定的区域对其进行合理的管理和保护。通过建立自然保护区，不仅可以保护动物及其栖息地，还可以使其他种类的野生动植物得到很好的保护。目前，我国已建立了数百处濒危动物类型的自然保护区，使相当一部分濒危动物种得到了切实有效的保护。例如，野驴、野牛、亚洲象、白唇鹿、羚牛、梅花鹿、马鹿、金丝猴、大鸨、朱鹮等的数量得到了明显的增加。自然保护区的重要工作就是保护，不能过度开发和利用该区域的野生动物资源，同时也要注意防范保护区面积大而引发的偷猎现象控制难的问题。

在种群主要分布地区建立保种基地或保种场、保种群是保护动物资源的又一有效措施，能很好地保护地方品种，但该措施的投资大、时间长，容易出现近亲繁殖、物种衰退等现象。

（二）加强人工驯养繁殖

开展人工驯养繁殖是保护、发展和合理利用经济动物野生资源的一条最有效途径。通过对经济动物种群人工驯养和繁育，可以防止或延缓濒危种群灭绝，同时又可以满足人类生产生活的需要，减小对野外种群猎捕的压力，为再引入种源，重建或壮大野外种群提供帮助。

目前通过人工驯养对动物资源实施保护与合理利用的方式主要有以下三种。一是具有一定规模的人工驯养或养殖场，这些经济动物驯养场是有关部门、单位或个人出于生产建设需要，对具有一定成熟养殖技术的特种动物开展的具有一定规模的养殖，用于生产特种动物及其产品，如养鹿场、养麝场、养熊场、养猴场、养蛇场、龟鳖场、特禽养殖场等。二是驯养濒危动物的国家动物园系统，在改革开放以前是我国驯养繁殖濒危动物的主体，同时也用于展览。三是改革开放以后国家和地方建立的濒危动物繁育、救助中心，专门从事濒危动物的驯养繁殖和救护工作，如国家为拯救大熊猫、朱鹮、扬子鳄、东北虎等极度濒危动物而投资设立的繁殖研究中心，为实施野马、麋鹿再引进工程而建立的人工繁殖基地，为保护、发展濒危动物资源而成立的多处综合性的濒危动物驯养繁殖中心，以及各地所建立或指定的濒危动物救护中心等。

（三）实施再引进工程

实施再引进工程是保护和壮大极度濒危动物野生种群的重要手段。所谓再引进，就是在某个物种曾经分布但现已灭绝的地区，再引进该物种的活体用于建立新的种群；或者是向某物种现存的极小的野生种群补充新的活体，以充实该野生种群并促进其发展壮大，后者又称再充实。我国已实施并取得成功的典范就是麋鹿的再引进工程；另有普氏野马、赛加羚羊等物种的再引进工程在实施中。

（四）开展动物资源监测和科学研究

开展动物资源监测和科学研究是保护和持续利用濒危动物的必要步骤。通过资源监测，可以了解野生动物资源的动态变化及原因，科学评估资源状况，为国家制定有关保护、管理、利用的政策提供科学依据。开展动物资源的科学研究，尤其是对濒危动物的生物学研究，有利于了解物种的致危因素，研究解决濒危动物的救护问题。基因组时代的到来为我们提供越来越多的遗传信息，利用全基因组信息将更加深入地揭示物种的濒危机制。试管动物、克隆、冷冻保存等生物技术成果的问世，也为动物资源的保护和利用开辟了新途径。

（五）健全动物资源保护法律体系

法律法规是保护动物资源的有效依据。提高法律保护地位，加大执法力度，针对不同物种的禁止、限制或合理商业性开发利用的法律体制，是动物资源保护的法律保障。1988 年，国家出台《中华人民共和国野生动物保护法》，并以此法案为核心建立了相对较为完善的野生动物保护法律体系，它明确指出了将会依法受到国家保护的动物种类，制定了野生动物的法律划分，提出了保护野生动物必要性的意义，将维护自然的生态平衡稳定作为目标，在我国野生动物保护工作进程中具有里程碑般的非凡意义。该法案于 2016 年 7 月通过修订，修订后的法案确立了对野生动物实行保护优先、规范利用、严格监管的总体原则，在加大对野生动物保护力度的同时，强化了对相关违法犯罪行为的责任追究；法案也确立了对人工驯养的野生动物予以区别对待的原则，对特种动物资源的保护具有深远影响。

（六）增进国际合作与交流

增进国际合作与交流，引进资金和先进的经验、技术和设备也是实现动物资源保护的重要途径。濒危动物是全世界的共同财产，其保护管理更是当今国际社会关注的焦点之一。我国是发展中国家，濒危动物保护管理资金严重不足，技术、设备和保护管理方法有待进一步提高，需要从发达国家引进资金技术和设备，向有关国家学习先进经验。在一定范围内，离开了国际合作，有些保护管理和科研工作就难以开展，有些种类的濒危动物就得不到及时有效的保护。改革开放以来，我国相继加入了《濒危野生动植物种国际贸易公约》（CITES）、《湿地公约》和《生物多样性公约》等，与日本、澳大利亚、美国、印度、俄罗斯等国签订了 6 项双边保护协定（议定书），并与世界银行、联合国开发计划署和世界自然基金会等国际组织和非政府组织开展了形式多样的交流与合作。

第二节　特种动物的驯化与繁育

一、特种动物的驯化

驯化是指动物适应新环境条件的复杂过程。通过对各种野生动物创造新环境，对动物行为加以控制和管理，满足动物必要的生活条件，从而达到人工饲养的目的。成功驯化的标准是动物在新环境条件下能够生存、繁殖、正常生长发育，并能保持原有基本特征和特性。动物驯化的过程就是改变动物行为的过程，是动物在先天本能行为（非条件反射）基础上建立起稳定的人工条件的反射过程，是动物个体的后天获得性行为过程。驯化要经历许多世代才能成功。由于动物行为与生产性能之间有密切的联系，掌握动物的行为规律和特点，通过人工定向驯化，可以促进生产性能提高和产生明显的经济效果。对野生动物驯化是人类利用自然资源的一种特殊手段，通过驯化达到对野生动物全面控制并进行再生产。

驯化不同于驯养。驯养是指人类在家养条件下驯服野生动物，局限于被驯个体本身，不遗传给后代。因此，它们的后代没有从亲本中获得驯服了的习性或性状，必须重新驯养才能驯服。驯化所得的不仅是受驯个体而且由它们繁衍的后代均能去除同样的野性，形成新的变种或品种、品系。驯养是驯化的初级阶段。

长期以来，人类掌握了对动物驯化的手段，有了使动物按照人类要求的方向产生变异的可能性。到目前为止，完全驯化的动物种类有哺乳类、鸟类、鱼类及昆虫等几十个品种，半驯化动物种类有毛皮兽类、药用动物类、特种经济禽类、观赏动物类、噬食昆虫等几百种。实践证明，对动物驯化是完全可能的，根据人类经济生活的发展，对动物驯化与养殖的种类不断增多。目前人工饲养的特种动物多为野生或半驯化的动物，不能直接套用家畜、家禽等已有高度驯化程度的动物饲养方式和方法，应科学地、创造性地营造特种动物生存的良好环境，对野生动物或半驯化动物进行符合经济产品要求的驯化工作。

（一）特种动物驯化应遵循的原则

1. 早期驯化原则　　幼龄动物行为可塑性比较大，随着年龄的增长而逐步减小，利用这一普遍的生物学规律，在动物的生长发育早期阶段，对动物进行驯化，可以较容易地建立起较为巩固稳定的条件反射，收到较好的驯化效果。例如，在仔鹿出生后 30 日龄以内开始进行人工哺乳的驯化效果较好，而母鹿哺乳 30 日龄以后再对仔鹿进行人工哺乳驯化就不易再接受。将出生后 30 日龄以内未开眼的黄鼬与母鼬隔离进行人工饲养，就能很好地进行人工饲养；反之，仔鼬一旦接受母鼬哺乳，其野性行为即使经过几年的人工驯化也难以改变。

2. 个体驯化与集群驯化相结合原则　　个体驯化是对每一个动物个体的驯化，又称单体驯化。如马戏团对动物表演技能的驯化，需要对每一个动物训练出一套独特的表演技能；农业上的役使牲畜拉车、拉犁、拉磨；动物园对饲养在笼舍营单独生活的动物克服惊慌与激怒情绪的驯化等。集群驯化是在统一的信号指引下，使群体中的每一个动物都建立起共有的条件反射，形成一致性的群体活动。对于特种动物养殖场的生产实践来讲，集群驯化更具有实用意义。例如鹿群在灯光、铃声和彩旗等信号指导下放牧，定时出牧、摄食、饮水、运动等统一活动，给饲养管理带来极大方便。在驯养实践中，对个别集群活动性能较差的个体，需要进行补充性个体驯化。

3. 直接驯化与间接驯化相结合原则　　直接驯化是对动物进行的单独或集体驯化，驯化是直接针对动物进行的。间接驯化是利用同种的或异种的个体之间在驯化程度上的差异，或已驯化动物对未驯化动物之间的差异而进行的，即在不同驯化程度的动物之间建立起行为上的联系，从而产生统一性活动的效果。例如，利用驯化程度很高的母鹿带领着未经驯化的仔鹿群去放牧，利用幼龄动物具有"仿随学习"的行为特点，通过"母鹿带仔放牧法"，在放牧过程中不断提高仔鹿的驯化程度。

4. 利用性活动期的习性驯化原则　　性活动期是动物行为活动的特殊时期，由于体内性激素水平升高，往往出现易惊恐、激怒、求偶、殴斗、食欲降低、离群独走等特殊行为特征，给饲养管理工作带来很多困难。必须根据该时期动物生理上和行为上的特点，进行特别的针对性驯化工作，才能避免生产损失。如保持环境安静，控制光照，对初次参加配种的动物进行配种训练，防止拒配和咬伤，特别是利用灯光、音响或其他信号，在配种期建立起新的条件反射，指引动物定时交配、饮食、休息等，形成规律性活动。不仅可以保证成年动物避免伤亡，而且可以提高繁殖率。

5. 重复性驯化原则　　条件反射的建立不是一劳永逸的，在一定条件下建立，在另一种条件下可以减弱甚至消失。因此，人工建立起来的优良条件反射如不经常巩固和强化，就会逐渐消失，这样就会给生产带来严重损失。所以重复性驯化在饲养工作中很必要。

6. 世代连续性驯化原则　　驯化的最终目标是不可能在一个世代中完成的，往往要经过几代、几十代甚至几百代连续的、有计划的驯化方可达到。因为驯化不但可以改变动物的行为，而且可以影响动物的形态结构、生理机能、生活习性，可以动摇它们的遗传基础，为基因选择提供机会。现在的家畜、家禽就是人类长期驯化的结果。

（二）特种动物驯化的途径

1. 直接适应　　将动物直接引入驯化环境，甚至是难以忍受的环境，让其直接适应，动物也能通过自然选择和本身的变异获得驯化。这种驯化是在改变了动物固有的生活环境下进行的，有人的参与，因此驯化后的动物既符合新环境的要求，又符合人类的要求。在该过程中，驯化的主要力量是新环境和自然选择，人的意志则表现于驾驭整个驯化过程和利用自然选择的力量进行再选择。这种驯化途径往往用于提高生物的适应性，改变某一或某些生活习性，提高抗逆性等。根据有无过渡形式，驯化可分为渐进式和激进式两种。渐进式驯化采取慎重过度的方法，使受驯动物逐渐提高适应性；激进式驯化则是直接将被驯化动物置于家养环境，使其直接受到养殖条件下的自然选择作用。

2. 定向地改变遗传基础　　当引入动物进入新环境超越了其反应范围，不能很好地适应新环境而表现出种种反应时，可以通过定向改变受驯动物遗传基础的途径达到驯化目的。通过选择的作用和交配制度的改变，淘汰不适应的个体，选留适应的个体繁殖，从而逐渐改变群体的遗传结构，使引入动物群体在基本保持原有特性的前提下，遗传基础发生定向的改变。

（三）特种动物驯化的具体措施

特种动物种类繁多，进化水平参差不一，在人工驯化过程中的技术水平和所遇到的问题也各不相同，但综合有关特种动物养殖驯化情况，其驯化工作中一般可采取的具体措施和掌握的关键技术简述如下。

1. 适宜人工环境的营造　　人工环境是在模拟野生环境的基础上，根据动物生活习性和生产需要营造的。该环境是否合适直接关系到驯化工作的成败。在自然条件下，动物能够根据自身的需要，主动选择适宜的生存环境，在一定程度上也可以创造自己的生活环境。但是人工环境与动物所处的野生环境不可能完全一致，动物必须被动地适应。如果饲养场人工环境仅是单纯形式上的模仿，缺乏对所驯养动物生物学特性的了解，创造的人工环境不能满足其主要生活习性的要求时，会出现驯养个体不能存活、不能繁殖或后代发育不良等现象。因此，必须对所驯养动物的栖息生境进行调查，以便了解其生活需要、栖息地范围和特点以及景观气候变化对其影响。如低温可以影响动物的营养代谢，影响动物的生长发育和繁殖活动，影响动物冬眠期的存活。在北方对动物进行驯养时，要进行深入的研究，根据调查研究的结果制定正确方案，确定驯养场设备和动物的驯养方式以及饲养管理措施，实现预期的目的。对于动物和人类生产需要而言，适宜的人工环境应该是在模拟动物野生环境的基础上，根据人类生产要求而加以创造形成的。稳定的生活环境，充足的食物供应和远离天敌，必然使动物繁殖率、成活率和经济产品质量、产量明显提高。

2. 食性的调查和训练　　食物是动物生活的首要条件，食性是动物在长期的进化过程中形成的，因而不易改变。不同种类的动物食性存在差异，甚至同一种动物不同季节、不同生长发育阶段的食性也有所差异。如蛙类在蝌蚪期以浮游生物和水草为食，变态为蛙后以昆虫为食；梅花鹿春季喜食嫩叶、幼芽，夏季采食枝叶，冬季喜食地面上的枯枝落叶和树皮。如果不了解被驯化动物的食性特点，盲目投喂，不仅带来经济上的损失，而且驯化工作也难以成功。人工提供的食物既要满足动物营养需要，又要适合其口味，但也需要在一定范围内改变，以更利于动物生长发育。在动物驯化的生产实践中，要善于根据各种饲料进行对比实验，筛选出适宜的饲料配方，降低饲养成本，提高产品质量。

3. 群居性的形成　　动物群居性的形成可以给人工驯养管理带来很大便利，利于优质高产。野生条件下营群体生活的特种动物在人工驯化条件下易形成群居性，如梅花鹿、马鹿就可以集群放牧。对于野生条件下营独居生活的动物，也可以通过人工驯化而形成群居性，但难度很大。如在野外营独居生活的麝，可从幼体时期集群驯养，使其实现集群饲喂、定点排泄；对成年野麝经初期全封闭式笼养、中期明暗式结合驯养、后期大圈放养的方法，也可实现群居性。对于成年个体集群较困难的种类，可以考虑在幼龄时期集群饲养，也可以给人工饲养管理带来一些便利。

4. 刺激发情、排卵的改变和胚胎期的缩短　　许多哺乳类特种动物具有刺激发情、刺激排卵和具有胚胎滞育期的生物学特性。这些特性使其妊娠期延长，限制了人工授精等繁殖新技术的应用。同时，也使其对繁殖期的人工驯养条件要求相对较高，否则就会造成不孕、胚胎吸收或早期流产，直接影响繁殖效果。目前，针对这类动物的研究还很不够，虽然经过多年的人工驯养，但人工驯养条件下的繁殖力与野生状态的相比仍没有明显的提高。如紫貂的发情交配期在每年的6～8月，妊娠期229～276d，受精卵在翌年2～3月才着床发育，受精卵有较长的滞育期，真正的胚胎发育时期仅1个月左右。再如，小灵猫的妊娠期在80～116d之间变动，也说明其具有很长时间的胚胎潜伏期。

5. 休眠期的打破　　特种动物中的很多变温动物具有休眠习性，这是对野外逆境条件的一种保护性适应。在人工饲养条件下，可通过对温度等环境因子的控制、食物的供应等技术措施，打破其休眠期，使其不进入休眠状态而继续生长发育和繁殖，实现缩短生产周期、增加产量的目的。如土鳖虫的人工快速繁育法，打破野生土鳖虫一个世代原有的两次休眠，使其生产周期缩短了一半，成倍增加了土鳖虫的产量。

6. 就巢性的克服　　就巢性是禽（鸟）类的一种生物学特性。野生禽（鸟）类的就巢性均较强，经过人工驯化家养其就巢性降低，则产卵率相应提高。如年产卵20枚左右的野生鹌鹑，就巢性较强，但经人工驯养克服就巢性后，年产卵量可提高到300枚以上。然而，有的特种禽（鸟）类虽已经过长期的人工驯养，但就巢性依然很强，较难克服。如经数百年人工驯养的乌骨鸡，就巢性依然很强，每产10枚卵左右就出现"抱窝"行为，且长达20d以上，所以年产卵仅50枚左右，因而欲克服其就巢性就需要探讨有效的方法。

二、特种动物的繁育

特种动物的繁育是其生产中的关键技术环节。发展特种动物养殖业的中心任务就是通过人工驯养使其数量不断增加、质量逐步提高，以满足国民经济发展对其产品数量和质量的需要。数量的增多和质量的提高都必须通过繁育得以实现。特种动物种类繁多，繁育理论虽存在着共性，但繁育技术、方法又各具特殊性。但特种动物繁育的意义就在于针对不同种类研究其繁育的客观规律，并通过采用相应的繁育技术措施，使其在人工驯养条件下保持较高的繁育效率，并逐步得以遗传改良，以保证数量和质量的按计划增长与发展。以下仅就对于特种动物而言属于共性，但又有别于家畜家禽的繁育内容进行简要叙述。

（一）特种动物的繁殖

研究动物的繁殖规律和繁殖技术，可有效提高动物的繁殖率和繁殖质量。特种动物的驯化程度还不够高，其繁殖仍然在很大程度上受到所处生活环境条件的严格影响。以经济动物中的哺乳动物为例，当生活环境条件不能满足其基本生活要求时，往往会出现性腺发育不良、发情和配种能力下降、不能受孕或受胎率降低、胚胎不能着床、胚胎吸收或流产（对具有胚胎游离滞育期的动物尤为明显）、产后泌乳不足、仔兽生活力衰弱低下等现象。生活环境条件对野外和人工驯养的特种动物都具有严格的影响，做好特种动物人工繁殖的首要前提基础就是对其生殖生态学要有足够的了解和认识。

1. 特种动物的繁殖方式 动物受精卵的发育主要有胎生、卵生和卵胎生三种方式。

（1）胎生：胎生是动物受精卵在动物子宫里发育的过程。胎生动物的受精卵一般都很微小，卵黄质少，精卵在母体的输卵管上端完成受精，然后发育成早期胚，并下降到子宫，此后就植入母体的子宫内壁，由胎盘和母体连系，吸收母体血液中的营养及氧气，把二氧化碳及废物交送母体血液排出；待胎儿成熟，子宫收缩把幼体排出体外，形成一个独立的新生命。哺乳类动物中除鸭嘴兽、针鼹是卵生外，其他的都是胎生动物。人工驯养的哺乳类脊椎动物，如梅花鹿、马鹿、水貂、狐、貉、麝、獭兔、麝鼠、犬、熊等特种动物均属胎生。

（2）卵生：卵生是动物的受精卵在母体外独立发育的过程。卵生动物把卵或受精卵排出体外（如鸟类），或掩埋在土砂中（如蝗虫、龟、某些蛇类等），或留在树皮空隙中（如蝉），或排在水域中（如鱼、蛙等），然后由成体孵化或太阳辐射热孵化发育成幼虫或幼体。卵生的特点是在胚胎发育中，全靠卵自身所含的卵黄作为营养。卵生在动物中很普遍，如鸟类、绝大多数爬行类和鱼类。人工驯养的特种动物如雉鸡、鸽、鹌鹑、鹧鸪等均属卵生。

（3）卵胎生：卵胎生是动物的卵在体内受精、体内发育的，介于卵生和胎生之间的一种繁殖方式。卵胎生动物的受精卵虽在母体内发育成新个体，但胚体与母体在结构及生理功能的关系并不密切。其发育时所需营养，仍依靠卵自身所贮存的卵黄，与母体没有物质交换关系，或只在胚胎发育的后期才与母体进行气体交换并有很少的营养联系。幼体一旦成熟，母体的生殖道就会收缩将幼体连同卵膜排出体外。所以卵胎生动物的胚胎可受到母体的适当保护，孵化存活率比卵生者较有保障。这是动物对不良环境的长期适应形成的一种繁殖方式。卵胎生的动物有某些毒蛇（如蝮蛇、海蛇）、部分鲨（如锥齿鲨、星鲨）、一些鱼类（如孔雀鱼、大肚鱼）和胎生蜥蜴、铜石龙蜥等。

2. 特种动物繁殖力的主要影响因素 多数特种动物的繁殖具有明显的季节性，这是长期生活在野生状态下对环境变化规律的一种适应性自然选择的结果。它除了与内分泌机制、营养状况和新陈代谢等内部因素有关外，还受到外界环境条件的直接影响。如每当春季来临，大多数动物进入繁殖期。在影响特种动物繁殖的外界环境条件中，光照、温度和食物是三个重要因素。

（1）光照：光照能促进动物的各种生理活动，其中最主要作用之一就是能促进动物季节性的性活动。人们根据动物发情配种与光照的关系将动物分成两类。春夏配种的动物，由于日照的增长和温度的升高而刺激其生殖机能，如野猪、雪貂、马、驴和一般食肉动物（如水貂、狐、貉）以及所有鸟类（如雉鸡），通常称之为长日照动物。秋冬配种的动物，由于日照缩短和温度降低而促进其性活动，如鹿、绵羊、山羊和一般野生反刍动物，通常称之为短日照动物。一般完全变态的昆虫，它们的生活史经过卵 - 幼虫 - 蛹 - 成虫四个发育阶段，其中蛹羽化为成虫的阶段便是受光周期的控制或影响；有些昆虫则是以卵或蛹的形式来过冬的，而且只有到春天才能进行孵化，也受光照周期的影响。光照的变化随纬度改变而不同，处于不同纬度地带的同一种生物，其生殖周期也有所不同。光照影响生殖周期的机理可简单地表示为"日照长短→眼睛→下视丘→脑下垂体"，因而分泌出生殖激素，以促进生殖腺发育成长，即光照引起神经冲动传到大脑皮层的视觉中枢，由此刺激丘脑下部，分泌释放因子，释放因子经丘脑下部 - 垂体门脉循环，直接送到垂体前叶，引起促性腺激素（包括促卵泡素、黄体生成素和促黄体素）的分泌。光照还能通过垂体促进甲状腺活动，甲状腺活动与精液质量、受精卵的发育以及其他代谢功能有关。另外，光照也可以通过头盖直接作用于丘脑下部而引起刺激作用；对皮肤裸露的动物也可以因皮肤对光的感受作用而增加雄性激素的产生。

对于短日照雄性动物，在长日照季节适当缩短光照，可提高其繁殖性能。长日照动物，在春夏长日照时期精液质量最高，性行为的反应最明显，秋冬季日照缩短，精子浓度下降。光照对雌性动物的繁殖性能也具有明显的影响，对于短日照动物，逐日缩短光照，可诱其发情。对于长日照动物，逐日延长光照可诱其发情。对于季节性活动的动物，雄性在配种季节，精液品质显著提高，性欲也特别旺盛。鸟类对光照的反应比较敏感，春季光照递增期对鸟类的精子生成有促进作用，在秋季递减期则受到抑制。在饲养管理实践中，利用人工光照处理，可以改变动物的季节性活动，如果在春季将光照逐渐缩短至与秋季相同，可使秋季发情的动物在春季配种。再如，将原来居住在南半球的新西兰赤鹿运至北半球的中国，其繁殖季节就会逐渐适应北半球的光周期变化；反之亦然。

（2）温度：温度的季节性变化也影响动物的性活动。如昆虫交配、产卵和卵的发育，都需要一定温度。在鸟类和哺乳类中，其繁殖时间也是在最适温度条件下，离开了最适温度范围，繁殖强度就会下降，甚至停止。正常情况下，动物处于物理平衡状态，温度超过动物适宜温区的下限或者上限后，就会对其产生有害影响，温度越高对动物的伤害作用越大。

高温影响动物的健康状况、采食量和内分泌活动，还会引起动物体温升高而使体内酶的活性与代谢过程发生紊乱，因此直接或间接地对精子或卵子生成以及胚胎的发育产生不良影响。雄性哺乳动物的阴囊，具有特殊的热调节能力，提睾肌和阴囊肉膜的舒展，可增加或减少散热面积，而且阴囊皮肤还具有很强的蒸发能力，这些保证了在一般气候条件下睾丸温度低于体温而有利于精子生成的要求，阴囊一般较体温低 $4\sim7\,^{\circ}\mathrm{C}$。在高温环境中，如不能避免阴囊温度升高，就会导致睾丸温度升高，引起生殖上皮变性，使精细管和附睾中的精子受到伤害，出现畸形精子。高温对雌性动物的不良作用主要是在配种前后的一段时间内（如高温可使雌性动物发情持续时间缩短，表现微弱），特别是在配种后胚胎附植于子宫前，是引起胚胎死亡的关键时期。妊娠期高温可引起初生仔兽的体型变小、生活力衰退、死亡率增加。高温导致雌性动物体温升高、采食量减少而引起营养不良、减少对胎儿的养分供应、代谢机能和酶活性的改变等可能是高温对雌性动物繁殖力产生不良作用的根源。高温导致动物内分泌平衡失调也是对繁殖力产生不良作用的因素，特别是甲状腺素分泌减少的影响较为明显。

另外，环境温度过低，时间过长，超过动物代偿产热的最高限度，也可引起体温持续下降，代谢率降低，而导致繁殖力下降。

（3）食物：无论是肉食性、草食性，还是杂食性动物，其繁殖季节都是在每年食物条件最优越的时期。在繁殖季节里不仅气候条件适宜繁殖，而且其食物也最丰富。在温带地区，动物大都在春季或秋季这两季里进行繁殖，这主要是由于春季各种植物萌发生长，小动物也出蛰活动，食物丰富而且营养价值高；秋季果实丰富，动物体肥健魄，也是食物条件极好的季节，也有利于动物觅食、增强体质和进行繁殖。在热带地区，动物同样会因有"旱季"和"雨季"之分，而表现出繁殖的季节性。旱季由于干旱和缺少食物，动物繁殖活动大都处于低潮；而雨季是生命活动的高潮期，大多数种类的动物都是在雨季进行繁殖。在寒带地区（如北极区），只有到了夏季才有阳光的长时间照射，土壤表层化冻，动物的活动可以活跃起来，觅食、交配、产仔、育幼等均在短时期内完成。

3. 特种动物繁殖过程的饲养管理　大多数人工驯养的特种动物仍具有相当程度的野外生态习性，特别是在繁殖季节，其行为和食性表现尤为突出，因而在人工驯养条件下一定要充分了解所驯养种类的繁殖行为和食性等特征、特性，以便进行繁殖季节的合理管理，以防造成不必要的生产损失。

（1）繁殖期的特殊表现：特种动物在繁殖季节到来时，由于自身机体内性激素水平升高，在许多方面表现出与其他生理时期完全不同的特殊表现，其中最主要表现在行为变化和食性的改变上。

1）行为变化：即通常所说的"性激动"，主要表现是动物进入性活动期后，表现出兴奋、性情暴躁、易激怒、好斗等行为变化。特别是雄性动物在求偶过程中与同性相遇，会因为相互争抢而发生激烈争斗，人工驯养条件下，如不严密看管常会出现伤残甚至死亡而造成损失。有的雌性动物在性腺发育不成熟时常会拒绝雄性的交配行为，对追逐的雄性进行反抗、殴斗，有时也会造成伤残。如鹿在生茸期表现很温驯，在圈舍内人也可以接近，然而到了发情季节，特别是公鹿，会极度兴奋、性情暴躁，常出现用蹄趴地或顶木桩、围墙，并磨角、吼叫等反常行为，颈部增粗且行动时强度增大，喜欢泥浴并发出求偶叫声，此期就连饲养员也很难接近，养殖场时有公鹿伤人的情况发生。另外，动物在育幼期内也有类似行为。

2）食性变化：一种表现是动物在性活动期内食欲普遍下降，主要依靠消耗机体内贮存的营养物质。例如，公鹿在配种季节食欲明显减退，采食量显著减少，身体消瘦，到了发情旺期采食更少，甚至绝食，公鹿整个配种期体重下降15%～20%，性欲旺盛的壮龄公鹿体力消耗更大。另一种表现是，动物在性活动期间出现食性上的改变。例如，偶蹄类草食性动物在性活动期出现捕食草地上啮齿类动物现象，采食植物的鸟类在性活动期有时也捕食昆虫类，很多肉食性动物在性活动期内也采食部分植物性食物。这些现象可能是动物性活动期内为补充体内维生素的不足而出现的暂时食性变化。总之，繁殖季节动物在食性上的变化是与繁殖机能密切相关的，当不能满足（特别是在人工驯养条件下）要求时，就会使其繁殖力降低。

（2）繁殖管理：鉴于繁殖季节内特种动物在生理上、行为上和食性上的特殊性，人工驯养条件下的饲养管理亦应采取相应措施。特种动物繁殖期一般分为配种前期、配种期和配种后期三个阶段。

1）配种前期：也称"配种准备期"。此期，动物食欲旺盛，体质健壮。在饲养管理上要求动物达到或保持良好的配种体况，通常大多数种类动物的配种体况标准为"中上等肥满度的健康体质"。人工驯养条件下，此期在饲料中应增加蛋白质的含量，并补充各种维生素，还可采取与日常食性有所不同的饲喂措施，促使其达到配种体况。人们在特种动物（如兽类、鸟类、两栖类）饲养实践中积累了不少经验，如对于肉食性动物在配种前期可以补给一些植物性食物，对于植食性动物在配种前期可给予一定量的动物性食物，实践证明这些措施对保持动物良好食欲、促进动物性腺发育等均有很大好处。此外，配种准备期还应重视对于参加配种动物的人工驯化工作，即对参加配种的动物进行有计划的训练，特别是初次参加配种动物往往驯化工作难度大，更应引起重视。通过人为训练使动物熟悉配种活动的环境，通路，指挥信号（灯光、音响、颜色或其他指挥工具），克服惊恐、碰撞和奔跑等不利配种的情况；对于不参加配种的动物，为了防止其繁殖期的性激动，可在配种准备期采取适当减少精料的办法，尽量减少和避免外界刺激，避免引起这些动物骚动、体力消耗或伤亡。

2）配种期：此时期动物性腺发育成熟且体内性激素水平已达高潮，极易受外界刺激而产生性冲动，而且此期动物食欲普遍降低，大多喜饮水和洗浴。动物也会因发情和交配活动而使体力有很大消耗，机体抵抗力下降而易产生疾病、创伤和死亡，所以加强配种期的饲养管理极其重要。在饲养管理措施上，应按照种用与非种用、年龄、体质状况等单独组群，重点加强种用动物的饲养管理，在饲料的数量和质量上都应优于非种用动物。在饲料量上要少而精，并对配种能力较差的动物可考虑给予一定量的催情饲料，粗饲料应选择适口性强和维生素含量较高的饲料。密切观察动物的发情征状，进行适时配种，更要注意初次参配动物的发情表现，防止拒配、假配等。力求保持配种期的环境安静，尽量避免外来干扰，应配备专门人员看护观察，防止动物间争斗等不良行为的发生并采取及时的防范措施。

3）配种后期：雌性动物在交配后，如交配成功便进入后续的妊娠、产仔和哺乳时期，雄性动物此期便处于恢复体力的阶段。就配种后期而言，不同种类动物存在很大区别，很难统一划分，应针对具体动物种类采取相应的饲养管理措施。一般来讲，动物在配种后期无论是生理上还是行为和食性上都与配种期明显不同，雄性动物往往处于恢复配种期体力消耗的阶段，管理上应注重饲料营养而使其尽快增膘复壮，而雌性动物则处于妊娠阶段，应特别加强对雌性动物的饲养管理工作，争取较高的产仔率和成活率。此期如饲养管理不当，则可能出现胚胎滞育、胚胎吸收、流产或产仔数减少等，特别是对于有胚胎滞育期的这类动物，更应重视雌性动物的饲养管理，以免造成生产损失；此期还可以实行雌、雄分群管理。

4. 特种动物繁殖力提高的主要措施　繁殖力是特种动物养殖业的主要生产指标之一。提高繁殖力首先应做到保证动物的正常繁殖力，进而研究和采用更先进的繁殖技术，尽最大可能提高繁殖潜力。如饲养管理技术措施不当，不但不能提高动物繁殖力，反而有可能比野生环境条件下的还要低，其根本原因就是动物在人工驯养环境中不能适应，从而导致内分泌机能失调等，妨碍正常繁殖机能的发挥。要想解决动物人工驯养条件下的繁殖力问题，除要加强一般性饲养管理和繁殖技术工作外，还要对实现其繁殖活动的内因（如遗传基础、配子质量、新陈代谢等）和外因（如营养、环境、妊娠、产仔等因素）的综合作用有足够认识。只有正确认识影响繁殖力的各种因素，抓住主要环节并采取必要技术措施，才有可能使动物的繁殖力有一个新的提高。这里介绍几种经济动物生产中提高繁殖力的特殊措施。

（1）改善动物行为：通过人工驯化可使特种动物逐步适应人工环境，改善其行为表现和生理机能。对它们应采取合理的驯化措施，不仅能保障其神经、内分泌系统对生殖器官的机能进行正常调节，还要使其能保持或提高正常的繁殖机能，这在许多野生动物驯养中已得到证实。例如，在我国北方养鹿，通过群体驯化成功地实现鹿群集中发情而缩短配种时期及产仔期，给鹿场的生产管理带来了很好的效果。对于特种动物中具有诱导发情和刺激排卵特性的动物，由于当环境不安定时，雌雄虽交配，但刺激程度未能诱发排卵，使受精率低而致动物空怀或产仔数减少，因此对于这类动物应注重繁殖期驯化。加强繁殖期驯化，不仅是提高繁殖力的一项基本措施，也是开展多种新繁殖技术应用的前期基础。

（2）调控环境因子：特种动物在人工驯养条件下如不能正常繁殖，说明其所处人工生活环境条件没有达到基本要求，这时可以考虑通过改善（或补充）单个或复合环境因子来恢复或提高其繁殖力。光照、温度、营养等是最重要的环境因子。如在配种前给公貂增加光照，配种期内提高环境温度，配种结束后立即给母貂增加光照可使其妊娠期缩短。通过增减来控制不同饲养时期的光照，可使一年一胎的水貂在两年内产三胎，提高了水貂繁殖力。对于有休眠习性的特种动物，在人工驯养中可根据不同情况需要，有针对性地通过补充生活条件如食物、光照、温湿度、氧供应等，打破其休眠，加快生长发育速度并提高繁殖率。如在人工饲养条件下，通过控制温湿度和改善营养条件，打破土鳖虫的冬眠习性而促其连续生长发育，使生长周期由23～33个月缩短到11个月，实现人工快速繁殖，大大提高产量。

（3）调控激素水平：该措施通过调控激素水平而实现对人工驯养动物的生殖控制、提高繁殖力，在动物繁殖（特别是脊椎动物）中已经有了较普遍的应用。应用外源激素改变生活习性、促进性腺发育、促使动物同期发情、超数排卵、促进胚胎着床、防止胚胎吸收和流产等，都是通过调控激素水平提高动物繁殖力的重要措施。在特种动物驯养中，应用外源激素调整动物内分泌机能，从而提高繁殖力已经有很多成功的经验。例如，通过注射垂体激素，促进种鱼的性腺发育而提前产卵，可以培育出大量鱼苗；通过注射雄性激素而使鸟（禽）类克服就巢性并提高产卵量，典型的实例就是乌骨鸡，其具有很强的就巢习性，每年仅产蛋50枚左右，就巢行为的产生是因为其体内催乳素含量升高改变了其生理过程，使之血液流动加快、体温上升、性情安定，并产生孵卵行为，如通过人工注射丙酸睾丸素，可以很快解除其就巢性，使之恢复产卵，从而使年产卵率提高到100枚以上；再如，通过注射促黄体释放激素而提高水貂的繁殖力；通过外源激素实现马鹿、梅花鹿同期发情与超数排卵等试验也都获得明显效果，并已逐渐应用于生产中。

5. 特种动物生产中繁殖技术的应用　　目前，特种动物人工驯养中的许多种类在繁殖方面遇到了一些困难，长期处于徘徊不前的局面。解决这些问题需要吸收邻近科学的先进理论技术并结合自身特点来解决，特别应当首先从繁殖理论技术上进行研究以寻找出路。

（1）发情鉴定技术：发情鉴定是对母兽发情的阶段及排卵时间做出判断的过程，是动物繁殖改良工作中的重要技术环节。通过发情鉴定，可以判定动物发情的真假、发情是否正常、发情的阶段、预测排卵的时间，做到适时配种。对不正常的发情，能够判定发生的原因，及时采取相应措施，促进妊娠。特种动物大都属于季节性发情动物，特别是有些动物还是季节性一次发情的动物，因而发情鉴定就更为重要；否则，将可能造成动物当年空怀和生产损失。例如，试情法已在梅花鹿、马鹿、毛皮动物发情鉴定中普遍应用。

（2）发情控制技术：发情控制是通过应用某些激素或药物并配以相应的饲养管理措施，人为控制雌性动物个体或群体发情并排卵，如诱导发情、同期发情、超数排卵等技术。蓝狐、马鹿等的同期发情技术已在生产中有所应用。产卵很少的蛤蚧和入药的银环蛇如果能借助超数排卵技术来提高产量，就会给生产带来巨大的利益。

（3）人工授精技术：人工授精是在人工条件下利用器械采取公兽精液，经检查和处理后，再利用器械将合格精液输入到发情母兽生殖道的适当部位，使之受孕的配种方法。目前马鹿、梅花鹿、银狐、蓝狐等动物的人工授精技术已相当普及；对于用常规繁殖方法在种源、人工饲养和繁殖上困难很多的特种动物而言，人工授精技术就显得尤为重要。

（4）妊娠诊断技术：妊娠诊断尤其是早期诊断，是减少空怀、缩短产仔间隔、避免生产损失、提高繁殖力的重要措施。例如，水貂、狐、貂等毛皮动物养殖中，如果能及早判定母兽是否怀孕，就可及早对空怀母兽做出是否淘汰的决定，以减少不必要的饲养成本。

（5）胚胎移植技术：又称人工受胎或借腹怀胎，是将一头良种母兽配种后的早期胚胎取出，或由体外受精及其他方式获得的胚胎，移植到另一头生理状况相近的母兽体内，使之受孕并发育为新个体的过程。特种动物胚胎移植技术虽有成功的报道，如马鹿胚胎移植，但尚没有普及应用。

（6）繁殖障碍防治技术：动物繁殖障碍一般包括先天性繁殖障碍、管理利用性不育、繁殖技术性不育、环境气候性不育、营养性不育、卵巢功能障碍、疾病性不育等。在驯养实践中，应采取先进的繁殖技术措施，避免繁殖障碍，最大限度地发挥动物的繁殖潜力。

（二）特种动物的育种

特种动物育种就是运用生物学（如遗传学、繁殖学、发育生物学等）的基本原理与方法来逐代改进动物的遗传性状，从而提高经济效益，培育出更能适应人类要求的高产类群、新品种或新品系。育种又称选育、繁育，生产上多称为品种改良。特种动物育种实践是随着人类把动物从野生变为驯养的过程开始的，这一实践活动已有几千年的历史，在长期对野生动物驯养过程中培育出了许多驯化或半驯化的特种动物类群或品种（品系），人们从中已获得了大量的经济动物产品。

我国特种动物育种工作大体分为四种情况。一是已培育出优良特种动物品种，如乌鸡，多种鹌鹑（日本鹌鹑、朝鲜鹌鹑、中国鹌鹑），蜜蜂（中国蜜蜂、意大利蜜蜂和高加索蜜蜂等），家蚕（品种较多）和鹿（双阳梅花鹿、西丰梅花鹿、兴凯湖梅花鹿）等；二是已培育出优良类群但尚未达到品种标准的特种动物，如乌兰坝马鹿、塔里木马鹿、林麝、原麝、马麝等类群；三是发现了优良野生种群并进行了引种驯养的特种动物，如长白山地区的哈士蟆（中国林蛙）种群等；四是在人工驯养条件下没有形成规模、种类繁多的特种动物，大多数是与野生型无明显差异，且仅进行了初步驯养的野生动物，如竹鼠、蛇等。我国特种动物育种在技术和方法上远落后于家畜、家禽，且大都缺乏明确育种目标、实施计划、育种组织等安排，仅是为了增加产品和提高生活力而进行的个体或群体选育工作。科学育种工作应是有目标、有计划、有组织、有步骤地进行。工作内容主要有性状分析，选择（选种和选配），繁殖（交配、产仔等），培育（驯化与饲养）等。

1. 性状分析　　动物品种的形成，除遗传因素的决定性作用之外，生态条件和人工选育都具有重要的影响。我国地域广阔，气候复杂多样，环境条件和营养条件差异很大，使驯养的特种动物存在着遗传特点和生产性能不同的各种类群、品种或品系。现代动物育种与遗传改良的特点是以群体为对象，以性状为单位，所以在特种动物选育中，同样可以把性状分为质量性状和数量性状两大类。

（1）质量性状：质量性状一般是指在个体间没有明显量的区别而表现为质的中断，呈现或有或无，或正或负的关系，这些性状能用形容词描绘其变异特征，如角的有无、血型、耳型、毛色、遗传缺陷和遗传疾病等。质量性状一般是由效应较大、为数不多的基因控制，一个基因的差别可导致性状明显变异。基因一般都有显隐性之分，对隐性基因和显性基因的选择应采取不同方法。对于无显隐性关系，可由表型直接判断基因型这样的质量性状，其选择比较简单。有时某些质量性状还需要通过选择杂合子来实现。

（2）数量性状：数量性状是表现连续变异的性状，与质量性状不同，它不能分类为有严格区分的组别，而是呈现一系列程度上的差异，带有这些差异的不同个体不能严格地区分并分组。数量性状只能用数字来描绘其变异特征，主要包括动物体型大小、体重、毛的长短和密度、毛色深浅、产仔力、抗病力、生活力和生长速度，及产奶量、产蛋量、日增重、产肉量、产茸量、饲料利用率等重要经济性状。对于这类性状的改进，直接影响人类从事养殖业的经济利益。每一数量性状是由许多微效基因共同作用的结果，受环境影响大。

2. 选种　　选种又叫选择，就是按既定目标，通过一系列方法，从动物群体中选择出优良个体作为种用。其实质就是限制和禁止品质较差的个体繁衍后代，使优秀个体得到更多繁殖机会，扩大优良基因在群体中的比率；否则，不加选择或选择不当，动物种群品质将会很快退化。选择可以分为自然选择和人工选择两类。自然选择是生物在自然界的生存竞争中，适者生存的过程。动物在人工驯养条件下形成多种多样的种群，其过程也与自然选择基本相同，只是人工选择在很大程度上取代了自然选择，因而进化方向也发生了改变，由更加适应自然条件转向更加有利于人类，而且动物在人工选择下的变化更明显。现代意义上的人工选择有明确的目标，并以遗传学、育种学、生物统计等科学技术为指导，同时借助先进的精密仪器等进行观测和分析，有计划地进行选择。

（1）选种的方法：主要包括个体选择、家系选择、家系内选择和合并选择。这些方法的选种依据和适用条件各不相同。针对一个群体进行选种时，采用不同的选种方法，留种的个体可能是不一致的，究竟应该如何掌握，需要考虑所选性状的遗传力、家系含量的大小以及家系内不同个体的表型相关性，从而保证取得最大的选择反应。

1）个体选择：也称"大群选择"，是一种古老而较普遍易行且常用的选种方法，主要根据个体表型值进行选择，即在一个群体中，只看个体本身鉴定的结果而不考虑亲属成绩如何，选留表型值高的个体作种用，最适合于选择遗传力高的性状，并不适合于选择遗传力低的性状，对于个体本身不表现的限性性状或无法测定表型值的性状，不论性状遗传力的高低，都不能采用个体选择的方法。

2）家系选择：是以动物群中的家系为单位，根据家系的平均表型值进行选择，即在一个群体中，只看家系平均表型值而不考虑个体表型值如何，选留平均表型值大的家系作种用，最适合选择遗传力低和个体本身不表现或无法测定表型值的性状，在选种方法上可以说是对个体选择不足的弥补，但是家系选择对选择遗传力高的性状而言意义不大。

3）家系内选择：是根据个体表型值与家系平均表型值的差异进行选择，即在一个群体的各个家系内，不管家系平均表型值的高低，只按照个体表型值超出家系平均表型值的多少，选留个体表型值大的个体作种用，适合选择遗传力低的性状或家系内环境相关高的性状。

4）合并选择：是将个体表型值与家系平均表型值综合起来进行选择，即在一个群体中，按家系平均值超出群体平均表型值及个体表型值超出家系平均表型值的多少，来选留个体表型值既大而且家系平均值也高的个体作种用。个体表型值分为家系均值与家系内偏差（即个体表型值与家系均值之差）两部分，个体选择是对这两部分同等重视；家系选择则只根据家系均值选择，而不考虑家系内偏差。家系内选择则只根据家系内偏差选择，而不考虑家系均值如何。若对这两部分按不同情况予以适当的不同重视程度的考虑而选种即为合并选择。

（2）选种的方式：在育种实践中，选择往往是有重点而且选择的性状也不能太多，否则会影响各性状的遗传进展。但在一个群体中，希望提高和改进的性状往往不止一个，以上所描述的选择方法大都是针对某一性状进行的，可称作单性状选择。在对不止一个性状进行选择提高时，可采用以下选择方式。

1）顺序选择法：是对要选的几个性状，逐个地选，即一个时间只选一个性状，先选一个性状，提高后再选另一个性状，然后再选第三个性状，逐一选择。这种选种方法对于某一个性状来讲，遗传进展较快，但就几个性状总的来看，提高需要的时间较长。如所要选择的几个性状之间存在负相关，就可能顾此失彼，提高一个性状的同时可能导致另一性状降低。如针对所要选择的几个性状采取在空间上分别选择，而不是时间上的顺序选择，即在群体中的不同品系内选择不同性状，等到提高后再通过系间杂交等进行综合则可能缩短选育时间。

2）独立淘汰法：是对于同时要选择的几个性状，分别规定淘汰标准，凡均能达到所规定的这几个性状标准最低要求以上者留种，其中只要任何一个性状不够标准就淘汰。由于群体中几个性状全面优秀的个体是不多的，因而这种选择方法选留下来的往往是各个性状都表现中等的个体，却很容易将一些个别性状优异突出的个体淘汰掉。同时选择的性状越多，中选的个体就愈少，选种的遗传进展也就越慢。目前，有些特种动物选择中实行的种用动物选择或综合等级鉴定标准，其实质上就属于这种选择方法。独立淘汰法的效果往往高于或不低于顺序选择法，因而除非只选择或固定一个性状，否则一般不采用顺序选择法。

3）综合指数法：是根据所选几个性状的遗传力、经济重要性以及性状间的表型相关和遗传相关，将几个性状的表型值进行不同的适当加权而制定一个能代表育种值的指数，以此指数大小决定动物的选留。这种选种方式全面考虑并根据各个性状的经济意义与遗传进展分出主次，给予不同的加权系数并把所选性状包括在一个指数之中，方便了对比与选择。从选种效果来看，一般高于或不低于独立淘汰法；但是制定选择指数比较复杂，如果所采用的指数本身不合理，那么其选种效果也不会太好。

3. 选配　　选配就是对动物的配对加以人工控制，有明确目的地决定雌雄动物的配对，使优秀个体获得等多的交配机会，优良基因更好地重新组合，促进动物的改良和提高。通过选种，可以选出比较优秀的种用动物，但雌雄种用动物交配所生的后代，不一定全是优良的，往往会有很大的品质差异。这是由于种用动物本身的遗传性不够稳定，或是部分后代没有得到相应的生长发育条件，雌雄双方的精、卵细胞受精的基因组合不同或缺乏足够合适的亲和力。因此，要想获得理想的后代，在做好选种工作的基础上，还要做好选配工作。

（1）选配的原则：一是根据育种目的进行综合选配；二是尽量选择亲和力好的动物交配；三是选择雄性动物等级要高于雌性动物；四是相同缺点或相反缺点者不交配；五是不任意近交，近交只宜控制在育种群必要时采用，是一种局部而又短期内采用的方法；六是同一种公兽在一个兽群例配种使用年限不能过长，应注意做好种兽交换与血统更新等的合理安排。

（2）选配的分类：选配实际上是一种交配制度，按其所针对的对象不同，可大体分为个体选配与种群选配两类。而在个体选配中，按交配双方品质对比的不同，可分为同质选配与异质选配。按交配双方亲缘关系的不同，可分为近交与远交。而在种群选配中，按交配双方所属种群特性的不同，可细分为纯种繁育与杂交繁育两种。杂交如果按种群关系远近、杂交目的和杂交方式等的不同，尚可进一步分出若干种不同的类别。

（3）个体选配：个体选配主要考虑与配双方所属种群的特征，以及它们的异同在后代中可能产生的作用。特种动物在人工饲养条件下，为了进行良种繁殖，不断提高种群的生产力，必须进行选种与选配，大型特种动物可以进行个体选种和选配，而小型特种动物只能进行群体选种和选配。

1）品质选配：是从考虑交配双方品质对比的角度而进行的一种选配，分为同质选配和异质选配两种。同质选配，是在同种群内选用性状相同、性能表现一致，或育种值相似的优秀雌雄动物配种，以期获得与亲本品质相似的优秀后代。同质选配能使亲本的优良性状相对稳定地遗传给后代，使优良性状能得以保持和巩固，还可尽快增加优秀个体在群体中的数量。异质选配，是以表型不同为基础的选配。一种是选择具有不同优异性状的雌雄动物相配，以期将不同性状结合在一起，从而获得兼有双亲不同优点的后代；另一种是选同一性状但优劣程度不同的雌雄动物相配，以期后代能取得较大的改进和提高。异质选配能综合双亲的优良性状，丰富后代的遗传基础，创造新的类型，并提高后代的适应性和生活力。

2）亲缘选配：是从考虑交配双方亲缘关系远近的角度而进行的一种选配。一般地将共同祖先到交配双方的世代数总和超过 5 代以上的交配看作是非亲缘交配，即远交，不超过 5 代的都看作是亲缘交配，即近交。而在实际交配繁殖过程中往往以系谱为准，如果交配双方的系谱中没有共同祖先，就可认为是非亲缘交配，系谱以外的祖先可以说对个体的遗传影响很小，既不容易也没有必要再去考察。后代群体中杂合子等位基因趋于纯合的速度会因非亲缘交配而减慢，因而远交有利于保持群体较强的生活力。近交主要在固定优良性状、揭露有害基因、保持优良个体的血统、提高群体的同质性时才可慎重应用。

（4）种群选配："种群"是种用群体的简称，可以指一个动物群体或品系，也可以指一个品种或属。种群选配主要考虑的是与配个体所隶属的种群特性和配种关系，是根据与配双方隶属于相同或不同的种群而进行的选配。在组织动物交配中，不仅要做好个体选配，即根据与配个体的品质、亲缘关系、亲和力等进行选配，而且还必须掌握与配个体所隶属的种群（如品种、品系）特性和配合力来合理而巧妙地进行种群选配，以此来更好地组合后代的遗传基础，培育出更理想的个体或群体，或更能充分利用其杂种优势。

1）纯种繁育：简称纯繁，是指在本种群范围内，通过选种选配、品系繁育、改善培育条件等措施，以提高种群性能的一种方法，属于同种群选配。其基本任务是，保持和发展一个种群的优良特性，增加种群内优良个体的比重，克服该种群的某些缺点，达到保持种群纯度和提高整个种群质量的目的。纯繁可巩固遗传性，使种群固有的优良品质得以长期保持，并迅速增加同类型优良个体的数量；纯繁还可提高现有品质，使种群水平不断地稳步上升。

2）杂交繁育：简称杂交，是选择不同种群的个体进行配种而产生杂种的过程。在特种动物杂交中，按照杂交双方种群关系的远近，可将杂交分为品种内杂交（如泉州乌鸡系与泰和乌鸡系杂交）、品种间杂交（如朝鲜鹌鹑与日本鹌鹑杂交）、亚种间杂交（如东北原麝亚种与江南原麝亚种杂交）、种间杂交（如梅花鹿与马鹿杂交）等。杂交所生的后代，往往具有"杂种优势"，即在生活力、适应性、抗逆性以及生产力等诸方面都比纯种有所提高。在以生产为主的养殖中，杂种优势利用更是一个不可缺少的重要环节。

4. 本品种选育　　本品种选育是在品种内部，通过选种、选配、品系繁育等手段，改善本品种结构，以提高该品种性能的一种育种方法，其含义较广，实际应用中也较灵活，不仅包括育成品种的纯繁，还包括某些地方品种、类群改良与提高，甚至在技术上有时还不排除某种程度的小规模杂交。如重要经济动物中的梅花鹿和马鹿，其育种主要以纯繁为主，实践证明本品种选育对其遗传性能和生产力的巩固与提高是可靠的。进行本品种选育或培育新品种时，应成立相应育种组织，负责组织本品种保种、选育和提高等工作，做到有计划育种，随时掌握选种效果和育种进度，以保证取得良好的育种效果。注重开展动物种用价值评定，积极开展品系繁育，并建立健全育种体系。特种动物常有特定产区，其形成、存在与发展有深远的自然和社会原因。就本地品种而言，常具有某些独特优点和遗传性能稳定的特点，但不同区域的品种在性能水平上可能差异较大。对于本地品种选育，要在普查资源的基础上客观评价，做到选育目的明确；要确定品种选育基地，建立育种群，有计划进行本品种选育；对现有数量少、经济效益不高的品种要建立保种群或保种区，稳定基本雌性群体数量，配备足够种用雄性，可采用各家系等量留种、交叉选配制度，防止因近交系数上升过快而致品种衰退；在遗传资源得到妥善保存的基础上，合理加以利用，正确处理保护与利用的关系；将有计划的选种选配与科学的培育结合起来，不能忽视饲养管理等措施，真正使其质量与纯度得到提高；加强组织领导，搞好选育协作，建立良种登记制度和性能测定规程，推动良种选育工作。

5. 繁育群体的划分　　在育种管理上，往往将群体划分为育种核心群、生产群和淘汰群。育种核心群的主要任务是使动物不断地朝着人类所希望的培育目标发展，逐步走上品种化，并主要担负起繁衍后代的任务，往往给予精心培育和驯养。生产群的主要任务是生产商品，在饲养标准上要比育种核心群低，在驯养场内往往占有最大的数量比例，是产品的主要来源，驯养场的产品生产和产值收入都受到生产群制约。淘汰群是由生产力低下、老龄、病弱动物等个体形成，从生产价值上看，暂时尚有产品和利润收入，但需逐步淘汰。这三种群的关系是，育种核心群在质量上要不断提高，数量上不断扩大，且每年有一定数量的未达到选择标准的个体转入生产群；生产群在质量数量上按生产标准不断发展，每年也要进行产品生产力选择，生产力下降的个体应转入淘汰群。这样朝着一定方向的个体流动过程，也是群体选育过程，特种动物养殖场可采用这种制度。

第三节　特种动物的饲养基础

一、饲料种类

饲料是指凡能被动物采食又能提供给动物某种或多种营养素的物质，从广义上讲，能强化饲养效果的某些非营养物质如添加剂，现今也划归饲料之列。

（一）按习惯性与经验性划分方法划分的饲料种类

特种动物饲料种类很多，他们在营养物质含量和分布上即有差别，又有相同之处，为合理对其进行利用，需把饲料进行分类。按饲料来源分为动物性饲料、植物性饲料、矿物质饲料和工业生产饲料；按饲料形态分为固态和液态，固态饲料又有粉状、粒状、块状及整株或切碎的植物，肢解并加工的各种动物性饲用品；按提供的营养素种类和数量分为精饲料、粗饲料及含某种营养素的饲料等。以上都是按习惯性与经验性划分饲料种类的方法，见表 1-3-1。

表 1-3-1　按习惯性与经验性方法划分的饲料种类

饲料类别		饲料名称
动物性饲料	鱼类	各种海鱼和淡水鱼
	肉类	各种家畜、家禽、野生动物肉
	鱼、肉副产品	水产加工副产品（鱼头、鱼骨架、内脏及下脚料等），畜、禽、兔副产品（内脏、头、蹄、尾、耳、骨架、血等）
	软体动物	河蚌、赤贝和乌贼类等及虾类
	干动物性饲料	干鱼、鱼粉、肉骨粉、血粉、猪肝渣、羽毛粉、干蚕蛹粉、干蚕蛹、肉干等
	乳蛋类	牛、羊及其他动物乳、鸡蛋、鸭蛋、毛蛋、照蛋等
植物性饲料	青饲料	种植牧草及野生牧草、青菜、鲜树叶、水生植物
	粗饲料	干草、秸秆、秕壳
	多汁饲料	快根、块茎、瓜类
	籽实饲料	玉米、高粱、大麦、小麦、燕麦、大豆、谷子
	工业副产品	糠麸、饼粕、甜菜渣、豆渣、粉渣等
配合饲料	矿物质饲料	骨粉、骨灰、石灰石粉、贝壳粉、食盐及人工配制的配合微量元素
	工业产品饲料	维生素、益生素、消化酶、麦芽、微量元素、氨基酸、酵母等
	干粉料	浓缩料、预混料等
	液态	鲜贴食饲料等
	粒状	全价配合颗粒饲料、精料补充料等
	块状	舔砖等

（二）按国际与我国现行的划分方法划分的饲料种类

随着动物营养科学的进展，为适应饲料工业和养殖业生产的需要，由美国 Harris 提出的国际饲料分类原则和编码体系，已被世界多数国家接受。我国于 1987 年由原农业部正式批准筹建中国饲料数据库，经过多年的积累和不断完善，发表了中国饲料成分及营养价值表。

随着饲料业的不断发展，饲料的种类不断增加，系统高效的分类方法就成为新的需要。我国畜牧工作者依据国际分类原则和国内习惯方法，将饲料按性质分成 8 大类，16 亚类，并对其进行编号。我国和国际饲料 8 类分类情况及特性见表 1-3-2。

表 1-3-2　我国和国际饲料 8 类分类方法

饲料编号	饲料归类	划分饲料类别依据（%）		
		自然水分含量	干物质中粗纤维含量	干物质中粗蛋白含量
1-00-000	粗饲料	<45	≥18	
2-00-000	料绿饲料	≥45		
3-00-000	青贮饲料	≥45		
4-00-000	能量饲料	<45	>18	<20
5-00-000	蛋白质饲料	<45	<18	≥20

续表

饲料编号	饲料归类	划分饲料类别依据（%）		
		自然水分含量	干物质中粗纤维含量	干物质中粗蛋白含量
6-00-000	矿物质饲料	包括工业合成的和天然单一矿物质及矿物质预混料等		
7-00-000	维生素饲料	包括工业合成的或提纯的单一或复合维生素		
8-00-000	添加剂	指非营养性添加剂，如防腐剂、抗氧化剂、着色剂等		

注：引自《饲料与饲养学》，2010，略作改动

（三）配合饲料

配合饲料指按动物营养要求，由多种饲用原料配合而成的产品，包括最终产品能直接用于饲喂动物的全价配合饲料，也包括最终产品为中间类型的配合饲料，如预混合饲料、精料补充料及浓缩饲料。配合饲料根据所含营养成分、饲料形状和饲养对象不同分为不同的类型。

1. 按营养成分划分

（1）添加剂预混合饲料：是将一种或多种微量组分（各种维生素、微量矿物元素、合成氨基酸、某些抗菌剂的添加剂）与稀释剂或载体按要求配比均匀混合构成的中间型配合饲料产品，具有补充营养，强化基础日粮，提高饲料品质和利用率，防治某些疫病，减少饲料贮存期间营养物质损失的作用。但不能直接投喂动物，只能作为全价配合饲料的一种重要组分，通常要求添加剂预混合饲料的添加比例应为全价配合饲料重量的 1% 或更高。

（2）浓缩饲料：国外亦称平衡用配合饲料，也有的称为蛋白质 - 维生素补充饲料。一般由蛋白质饲料、常量矿物质饲料（钙、磷、食盐）和添加剂预混合饲料三部分原料构成。浓缩饲料的突出特点是除能量指标外，其余营养成分浓度很高，一般为全价配合饲料的 3～4 倍。浓缩饲料不能直接饲喂动物，须按比例与能量饲料配合后，才能构成饲喂动物的日粮。

（3）精料补充料：这种饲料由浓缩饲料和精饲料按一定比例混合而成。这种饲料常是为草食动物（鹿、麝等）生产的，不能单独构成日粮，而是用以补充采食饲草所不足的那一部分，亦即鹿、麝等草食动物在所采食的青、粗饲草及青贮饲料外，给以适量的精料补充料，即可全面满足各种营养需要。

（4）全价配合饲料：亦称全日粮配合饲料，包括全价配合颗粒饲料、全价干粉饲料及全价鲜贴食饲料等，这种饲料必须能全面满足动物的营养需要。用全价配合饲料饲喂动物时，只要喂给量足够，不必另加任何营养性物质，即可满足动物的生长和生产需求。全价配合饲料中能量饲料（谷实类及其加工副产品）占例最大，占总量的 60%～75%；其次是蛋白质饲料（豆类制油工业副产品及动物性蛋白质饲料），占总量的 20%～30%；再次是矿物质（食盐，含钙、磷的物质及微量元素添加部分），一般不超过 5%；其他如氨基酸、维生素和非营养性添加物（保健药、防腐剂、抗氧化剂、着色剂等），含量常不到总量的 0.5%。

2. 按饲料产品的形状划分

（1）粉状饲料：是将按比例混合好的各种饲料，用饲料粉碎机加工成粒度相同或相近的粉状饲料。这种饲料营养含量均匀，品质稳定，加工工艺简单，但由于颗粒度较小，同空气接触面积大，易吸潮氧化或发霉变质，贮存、运输易损耗，同时也易因动物挑食造成浪费。

（2）颗粒饲料：是将按比例混合好的粉状饲料，利用颗粒机加工而成的饲料。这种饲料

密度大，相对体积减小，可提高适口性，减少动物挑食的粉尘损耗，饲料报酬高，便于贮存和运输。由于加工过程中有热处理消毒灭菌工序，破坏了饲料中部分有害成分，故饲料安全性较高，但加工成本增加，部分维生素和酶在制粒时被破坏。颗粒饲料直径随动物体型大小而异，水貂用颗粒饲料直径常为 2～4mm，鹿为 4～8mm，长度为直径的 1.5～2.5 倍为宜。

（3）碎粒饲料：是将已制成的颗粒饲料再破碎成所需粒度，成为比颗粒饲料粒度小的碎粒状饲料。对于鸟类，采食碎粒速度比采食颗粒饲料慢，各种观赏鸟类，如环颈雉、榛鸡等育雏和产卵期使用这种饲料较好。

（4）压扁饲料：将籽实（如高粱、玉米等）去皮（喂反刍动物可不去皮），加 16% 的水，通 120℃蒸汽，再压制成片，冷却，再配以各种添加剂即成。动物利用这种饲料适口性好，并且可提高消化率和能量利用效率，喂鹿类等反刍动物较为理想。

（5）其他形状的饲料：国外的配合饲料还有团粒状、膏状、块状、液体及漂浮饲料。随着饲料工业的发展，我国也将生产出适合于不同动物，不同时期采食的各种形式的饲料。

3. 按饲料喂养对象分　　国内有水貂配合饲料，鹿配合饲料以及毛皮动物（狐、貉、海狸鼠、麝鼠、毛丝鼠）等的配合饲料。

二、饲料的营养物质

饲料中能够被动物用以维持生命、生产产品的化学成分，称营养物质（nutrient），简称养分或营养素。营养物质是饲料中的有效成分，饲料是营养物质的载体。动物需要的不是饲料本身，而是饲料中含有的营养物质。饲料来源包括植物、动物、维生素和矿质元素。人们常把这些来源不同、化学组成较稳定的可饲物质，称饲料原料。单一的饲料原料一般不直接饲喂动物。实际生产中，需根据动物生产目的和生长阶段，并按动物营养物质需要量和饲料原料中营养物质含量，将多种饲料原料科学搭配成饲粮后饲喂给动物。由于营养物质在不同饲料原料中含量不均衡，故需要对饲料中营养物质进行科学分类，并对其含量进行测定。

（一）各种营养物质的基本特点

1. 水　　水是动物不可缺少的营养物质，具有重要的营养生理功能。饲料中的水以游离水、吸附水和结合水三种形式存在。游离水存在于饲料表面和细胞间隙中，加热时易蒸发逸出，也称为自由水；吸附水为吸附在细胞内蛋白质、淀粉等胶体物质或细胞膜上的水，难以挥发；结合水是与糖和盐类通过化学键结合的水，一般情况下不会挥发，也称为结晶水。

2. 碳水化合物　　碳水化合物是多羟基醛、酮或其简单衍生物及能水解产生上述产物的化合物总称，广泛存在于植物性饲料中，是动物能量的主要来源。碳水化合物包括单糖、寡聚糖、淀粉、纤维素、半纤维素、木质素及角质等，其中淀粉是葡萄糖通过 α-1,4- 糖苷键或 α-1,6- 糖苷键聚合而成的同质多糖；纤维素是 β-1,4- 葡萄糖聚合而成的同质多糖；半纤维素是葡萄糖、果糖、木糖、甘露糖和阿拉伯糖等聚合而成的异质多糖；木质素是一种苯丙基衍生物的聚合物。由于结构和成分的差异，其对于动物具有不同的营养价值和抗营养作用。

3. 脂类　　脂类又称脂质，是广泛存在于动植物体内的一类具有某些相同理化特性的重要营养物质，其共同特点是不溶于水，但溶于多种有机溶剂。脂类作为生物膜的组成成分和能量的贮备存在于动物体内。根据脂类的结构不同被分为真脂肪和类脂肪两大类。

4. 蛋白质　　蛋白质是由氨基酸组成的一类含氮化合物。蛋白质是生命的物质基础，在动物营养中的作用广泛而重要，不能被其他营养物质代替。饲料中含氮物质除了真蛋白质外，还有非蛋白质含氮化合物，称非蛋白氮（NPN），如游离氨基酸、肽、酰胺、生物碱、有机碱、氨、尿素、尿酸等，其中氨基酸、肽、谷氨酰胺和天冬酰胺对动物的营养价值与真蛋白质相同；尿素等其他 NPN 对反刍动物营养价值高，对单胃动物营养价值很低。

5. 矿质元素　矿质元素（原称矿物质）是在动物维持生命和生产过程中有重要作用的一大类无机营养物质。其作用包括维持体内内环境、组成骨骼、作为酶的活化剂和成分、组成激素成分等。矿质元素又分为必需矿质元素、非必需矿质元素及常量元素和微量元素。必需矿质元素是指在动物生理和代谢过程中有明确功能，必需由饲料提供，供给不足则产生特有缺乏症，及时补充则症状减轻或消失的矿质元素，包括钙、磷、镁、铁、锌、锰、铜、硒、碘、钠、钾、氯、铬、氟和砷等；由于人们已经了解了钼、氟、铬、砷等元素在动物体内的生理作用，故也应算作必需微量元素。非必需矿质元素是指那些还没有发现在动物体内有确切的生理作用的矿质元素，包括铝、镉、砷、铅、锂、镍、钒、锡、溴、铯、汞、铍、锑、钡、铊、钇等。常量元素是指那些占动物体重的 0.01% 以上的无机元素，包括钙、镁、钾、钠、磷、氯、硫。微量元素是指那些占动物体重 0.01% 以下的无机元素，包括铁、铜、锌、锰、碘、硒、钴 7 种元素。

6. 维生素　维生素是一类动物必需的低分子有机物质，根据溶解性质不同，分为脂溶性维生素和水溶性维生素。维生素营养具有两个特点：一是动物体正常代谢对维生素的需要量很少；二是维生素都有各自明确的生理作用。常见维生素有 14 种，其中脂溶性维生素有 4 种，即维生素 A、维生素 D、维生素 E 和维生素 K；水溶性维生素有 10 种，即硫胺素（B_1）、核黄素（B_2）、泛酸（B_3）、胆碱（B_4）、烟酸（烟酰胺，B_5，PP）、维生素 B_6（吡哆醇）、维生素 B_{12}、叶酸（B_{11}）、生物素（维生素 H）和抗坏血酸（维生素 C），前 9 种合称为 B 族维生素。动植物体内都含有各种维生素，但含量和种类变化较大。动物机体内几乎不能合成维生素（维生素 C 除外），植物和微生物可以合成维生素，所以动物需要的维生素要由食物提供，但动物消化道的微生物可以合成 B 族维生素和维生素 K。每一种维生素都有特殊的生理作用，一般在动物体内代谢过程中，作为活性物质的辅基或辅酶；有的是激素组成成分或其抗氧化作用等。动物饲粮中缺乏所需的维生素时，会出现维生素缺乏症，甚至死亡。

（二）能量

1. 能量的概念　能量定义为做功的能力。在动物机体内做功的能量形式表现为化学能、热能和机械能。能量在动物体内的代谢遵循热力学第一定律（能量守恒定律），即能量在动物体内的代谢过程中数量不增不减，只是不同形式间的转换，其转化效率也不尽相同，最终以热能的形式散发或沉积到动物产品中。一切生命活动都需要能量驱动，化学能储存在碳水化合物、脂肪和蛋白质三大营养物质的化学结构中，三大营养物质在机体内进行物质代谢的同时，也进行能量代谢。动物可以将饲料中的化学能转变成机械能、热能用于维持、生长、繁殖和生产等活动。

2. 能量的来源　动物通过氧化碳水化合物、脂肪和蛋白质获得能量，而饲料是三大营养物质的载体。饲料干物质的 70%～85% 在体内氧化供能，所以动物需要的能量来源于不同饲料。三大营养物质的代谢伴随能量转换，合成代谢消耗能量，分解代谢释放能量。体内物质与能量代谢的关系见图 1-3-1。

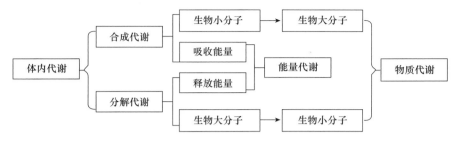

图 1-3-1 动物能量代谢与物质代谢的关系

(计成，2008)

三种有机物在体外测热器中完全燃烧释放的热量：碳水化合物为 17.50kJ/g；脂肪为 39.54kJ/g；蛋白质为 23.64kJ/g。各类营养物质含能的多少，取决于其所含化学元素的成分，特别是氧原子在化合物中的比例。如化合物中含氧原子少，碳、氢原子多，则燃烧需外来的氧原子多，产生热量也多。

正常情况下，能量主要来自饲料中的碳水化合物。淀粉及一些糖类，是单胃动物主要的能量来源；反刍动物还可以从纤维素和半纤维素中得到所需的部分能量。饲料中的脂肪和脂肪酸、蛋白质和氨基酸在体内代谢也可以提供能量。脂肪提供的能量是碳水化合物的 2.25 倍，但脂肪在饲料中的含量远不如碳水化合物多。蛋白质在体内氧化不完全，氨基酸脱氨基生成尿素或尿酸中含有能量，因此每克蛋白质体内产热较体外少 5.44kJ。蛋白质资源比较缺乏，作为能源价值昂贵，且过多的氨基酸代谢对机体不利，一般不作为能量的来源。但鱼除外，由于鱼类代谢的特点，蛋白质是能量的主要来源。另外，当饲料来源的能量不能满足动物总能量需要时，机体开始动用体内贮备的糖原、脂肪和蛋白质提供能量。

3. 能量代谢 饲料中营养物质在体外燃烧释放的能量不能完全转化为能被动物利用的有效能，营养物质在被动物采食、消化、吸收、代谢的过程中伴随一部分能量的损失。能量在动物体内代谢过程见图 1-3-2。

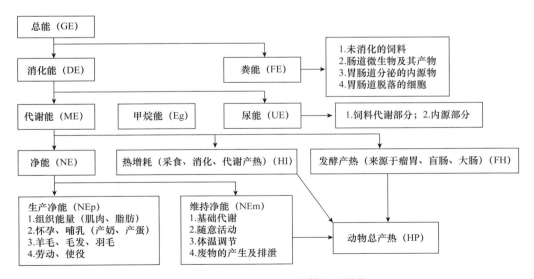

图 1-3-2 饲料能量在动物体内的转化

(计成，2008)

（三）饲料中营养物质的基本功能

1. 动物体组织的成分　动物的肌肉、骨骼、皮肤、内脏、血液、神经、结缔组织、腺体、精液、毛发、牙齿、茸、角、喙等组织器官均以蛋白质、脂类、碳水化合物、矿质元素和水等营养物质为基本成分。故营养物质是动物维持生命活动和生长繁殖必不可少的物质。

2. 动物所需能量的来源　动物维持生命活动和生产产品所需要的能量来源于饲料中的碳水化合物、脂类和蛋白质。碳水化合物由于在动物的常用饲料中含量较多，是供能的最主要和最经济的来源；脂类能值最高，是动物体内贮存能量的最好形式；蛋白质也可以氧化供能。

3. 体内活性物质的组成成分　动物体内的代谢过程是在酶和激素等活性物质的调控下进行的。维生素、矿质元素、氨基酸、脂肪酸是这些活性物质的组成成分。当这些营养物质缺乏时，影响到活性物质的合成，动物正常代谢就会出现紊乱。

4. 形成肉、茸、毛等产品的原料　饲养动物的目的是在维持动物生命和健康的前提下，为人类提供畜产品。肉、茸、毛等产品是饲料中的营养物质经过在动物体内进行一系列代谢后的最终表现形式；也就是说，饲料中的营养物质是动物产品中成分的来源。

三、日 粮 配 合

（一）日粮及日粮配合的概念

日粮（ration）是指满足一头（只）动物一昼夜所需各种营养物质而采食的各种饲料总量。在动物生产实践中，除极少数动物尚保留个体单独日粮饲养外，通常均采用群饲。为便于饲料生产工业化及饲养管理操作机械化，常将按群体中"典型动物"的具体营养需要量配合成的日粮中各原料组分换算成百分含量，而后配制成满足一定生产水平类群动物要求范围的混合饲料。在饲养业中为区别于日粮，将这种按百分比配合成的混合饲料称饲粮（diet）。依据营养需要量所确定的饲粮中各饲料原料组分的百分比构成，就称为饲料配方（formula）。

日粮、饲粮及配合饲料间存在着极其密切的关系。上述三者都以具体饲喂对象的营养需要量（饲养标准）为依据，而不是无科学根据的随意混合。故日粮、饲粮和配合饲料必须符合某饲养对象或其类群的具体营养需求。此外，拟制饲料配方的人还必须掌握组成配合饲料的各种饲用原料的有关知识，如饲用原料的成分结构、营养价值、容积、适口性及其他与饲喂对象有关的特性。因此，饲料配方就是以具体饲喂对象营养需要量为依据，考虑所用饲料组分的具体情况进行科学搭配、补充并计算出各个构成组分含量所占百分数量的配合方单。

（二）饲养标准与日粮配合的关系

饲养标准是指依据动物种类、性别、年龄、体重、生理状态、生产目的与生产水平，用生产实践中积累的经验结合科学试验（平衡试验与饲养试验等）所取得的结果，进行归纳、整理得出的每天应供给动物的各种营养物质量。通常饲养标准中都附有相应动物常用饲料营养成分和营养价值表，以利于实际应用。在实际饲养过程中，通常是根据饲养标准规定的各种营养物质需要量，选用适当的饲料为具体饲喂对象配合成各种日粮。日粮常是由数种饲用原料按不同比例构成。日粮中所包含的各种营养物质种类、数量（浓度）以及诸营养物质间的比例，能全面满足饲喂对象营养需要者，称为平衡日粮或全价日粮。

饲养标准是科学饲养的依据。按相应饲养标准饲养就可避免饲养实践中的盲目性。实践证明，饲养不足与饲养过度均对动物健康与生产性能呈现不利影响。养殖业生产实践中由于饲养不合理造成不良后果的实例并不少见。日粮配合是饲养实践中的重要环节之一。日粮配合合理与否，直接影响养殖动物生产性能的表现、饲料资源的利用及产品养殖业的经济效益。

（三）日粮配合的原则和必须掌握的参数

1. 在配合日粮时必须遵循的原则

（1）日粮是为了满足具体动物全面营养需要，因此配合日粮时，首先必须以饲喂对象的营养需要或饲养标准为基础，再结合具体动物在实践中的生产反应，对标准给量进行适当调整，即灵活使用饲养标准。

（2）配合日粮时，除考虑供给营养物质的数量外，也必须考虑所用饲料的适口性。尽可能配合一个营养完全、适口性良好的日粮。

（3）配合日粮时，饲用原料的选择应使所配日粮既能满足饲喂对象的营养需求，又具有与其消化道相适应的容积。同时，所选饲料的性质也必须符合饲喂对象的消化生理特点。

（4）除上述诸项外，配合日粮时，饲用原料的选择必须考虑经济核算原则，即尽量因地制宜，选取适用且价格低廉者。

2. 日粮配合的重要参数　　配合一种有科学依据的完善日粮，除依照上述原则及参考各种影响因素外，必须掌握下列参数：

（1）相应的营养需要量（饲养标准）。

（2）所用饲料的营养物质含量（饲料成分及营养价值表）。

（3）饲用原料的价格。

目前对特种动物（毛皮动物、药用动物等）的营养研究尚未十分透彻，饲养标准更有待制订。因而对这类动物，可将有关文献中发布的经验数值和饲养定额作为依据，有时亦可参考性质相近的畜禽有关资料。

（四）配合日粮的方法

配合日粮是一项繁琐的运算过程。在计算机尚未在畜牧业中得到应用的年代，人们为了简化繁杂的运算而创立了各种简化配合日粮过程的方法（如试差法、四边形法、联立方程法、配料格与配料尺等）。随着分析手段的进展及营养科学研究的深入，饲养标准中规定的指标逐渐增多。有些饲养标准中规定的指标已由原来的6～7项增加到20余项，甚至更多。在此种情况下靠手算几乎是不可能的。随着计算机技术的进展与普及，应用线性规划方法使这一运算过程大大加快，当前盛行的计算机最低成本配方即是。为了使用计算机运算日粮配方，必须掌握有关配合日粮的基本知识和原理，即掌握常规配合日粮的基本方法与步骤。现主要介绍热量法和重量法两种特种动物配合日粮的方法。

1. 热量法　　该法是以动物每日所需代谢能为基础，根据其所处生物学时期的营养需要，确定其1d所供给代谢能总量，再依据现有饲料种类确定各种饲料占日粮代谢能总量的比例和饲料供给量。为检查配制的日粮是否适合，应计算该日粮中可消化蛋白质的含量，必要时还应进行限制性氨基酸含量计算，以便搞清日粮中蛋白质是否全价。对于不发热或发热量低的添加剂饲料，常按每日每只需要量添加。例如，现有饲料为：海杂鱼、牛肉、猪肝、牛奶、混合粮食粉、大头菜、酵母。欲配制雌貂准备配种前期日粮，上述饲料应各占多少克？

第一步，通过查找水貂雌貂准备配种前期的营养需要，确定为日粮的总代谢能为1.045MJ，可消化蛋白质为25g。

第二步，根据经验或已知的饲料配方确定各种饲料的比例为：0.418MJ中海杂鱼占25%，牛肉占20%，猪肝占15%，牛奶占10%，混合粮食粉占25%，大头菜占2%，酵母占3%。

第三步，通过查找饲料营养成分表查出各种饲料所含有的代谢能，再计算出0.418MJ中各种饲料在日粮中的相应重量：

海杂鱼 1.045MJ（0.418MJ×25%）÷0.351MJ/100g＝29.77g

牛肉 0.0836MJ（0.418MJ×20%）÷0.577MJ/100g＝14.49g

混合粮食粉 0.1045MJ（0.418MJ×25%）÷1.020MJ/100g＝10.24g

猪肝 0.0627MJ（0.418MJ×15%）÷0.535MJ/100g＝11.72g

大头菜 0.00836MJ（0.418MJ×2%）÷0.059MJ/100g＝14.28g

牛奶 0.0418MJ（0.418MJ×10%）÷0.334MJ/100g＝12.50g

酵母 0.01254MJ（0.418MJ×3%）÷0.957MJ/100g＝1.31g

第四步，计算1.045MJ中，各种饲料的质量：

海杂鱼 29.77g×2.5（1.045MJ/0.418MJ）＝74.43g

牛肉 14.49g×2.5（1.045MJ/0.418MJ）＝36.23g

混合粮食粉 10.24g×2.5（1.045MJ/0.418MJ）＝25.60g

猪肝 11.72g×2.5（1.045MJ/0.418MJ）＝29.30g

大头菜 14.28g×2.5（1.045MJ/0.418MJ）＝35.70g

牛奶 12.50g×2.5（1.045MJ/0.418MJ）＝31.25g

酵母 1.31g×2.5（1.045MJ/0.418MJ）＝3.28g

7种饲料合计235.92g，即每只貂每天喂给含1.045MJ能量的日粮235.92g。

第五步，根据饲料营养成分表查出日粮中各种饲料的可消化蛋白质含量，计算该日粮中可消化蛋白质总量，验证所配日粮的蛋白质能否达标，如过高，就降低蛋白饲料比例，提高能量饲料比例；反之，提高蛋白饲料比例，降低能量饲料比例，使其满足水貂对蛋白质的需要。查饲料营养成分表得知各种饲料原料可消化蛋白质含量，可消化蛋白质量计算如下：

海杂鱼 74.43g×13.80%＝10.27g　　　　牛肉 36.23g×18.87%＝6.84g

混合粮食粉 25.60g×7.19%＝1.84g　　　　猪肝 29.30g×12.97%＝3.75g

大头菜 35.70g×1.00%＝0.36g　　　　牛奶 31.25g×3.20%＝1.00g

酵母 3.38g×38.46%＝1.30g

7种饲料合计为25.36g，已满足准备配种前期的雌貂需要，故不用调整。

第六步，根据需要添加添加剂，最后按照要求，加工配制成混合饲料，粮食要粉碎并熟化处理，日粮组成要均匀稳定。

2. 重量法　以动物每天对需要日粮的总重量为基础，首先根据动物所处的生理时期初步确定日粮总重量；然后根据经验或已知饲料配方确定各种饲料的重量比；第三步根据日粮总重量和各类饲料所占重量比，计算各种饲料重量；第四步通过查阅饲料营养成分表，查出各种饲料的可消化蛋白质含量和代谢能，据此计算每种饲料代谢能和可消化蛋白质的数量；第五步查代谢能和可消化蛋白质是否满足营养需要，如不满足，再做调整。例如，某养狐场现有 100 只妊娠母狐狸，中等体况，饲料种类有海杂鱼、痘猪肉、玉米面、大豆面、小麦粉、胡萝卜、大白菜、骨粉、食盐及各种维生素等，请配制中等体况妊娠母狐狸的日粮。

第一步，确定中等体况妊娠母狐狸的日粮采食量为 680g，添加剂（骨粉、食盐和维生素等）按不含能量和蛋白质计算，应扣除添加剂 10g，剩余 670g。

第二步，确定各种饲料比例：海杂鱼 32%、痘猪肉 12%、玉米面 10%、大豆面 2%、小麦粉 4%、胡萝卜 8%、大白菜 32%，共 100%。

第三步，计算各种饲料用量：

海杂鱼 670×32%＝214.40g　　　　　痘猪肉 670×12%＝80.40g

玉米面 670×10%＝67.00g　　　　　豆面 670×2%＝13.40g

小麦粉 670×4%＝26.80g　　　　　胡萝卜 670×8%＝53.60g

大白菜 670×32%＝214.40g

第四步，查找饲料营养成分表，确定各种饲料的可消化蛋白质量和代谢能。

海杂鱼 214.40g×0.351MJ/100g＝0.75MJ　　痘猪肉 80.40g×0.594MJ/100g＝0.48MJ

玉米面 67.00×1.0671MJ/100g＝0.72MJ　　豆面 13.40×1.0251MJ/100g＝0.14MJ

小麦粉 26.80×1.0251MJ/100g＝0.24MJ　　胡萝卜 53.60×0.1251MJ/100g＝0.07MJ

大白菜 214.40×0.059MJ/100g＝0.13MJ

合计：2.53MJ。

可消化蛋白质量计算过程：

海杂鱼 214.41×3.8%＝29.58g　　　　　痘猪肉 80.40×18.5%＝14.87g

玉米面 67.00×6.5%＝4.36g　　　　　豆面 13.40×20.3%＝2.72g

小麦粉 26.80×7.6%＝2.04g　　　　　萝卜 53.60×1.1%＝0.59g

大白菜 214.40×1.1%＝2.36g

合计：56.52g。

第五步，能量和蛋白质基本满足狐狸的营养需要。查找妊娠母狐狸（中等体况）饲养标准得知，每日每只母狐狸代谢能和可消化蛋白质需要量分别为 2.52MJ 和 56g，所配日粮可以满足营养需要，日粮配方不需再作调整。

（马泽芳　崔　凯）

第二章 特种动物养殖场的兽医卫生及疫病防控基础

第一节 饲料与饲养的卫生要求

一、饲料及加工的卫生质量要求

饲料是动物的食物，动物饲料中的各种营养物质是维持动物正常生命活动和最佳生产性能所必需的。营养物质供应不足，不仅会引起特种动物体内代谢异常、生化指标变化和缺乏症的出现，而且会影响动物生长或产品生产。因此，特种动物的饲料应根据其营养需要合理配制。在保证动物饲料营养品质的同时，其卫生质量同样不可忽视。动物饲料的卫生质量是饲料产品质量的主要组成部分，是指动物饲料中有毒有害物质和微生物的含量及其对动物的危害程度。饲料在生产、经营和饲喂特种动物过程中因不同原因受到污染，产生了不卫生或不安全的饲料，这种饲料中的有毒有害物质会通过生物链进入动物体内被富积在畜产品中，而后通过食物链进入人体，在人体内蓄积并造成直接危害。它不仅影响到动物对营养物质的吸收和利用，而且严重威胁人类的身体健康。影响饲料卫生质量的因素主要包括饲料原料本身因素、环境因素和人为因素等。

（一）对饲料原料本身的卫生要求

饲料原料是影响饲料卫生质量的根源。饲料原料本身因素是指饲料本身存在的抗营养因子和含有的有毒、有害物质，如棉籽饼中的棉酚与环状丙烯酸类、大豆及大豆粕中抗胰蛋白酶、β-伴球蛋白质；菜籽饼粕中的硫葡萄苷的水解产物恶唑烷硫酮、腈等；其他豆类中的胰蛋白酶抑制因子、血球凝集素、致甲状腺肿素、抗原蛋白；青饲料中转变的亚硝酸盐等，这些物质干扰饲料中养分的消化、吸收和利用，阻碍养分和消化酶扩散，导致生长速度和饲料消化率下降。这是饲料中自然存在的成分，多数是植物的次生代谢产物。它们在饲料中的含量因饲料植物种属、生长阶段、耕作方法、加工和搭配不同而有很大差异。有条件的饲料企业应检测其含量，并进行脱毒处理，减少其危害。

（二）对饲料环境因素的要求

饲料在生长、加工、贮藏与运输等过程中，被环境中有毒、有害物质所污染。如工业产生的废水、废气、废渣，生存环境的日益污染，无节制和不合理使用农药、化肥污染、及环境中的有害菌与致病菌，如沙门菌、大肠埃希菌、结核菌、链球菌等，时刻威胁着饲料的卫生与安全。因此，从现实状况看，环境因素的危害程度比饲料本身的危害程度更严重，其中以生长期、贮藏期霉菌繁殖产生毒素、农药、灭鼠药重金属的污染更为突出。

（三）人为因素的影响

在饲料生产的各环节，离不开人类参与。由于人为作用造成的饲料卫生安全事件时有发生，如不合理的施肥、杀虫、加工、贮藏等，均可导致饲料成分及质量改变，影响饲料的营养价值和安全性，引起动物机体的机能或器质性病理变化，发生中毒性疾病。近年来，饲料添加剂的广泛运用改善了饲料品质，提高了饲料报酬，提高了畜产品品质，但配比不当，添加过量，无标准使用等会产生严重后果。抗生素虽可以促进动物生长和提高动物对饲料的利用率，但长期超剂量使用抗生素添加剂，会使动物体内细菌产生耐药性，出现抗生素无法控制体内细菌感染的情况。为此，有些国家禁止或限制饲料中使用人畜共用抗生素。此外，虽然有些抗生素如青霉素、磺胺类药物使用量很少，但也会使部分人群发生过敏反应。

二、饲料加工的卫生质量要求

科学合理地使用加工设备和控制好加工工艺参数，能破坏饲料中的有毒、有害物质，减少营养物质损失，提高饲料品质；反之，会导致饲料品质下降，产生卫生与安全问题。饲料原料在粉碎、输送、混合、制粒、膨化等特殊加工过程中，氨基酸、维生素等有机物会发生降解，矿物元素之间由于氧化还原反应等形成了一系列复杂的化合物，一方面降低了饲料中有效成分的效价，另一方面产生了有害物质的污染。具体表现主要在以下几方面：

1. 饲料成分搭配不当，导致相互产生拮抗作用　在矿物质饲料之间，维生素饲料之间，矿物质饲料与维生素饲料之间存在许多相互协同和拮抗关系，如钙、锌间存在拮抗作用，饲粮中钙量过多会引起锌不足；磷过量时，可影响微量元素中铁的吸收和利用，添加亚铁盐添加剂时，不宜添加过量含磷高的添加剂，磷过量会降低亚铁盐的吸收利用；锰过量对维生素 A 有破坏作用，会妨碍铁的吸收，影响血红蛋白形成从而造成贫血。因此在配合饲料时应清楚各种饲料的协同和拮抗作用，才能达到最佳的配合效果。

2. 饲料混合不均匀，导致中毒现象　饲料中添加量比较少的元素，特别是微量元素，如硒，量小毒性大，其混匀度低于 7%，常发生中毒现象；实际生产过程中影响饲料混合均匀度的因素很多，包括混合机的种类、混合时间、混合机装载系数、饲料粒度、添加比例和原料物特性（固体或者液体等）。

3. 高温导致饲料变性　在饲料加工过程中，温度控制不好，温度过高产生有毒物质，如鱼粉若加热过度，蒸汽压力高到 8～10 个大气压，温度 180℃以上，加热时间超过 2h，就会产生一种有害物质——肌胃糜烂素。

此外，饲料生产过程中的混杂污染也是影响饲料卫生与安全的一个重要因素。

三、饮水的卫生要求

动物饮水与饲料一样，是维持动物生命活动与保证生产性能的重要物质基础。缺水、水质不良及水污染，都会对动物的健康、生长和生产性能带来严重的影响。因此，保证饮水的卫生质量，是动物饲养与管理工作中的重要环节。饮水的卫生质量指标包括水的感官性状指标、化学指标和细菌学指标三个方面。

（一）水的感官指标

水的感官指标包括水的温度、色度、浑浊度、臭味和肉眼可见物质等。动物对感官性状指标的要求虽不如人饮水要求严格和敏感，但仍应要求饮水无色、透明、无异臭和无异味。感官性状不良会降低动物的饮水量，使动物采食量下降，生产水平降低。水的感官指标可参照人饮用水的标准。

（二）水的化学指标

水的化学指标包括水的 pH、总可溶性固体物、硬度、硫酸盐、氯化物、硝酸盐与亚硝酸盐、铁、铜、锰、锌和有毒元素等。

1. pH 水的 pH 一般在 7.2～8.5，呈弱碱性。当水质出现偏酸或偏碱时，表示水有受到污染的可能。饮用水以中性或弱碱性为宜。

2. 总可溶性固体物 可溶性固体物（TDS）指水中溶解性无机盐（钙、镁、钠的碳酸氢盐、氯化物及硫酸盐等）及部分有机物总称。水中 TDS<1000mg/L 对经济动物较安全。

3. 硬度 水的硬度指溶于水中的钙、镁等盐类总含量，铁及其他矿物质有时也占一小部分。饮用水硬度高，可使人畜出现胃肠功能紊乱、消化不良和食欲减退，使泌尿系统结石发病率增高。水质也不宜过软，否则口感差，经济动物经水摄入的无机盐量也会减少。

4. 硫酸盐 水中硫酸盐含量一般应不超过 250mg/L（以硫酸根计）。硫酸盐含量过高可影响水味并引起动物轻度腹泻。经济动物对硫酸盐的敏感性相差很大

5. 铁 地下水中铁的含量较地面水高（天然水中铁含量可有微量到 3mg/L）。饮水中含铁对机体无害，但含铁量高的水具有特殊的铁腥味，降低其适口性。

6. 锰 微量锰即可使水呈黄褐色，锰的氧化物能蓄积在水管壁上导致水质变黑，出现所谓的"黑水"现象。国标规定饮水中锰的含量不得超过 0.1mg/L。

7. 铜 水中的铜含量超过 1.5mg/L，会使饮水产生金属异味。长期饮用高铜水，可引起腹部不适和肝脏病变。

8. 锌 水中锌含量为 5～10mg/L 时，有金属涩味，使水浑浊，长期摄入较多的锌，可刺激胃肠道。饮用水中锌含量过高时，可引起经济动物锌中毒。

9. 挥发性酚类 挥发性酚类随着工业废水污染水体，可使水产生异臭味。对水进行加氯消毒时，酚与氯结合产生氯酚。经济动物饮用被挥发性酚类污染的水，可导致消化机能紊乱，贫血并出现神经症状。

（三）水细菌学指标

水中可能含有多种细菌，其中以埃希杆菌属、沙门菌属及钩端螺旋体属最常见。评价水质卫生的细菌学指标常有细菌总数和大肠菌群数。水中非致病性细菌含量较高时可能对动物机体无害，但饮水卫生要求的原则是水中细菌越少越好。动物饮用水每毫升细菌总数应不超过 100 个，每升水中大肠菌群应不超过 3 个。饮用水只要加强管理和消毒，一般均能达标。

（四）饮用水的净化和消毒

未经处理的水源水质常不易达到饮用水水质标准的要求，若直接饮用不能保证饮用安全，故须对水源水进行净化与消毒。水体净化的方法包括沉淀和过滤，目的是改善水的物理性状，除去水中悬浮物质，也可以除去一部分病原体。消毒的目的是杀灭水中病原体，预防介水传染病的发生和流行。一般浑浊的地面水需沉淀、过滤和消毒，较清洁的地下水可不经沉淀过滤，只需消毒处理即可，如水中含有某些特殊有害物质，另需特殊处理。

（五）水的消毒

水经过沉淀过滤后物理性状已大为改善，并可除去大部分病原微生物，为了防止介水传染病的传播，确保饮用安全，需采取消毒处理彻底消灭病原体。水的消毒方法很多，概括起来包括两类：一类是物理消毒，如煮沸、紫外线、超声波等；另一类是化学药剂消毒，如氯、臭氧、高锰酸钾、溴、碘等，其中常用的是氯化消毒法，其杀菌力强，使用方便。

第二节　饲养场平时的卫生消毒措施

一、饲养场常规卫生防疫措施

卫生防疫是指养殖场针对各种传染病采取的预防、控制，并逐渐消灭其发展和流行的措施，以保证养殖场正常的生产运行。一般指为增进经济动物健康，预防疾病而采取的场内外的卫生措施，既包括在未发生传染病时的预防措施，还包括发生传染病时采取的一系列扑灭措施。目前，各种经济动物养殖场主要贯彻"预防为主、养防结合、防重于治"的方针，在加强饲养管理和兽医卫生监督的基础上，切实做好经济动物的检疫、免疫、封锁、隔离、消毒、杀虫、灭鼠等常规性工作，采取综合性防治措施，最终达到控制和消灭相应传染病的目的。

（一）场内各区在卫生防疫上的要求

1. 养殖场在分区上的要求　　养殖场布局主要分为生产区、饲料加工区及仓库、行政管理区和生活区。各功能区之间既要联系方便，又要严格分开。生产区应位于主风向的上风向及地势较高处，生产区栋舍与栋舍之间的距离应在25m以上。

2. 生产管理区上的要求　　生产管理区主要包括养殖场办公设施及与外界接触密切的生产辅助设施。该区与日常饲养工作关系密切，与生产区距离不宜远。

3. 隔离区上的要求　　隔离区包括发病经济动物隔离舍、兽医诊断室、解剖室、尸体焚烧处理和粪便污水处理场等，都应建在下风或偏风方向、地势低处，距离不少于200~500m。粪便须送到围墙外，在粪污处理池内进行发酵处理。

4. 生活区上的要求　　生活区应设在生产区的上风向，且便于与外界联系，与生产区应有200~250m的距离。

5. 对养殖场周围区域的要求　　养殖场周围禁养其他动物。本场职工、家属一律不准私自养猪、鸡或其他动物。场内食堂的肉或蛋、禽自给，职工家属用肉、蛋及其制品也应由本场供给，不准外购。已出场的特种动物及其产品一律不准回流。

（二）切断传染源

（1）养殖场大门、生产区入口，要建宽于门口、长于货运汽车轮一周半的水泥消毒池（加入适当消毒液）或者配备消毒机等消毒设备，栋舍入口处建消毒池，生产区门口必须建更衣室、消毒池和消毒室，以便车辆和工作人员更换作业衣、鞋后进行消毒。养殖场原则上应谢绝参观，外来人员不得进场，确因工作需要必须进场的需沐浴更换本场新工作服后方可进场。场外运输车辆和工具不准入场，场内车辆不准外出。

（2）养殖场要严格执行"全进全出"或"分单元全进全出"的饲养管理制度。每批经济动物转出后，要对栏舍、饲养用具等进行彻底清洗和消毒，空置 2 周后方可再进动物。

（3）饲养人员不能随意窜舍，并禁止相互使用其他栏舍的用具及设备。

（4）运料车不应进入生产区，生产区的料车工具不出场外。

（5）水质要清洁，没有自来水水源条件的养殖场，最好打井取水，地下水位应在 2m 以下，不能用场外的井水或河水。

（6）从外地或外国引进场内的经济动物，要严格进行检疫，隔离观察 20～30d，确认无病后，方准进入舍内。

（三）场内卫生制度

（1）保持舍内清洁卫生，温度、湿度、通风、光照适当，避免各种逆境因素。

（2）料槽、水槽定期洗刷消毒，及时清理垫料和粪便，减少氨气的产生，防止通过垫料和粪便传播病原微生物及寄生虫。

（3）根据本场实际情况，制定合理的动物疫病免疫程序和驱虫程序。

（4）做好免疫接种前、后的免疫监测工作，以确定免疫时间，保证免疫效果；做好驱虫前、后的虫卵和虫体监测，以确保驱虫时机与驱虫效果。

（5）在养殖场内发现患兽时，应立即送隔离室，进行严格的临床检查和病理检查，病死动物尸体直接送解剖室剖检，必要时进行血清学、微生物学、寄生虫病学检查，以便及早确诊及时治疗。集中烧毁或深埋病畜尸体，切忌乱扔或食用。

（6）经常开展杀虫、灭鼠、灭蚊蝇，控制飞鸟，消灭疫病的传播媒介。

（四）建立检疫制度

依照检疫性质、种类和范围，经济动物检疫主要包括生产性、贸易性和观赏性 3 种检疫种类，依据检疫地点又分为产地检疫（集市检疫、收购检疫），运输检疫，口岸检疫等。经济动物的传染病种类较多，但根据我国国情仅以口蹄疫，蓝舌病，鹿流行性出血热，伪狂犬病，狂犬病，日本乙型脑炎，细小病毒感染（犬、猫、貂），兔黏液瘤，兔出血症，犬瘟热，貂阿留申病，炭疽，结核病，野兔热，巴氏杆菌病，钩端螺旋体病，布鲁菌病等作为重点检疫对象。实践证明，经济动物饲养中的引种和串种检疫是防止侵袭性疾病的关键，应特别重视。在检疫过程中，尤其要严格执行兽医法规，上报疫情，严肃处理，否则后患无穷。

（五）封锁

当发生烈性、传播迅速、危害严重的传染病时，为将疫情控制在最小范围内，应划定疫区并采取封锁措施，以保证疫区以外受威胁地区的动物不被侵袭。实践表明，在发生烈性传染病时，实施早、快、严、小的原则进行封锁，然后针对传染源、传播途径和易感动物三个环节采取相应的措施，可取得良好的效果。对封锁区应设立醒目的标志，严禁易感动物出入，对进出封锁区的非易感动物、人、车、物进行严格消毒。封锁区内的动物专人管理，并根据实际情况进行紧急接种、治疗或扑杀处理。一切排泄物和污染物均按兽医卫生法规定处置，至于病死、扑杀毛皮动物的皮张应经消毒等无害化后处理后方准运出。通常应在最后一个病例痊愈或死亡、扑杀后经过本病的最长潜伏期，并再无新病例发生，经过终末消毒后通过有关部门批示并公布后可解除封锁。当然，在封锁解除后，一些处于康复期的经济动物特别是毛皮动物如水貂、狐狸等是不允许外运或出售的，防止扩散传染。

（六）隔离

当动物群发生疫病时，根据诊断、检疫结果分为患病群、疑似感染群和假定健康群3类，并分别进行隔离饲养观察，以便就地控制、消灭传染源蔓延扩散。隔离是传染病综合性防治措施中的重要组成部分。患兽指有明显临床症状的动物或其他诊断、检疫方法查出的阳性动物。患兽应隔离到偏僻处或场内一角，限制活动，专人饲养、治疗，出入必须严格消毒，加强兽医监督。疑似感染动物指曾与患兽在同舍或同笼内饲养接触的动物，可能处于感染后的潜伏期阶段。这类动物应经消毒后集中到场内一角或一室，限制其活动，专人饲养观察，视情况可采取紧急接种或治疗。在规定时间内如不出现发病者，可视为假定健康群。假定健康动物指与患兽未接触或虽在同舍但并非同室或同笼的动物，这类动物一般就地饲养于经彻底消毒后的原动物舍或原场内，也可迁移到新舍，专人管理，进行全群紧急预防接种。

二、卫生消毒及常用消毒药

消毒是消除或杀灭传染源排放于外环境中的病原体的一种措施，是切断传染病传播途径，阻止侵袭性疾病蔓延流行的重要手段，是综合性防治措施中的重要组成部分。

（一）消毒的种类

按消毒的目的与时间分为预防性消毒与疫源地消毒两种。

1. 预防性消毒　　指未发现传染源的情况下，以预防为主的定期消毒方式，包括舍栏、地面、饲饮用具、加工器具、笼箱等的消毒，以消除可能污染或存在的病原体。

2. 疫源地消毒　　对有传染源存在的场所进行的消毒，其目的是防止病原蔓延扩散，控制疾病的发生与流行。疫源地消毒还包括牧场和牧道消毒在内，疫源地消毒又分为临时消毒和终末消毒两种。

（1）临时消毒：指在监测时，发现或怀疑存在病原体的情况下，所采取的紧急消毒措施，其目的是及时消灭传染源，消毒应反复多次进行。

（2）终末消毒：指在疫区解除封锁前进行的一次全面彻底消毒，包括对栏舍、水源地、用具、笼具、物品等的消毒，目的在于消灭一切可能残留的病原体以达到全面净化的要求。

（二）消毒方法

1. 物理消毒法　　指利用物理因素灭杀或消除病原微生物及其他有害微生物的方法，主要依靠自然净化、机械、热、光、电、声、微波和放射能等物理方法杀灭病原体或使其丧失感染性。

（1）机械消毒法：指单独使用机械的方法去除病原菌，包括清扫、洗刷、通风和过滤、经济动物被毛的刷拭等。虽然机械性除菌只能使病原微生物减少，不能杀死病原菌，但可增加其他消毒法的效果。

（2）热力消毒法：是一种应用最早、效果最可靠、使用最广泛的消毒法。通过各种高温使病原体蛋白或酶变性或凝固，新陈代谢发生障碍而死亡，达到消毒的目的。热力消毒可分为湿热与干热两大类，干热法比湿热法需要更高的温度与较长的时间；湿热消毒灭菌是由空气和水蒸气导热，传热快、穿透力强，湿热灭菌法比干热灭菌法所需温度低、时间短。

（3）光消毒法：包括自然光消毒和紫外光消毒两种。自然光消毒，由于光通过大气层散射和吸收而使紫外光减弱或损失，故需要照射较长时间促使病原体水分蒸发干燥和紫外光双重作用而达到杀灭目的。紫外光的杀菌作用早已肯定，人工紫外光灯常用于栏舍、实验室、衣物、器具和水的消毒，效果显著，但紫外光对动物和人有危害，使用时应多加注意。

2. 生物消毒法　　指利用一些动物、植物、微生物及其代谢产物进行杀灭或清除病原体的方法。自然界中有些生物在生命活动中可形成不利于病原微生物生存的环境，从而间接地杀灭病原体。如粪便堆放发酵中，利用嗜热细菌繁殖产生的热将病原体灭活。粪便生物消毒法经济实用，且有利于充分利用肥效，故广泛采用。

3. 化学消毒法　　化学消毒法是指用化学药物把病原微生物杀死或使其失去活性，能够用于这种目的的化学药物称为消毒剂。理想的消毒剂应对病原微生物的杀灭作用强大，而对人、动物的毒性很小或没有，不损伤被消毒的物品，易溶于水。消毒能力不因有机物存在而减弱，而且价廉易得。

（三）常用消毒药

消毒药品种类繁多，按其性质分为醇类、碘类、酸类、碱类、卤素类、酚类、氧化剂类、挥发性烷化剂类等，在生产中应根据具体情况加以选用，下面介绍经济动物饲养场常用的几种消毒药。

1. 碱类　　用于消毒的碱类制剂有氢氧化钠（苛性钠）、氢氧化钾（苛性钾）、石灰、苏打等。碱类消毒剂的作用强度决定于碱溶液中 OH^- 的浓度，浓度越高，杀菌力越强。由于碱能腐蚀有机组织，操作时要注意不要用手接触，佩戴防护眼镜、手套和工作服，如不慎溅到皮肤上或眼睛里，应迅速用大量清水冲洗。

2. 氧化剂　　氧化剂可通过氧化反应达到杀菌目的。其原理是：氧化剂直接与菌体或酶蛋白中的氨基、羧基等发生反应而损伤细胞结构，或使病原体酪蛋白中 -SH 氧化变为 -S-S-，抑制代谢机能而使病原体死亡；或通过氧化作用破坏细菌代谢所必需的成分，使代谢失去平衡而使细菌死亡；也可通过氧化反应，加速代谢过程，损害细菌的生长过程，而使细菌死亡。常用的氧化剂类消毒剂有高锰酸钾、过氧乙酸等。

3. 卤素类　　卤素和易放出卤素的化合物均具有强大的杀菌能力。卤素的化学性质很活泼，对菌体细胞原生质及其他某些物质有高度亲和力，易渗入细胞与原浆蛋白的氨基或其他基团相结合，或氧化其活性基因，而使有机体分解或丧失功能，呈现杀菌能力。在卤素中，氟、氯的杀菌力最强，依次为溴、碘。

4. 酚类　　酚类是以羟基取代苯环上的氢而生成的一类化合物，包括苯酚、煤酚、六氯酚等。酚类化合物抗菌作用是通过它在细胞膜油水界面定位的表在性作用而损害细菌细胞膜，使胞质物质损失和菌体溶解。酚类也是蛋白质变性剂，可使菌体蛋白质凝固而呈现杀菌作用。此外，酚类还能抑制细菌脱氢酶和氧化酶的活性，呈现杀菌作用。酚类化合物的特点为：在适当浓度下，几乎对所有不产生芽孢的繁殖型细菌均有杀灭作用，但对病毒作用不强，对芽孢基本没有杀灭作用。对蛋白质亲和力较小，其抗菌活性不易受环境中有机物和细菌数目的影响，故在生产中常用来消毒粪便及动物舍、消毒池。酚类化学性质稳定，不会因贮存时间过久或遇热改变药效，其缺点是，对芽孢无效，对病毒作用较差，不易杀灭排泄物深层的病原体。酚类化合物常用肥皂作乳化剂配成皂溶液使用,可增强消毒活性。其原因是肥皂可增加酚类的溶解度,促进穿透力,而且由于酚类分子聚集在乳化剂表面可增加与细菌接触的机会。但是,所加肥皂的比例不能太高,过高反而会降低活性,因为所产生的高浓度会减少药物在菌体上的吸附量。新配的乳剂消毒性最好,贮存一定时间后,消毒活性逐渐下降。

5. 挥发性烷化剂　　挥发性烷化剂在常温常压下易挥发成气体,化学性质活泼,其烷基能取代细菌细胞的氨基、疏基、羟基和羧基的不稳定氢原子发生烷化作用,使细胞的蛋白质、酶、核酸等变性或功能改变而呈现杀菌作用。烷化反应可以与一个基因发生反应,挥发性烷化剂有强大的杀菌作用,能杀死繁殖型细菌、霉菌、病毒和芽孢,而且与其他消毒药不同,对芽孢的杀灭效力与对繁殖型细菌相似;此外,对寄生虫虫卵及卵囊也有毒杀作用,它们主要作为气体消毒,消毒那些不适于液体消毒的物品,如不能受热、不能受潮、多孔隙、易受溶质污染的物品。常用的挥发性烷化剂有甲醛和环氧乙烷,其次是戊二醛和β-丙内酯。从杀菌力的强度来看,排列顺序为β-丙内酯＞戊二醛＞甲醛＞环氧乙烷。

6. 季胺表面活性剂　　季胺表面活性剂又称除污剂或清洁剂。这类药物能降低表面张力,改变两种液体之间的表面张力,有利于乳化除去油污,起到清洁作用。此外,这类药物能吸附于细菌表面,改变细菌细胞膜的通透性,使菌体内的酶、辅酶和代谢中产物逸出,妨碍细菌的呼吸及糖酵解过程,并使菌体蛋白变性,因而呈现杀菌作用。这类消毒剂又分为阳离子表面活性剂、阴离子表面活性剂。常用阳离子表面活性剂无腐蚀性,无色透明,无味,含阳离子,对皮肤无刺激性,是较好的去臭剂,并有明显的去污作用。它们不含酚类、卤素或重金属,稳定性高,相对无毒性。这类消毒剂抗菌谱广,显效快,能杀死多种革兰阳性和革兰阴性菌,对多种真菌和病毒也有作用。大部分季胺化合物不能在肥皂液中使用,需要消毒的表面要用水冲洗,以清除残留的肥皂或阴离子去污剂,然后再用季胺表面活性剂。常用季胺表面活性剂有新洁尔灭(苯扎溴铵)、消毒净、百毒杀、球杀灵、东立铵碘等。

(四)影响消毒剂作用的因素

1. 浓度　　任何一种消毒剂的抗菌活性都取决于其与微生物接触的浓度。消毒剂的使用必须用其有效浓度,有些消毒剂如酚类在用其低于有效浓度时不但无效,有时还有利于微生物生长,消毒药的浓度对杀菌作用的影响通常呈现一种指数函数的关系,因此浓度只要稍微变动,比如稀释,就会引起消毒药的抗菌效能大大下降。

2. 作用时间　　一般说来,在一定浓度下,消毒剂对某种细菌的作用时间越长,其效果也越强,被消毒物品上微生物数量越多,完全灭菌所需时间越长。各种消毒药灭菌所需时间并不相同,如氧化剂作用很快,所需灭菌时间很短,环氧乙烷灭菌时间则需很长。因此,为充分发挥灭菌效果,应用消毒剂时必须按各种消毒剂的特性,达到其规定的作用时间。

3. 温度　　温度与消毒剂的抗菌效果成正比,温度越高则化学物质的活化分子增多,分子运动速度增加使化学反应加速,杀菌力越强。一般温度每增加10℃,消毒效果增加1～2倍。但以氯和碘为主要成分的消毒剂,在高温条件下,有效成分消失。

4. 有机物的存在　　基本上所有的消毒药与任何蛋白质都有同等程度的亲和力。消毒环境中在有机物存在时,后者必然与消毒剂结合成不溶性的化合物,中和或吸附掉一部分消毒剂而减弱作用,而且有机物本身还能对细菌起机械性保护作用,使药物难以与细菌接触,阻碍抗菌作用的发挥。酚类和表面活性剂在消毒剂中是受有机物影响最小的药物。为了使消毒剂与微生物直接接触，充分发挥药效，在消毒时应先把消毒场所的外界垃圾、脏物清扫干净。此外，还必须根据消毒的对象选用适当的消毒剂。

5. 微生物的特点　　不同种的微生物对消毒剂的易感性有很大差异，不同消毒剂对同一类的微生物也表现出很大的选择性。芽孢和繁殖型微生物之间、革兰阳性菌和阴性菌之间、病毒和细菌之间所呈现的易感性均不相同。因此，在消毒时，应考虑到致病菌的易感性和耐药性。例如，病毒对酚类有抗药性，但是对碱很敏感，结核杆菌对酸的抵抗力较大。

6. 化学拮抗物　　阴离子表面活性剂可降低季铵盐类和洗必泰的消毒作用，因此不能将新洁尔灭等消毒剂与肥皂、阴离子洗涤剂合用。次氯酸盐和过氧乙酸会被硫代硫酸钠中和，金属离子的存在对消毒效果也有一定影响，可降低或增加消毒作用。因此，在重复消毒时，如使用两种化学性质不同的消毒剂，一定要在第一次使用的消毒剂完全干燥后，经水洗干燥后再使用另一种消毒药，严禁把两种化学性质不同的消毒剂混合使用。

第三节　传染病的免疫预防和疫情处理措施

一、免疫接种的一般原则及注意事项

免疫接种指采用人工方法将疫苗有效地注入动物体，激发机体产生特异性免疫力，使对某一病原微生物易感的动物转化为对该病原微生物具有抵抗力的非易感状态，避免疫病的发生和流行。简单地说，免疫接种的目的就是提高动物对传染性疾病的抵抗力，预防疾病发生，保证动物健康。对于种用动物来说，免疫接种除可以预防种用动物本身发病外，还起着减少经胎盘传递疾病的发生，使后代具有高效价的母源抗体，提高幼兽的抵抗力与免疫力。

（一）免疫接种的一般原则

1. 确定疫苗免疫程序　　特种动物一生要接种多种疫苗或菌苗，由于各种传染病的易感日龄不同，且各种疫苗或菌苗间又存在相互干扰，每一种疫苗或菌苗接种后其抗体消长规律不同，这就要求在不同日龄接种不同的疫苗或菌苗。究竟何时接种哪种疫苗或菌苗，需在实践中探索，制定适合本场情况的免疫程序，至少应考虑下述几点：

（1）当地疫病流行情况及严重程度。当地有该种疫病流行或可能受威胁时，才进行此类疫病的疫苗接种。对当地没有威胁的疾病可以不接种，尤其是毒力强的活毒疫苗或活菌苗。

（2）母源抗体的水平。

（3）动物的健康状态和对生产能力的影响。

（4）疫苗的种类及各种疫苗间的相互干扰作用。

（5）免疫接种的方法和途径。

（6）上次免疫接种至本次免疫的间隔时间。

上述各因素是互相联系、互相制约的，必须全面考虑。一般来说，首次免疫的时间应由母源抗体的水平来确定。由于新生动物含有母源抗体，早期机体内存在少量的母源抗体会干扰疫苗的免疫效果。首次免疫时间过早，由于体内母源抗体过高，从而可以中和疫苗的免疫原性，起不到免疫效果。免疫时间过晚造成体内抗体过低，会出现体内免疫抗体浓度低于最低保护浓度，形成"免疫空白期"，当有病原感染时，容易发病。

2. 选择免疫疫苗种类　　疫苗是用于预防传染病的一类生物制品，是用活的或死的微生物本身制成的。有些也可用微生物的产物制成。由病毒制成的用于预防接种的生物制品，称为疫苗；由细菌制成的用于预防接种的生物制品，称为菌苗；用细菌产生的毒素制成的生物制品，称为类毒素。在实际生产中为了方便起见，一般把预防接种用的生物制品统称为疫苗。用于预防动物传染病的疫苗分为两类：一类是灭活苗，是把病毒或细菌灭活后制成；一类是活毒疫苗或弱毒疫苗，是用毒力较弱、一般不会引起发病的活的病毒或细菌制成。弱毒疫苗按生产过程不同，又分为湿苗及冻干苗两种。一般来说，湿苗的生产及使用简便，但不能长时间保存；冻干苗相反，制造过程较复杂，但保存期长，一般可以保存 2 年左右。

3. 确定疫苗免疫途径　免疫接种的途径有多种，包括滴眼、滴鼻、刺种、羽毛囊涂擦、擦肛、皮下或肌内注射、饮水、气雾、拌料等，在生产实践中应根据疫苗的种类、性质、疾病特点及使用的方便性和经济性等多方面考虑来选择最佳的免疫接种途径。

（1）点眼、滴鼻：这是一种黏膜免疫的方式，点眼经眼结膜和哈德尔腺，滴鼻通过呼吸道黏膜可刺激产生良好的局部免疫，适用于新城疫Ⅱ系、Ⅲ系、Ⅳ系疫苗，传染性支气管炎疫苗及传染性喉气管炎弱毒疫苗的接种。它可以避免或减少疫苗病毒被母源抗体中和，对动物影响较小，从而有较好的免疫效果。点眼、滴鼻法要逐只进行，才能保证每只动物都能得到剂量一致的免疫，免疫效果确实，抗体水平整齐。故一般认为点眼、滴鼻是弱毒疫苗接种的最佳方法。进行点眼、滴鼻接种时，可把 1000 头（羽）份的疫苗用 50mL 的生理盐水稀释，充分摇匀，然后用滴管于每只动物鼻孔或眼结膜下滴一滴（约 0.05mL），也可以把 1000 头（羽）份的疫苗加 100mL 的生理盐水稀释，然后于每只动物鼻孔及眼结膜上各滴一滴。

（2）肌内注射：此法药物吸收较快，引起疼痛较轻，临床中多采用此方法。灭活疫苗必须采用肌内注射法，不能口服，也不能用于点眼、滴鼻。鹿等大动物多在颈部后偏上方或臀部进针，毛皮动物多在股内侧，针头垂直快速刺入肌肉，再用先手固定针管和针头尾部，后手回抽一下活塞，如无回血，即可慢慢注入疫苗。对皮厚或易惊的动物肌内注射时，为防止弯针断针，可先将注射针头取下，用后手拇指、食指和中指紧持针尾，对准注射部位垂直刺入肌肉，然后接上注射器，注入疫苗。

（3）皮下注射：是将疫苗注入皮下结缔组织，由于皮下毛细血管丰富，故吸收稳定和均匀。注射时，鹿等大动物可在颈侧、肩胛、腹侧皮下注射，毛皮动物常在肩胛、腹侧或股内侧注射。皮下注射时，疫苗通过毛细血管和淋巴系统吸收，吸收缓慢而均匀，维持时间长。凡是易溶解、无强刺激性的药品及菌苗、疫苗均可皮下注射，灭活疫苗不易在皮下吸收。

（4）皮内注射：这是将药物直接注射在皮内的一种方法，主要用于结核病的检疫。注射时应选择皮肤致密、被毛少的部位。该方法还适用于某些诊断液的使用。通常用结核菌素注射器或 1～2.5mL 注射器和小号短针头。

（5）刺种：此法适用于动物痘疫苗。接种时，将 1000 头份的疫苗用 25mL 生理盐水稀释，充分摇匀，然后用接种针蘸取疫苗，刺种于动物皮肤无血管处。

（6）羽毛囊涂擦：此法可用于鸽痘疫苗的接种。接种时把 1000 头份的疫苗加 30mL 生理盐水稀释，在腿部内侧拔去 3～5 根羽毛后，用棉签蘸取疫苗逆向涂擦。

（7）擦肛：此法仅用于特禽类传染性喉气管炎强毒型疫苗的接种，方法是把 1000 头份的疫苗稀释于 30mL 的生理盐水中，然后把禽倒提，肛门向上，将肛门黏膜翻出，用接种刷蘸取疫苗刷肛门黏膜，至黏膜发红为止。

（8）气雾法：此法是用压缩空气通过气雾发生器，使稀释疫苗形成直径 1～10μm 的雾化粒子，均匀地浮游于空气之中，随呼吸进入动物体内，达到免疫目的。气雾免疫不但省时省力，而且对于某些对呼吸道有亲嗜性的疫苗特别有效。如新城疫Ⅱ、Ⅲ、Ⅳ系弱毒疫苗，传染性支气管炎弱毒疫苗等。但气雾免疫对动物的应激作用较大，尤其会加重慢性呼吸道病及大肠埃希菌引起的气囊炎的发生。所以，必要时可在气雾免疫前后在饲料中加入抗菌药物。

（9）饮水法：是将疫苗稀释后通过饮水达到给动物接种的目的，本法应激性较小，省时简便，节约劳力，适用于高效活疫苗对动物群体，尤其是大群特种禽类的免疫接种。饮水免疫虽省时省力，但由于种种原因会造成动物饮入疫苗的量不均一，抗体效价参差不齐，而且研究证实，饮水免疫引起的免疫反应最小，往往不能产生足够免疫力，不能抵御强毒株的感染。

（10）拌料法：将药物混在饲料内，或直接混合在动物喜食的饲料中，动物采食时即将药物服下。给药前最好使动物短暂饥饿或在正常饲喂时间，先喂混药饲料，用于混药的饲料应选动物平时喜食的种类，料不宜过多，以免剩料而达不到应服药物的剂量。

4. 接种剂量与接种时间 按厂家推荐剂量进行接种。疫苗接种量低于常规剂量将达不到所需的免疫水平。滴鼻或点眼免疫时速度过快，未吸入足量疫苗；气雾免疫时，雾滴太大、下沉太快及密封不严，导致疫苗未被吸入；饮水免疫时疫苗浓度不当；疫苗稀释和分布不均；免疫前未停水造成一时饮不完；用水量和水槽过少，使有些动物未饮到足够的水，都有可能使免疫剂量不足，影响疫苗效果。但也不能片面追求免疫剂量，剂量过大可引起免疫无反应性或免疫麻痹，过量的疫苗基质可能引起过敏反应。不同疫苗产生的免疫期和免疫持续期不同，如不严格按免疫程序将影响免疫力的产生。间隔一段时间接种多次比一次性注射效果好，因为有些疫苗一次接种不能获得终身免疫力，需多次免疫，加强免疫可激活不同的细胞克隆，特别是免疫记忆细胞。同时要考虑上一次免疫接种产生的抗体的半衰期，过早接种可能被抗体中和，接种过迟则会错过激发二次免疫应答的最佳时机。对疫区或尚未暴露疫情的经济动物免疫接种，常有一部分动物在接种时已感染病原，处于潜伏期，此时接种可能促发疾病，导致在免疫接种后至机体产生足够抵抗力之前的免疫空白期内感染疾病。

5. 疫苗的使用 疫苗必须根据其性质妥善保存。死菌苗、致弱菌苗、类毒素、血清及诊断液要保存在低温、干燥、阴暗的地方，温度维持在2～8℃，防止冻结、高温和阳光直射。弱毒疫苗最好在−15℃或更低的温度下保存，才能更好地保持其效力。各种疫苗在规定温度下，保存期限不得超过该制品的有效保存期。疫苗在使用前要逐瓶检查。发现破瓶或安瓿破损、瓶塞松动、无标签或标签不清、过期失效、制品色泽和性状与该制品说明书不符或没有按规定的方法保存的，都不能使用。使用疫苗时应该临用前才由冰箱中取出，稀释后尽快使用。活毒疫苗尤其是稀释后，于高温条件下易死亡，时间越长，死亡越多。疫苗应于稀释后2h内用完，最迟4h内用完，当天未用完的疫苗应废弃，不能再用。

稀释疫苗时必须使用符合要求的稀释剂，除个别疫苗外，一般用于点眼、滴鼻及注射的疫苗稀释剂是灭菌生理盐水或灭菌蒸馏水。用于饮水的稀释剂，最好是用蒸馏水或去离子水，也可用洁净的深井水。不能用含消毒剂的自来水，因为自来水中消毒剂会把疫苗病毒杀死，稀释疫苗的一切用具，包括注射器、针头及容器，用前必须洗涤干净并经高压灭菌或煮沸消毒。不干净和未经灭菌的用具，能把疫苗病毒或细菌杀死，或造成疫苗污染。稀释疫苗时，应该用玻璃注射器把少量稀释剂先加入疫苗瓶中，充分振摇使疫苗均匀溶解后，再加入其余的稀释剂。如疫苗瓶太小，不能装入全量的稀释剂，需要把疫苗吸出放入另一容器时，应该用稀释剂把原疫苗瓶冲洗几次，使全部疫苗病毒或细菌都被洗下来。

接种时，吸取疫苗的针头要固定，注射时做到一只一针，以避免通过针头传播病原体。疫苗的用法、用量按该制品的说明书进行，使用前充分摇匀。

（二）免疫接种时的注意事项

（1）免疫接种应于动物健康状态良好时进行，若在发病的动物群使用疫苗时，除了那些已证明紧急预防接种有效的疫苗外，不应进行免疫接种。

（2）免疫接种时应注意接种器械的消毒，注射器、针头、滴管等在使用前应彻底清洗和消毒。接种工作结束后，应把接触过活毒疫苗的器具及剩余疫苗浸入消毒液中，以防散毒。

（3）接种弱毒活菌苗前后各 5d，动物应停止使用对菌苗敏感的药物，接种弱毒疫苗前后各 5d，应避免用消毒剂饮水。

（4）同时接种一种以上的弱毒疫苗时，应注意疫苗间的相互干扰使二者的功效降低，重者可以导致免疫失败。

（5）做好免疫接种的详细记录，记录内容至少应包括：接种日期，动物的品种、日龄、数量，所用疫苗的名称、厂家、生产批号、有效期、使用方法、操作人员等，以备日后查寻。

（6）为降低接种疫苗时对动物的应激反应，可在接种前一天用 0.0025% 维生素 C 拌料或饮水。

（7）疫苗接种后应注意动物的反应，有的疫苗接种后会继发引起相应疾病的症状，应及时进行对症处理。

二、疫情处理措施

疾病仍是影响我国经济动物养殖业发展的瓶颈。一旦发生疫情能否采取及时、科学的处理措施是控制疫情和减少经济损失的关键。动物疫情处理是动物防疫监督工作中的一项重要内容，是控制和扑灭动物疫病，保证兽群生产效益及人畜健康的重要手段。

（一）疫点、疫区、受威胁区的划分

1. 疫点　　疫点指患兽所在的地点。疫区指以疫点为中心，周围 5～10km 范围内的区域，疫区划分时应注意考虑当地的饲养环境和天然屏障（如河流、山脉）。受威胁区指疫区外顺延 15～30km 范围内的区域。疫点、疫区和受威胁区由当地畜牧兽医行政管理部门划定。

2. 拉网式普查　　拉网式普查是在对疫点、疫区、受威胁区划定的同时，对周边地区动物逐村、逐户、逐头进行流行病学、临床症状等检查，并做详细记录。

（二）疫点、疫区的封锁与解除

（1）畜牧兽医行政主管部门报请当地人民政府对疫区实行封锁，同级人民政府在接到封锁报告后，应于 24h 内发布封锁令。

（2）对疫点、疫区和受威胁区应当采取不同的处理措施。

1）疫点：疫点周围设明显标识，使过往行人能一目了然。严禁人、动物、车辆和动物产品及可能受污染的物品进出，必须出入时，须经所在地动物防疫部门批准，经严格消毒后方可出入。对所有感染动物（禽、同群动物）及其产品，在动物防疫部门监督指导下进行扑杀及无害化处理。疫点内所有运载工具、用具、圈舍、场地等必须进行连续严格的消毒。动物粪便、垫料、饲料等可能受污染的物品必须在动物防疫部门指导下进行无害化处理。

2）疫区：交通要道建立临时性检疫消毒站，禁止动物及其产品和相关物品的流动，对出入人员、车辆设置专人和消毒设备进行消毒。停止动物及其产品的交易和移动。对易感动物进行普查监测和紧急免疫接种。疫区内的工作人员禁止进入受威胁区。

3）受威胁区：对所有易感动物进行紧急免疫接种（方向是由外围向疫点方向进行）。停止动物及其产品的交易、流通。对易感动物实施疫情普查监测，掌握疫情动态。

3. 疫点、疫区的解除　　疫点内最后一头患兽无害化处理后，在当地动物防疫部门的监督下，进行一次彻底消毒。21d 内再未发现新的患兽，经上级动物防疫监督人员审验，认为可以解除封锁时，由当地畜牧兽医行政管理部门向原发布封锁令的政府申请发布解除封锁令。

（三）加强动物疫情处理的措施

1. 规范疫情处理工作

（1）养殖场成立养殖场疫情处理管理小组。由养殖场疫情处理管理小组负责全养殖场疫情处理，物资管理部等在疫情处理指导下对所管理的物料进行管理。

（2）制定制度和流程，规范原始信息及信息传递渠道。造成信息失真的主要原因是信息的定义和表达不规范、不准确。因此我们要从制度和流程上，对各种原始单据、报表及其他信息载体中的各种基础数据和信息进行规范，并制定养殖场标准。

（3）各部门不定期对出现的问题进行网上通报，及时解决。

（4）加强对相关人员进行防疫队伍信息化的培训，加强各部门之间员工的沟通和交流。

2. 广泛开展宣传教育　　动物疫情处理首先是动物疫情观念、理念的宣传教育，任何体制创新、制度创新或工作创新，都取决于观念、理念的更新。因此，动物疫情处理建设是一项重要的战略，领导层必须从战略高度来思考、规划和推进动物疫情处理建设，把它作为"一把手工程"来抓，按照"统筹规划、分步实施"的原则，努力建构动物疫情处理化体系，促进动物疫情处理的可持续发展。

3. 坚持预防为主　　贯彻"预防为主"的方针，坚持做到以监促检、以检促防、以防保养，特别是针对人畜共患的传染病，必须采取有效措施。充分发挥应急防控预案的统率指导作用，根据动物疫情情况和防控知识，客观分析面临的形势，重点对防控的组织领导、应急体系、现场处置等进行明确。

4. 建立动物疫情信息系统　　动物疫情信息系统是以动物疫病实验监测为基础，以动物疫情测报为技术支持，实现动物疫情风险评估和风险处理，以及对动物疫情的动态监测，是一套有效的动物疫病监测体系和可运行的预警管理系统。动物疫情数据库主要存储动物养殖场采集的养殖和疫情数据，并对养殖场动物疫情相关信息进行整理分析，如当年动物出栏量、动物存栏量、繁殖动物存栏量、动物养殖密度、动物免疫水平、动物发病数、动物死亡数。

第四节　特种动物疾病的诊疗方法

一、诊 断 方 法

诊断是采用各种检查方法对经济动物所患疾病进行本质判断，得出结论，供养殖户参考，当养殖户所养的经济动物生病时，能及时诊断治疗，最大限度地降低损失。临床诊断方法有问诊、视诊、触诊、听诊、叩诊和嗅诊等一般检查和血清学检查、X线等特殊检查。

鹿、狐、貉、貂、麝等经济动物仍保持着一定野性，见人易惊。同时多数经济动物具有较强的耐病力，不易发现明显症状，使其失去有效的诊治时机。因此，在检查时动作应温和、观察更要仔细。在平时饲养管理过程中必须注意观察经济动物的精神状态、食欲、反刍、饮水、鼻镜、黏膜、粪尿、被毛光泽、运动姿势和日常活动等是否正常，检查体温、脉搏和呼吸等生理指标，以便尽早发现患病经济动物，并正确运用各种临床检查方法获得诊断，以及有效地进行防制。

为了有条不紊地开展兽医临诊工作，临床检查应按一定顺序系统地进行，才能获得完整翔实的有关症状和相关资料。首先进行病兽登记、询问病史，对病兽进行初步了解。在此基础上进行一般体格检查，而后分系统进行器官检查，最后进行补充性实验室检查和特殊检查。

（一）一般检查

一般检查是整个体格检查过程的第一步，是对患病经济动物全身状态的概括性观察，以视诊为主，配合触诊、听诊和嗅诊进行检查，一般检查主要包括全身状态检查，基本生命体征检查，经济动物行为检查，可视黏膜、被毛和皮肤、淋巴结的检查，以及体温、脉搏、呼吸次数的测定。

1. 全身状态检查　全身状态检查内容包括经济动物整体状态、营养状况、精神状态以及经济动物的姿势与体态。

（1）整体状态：整体状态检查指对经济动物外貌形态和行为综合表现的检查，包括经济动物体格发育、营养状况、精神状态、姿势、运动与行为的变化和异常表现。

（2）营养状况：经济动物营养状况与多种因素有关，但通常反映了机体对饲料摄入、消化、吸收和代谢的状况。营养状况根据经济动物被毛的状态和光泽，肌肉的丰满度，皮下脂肪的蓄积量而判定。临床上将经济动物营养状况分为营养良好、营养中等、营养不良和营养过剩（肥胖）四种。

（3）精神状态：精神状态或意识指经济动物对外界刺激的反应能力及其行为表现，是大脑功能活动的综合表现，即经济动物对环境的知觉状态。健康经济动物对外界的反应灵敏，表现头耳灵活，目光明亮有神，经常注意外界，反应迅速，行动敏捷。幼兽活泼好动，喜欢亲近饲养员。凡能影响大脑功能活动的疾病均可引起程度不等的意识障碍，临床上主要表现为兴奋和抑制。

（4）姿势与体态：姿势与体态是指经济动物在相对静止时或运动过程中的举止表现。各种健康经济动物都有其特有的姿势与行为，表现自然、动作灵活而协调。正常情况下，经济动物的皮肤、肌肉、骨骼和关节都是在中枢神经系统的指挥下运动自如，协调一致。经济动物在患病后可能出现姿势的改变。临床上常见的运动异常有运动失调、强迫运动、跛行等。

2. 生命体征检查　体温、脉搏和呼吸数是评价经济动物生命活动的重要生理指标。

（1）体温：健康经济动物一般保持相对稳定的体温，除变温动物外，其体温不随外界气温的变化而改变。测量体温一般以经济动物的直肠温度为标准。

（2）脉搏频率：脉搏频率即每分钟的脉搏次数。以触诊方法感知浅在动脉搏动来测定。

（3）呼吸频率：经济动物的呼吸频率以"次 /min"来表示。健康经济动物的呼吸频率因品种、性别、年龄、劳役、肥育程度、运动、兴奋、海拔和季节等因素影响而有一定差异。

呼吸频率应在经济动物安静时，利用胸廓和腹壁的起伏动作或鼻翼的开张动作进行计数；亦可通过听取呼吸音来计数呼吸频率。禽类可观察肛门部羽毛的抽动而计算。冬天寒冷时，可观察经济动物鼻孔呼出的气流。

3. 皮肤检查　　检查皮肤的目的在于确定皮肤颜色、温度、湿度、弹性及其他病理变化。

（1）颜色：主要观察浅色（白色）经济动物的皮肤及其他经济动物口唇部的颜色，禽类应注意冠和肉髯的色泽。有色素的皮肤应参照可视黏膜的颜色变化，正常状态下，多呈粉红色，较湿润而光滑。常见皮肤颜色的变化为苍白、黄染、发绀、斑疹等。

（2）温度：皮肤温度检查通过手掌或手背触诊进行。病理情况下，皮温常见变化为：

1）皮温增高：全身性皮温增高，见于发热性疾病。局限性皮温增高，提示局部炎症。

2）皮温降低：皮温降低是体温过低的标志。临床上多见于贫血、休克、大出血、严重营养不良及衰竭症等。

3）皮温分布不均：指机体对称的器官和身体对称的部位皮温分布不均，主要因皮肤血液循环不良或支配神经异常所致的血管痉挛，见于发热性疾病初期及胃肠腹痛性疾病。

（3）湿度：皮肤湿度与汗腺分泌状态密切相关。病理情况下，主要表现：

1）皮肤干燥：表现为被毛粗糙无光，缺乏黏腻感。多见于发热性疾病及各种原因引起的机体脱水。

2）多汗：生理性多汗见于环境温度过高、使役和剧烈运动等。病理性多汗见于中暑、剧烈疼痛性疾病、极度虚弱、内分泌失调（如甲状腺功能亢进、糖尿病）等。另外，经济动物大剂量注射拟胆碱类药物（如毛果芸香碱）、肾上腺素或水杨酸等均可引起全身出汗。病理性全身多汗常是疾病严重的征象，如经济动物汗出如油，有黏腻冷感，皮肤冰凉，称为冷汗，提示循环衰竭，预后不良，常见于虚脱、胃肠破裂等。

（4）弹性：皮肤弹性与经济动物品种、年龄、营养状况、皮下脂肪及组织间隙所含液体量有关，健康经济动物的皮肤弹性良好，老龄经济动物的皮肤弹性略差。检查时通常用手将皮肤捏成皱褶并轻轻拉起，松手后如皮肤皱褶迅速恢复原状为弹性正常，恢复缓慢为弹性减弱，后者见于长期慢性消耗性疾病、严重脱水、皮肤慢性炎症及螨病、湿疹等。

（5）皮肤肿胀：皮肤肿胀是指皮肤或皮下组织呈局部或弥漫性增大，并非独立的疾病，而是多种疾病的一个重要病理过程，可以表现为全身性，也可局限于某一部位。临床上常见的皮肤肿胀有水肿、气肿、血肿、脓肿、淋巴外渗、疝、骨质增生、肿瘤、淋巴结肿及放线菌肿等。除用视诊和触诊检查外，还可通过穿刺检查进行鉴别。

（6）皮疹：皮疹的种类很多，常见于传染病、寄生虫病、皮肤病、药物及其他物质所致的过敏反应等。临床上皮疹的出现有一定的规律和形态特征，应仔细观察和记录其出现与消失的时间、发展顺序、分布部位、形态大小、颜色等，同时应注意有无瘙痒、脱屑等。临床上常见的皮疹有斑疹、丘疹、饲料疹、荨麻疹、疱疹等。

（7）脱鳞屑：鳞屑是剥离或脱落的表皮组织。正常情况下，皮肤表层不断角化和更新，有少量皮肤脱屑，不易察觉。病理情况下，表皮角质化过程失调，角化过度或不全，可形成大量鳞屑。临床上见于维生素A缺乏症、锌缺乏症、脂溢性皮炎、真菌性皮肤病及螨病等。

4. 可视黏膜检查　　可视黏膜是指肉眼能看到或借助简单器械可观察到的黏膜，如眼结膜、鼻腔、口腔、直肠、阴道等部位的黏膜。黏膜上有丰富的毛细血管，根据黏膜颜色的异常变化，可判断血液成分和血液循环状况。健康经济动物黏膜的颜色为淡红色或粉红色，有光泽、湿润、鲜艳。可视黏膜颜色的病理变化主要有潮红、苍白、发绀、黄疸等。

（1）潮红：主要表现为鲜红色、暗红色，严重时呈深红色，是毛细血管充血的结果。单侧性发红提示局部血液循环发生障碍，发绀见于外伤、结膜炎、角膜炎等。双侧性发红可能是全身性血液循环障碍，见于各种发热性疾病、疼痛性疾病、中毒性疾病等。如黏膜小血管充盈特别明显而呈树枝状，称为树枝状充血，多为血液循环或心功能障碍的结果。

（2）苍白：黏膜色淡，表现程度不同的发白，甚至呈灰白色，见于各种贫血性疾病。

（3）发绀：即黏膜呈蓝紫色，主要是血液中还原血红蛋白含量增多或形成大量变性血红蛋白的结果。临床上常见于血氧不足（如引起上呼吸道高度狭窄的疾病、肺炎、胸膜炎），循环机能不全或血流过于缓慢（如心力衰竭、创伤性心包炎、肠扭转、严重的细菌感染性休克等），变性血红蛋白增加（如亚硝酸盐中毒等）。

（4）黄疸：指黏膜发黄或黄染，主要是机体胆红素代谢障碍，导致血液中胆红素含量增加，沉着在皮肤及黏膜组织上，常见于各型肝炎、胆管结石及异物、血液寄生虫病等。

5. 浅在淋巴结检查　　浅在淋巴结检查在确定附近组织器官感染或诊断某些传染病上有很重要的意义。检查淋巴结时，必须注意其大小、结构、形状、表面状态、硬度、温度、敏感度及活动性等。临床上主要检查下颌淋巴结、肩前淋巴结、膝上淋巴结、腹股沟浅淋巴结、乳房上淋巴结等位于体表的浅在淋巴结。淋巴结的检查方法，可用视诊和触诊，必要时可配合穿刺检查法。病理情况下，淋巴结的主要变化有：

（1）急性肿胀：触诊淋巴结体积明显增大，表面光滑，分叶结构不明显，活动性有限，且伴有明显红、肿、热、痛。一般见于淋巴结周围组织器官急性感染，如乳房炎时乳房淋巴结肿大；咽喉炎，口腔疾病时下颌淋巴结肿大。全身性急性感染亦可导致多淋巴结急性肿大。

（2）慢性肿胀：一般呈轻度肿大，质地变硬，表面不平，无热、无痛，且多与周围组织粘连，不能活动。通常以下颌淋巴结的变化为主要部位，但有时也波及其他淋巴结。淋巴结的慢性肿胀也见于该淋巴结周围器官的慢性感染及炎症。

（3）化脓：在急性炎症过程中，淋巴结可化脓，特点为淋巴结在肿胀、热痛反应的同时，触诊有明显的波动。如进行穿刺，则可流出脓性内容物。淋巴结化脓多见于伪结核病、链球菌病、骆驼脓肿病（假结核棒状杆菌感染）等。

6. 动物行为检查　　特种动物由野生向圈养的转变，极大提高了生产水平，产生了很大的经济效益，但这种改变不代表经济动物生活方式的合理性。因为它在提高生产率及降低生产成本的同时，也带来十分突出的问题，如密度过大，传染疾病易大规模暴发，特种动物容易损伤及行为发生改变等。导致此类问题的根本原因是，这种生产方式的某些设计没有考虑经济动物的适应力，只考虑如何方便生产者管理，最终给经济动物带来严重危害，出现某种行为异常，如咬尾、啄肛、啄羽、自残等。特种动物行为检查主要通过观察进行，人为进入现场可能干扰特种动物行为的表现，因此可通过录像机等设备进行监控观察。

（二）器官系统检查

从机体生理功能来说，机体由以下九大系统组成：运动系统、消化系统、呼吸系统、泌尿系统、生殖系统、内分泌系统、免疫系统、神经系统和循环系统。

1. 循环系统的临床检查

（1）心脏的临床检查：主要通过视诊、触诊、叩诊和听诊等检查方法，判断心脏的活动状态。

（2）血管检查：临床检查的重要组成部分，重点是动脉脉搏和浅表静脉的检查。

1）临床上脉搏检查主要用触诊，根据脉搏的频率和性质往往可判断心脏和血液循环状况，甚至可判断疾病的预后等。但脉搏的频率和性质并无绝对独立的诊断意义，应将脉搏检查和全部的临床资料综合考虑。检查时应注意脉搏的频率、节律、紧张度和动脉壁的弹性、强弱和波形的变化等。

2）浅表静脉的检查是通过视诊和触诊的方法来检查体表浅在静脉的充盈状态和静脉波动。

2. 呼吸系统的临床检查　　呼吸系统的检查方法以详细的询问病史和临床基本诊断法为主，其中以听诊最为重要，X线检查对肺部和胸膜疾病具有重要价值。此外，在诊断肺和胸腔疾病时，还可应用超声检查。必要时进行实验室检查，包括血液常规检查、鼻液及痰液显微镜检查、胸腔穿刺液的理化及细胞检查等。检查呼吸运动时应注意呼吸频率、呼吸类型、呼吸节律、有无呼吸困难及呼吸对称性等。

3. 消化系统的临床检查　　消化系统的检查方法以询问病史和临床基本检查法为主，结合胃管探诊、胃液的理化检查，还可以根据需要进行X线检查、内腔镜检查、超声探查、金属探测器检查及穿刺（腹腔、瘤胃、瓣胃、皱胃、肝脏等）检查；另外，还可进行血液和粪便的实验室检查。

4. 泌尿生殖系统的临床检查　　泌尿系统的检查方法主要有问诊、视诊、触诊（外部或直肠内触诊）、导管探诊、肾脏机能试验及尿液的实验室检查。必要时还可应用膀胱镜、X线和超声波等特殊检查法。

5. 神经系统检查　　神经系统的检查主要包括意识障碍、运动功能、感觉功能、神经反射和自主神经功能的检查。临床上一般用问诊和视诊的方法进行诊断。必要时可进行脑脊穿刺液的实验室检查，以及X线、CT、MRI、眼底镜、脑电波等检查方法。

6. 骨骼与运动系统的检查　　运动系统主要是指与经济动物运动相关的骨骼、关节、肌肉、肌腱、韧带、蹄壳等，而骨骼则泛指全身的骨骼。检查主要是针对以下内容：

（1）以"运动"为主要功能的动物：如竞技动物由于快速运动或负载过重对相关部位的物理学影响致使相关的疾病较多。

（2）集约化养殖动物：人为限制其活动范围，导致活动或运动量太少，出现一些肢蹄疾病或亚临床问题，特别是限制性养水貂、狐狸、貉等，使经济动物甚至不能转身、调头，碰伤、擦伤性腿病发病率很高。

（3）骨质营养代谢性疾病：如高纬度干旱、半干旱地区的放牧动物，在漫长的枯草期，营养不良，钙磷比例失调，缺乏维生素D时，均可导致动物骨质疏松或软化，如果与高氟环境共存，则骨质变化不仅是组织病理学的，临床上可见明显症状，如骨疣等。

（4）其他原因性疾病：主要的检查方法是临床检查、X线检查、穿刺检查，必要时可做组织病理学、血液生化及微生物学检查。

（三）尸体病理剖检和病料的采取、运输、保存及送检

特种动物尸体剖检是运用病理解剖学知识，通过检查尸体的病理变化，来诊断疾病的一种方法。剖检时，必须对病尸的病理变化做到全面观察，客观描述，详细记录，然后运用辩证唯物主义的观点，进行科学分析和推理判断，从中作出符合客观实际的病理解剖学诊断。

1. 尸体剖检的意义　通过尸体剖检，可以查明病兽死亡的确切原因，及早做出正确诊断。由于条件限制（如某些动物难于接近和控制，症状不明显，难以观察，发病急，死亡快等，另外，用于诊断用的手段落后，设备不足或使用难度大等），对某些动物的疾病很难诊断和确诊；相比之下，尸体剖检的方法方便、可行、直接、客观，是目前最常用的经济动物疾病诊断方法。特别是在经济动物群发地传染病早期，通过扑杀先发病的动物，根据所见的病理变化进行诊断，可做到早诊断、早预防，使疾病造成的损失减低到最低程度。另外，有些疾病（狂犬病、肿瘤性疾病等）必须通过尸检，做病理学检查，才能最后确诊。

有些疾病经过诊断和治疗，效果不好或死亡。通过尸体剖检直接观察尸体各器官、组织及细胞的病变，对其分析，发现或找出临床诊断和治疗上的问题、导致疗效不好或死亡的原因。最后通过临床病例讨论会的形式，实现病理和临床的交流与统一，达到积累经验和提高医疗水平的目的。尸体剖检资料的积累，为各种疾病的综合研究，提供了重要的数据。

2. 尸体剖检的准备　剖检前，术者既要防止环境污染，造成病原的扩散，又要注意自身防御，预防本身的直接感染；既要注意剖检过程中所用器械的选择及准备，又要考虑到在操作过程中可能发生的种种意外的情况。剖检前要调查病史，做到心中有数。若怀疑是人畜共患的烈性传染病如炭疽等，不仅禁止剖检，而且被其污染的环境或与其接触的器具、用品等，均应严格地彻底消毒。对确定剖检的尸体，其剖检的时间愈早愈好。

（1）剖检场地：为了便于消毒和防止病原扩散，最好在设有解剖台的解剖室内进行。在室外剖检时，以选择距房舍、厩舍、畜群、道路和水源较远，地势较高而且较干燥的偏僻的地点为宜。在准备进行剖检的地面上，最好铺上旧席子、塑料布或其他代用品，以便在其上剖检，借以减少环境污染的机会，这样还有利于对尸体及周围被污染的环境进行消毒处理。

（2）剖检器械及药品：常用器械有刀（剥皮刀、解剖刀、外科手术刀），剪（外科剪、肠剪、骨剪），镊子，骨锯，斧子，磨刀棒等。一般情况下，有一把刀、一把剪子和一把镊子即可工作。剖检常用药品有消毒药（来苏儿、新洁尔灭），固定液（福尔马林、乙醇）等。

（3）清洁、消毒和个人防护：病理解剖室应经常保持清洁。剖检后，室内地面及墙壁近地面部分须用水冲洗干净，并打开紫外灯具消毒，必要时可喷洒过氧乙酸等消毒剂。

剖检所用的器械和穿戴的防护衣等均须消毒并洗净。在消毒前，应先将附着于器械或衣物上的脓汁和血液等用清水洗净，然后再浸入消毒液中充分消毒，最后再用清水洗净。金属器械浸入3%来苏儿或1‰苯扎溴铵（新洁尔灭，内含0.5%亚硝酸钠以防锈）溶液中消毒4~6h，消毒后要擦干或再涂薄层的凡士林，以免生锈。乳胶手套最好一次性使用。纱布手套和工作衣等，用后必须经清水洗净后彻底消毒，消毒的方式与外科手术用具相同。

3. 尸体剖检的注意事项　一般在动物死亡后的24h内进行尸体剖检为宜，不可过迟，否则会因动物死后发生的腐败和自溶而失去剖检的意义。特别是在夏天，因外界气温高，尸体极易腐败，使尸体剖检无法进行；同时，由于腐败分解，大量细菌繁殖，结果使病原检查也失去意义。着手剖检前，病理解剖者必须先仔细阅读送检单，了解死兽生前的病史，包括临床各种化验、检查、诊断和死因；此外，还应注意到治疗后病程演变经过情况，以及临床工作人员对本例病理解剖所需解答的问题，做到心中有数。

在搬运前必须先用浸透消毒液的棉花或纱布团块将尸体的天然孔予以堵塞，并用较浓的消毒液喷洒体表各部，在确认足以防止病原扩散的情况下方可搬运。此后，对运送尸体的车辆和与尸体接触的绳索等用具均应严密消毒。尸体剖检前，先用水或消毒液清洗尸体体表，防止体表病变被污泥等覆盖和剖检时体表尘土、羽毛扬起。未经检查的脏器，切勿用水冲洗，以免改变其原来色泽和性质。切脏器的刀要锋利，否则会将组织压碎。为使脏器的切面光滑而便于检查，切开脏器时，要由前向后，一刀切开，不可由上向下挤压或拉锯式切开。

剖检完毕，应立即将尸体、垫料和被污染的土层一起投入坑内，撒上生石灰或喷洒消毒液后，用土掩埋。有条件的可进行焚烧，或经消毒后丢入深尸坑。场地应彻底消毒。附着于器械及衣物上的脓汁和血液等，先用清水洗，再用消毒液充分消毒，最后用清水洗净，晒干或晾干。胶皮手套经清洗、消毒和擦干后，撒上滑石粉。

4. 尸检记录　　尸检记录的表格可预先印好，临时填写，或用空白纸直接记录。不管采取哪种方式，均应包括以下三大部分（表2-4-1）：

表 2-4-1　特种动物病理剖检记录

剖检号								
兽主		兽种		性别		年龄		特征
临床摘要及临床诊断								
死亡日期		年　　月　　日						
剖检地点					剖检时间	年　　月　　日		
剖检所见								
病理解剖学诊断								
最后诊断								
剖检者								
		年　　月　　日　　时						

第一部分：一般包括尸检号，尸检者，记录者，参加者，特种动物主人或所属单位，特种动物品种、性别、年龄、毛色、其他特征，动物死亡时间（年、月、日、时），尸检时间（年、月、日、时），尸检地点，临床摘要与诊断，其他（微生物、寄生虫，理化等）检查。

第二部分：有关尸检的内容包括尸检所见、病理解剖学诊断、组织学检查。

第三部分：结论包括主检者签名，时间（年、月、日）。

尸检记录最好在尸检过程中进行。如工作人员较多，可主检者口述，别人记录，剖检结束时，由主检者修改。条件不允许时，在剖检完成后要立即补记。尸检记录的内容次序和写法不必强求一致，但在记录编写上，必须坚持客观、详细、全面、突出重点，记录用词要明确、清楚。

5. 病理解剖的步骤　　为了全面系统地检查尸体内所呈现的病理变化，尸体剖检必须按照一定的方法和顺序进行。决定剖检方法和顺序时，应考虑到各种兽种解剖结构的特点，器官和系统之间的生理解剖学关系，疾病的规律性以及术式的简便和效果等。因此，剖检方法和顺序不是一成不变的，而是依具体条件和要求有一定的灵活性。常规的剖检方法和顺序的必要性在于能提高剖检工作的效果。通常采用的剖检顺序如下：

（1）体表检查：体表检查是病理剖检的第一步。体表检查结合临床诊断的资料，对于疾病的诊断常常可以提供重要线索，还可为剖检的方向给予启示，有的还可以作为判断疾病的重要依据（如口蹄疫、炭疽、鼻疽、痘等），主要包括以下几方面：

1）兽别、品种、性别、年龄、毛色、特征、体态等。

2）营养状态可通过肌肉发育、皮肤和被毛状况来判断。

3）检查皮肤时，注意被毛的光泽度，皮肤的厚度、硬度和弹性，有无脱毛、褥疮、溃疡、脓肿、创伤、肿瘤、外寄生虫等。此外，还要注意检查有无皮下水肿和气肿。

4）检查天然孔时，首先检查各天然孔（眼、鼻、口、肛门、外生殖器等）的开闭状态及有无异物。

5）检查尸体变化时，待动物死后，舌尖伸出于卧侧口角外，由此可确定死亡时的位置。

6）皮下检查是在剥皮过程中进行的，要注意检查皮下有无出血、水肿、脱水、炎症和脓肿，并观察皮下脂肪组织的多少、颜色、性状及病理变化性质等。

7）体表淋巴结检查时，要特别注意颌下淋巴结、颈浅淋巴结、髂下淋巴结等体表淋巴结；以及肠系膜淋巴结、肺门淋巴结等内脏器官附属淋巴结。注意检查其大小、颜色、硬度，与其周围组织的关系及切面的变化。

（2）胸腹腔的检查：

1）首先检查腹腔：从剑状软骨后方沿白线由前向后，直至耻骨联合作第一切线。然后再从剑状软骨沿左右两侧肋骨后缘至腰椎横突做第二、三切线，使腹壁切成两个大小相等的楔形，将其向两侧翻开，即可露出腹腔。腹腔剖开后立即进行腹腔检查，检查内容包括：腹水的数量和性状；腹腔内有无异常物质，如气体、血凝块、胃肠内容物、脓汁、寄生虫、肿瘤等；腹膜的性状，是否光滑，有无充血、出血、纤维素、脓肿、破裂、肿瘤等；腹腔脏器的位置和外形，注意有无变位、扭转、粘连、破裂、肿瘤、寄生虫结节及淋巴结的性状；横膈膜的紧张程度、有无破裂。然后取出腹腔脏器，包括脾脏、网膜、空肠、回肠、大肠、胃、十二指肠、肝脏、胰腺、肾脏、肾上腺。对于母兽要观察子宫和卵巢的大小和形状；公兽要检查包皮、龟头、睾丸和附睾，注意其外形、大小、质度、色泽，观察切面有无充血、出血、瘢痕、结节、化脓和坏死等。

2）打开胸腔：用刀切断两侧肋骨与肋软骨接合部，再切离其他软组织，除去胸壁腹面，胸腔即露出。胸腔的检查主要包括：观察胸膜腔有无液体、液体数量、透明度、色泽、性质、浓度和气味；注意浆膜是否光滑，有无粘连等；肺脏的大小、色泽、重量、质度、弹性、有无病灶及表面附着物等。用剪刀将支气管切开，注意检查支气管黏膜的色泽、表面附着物的数量、黏稠度。最后将整个肺脏纵横切割数刀，观察切面有无病变，切面流出物的数量、色泽变化等；检查心脏时，注意检查心腔内血液的含量及性状。检查心内膜的色泽、光滑度、有无出血，各瓣膜、腱索是否肥厚，有无血栓形成和组织增生或缺损等病变。对心肌的检查，注意各部心肌的厚度、色泽、质度、有无出血、瘢痕、变性和坏死等。

（3）颅腔的剖开和脑的检查：清除头部的皮肤和肌肉，先在两侧眶上突后缘作一横锯线，从此锯线两端经额骨、顶骨侧面至枕骨外缘作两条平行的锯线，再从枕骨大孔两侧作一"V"形锯线与两条纵锯线相连。此时将头的鼻端向下立起，用力敲击枕嵴，即可揭开颅顶，露出颅腔。颅顶骨除去后，观察骨片的厚度和其内面的形态。沿锯线剪开硬脑膜，检查硬脑膜和蛛网膜，注意脑膜下腔液的容量和性状。然后用剪刀或外科刀将颅腔内的神经、血管切断，细心地取出大脑、小脑，再将延脑和垂体取出。

检查脑时，先观察脑膜性状，正常脑膜透明、平滑、湿润、有光泽。病理情况下，可出现充血、出血和脑膜浑浊等病理变化，再检查脑回和脑沟状态，如有脑水肿、积水、肿瘤、脑充血等变化时，脑沟内有渗出物蓄积，脑沟变浅，脑回变平，并用手触检各部分脑实质质度，脑实质变软是急性非化脓性炎症的表现，脑实质变硬是慢性脑炎时神经胶质增多或脑实质萎缩的结果。脑内部检查时，先用脑刀伸入纵沟中，自前而后，由上而下，一刀经过胼胝体、穹隆、松果体、四叠体、小脑蚓突、延脑，将脑切成两半。脑切开后，检查脉络丛性状及侧脑室有无积水，第三脑室、导水管和第四脑室的状态，再横切脑组织，切线相距2~3cm，注意脑质湿度、白质和灰质的色泽和质度，有无出血、坏死、包囊、脓肿、肿瘤等病变。脑垂体检查时，先检查其重量、大小，然后沿中线纵切，观察切面色泽、质度、光泽和湿润度等。由于脑组织易损坏，一般先固定，再切开检查。脑的病变主要依靠组织学检查。

（4）口腔和颈部器官的采出和检查：口腔和颈部器官采出前先检查颈部动脉、静脉、甲状腺、唾液腺及其导管，颌下和颈部淋巴结有无病变。采出时先在第一臼齿前下方锯断下颌支，再将刀插入口腔，由口角向耳根，沿上下臼齿间切断颊部肌肉。将刀尖伸入颌间，切断下颌支内面的肌肉和后缘的腮腺等，最后切断冠状突周围的肌肉与下颌关节的囊状韧带。握住下颌骨断端用力向后上方提举，下颌骨即可分离取出，口腔显露。此时以左手牵引舌头，切断与其联系的软组织、舌骨支，检查喉囊，然后分离咽和喉头、气管、食道周围的肌肉和结缔组织，即可将口腔和颈部的器官一并采出。

对仰卧的尸体，口腔器官的采出也可由两下颌支内侧切断肌肉，将舌从下颌间隙拉出，再分离其周围的联系，切断舌骨支，即可将口腔器官整个分离，然后按上法分离颈部器官。

舌黏膜的检查，按需要纵切或横切舌肌，检查其结构。如发现舌的侧缘有创伤或瘢痕时，应注意对同侧臼齿进行检查。

咽喉部分的黏膜和扁桃体的检查时，注意有无发炎、坏死或化脓。剪开食道，检查食道黏膜的状态，食道壁的厚度，有无局部扩张和狭窄，食道周围有无肿瘤、脓肿等病变。剪开喉头和气管，检查喉头软骨、肌肉和声门等有无异常，器官黏膜面有无病变或病理性附着物。

（5）鼻腔剖开和检查：将头骨于距正中线0.5cm处纵行锯开，把头骨分成两半，其中一半带有鼻中隔。将鼻中隔沿其附着部切断取下。检查鼻中隔和鼻道黏膜色泽、外形，有无出血、结节、糜烂、炎性渗出等，必要时可在额骨部做横行锯线，以便检查额窦和鼻甲窦。

（6）脊椎管剖开和检查：先切除脊柱背侧棘突与椎弓上的软组织，然后用锯在棘突两边将椎弓锯开，用凿子掀起已分离的椎弓部，露出脊髓硬膜，再切断与脊髓相联系的神经，切断脊髓上下两端，即可将需分离的脊髓取出。脊髓检查要注意软脊膜状态，脊髓液性状，脊髓外形、色泽、质度，并将脊髓作多数横切，检查切面上灰质、白质和中央管有无病变。

（7）肌肉和关节检查：肌肉的检查通常只是对肉眼上有明显变化的部分进行，注意其色泽、硬度、有无出血、水肿、变性、坏死、炎症等病变。对某些以肌肉变化为主要表现形式的疾病，如白肌病、气肿疽、恶性水肿等，检查肌肉就十分重要。关节的检查通常只对有关节炎的关节进行，可以切开关节囊，检查关节液的含量、性质和关节软骨表面的状态。

（8）骨和骨髓的检查：骨的检查主要对骨组织发生疾病的病例进行，如局部骨组织的炎症、坏死、骨折、骨软症和佝偻病的病兽，放线菌病的受侵骨组织等，先肉眼观察，验其硬度，检查其断面形象。骨髓检查对与造血系统有关的各种疾病极为重要，其法可将长骨沿纵轴锯开，注意骨干和骨端的状态，红骨髓、黄骨髓的性质、分布等，或在股骨中央部做相距2cm的横行锯线，待深达全厚的2/3时，用骨凿除去锯线内的骨质，露出骨髓，挖取骨髓作触片或固定后作切片检查。

6. 病料的采集、保存及送检　　在实际工作中，有时会碰到病因复杂或难于诊断的疾病或不明死因的病兽，为了弄清发病原因和对疾病进行确诊，需要采集病料，送往实验室进行检验。采取病料要明确目的，即根据初步诊断采取相应的材料，对一时不易明确的病可全面采取。一般情况下，应选择临床表现明显、症状典型的病例采取病料，这类典型病例大多出现于流行初中期；流行后期的病例由于治疗、免疫反应等干扰，症状不明显、不典型，病料检验也不易得出正确的结论，应在濒死期迫杀采取，或在死亡后立即采取病料，最多不能超过死亡后 2～4h，在炎热季节更应注意，否则容易污染。

（1）病料采取前的准备与采集后的处理：送检的目的是什么？需要采集哪些病料？怎样采取？怎样保存？怎样送检？应注意哪些问题？这些问题必须正确解决。为此，特将病因学检查和病理组织学检查材料的采取、保存和送检作如下叙述：病料采取全程都应保持无菌操作，这是保证正确结果的必要条件。全部器械都要经消毒灭菌，刀、剪、镊子类金属器械可高压或煮沸灭菌；器皿和玻璃容器可高压或煮沸灭菌；胶塞等橡胶制品可用 0.5% 石炭酸液煮沸消毒 10min，或高压灭菌；载玻片先用 1%～2% 碳酸氢钠溶液煮沸 10～15min，水洗后用清洁纱布擦干保存在乙醇、乙醚等溶液中备用；注射器、针头可高压或煮沸消毒。未经消毒灭菌的器械不能反复使用，以保证病料不被污染。凡急性死亡而又天然孔出血或怀疑炭疽时，应先自末梢血管采血检查并否定炭疽后，方能采取病料。

剖检和采取病料时，应按先采取微生物检查病料后进行病理变化检查的程序进行，以保证病料不被污染。在剖检和采取过程中应尽可能不扩大污染，完毕后应按防疫要求消毒处理。

（2）病料的采取、保藏和运送的注意事项：取材要及时，如患兽死后要立即采取，最好不超过 6h，否则时间过长，肠道中的非病原菌侵入机体后，会妨碍病原菌检出。剖开腹腔之后，首先取材，因为暴露时间越长，就越容易被空气、肠道、皮毛等物上的微生物污染。对死亡很急的患兽，如果有天然孔出血、尸僵不全等现象，怀疑是炭疽病时，应先取耳静脉血做涂片，或在腹壁上做一切口，取脾脏组织，立即送检。当确定不是炭疽时才允许剖检。

采样所用刀、剪要锐利，切割要迅速准确，采集材料时应无菌，所用的容器和器具要消毒。在实际工作中不能做到时，最好取新鲜的整个器官或大块组织送检。怀疑是什么病，就采集有关的材料。如果不能确定是什么病时，则尽可能全面采集病料。

送检的涂片自然干燥，在玻片之间垫上火柴棍，以免相互摩擦。装在试管、广口瓶或青霉素瓶内的病料，均需盖好盖，塞好棉塞，然后用胶布粘好，再用蜡封固，放入冰瓶中。病料送检时，最好专人运送，并附带说明。当采集活体病料时，如有多数经济动物发病，取材时应选择症状和病变典型，有代表性的病例，最好选择未经抗生素治疗的病例。

（3）病料的固定和保存：实质性器官的病料存放在消毒过的容器内。若用于病理组织学检查，存放于 10% 福尔马林溶液或 10% 戊二醛溶液中（如作冷冻切片，应将组织块放在冷藏容器中，并尽快送实验室检验）。短时间内不能送到的病料，上面加盖灭菌石蜡油 2～3cm，用蜡封固，置于装有冰块的冰瓶中迅速送检；没有冰块时，可在冰瓶中加冷水，并加入等量硫酸铵，可使水温冷至零下，将装病料的小瓶浸入此液中送检。夏天在运输途中时间长时，要勤换固定液，亦可将病料浸入保存液中。供微生物学检查的液体病料，包扎牢靠，防止外溢污染、变质。供血清学检查的血清装入灭菌小瓶内。细菌性病料可用饱和盐水或 30% 甘油缓冲液，病毒性材料可浸于 50% 甘油缓冲液中。进行微生物学检验的病料，若病料不能立即送检时，最佳的保存方法应为冷冻或冷藏。

（4）病料的送检：送检人员对经济动物的发病情况应十分了解或有详实记录，最好是现场技术人员亲自送检。这样能提供经济动物发病过程的全部信息，有目的地进行检验，既节省时间，结果又可靠。禁止送检死亡过久或腐败变质的病料，这种病料对诊断无意义，而且拖延诊断时间，对及时有效控制疾病极为不利。微生物检验用病料尽可能专人送检。送检时，除注意冷藏保存外，还需将病料妥为包装，避免破损散毒。用冰瓶送检时，装病料的瓶子不宜过大，并在其外包一层棉花。途中避免振动、冲撞，以免碰破冰瓶。若邮寄送检，应将病料于固定液中固定24～48h后取出，用浸有同种固定液的脱脂棉包好，装在塑料袋中，放在木盒内邮寄，邮寄同时，附上尸体剖检记录等有关材料，填写送检动物组织种类、数量、检验目的、病料所用固定液、送检时间、送检单位和送检人及通信地址等。每种病料要附以标签，并复写送检单一式三份，一份存查，两份寄往检验单位，检验完毕后退回一份。

（四）实验室检查

实验检查主要是运用物理学、化学和生物学等的实验室技术和方法，对经济动物的血液、体液、分泌物、排泄物及组织细胞等进行检验，以获得反映机体功能状态、病理变化或病因等的客观资料。实验室检查的结果与其他临床资料结合进行综合分析，对确定疾病的诊断、制定防治措施及判断预后均有重要意义。特种动物疾病甚多，各种病的实验室检查重点也不一样。快速而又正确的检验方法是最理想的，但也应考虑设备条件、技术条件，选取合适的检验方法。近代微生物学检验技术进展迅速，实验诊断学内容广泛，涉及兽医临床检验的许多方面，有些内容已在相关学科中有详细地叙述，本章不再重复。

1. 血液学检验　作用于机体的任何刺激都会引起血液成分改变。血液学检验主要针对血液和造血组织引起的血液病及其他疾病所致血液学变化。兽医临床上主要进行血液学常规检查，包括红细胞数、白细胞数、血红蛋白含量、红细胞压积容量、红细胞沉降速率、白细胞分类计数及血细胞形态学检查，必要时还进行血小板数、溶血检验和抗凝血功能检验等。

2. 排泄物、分泌物及体液的检验　主要包括尿液的物理、化学及沉渣检查，胃液和粪便的常规检查，渗出液及漏出液的理化检查等。

3. 临床化学检验　主要是对组成机体的生理成分、代谢状况、重要器官的功能状态、毒物分析及营养评价等进行的检验，包括糖、脂肪、蛋白质及其代谢产物的检验，血液和体液中电解质和微量元素的检验，血气和酸碱平衡的检验，临床酶学检验，激素和内分泌腺功能的检验，以及毒物和药物浓度的检测等。

4. 临床免疫学检验　包括免疫功能、临床血清学等的检验。

5. 临床病原微生物检验　包括传染病常见的病原检查、细菌耐药性和药敏实验等。

二、捕捉、保定与麻醉方法

（一）捕捉方法

特种动物如鹿、貂、狐、貉、麝、熊等虽已驯养，但仍保留一定的野性，特别是生人难以接近，当人接近时即表现惊慌不安或逃跑，甚至向人攻击，如无防备易被顶伤或抓伤。

1. 鹿的捕捉　可利用一端设一绳环的长绳，以绳的一端通过绳环端的环使之形成一个大的绳套，套在套杆顶端，一人拿着走近想要捕捉的鹿只，迅速将其置于鹿的后蹄前面，当鹿提脚前进见蹄进入绳套时，立即往上收紧绳套可套住一条或两条后腿。此时，两人速将鹿头颈抱住并放倒在地，再用绳索将前后腿捆绑，压住鹿头颈、体躯和四肢。

2. 麝的捕捉　　常用竹、木杆将固定绳套（不用活套）套到麝颈并立即抱起，或用捕网将麝捕住后立即抱住。

3. 狐、貉、貂的捕捉　　狐、貉、貂体型小，非常灵活，齿锐利，在捕捉保定时要特别注意防止被咬伤。捕捉时可根据不同情况选用相应的捕捉工具，如网兜捕捉器、铁夹捕捉器、三角胶皮带和木板捕捉器等。捕捉貉时，常用木棒先将笼内的貉分开，再用另一只手迅速抓住貉尾后，快速用力上提。捕捉貂时，常戴皮棉长臂手套直接捕捉，或用网兜捕捉，或将貂赶到笼角，迅速将三角胶皮带圈套住脖子拉出捕捉。

4. 蛤蚧捕捉　　在养殖场要捕捉蛤蚧，先做一个直径约10cm的网兜，配一根长竹竿，即成为捕捉工具。捕捉时，将网兜对准蛤蚧头部，往上一提，蛤蚧会落入兜中捕捉之。

5. 蝎子的捕捉　　小规模养殖可直接将蝎窝的瓦片或土块拆掉，后用竹筷或镊子夹住蝎子收集到容器中；大规模蝎窝，可向窝内喷洒酒精，蝎会因酒精刺激而跑出来，然后收捕。

6. 蛇的捕捉　　捕蛇原则是不让蛇受太大刺激，更不应该使蛇受伤。要求捕捉动作稳、准、轻、快，要胆大心细、精力集中，确保人与蛇安全。捕捉蛇时，要穿长袖衣和长管裤，脚上穿高腰鞋或厚实袜子，养蛇场要备好应急药品。徒手捕捉时，看准蛇头位置，立即用手掌压住蛇头部，一只手捏住蛇头颈部，另外一只手立即抓住蛇腹部，或当蛇向前爬行时，迅速用手拖住蛇尾，立即提起来，使蛇头朝下，不断抖动蛇不让其转头咬人，然后放入蛇笼中；还可以用蛇钳夹住蛇颈部，或用蛇钩钩住蛇颈部，可以抓蛇。

（二）保定方法

保定法是以人力、器械或某些化学药物达到控制经济动物活动的方法。保定时应遵守安全、迅速、简单、确实的原则。目前饲养的经济动物多为野生动物，野性较强，虽经长时间驯养，但其生活习性与家畜、家禽相比仍有很大差别，特别是人难以接近，这给兽医诊疗工作带来了很大困难。因此，在检查、诊断、治疗和运输过程中应该采取适当的保定措施。

1. 鹿保定法　　鹿的保定方法有人力保定法、机械保定法、化学保定法。

2. 貂、狐、貉、犬的保定　　主要有嘴带笼头保定法、绷带扎口法、腋下和全身保定法。

（三）麻醉方法

麻醉术的目的在于安全有效地消除手术疼痛，确保人和特种动物安全，使特种动物失去反抗能力，为能顺利进行手术，创造良好的条件。现今兽医临床麻醉大体分为两类，即全身麻醉、局部麻醉。特种动物在临床上多用全身麻醉，局部麻醉较少用。

1. 局部麻醉　　局部麻醉是应用局部麻醉药暂时阻断身体某一区域神经传导而产生麻醉作用，从而达到无痛手术的目的。局部麻醉简便、安全，适用范围广，分为表面麻醉、浸润麻醉、传导麻醉和椎管内麻醉，其麻醉药主要包括普鲁卡因、利多卡因、达克罗宁及丁卡因。

2. 全身麻醉　　全身麻醉是指麻醉药经呼吸道吸入、静脉或肌内注射进入体内，产生中枢神经系统的抑制，临床表现为神志消失，全身痛觉丧失、遗忘，反射抑制和骨骼肌松弛，但仍保持延髓生命中枢的功能，主要用于外科手术和凶猛经济动物的保定检查。全身麻醉方法很多，根据用药顺序和种类，可分为单纯麻醉、复合麻醉、混合麻醉、合并麻醉、基础麻醉等。根据药物进入体内的不同途径，可分为非吸入性麻醉和吸入性麻醉两种。

用于全身麻醉的麻醉剂，可经鼻、口吸入，经口内服，经口、鼻、食道导管投入，经直肠灌注、静脉注射、腹膜内注射及皮下和肌内注射等方法投入经济动物体内，具体方式可根据经济动物种类、药物性质和手术需要而选择。常用麻醉药有吸入性全身麻醉药和非吸入性全身麻醉药，常用吸入性全身麻醉药有乙醚、氟烷、安氟醚等；常用非吸入性全身麻醉药有盐酸氯胺酮、硫喷妥钠、二甲苯胺噻嗪等，有时单种麻药使用，有时2种或2种以上麻药混用。

3. 常用的全身麻醉方法和麻醉意外的处理

（1）常用的全身麻醉方法：目前市场上各种新型麻醉药种类很多，效果也很明显，在动物疾病治疗中麻醉药的使用首先要严格参照购买的麻醉剂使用说明进行合理使用，切不可擅自减少剂量造成麻醉不完全而无法进行手术，或者加大剂量出现麻醉意外，导致动物疾病治疗失败。下面列出常用特种动物麻醉使用方法供参考。

1）鹿、麝、狐、貉等水合氯醛静脉注射麻醉法：多用10%水合氯醛溶液静脉注射1mL/kg体重，可达全身麻醉。

2）鹿、麝眠乃宁，鹿眠宁，静松灵肌内注射麻醉法：梅花鹿采用肌内注射鹿眠宁1.3～1.5mL/100kg体重、眠乃宁0.02～0.025mL/kg体重或静松灵1～2mg/kg体重；马鹿采用肌内注射鹿眠宁1.0～1.5mL/100kg体重或静松灵4～6mg/kg体重，5～15min即出现麻醉，持续30～60min。

3）狐和貉吗啡、阿托品、氯仿合并麻醉法：药液在术前20～30min皮下注射，注射后20min再吸入氯仿。注入吗啡后15～20min出现睡眠，对外界刺激无反应；吸入氯仿后迅速进入深度麻醉。

（2）麻醉意外的处理：全身麻醉药物过量时，很容易导致特种动物出现并发症，甚至引起死亡。因而使用全身麻醉药物麻醉时，应密切监控经济动物各系统及全身状况，一旦出现并发症，应及时停止麻醉进行急救。全身监控的主要系统有：循环系统（如心率、脉搏），呼吸系统（如呼吸频率和深度），中枢系统（如手术反应、肌肉松弛、眼睑和角膜反射等）。

全身麻醉时可能的并发症有以下四种：①呕吐多见于小型特种动物麻醉前期，呕吐物一旦流入或被吸入气管，易引起窒息和异物性肺炎。预防方法是使特种动物头部垫高，口朝下，并尽量拉出舌头。一旦出现呕吐，应及时清洗口腔。②舌回缩易造成特种动物呼吸受阻，急救方法是立即牵出舌头，并保持其在口腔外。③呼吸停止前，经济动物常表现呼吸浅表而不规则，可视黏膜发绀，瞳孔突然放大，创内血液变暗，角膜反射消失等。急救方法是撤除麻醉，打开口腔，牵拉舌头，立即静脉注射尼可刹米、安钠咖或樟脑油，并进行人工呼吸。④心搏动停止的急救方法是用手掌在心区有节律性敲击胸壁或在腹壁内侧直接有节律地挤压心脏，并配合人工呼吸和吸氧，静脉注射0.1%盐酸肾上腺素。

三、治 疗 方 法

（一）治疗的基本原则

特种动物疾病的治疗就是通过人为干预，终止或缓解各种致病因素的损伤作用，增强机体防御机能，恢复机体内环境平衡，促进机体生理组织细胞的功能、代谢和形态结构的恢复，使患病特种动物尽快得到康复。为达到有效的治疗效果，应从特种动物疾病的治疗目的出发，根据发病特种动物的特点和疾病具体情况选择适当的治疗方法并实施。

1.　究因治本的原则　　任何疾病都必须首先明确致病原因，尽量采取对因疗法。针对不同的致病原因，常需要采取不同的治疗方法。如对各种细菌感染性疾病，应用抗生素或磺胺类药物进行化学治疗效果较好；对某些传染病，应用特异性生物制剂，可收到特异性治疗效果；对一些营养代谢疾病，应采取所需的营养物质或营养性药剂治疗；对某些中毒性疾病，应针对病原性毒物进行解毒治疗。但在进行病因疗法的同时，并不排除配合应用必要的其他疗法，特别是在病因难以确定，或虽然病因明确却缺乏对因治疗的有效药物，或是某些症状成为致命的主要危险时，应积极采取对症治疗等其他治疗方法。

2.　局部与整体治疗相结合的原则　　动物体是一个复杂的、具有内在联系的整体。每一种疾病不管它表现的局部症状如何明显，均属整个机体的疾病。一种脏器的疾病，势必影响其他脏器的机能失调和病理变化。因而，治疗疾病必须从整体出发，尽力在复杂的疾病过程中找出发病动物机体内的主要矛盾方面和次要矛盾方面，以整体作为对象去研究和解决各器官系统之间的失调关系，合理运用局部治疗与全身治疗的各种措施。例如，局部外伤常可引起体温升高、食欲减退、呼吸频数和心动加快，甚至发生败血症而死亡。所以在治疗局部性外伤的同时，必须考虑对整个机体的消炎、解毒、强心、补液等一系列治疗措施。

3.　个体性治疗的原则　　不同种属的特种动物，或同一种动物不同个体，在相同疾病过程中常有不同表现，对它们的治疗应有所差异，不能强求一律。要根据具体情况（年龄、性别、体质强弱等），制定不同的治疗方案。就是在同一个体上，也要随病情变化，拟定相应的治疗措施。只有这样才能取得较为满意的治疗效果。如在治疗毛皮动物消化不良时，成年动物只要改善饲料和饲喂方法，不加任何药物治疗，就可以收到良好效果；而幼兽由于胃肠消化机能尚不健全，常因此导致胃肠炎，故必须采取相应的药物治疗。

4.　综合性治疗的原则　　根据具体病例的实际情况，选取多种治疗手段和方法予以必要的配合与综合运用。实践证明，在治疗疾病的过程中，运用综合疗法常常是奏效快、效果好。为尽早恢复机体健康，要从多方面考虑治疗方法，如注意加强饲养管理，搞好环境卫生，精心护理患兽，中西兽医结合，针药结合，药疗与理疗结合，内服与外敷结合等。

5.　灵活性治疗的原则　　动物疾病不是孤立和一成不变的，是相互联系、转化的。所以在治疗过程中，应随时调整治疗方法，做到因病、因兽、因症、因时、因地制宜。

6.　防治结合、防重于治的原则　　动物一旦发病就可影响其生产性能的发挥，养殖效益势必降低。故针对特种动物疾病，必须采取"预防为主"的方针，遵循防治结合、防重于治的原则。平时加强饲养管理，搞好环境卫生，使动物机体与外界环境保持相对统一，增强抗病能力。必要时可采取疫苗接种、加喂抗生素和维生素等措施预防各种疾病发生。

（二）常用治疗技术

临床上治疗疾病的方法有多种，凡是应用各种药物，物理因素（如温热、水、光及电等），针灸，饮食及化学和生物制剂等，使发病动物由病理状态转为正常的任何一种手段、措施和方法，都称为治疗方法。

1.　注射给药　　注射给药是防止经济动物疾病时常用的给药技术。该技术是用注射器或输液器将药物直接注入动物体内，能迅速发生药效，按注射部位分为皮下注射、肌内注射、静脉注射等，个别情况下还可行皮内、胸腹腔、气管、瓣胃及眼球后结膜等部位注射。

注射时注射部位应先剪毛再酒精消毒，注射后也要对局部进行消毒（皮内注射除外）。抽取药液前先检查药品的质量，是否发生浑浊、沉淀和变质。混注两种及以上药液时，应注意配伍禁忌。抽完药液后，要排净注射器内气泡。

2. 口服给药　　口服给药是经济动物常用的给药方法，是将药物拌在食物中或溶在饮水中或通过盛器投入口腔，再由经济动物自行咽下进入胃内的一种临床给药方法。如经济动物还有食欲，药量少且无特殊气味，可拌在食物或溶入饮水中，自由采食。若味苦或有特殊气味，需采取适宜方法投入。对于液性药液常用皮瓶法，对于少量丸剂或其他固体药物（粉剂除外）也可以直接口投。给貂、貉等经济动物投药时，常用一带孔的横板横在口腔，用通过小孔的胃管或注射器投服。在灌服时应防止将胃管插入气管，并避免损伤食道黏膜。

3. 直肠投药法　　直肠投药经常用于严重呕吐的经济动物，必须在特定条件下进行，它比口服快，无副作用。给予动物水、油剂药物时，首先提起动物两后肢，将尾拉向一侧，用12～18号橡胶导尿管经肛门插入直肠内，一般3～5cm，然后用注射器向导尿管内注入药液30～100mL，最后拔出导管，并压迫尾根片刻，以防因努责排出药液，然后松开保定。给予栓剂药物时，要求动物行站立保定，左手抬起尾，右手持栓剂插入肛门，并将栓剂缓缓推入肛门约5cm，然后将尾放下，按压3～5min，待不出现肛门努责即可。

4. 胃管投药法　　胃管投药是将药液经由胃导管送入胃内的一种给药方法，又称灌胃。此法适用于对单个经济动物的大量投药。投药者首先保定好动物头部，装上开口器，一只手持涂上滑润油的胃导管，从口腔缓缓插入，当管端到达咽部时感觉有抵抗，此时不要强行推进，待动物有吞咽动作时，趁机向食管内插入。经济动物无吞咽动作时，应揉捏咽部或用胃导管端轻轻刺激咽部而诱发吞咽动作。当胃导管进入食管后要判断是否正确插入，其判断方法有：向胃导管内打气，在打气的同时可观察到左侧颈静脉沟处出现波动；将球压扁后不再鼓起来。上述两种判断方法，均证明胃导管已正确地插入食管内。

插胃管的注意事项：保定动物，保证人兽安全。动作轻缓，特别是在胃导管通过咽部时，操作时动作要轻柔，胃导管插入、抽动要徐缓。插入胃导管灌药前，必须判断胃导管正确插入后方可灌入药液，若胃导管误插入气管内，灌入药液将导致动物窒息或形成异物性肺炎。经鼻插入胃导管，插入动作要轻，严防损伤鼻道黏膜。若黏膜损伤出血时，应拔出胃导管，将动物头部抬高，并用冷水浇头，可自然止血。

（三）特异疗法

特异疗法主要是针对特定病原体如细菌、病毒、寄生虫等引起的侵袭性疾病的防治方法，包括菌苗疗法、疫苗疗法、类毒素疗法、抗毒素疗法、转移因子疗法、单克隆抗体疗法以及自家血疗法等。自家血疗法也叫蛋白质刺激疗法，兼有自体血清和自体疫苗的作用，此法适合治疗皮肤病、皮肤炎症、某些眼病（如结膜炎），这些疾病在一定程度上均是由于局部营养缺乏导致免疫功能低下，使用这种疗法能起到营养作用，也能促进机体的免疫功能。采血部位是经济动物颈静脉上1/3与中1/3交界处，注射部位根据治疗目的不同则部位不同，经酒精消毒后进行注射，一般第二次注射要在第一次注射的血液吸收完后进行。

（熊家军）

第三章 特种动物病毒性传染病

第一节 共患性病毒性传染病

一、犬瘟热
（canine distemper）

犬瘟热是由犬瘟热病毒引起的犬科、鼬科及部分浣熊科的一种急性、热性、高度接触性传染病，主要侵害呼吸系统、消化系统及神经系统。其主要特征为双相型发热，眼、鼻、消化道等黏膜炎症，以及卡他性肺炎，腹泻性肠炎，皮肤湿疹，脚底表皮过度增生、变厚，形成硬肉趾病，腹泻粪便有特殊的腥臭味，偶有神经症状，具有较高的发病率和死亡率，素有毁灭性传染病之称，亦有"犬瘟""貂瘟"等说法。

【病原】 犬瘟热病毒（canine distemper virus，CDV）属副黏病毒科（Paramyxoviridae）麻疹病毒属（*Morbillivirus*）。病毒粒子直径在 123～175nm，病毒形态呈多形性，多数为球形，亦有畸形和长丝状病毒。病毒基因组为不分节段的单股负链 RNA，相对分子质量为 $6×10^6$，核酸全长 15690bp。病毒粒子中心含有直径为 15～17nm 螺旋形核衣壳，被覆脂质的囊膜，囊膜上排列有 1.3nm 的杆状纤突，纤突含血凝素，无神经氨酸酶。

CDV 抵抗力不强，对热、紫外线和有机溶剂均很敏感。病毒在 −14～−10℃下可存活 6～12 个月；−70℃冻干毒可保存毒力 1 年以上；4～7℃可保存 2 个月；干燥条件下病毒在室温中能生存 7～8d。CDV 对热敏感，55℃经 1h 或 60℃经 30min 可灭活病毒，100℃经 1min 可失去毒力。此外，病毒对多种化学药物（0.75%～3% 甲醛、0.5% 过氧乙酸、1% 煤酚皂溶液、3% 氢氧化钠、5% 石炭酸溶液等）均很敏感。对乙醚、氯仿等有机溶剂也较敏感，病毒经甲醛灭活后仍可保留其抗原性。pH 4.5 以下和 pH 9.0 以上的酸碱环境可使其迅速灭活。

【流行病学】

1. 传染源 患犬瘟热的动物、潜伏期带毒动物及患病死亡的尸体是主要的传染源。

2. 传播途径 CDV 大量存在于感染和患兽的鼻、眼分泌物以及唾液中，也见于血液、脑脊液、淋巴结、肝脏、脊髓、心包液及胸腹水中，而且患病痊愈的动物带毒期可长达 6 个月，它们可由所有动物的排泄物和分泌物中排出病毒，污染周围环境。

3. 易感动物 CDV 的自然宿主是犬科、猫科、鼬科及浣熊科动物，而这 4 科动物对 CDV 呈高度易感。目前已知的可自然感染 CDV 的动物包括食肉目所有 8 个科、偶蹄目猪科、灵长目的猕猴属和鳍足目海豹科等多种动物。

4. 流行特征 CDV 无明显季节性，当多种毛皮动物饲养在同一个大型养殖场里，一般都是最易感的动物开始流行，经一段时间，再传播到另一种动物。犬瘟热流行时，貉易感性较高，一般先发病，然后是狐和水貂，其中北极狐比银黑狐和彩狐易感。流行季节主要在 8～11 月，呈散发、地方流行或暴发。犬瘟热流行过程中，成年兽有一定抵抗力，一般非配种期病势进展缓慢，而春季配种期，由于种兽出入，人为增加了传染概率，促进本病发生。

【症状】　　由于发病初期动物种类不同，其临床症状也不尽相同，各有特点。

1. 狐犬瘟热　　自然感染时，银黑狐、北极狐的潜伏期为 9~30d，有的长达 3 个月。患病初期，无特征性表现，病狐食欲减退，貌似感冒，体温升高到 40~41℃，持续 2~3d。鼻镜干燥，有的出现呕吐和轻微卡他性症状，排蛋清样稀便。随着病情加重，症状逐渐明显，开始出现浆液性、黏液性或化脓性结膜炎。眼角内有大量眼眵，将两眼粘连在一起，或呈戴眼镜样附着在眼圈周围。鼻子也出现浆液性、黏液性或化脓性鼻炎，有时分泌物干涸在鼻孔内，形成鼻塞。唇缘皮肤增厚，嘴角被毛沾有不洁的分泌物和饲料。腹泻、肛门黏膜红肿。病狐很少出现皮肤脱屑，有时后脚掌和尾尖皮肤能看到有轻度变化。当肺出现继发感染时，出现咳嗽，开始干咳，后转为湿咳。特别是春、秋季节常发生本病，常侵害呼吸器官、消化器官，发生卡他性炎症、腹泻，粪便有时混有血液，幼龄北极狐腹泻严重，常常发生脱肛，而银狐此现象少见。狐感染脑炎型犬瘟热时，病狐出现咀嚼肌痉挛、头肌和四肢肌肉痉挛性收缩、麻痹或不全麻痹。某肌群不自主地有节律颤动，一般为进行性的，起初是后肢，而后导致完全麻痹。银黑狐常突然出现视觉消失，瞳孔散大，虹膜呈绿色。急性型病畜 2~3d 死亡，慢性经过的病畜 20~30d 继发感染而死。

2. 貉犬瘟热　　自然感染时，开始症状不明显，仅食欲不佳。随后出现腹泻症状。患兽不愿活动，多卧于笼内一角，体蜷缩，被毛蓬乱。随病情加剧，患兽眼球塌陷，眼内有少量灰白色黏液样眼眵，鼻镜干燥；患兽颈部皮肤有米粒大小皮疹，毛丛中有皮屑，少数出现脓性眼眵和掌部皮肤增厚肿大现象。当貉群出现大批腹泻，并伴扩大趋势时，要足够重视。

3. 水貂犬瘟热　　根据临床表现和症状，水貂犬瘟热可分 4 个类型。

（1）最急性型：常发生于流行病的初期或后期，无任何前兆突然发病，病貂出现神经症状：四肢抽搐，吱吱尖叫，口吐白沫，癫痫性发作，病程仅 1~3d，转归死亡。有时只看到 1~2 次抽搐、尖叫、吐沫，仅几分钟便以死亡告终，发作后体温均在 42℃ 以上。

（2）亚急性型（混合型）：患兽病初似感冒样，眼圈湿润、流泪，鼻孔湿润、流涕，体温升高，出现"双相热"，即在感染后 2~5d 出现第 1 次高热，体温多为 40~41℃，持续 2~3d，而后体温下降至常温，经 5~7d 又出现第 2 次高温，可达 41.5℃，再经 3~5d 患兽死亡，"双相热"是犬瘟热重要的临床特征之一。除体温变化之外，患兽的消化道和呼吸器官也常表现特征变化。患兽消化紊乱、下痢，病初排出黏液性蛋清样稀便，后期粪便呈黄褐色或煤焦油样。肛门或外生殖器黏膜红肿发炎，呼吸促迫，尿流不止。公兽腹下被毛浸湿，极似尿湿症。少数病例表现脚掌红肿，趾间溃烂。犬瘟热病程后期，部分患兽出现后躯麻痹、共济失调、仰头歪颈、肌群震颤等神经症状。病程平均 3~10d，多数转归死亡。

（3）慢性型（皮肤黏膜型）：一般病程都在 20d 以上，患兽以双眼、耳、口、鼻、脚爪和颈部皮肤病变为主。患兽食欲减退，不喜活动，多卧于小室内。眼睑边缘皮肤发炎、脱毛、变厚、结痂，形成眼圈，或上下眼睑被黏液脓性眼眵黏在一起。鼻面部肿胀，鼻镜和上下唇、口角边缘皮肤有干痂物附着；部分患兽耳边皮肤干燥无毛。四肢趾掌肉垫增厚，为正常时的几倍，病初爪趾（指）间皮肤潮红，而后出现微小的湿疹，皮肤增厚肿胀变硬，俗称"硬足掌症"。皮肤弹力减弱，出现皱褶，尤以颈、背部为重，被毛内有大量麸皮样湿润污秽的脱屑，发出难闻的腥臭味。有的患兽外阴肿胀、肛门外翻。此类型患兽虽然多取良性经过，但多导致发育迟缓，皮张质量降低等，一部分患兽出现并发症后，还是以死亡转归。

（4）隐性感染型：多见于流行后期，病貂仅有轻微的一过性反应，类似感冒，或仅有轻度皮炎及一些极轻的卡他性症状，看不到明显的异常表现，多耐过自愈，并获得较强的终身免疫力，但也成为隐性带毒者。部分患兽出现细菌继发感染并发症，终以死亡转归。

【病理变化】

1. 急性型　尸体营养良好，体表不洁，常被粪尿等玷污。新死亡患兽尸体绵软，口角周围有泡沫样唾液。患兽鼻镜干涸、口张开、肛门松弛、尿失禁浸湿周围被毛；胃肠黏膜出血肿胀，肝、脾变化轻微，肺尖叶有紫红色病灶，切面多含泡沫样液体；脑实质变软、充血、出血；其他实质脏器无明显变化。

2. 亚急性型　尸体外观变化不明显，仔细检查才能发现眼、鼻有少量黏液性分泌物，鼻镜裂纹较深，齿龈出血，四肢脚掌轻度肿胀。肺的一般性炎症病灶呈粉红、紫红、灰褐等多种颜色，而肺气肿灶外观则呈灰白色泡沫状；同时还可见到无气肺，个别病例胸肺粘连。患兽体腔干燥，心扩张，心肌弛缓。胃和小肠黏膜增厚，呈明显的卡他性炎症变化，病变严重的肠段黏膜出血、脱落、溃疡，大肠段末端肠管多见出血性炎症变化。肝暗紫色或黄褐色，质脆。胆囊显著增大、充满胆汁。脾有时轻度肿大。肾脏分界不清，一般病例皮质呈暗紫褐色或灰褐色，包膜下常有出血点。膀胱黏膜肿胀，有出血点。

3. 慢性型　患兽外观多见有较多的眼分泌物，鼻面皮肤肿胀粗糙；足垫肿胀、肢端明显增大，绒毛中有糠麸样皮屑；患兽脑和脑膜有出血性浸润灶，神经细胞变性，着色较深，部分神经细胞核消失，呈渐进性坏死；肺及细支气管明显水肿，上皮肿胀增生；脾血管高度充血并有弥漫性出血；肾小管上皮空泡变性、玻璃滴样变性、坏死和出血，肾小球囊肿大，内皮增生，呈急性肾小球肾炎变化；膀胱黏膜上皮样细胞着色深浅不一、易脱落，黏膜下水肿；肠黏膜上皮样细胞脱落；在细支气管和肺泡、胃肠道、胆道以及泌尿道的上皮样细胞和脾脏的网状内皮细胞内，均能发现圆形或椭圆形的包涵体，这些包涵体大多位于上述细胞的胞质内，但也有极少数出现于胞核内。

【诊断】　对于经济动物的犬瘟热病诊断，根据病史、流行病学和临床症状，易于做出初步诊断。但确诊必须依靠病毒分离、鉴定和免疫血清学等实验室诊断。

【鉴别诊断】　与犬瘟热相类似的水貂、貉、狐的疾病，有狂犬病、传染性肝炎、细小病毒性肠炎、B 族维生素缺乏等。

1. 狂犬病　有神经症状，攻击人、畜后导致其喉头、咀嚼肌麻痹，在海马角能检出尼氏小体，但没有皮疹、结膜炎和腹泻。

2. 传染性肝炎　犬瘟热病有皮疹和卡他性鼻炎，特殊腥臭味，无剧烈腹痛。传染性肝炎解剖时，肝脏和胆囊壁增厚，浆膜下有出血点，腹腔中有多量黄色或微红色浆液和纤维蛋白凝块；此外，二者还可用血清鉴别。

3. 传染性细小病毒病　临床有两个表现型，即肠炎型和心肌型。犬瘟热不具有这两个型，腹泻的排泄物中没有管套现象，而肠炎有典型管套状稀便，肠黏膜除出血外，浆膜也有出血、充血。心肌型主要变化为肺水肿，左心室肌肉变化明显。

4. 脑脊髓炎　具有与犬瘟热相同的神经症状，都有癫痫性发作。但脑脊髓炎是散发，没有流行情况，没有特殊腥臭味。

5. 副伤寒　具有明显季节性（6～8 月），脾高度肿大，犬瘟热不具有这个特点。

6. 巴氏杆菌病　该病对不同品种、不同年龄和性别的动物均可致病，多突然发生，体温高、病程急、死亡率高，并可见出血性肠炎和与犬瘟热相似的临床症状，有时也出现结膜炎和鼻炎，剖检时脏器和组织严重出血，检菌时可分离到有致病性两极浓染的小杆菌，以大剂量的磺胺或抗生素类药物治疗可收到一定疗效，这与犬瘟热有明显区别。

7. B族维生素缺乏　患兽嗜睡，不愿活动，有时出现肌肉不自主痉挛、抽搐，但无眼、口、鼻变化，无怪味，不发热，维生素B治疗有效。犬瘟热双相热，B族维生素缺乏动物不发热。

【治疗】　无特异性疗法，用抗生素治疗无效，只能控制继发感染。目前对毛皮动物犬瘟热病可用犬瘟热高免血清或康复动物血清（或全血）进行治疗。为预防继发感染，可用磺胺、抗生素类药物控制细菌引起的并发症，延缓病程，促进痊愈。眼、鼻可用青霉素眼药水点眼和滴鼻。并发肺炎时，常使用青霉素、链霉素、拜有利控制，银黑狐、蓝狐幼兽每日肌内注射15万～20万U，每日注射2～3次，成年狐每天注射30万～40万U，水貂每天注射15万～20万U，也可用拜有利注射液，每千克体重注射0.05mL。

出现胃肠炎时，可将土霉素或喹乙醇等混入饲料投给，用药剂量按常规治疗量，每天早晚各1次，银黑狐、蓝狐幼兽为0.05g，成年兽为0.2g，水貂和紫貂为0.03g，连投3d。

【预防】　目前水貂、狐、貉等毛皮动物的饲养数量和规模不断扩大。与此同时，由犬瘟热病毒引起的犬瘟热已成为危害最大的疫病之一。犬瘟热病毒的扩散不仅给饲养场带来灭顶之灾，也给从事毛皮动物饲养、繁殖和疫病防治及国际贸易的工作者带来前所未有的难题，同时也给人类本身带来严重危害。因此，对毛皮动物犬瘟热的防治需从多方面综合考虑。

1. 加强饲养管理　目前在犬瘟热没有得到很好控制的情况下，采取适当封闭式饲养是必要的。主要是限制外人进入，对新引进的动物应隔离观察1～2个月，观察无病后方可合群。对群养动物，应依性格、品种、年龄分群、分地饲养，群体之间尽量少来往。分散饲养，易于隔离，一旦有疫病发生，缩小了传染范围，易于治疗和扑灭。

2. 严格消毒制度，加强卫生防疫措施　养殖过程中消毒环节直接影响动物的健康，必须做好笼舍的消毒工作。消毒方法应由简单的消毒方式转变为多种消毒剂交替使用，由过去的平面消毒变为立体化、全方位消毒。养殖场应尽量做到自繁自养。在犬瘟热流行季节，严禁将个人养的犬带进养殖场。如有动物发病，应采取下列措施：对有典型临床症状的患兽立即隔离。对动物圈舍用3%甲醛溶液、0.5%过氧乙酸溶液或3%氢氧化钠溶液彻底消毒。

3. 及时隔离治疗　及时发现患兽，尽早隔离治疗，预防继发感染，是提高治愈率、减少死亡率的关键。病初可肌内或皮下注射抗犬瘟热高免血清或本病康复动物血清（或全血）。血清的用量应根据病情及动物个体大小而定，在用高免血清治疗的同时，配合应用抗病毒类药物，可提高治疗效果。此外，早期应用抗生素并配合对症治疗，对于防止细菌及其他疾病的继发感染和患兽康复均有重要意义。

4. 定期进行免疫接种　犬瘟热的防治主要来自各种类型的疫苗刺激机体产生免疫保护。由于不同动物对疫苗的生物学反应差异较大，故慎重选择疫苗和把握接种动物的免疫日龄是免疫接种取得理想效果的关键。注射犬瘟热疫苗需要注意：注射针头要消毒，以防由于接种传播疾病；不要漏打、漏注；加强疫苗注射后对动物的管理。

二、病毒性肠炎
（viral enteritis）

病毒性肠炎又称传染性肠炎，是以出血和坏死及急剧下痢为特征的一种急性、热性、高度接触性传染，以呕吐、腹泻、出血性肠炎、心肌炎和严重脱水、腹泻为特征。猫科、鼬科及犬科动物对本病均有易感性，其中以水貂最为敏感。本病发病急、传播快、流行广，幼龄动物尤其易发，发病率高，死亡率可达 80% 以上。大多数病例常并发大肠埃希菌病或沙门氏杆菌病，多数病例转归死亡，造成更大的经济损失。

【病原】　本病病原为细小病毒科（Parvoviridae）细小病毒属（*Parvovirus*）。病毒粒子为等轴对称的二十面体，无囊膜，相对分子质量 $5.5\times10^6\sim6\times10^6$，直径 20～24nm，核酸由单股 DNA 组成。衣壳可能由三种多肽组成：VP1（70～90kDa）、VP2（62～76kDa）和 VP3（39～69kDa）。VP2 系构成衣壳蛋白的主要成分，具有血凝活性。空衣壳中只含有两种蛋白质 VP1 和 VP2。VP3 是 VP2 的裂解物，只在衣壳装配和病毒基因组包装后出现，其相对量随着感染进程的发展而增加。本病毒对外界因素具有强大的抵抗力，能耐受 66℃ 30min 加热处理，50% 甘油盐水中的含毒组织，在普通冰箱内可保存 35～138d，在 25℃ 保存 5d 的含毒脏器，病毒滴度不降低。患兽污染的笼子表面的病毒能保持毒力 1 年，含有病毒的器官和粪便于冷冻状态下 1 年，毒力不降低，病毒对胆汁、醚、氯仿、5% 甘油、抗生素有抵抗力。煮沸能杀死病毒，0.5% 甲醛或氢氧化钠溶液，在室温的环境下，可在 ld 内使病毒失去活力，是良好的消毒剂。可用猫肾、肺、睾丸原代细胞和貂肾原代细胞来分离培养病毒，也可用 FK、CRFK、FLF-3 等细胞株进行培养。

【流行病学】

1. 传染源　传染源为患兽和带毒动物，在发热和具有明显临床症状的传染期，病毒对外界有较强的抵抗力。

2. 传播途径　患兽和带毒动物可经粪便、尿、精液、唾液等途径不断向体外排毒，通过污染笼舍、饲料、饮水、食具传染给健康动物，经消化道和呼吸道发生传播。

3. 易感动物　在自然条件下，不同种属、不同品种和不同年龄的动物均易感染，但幼龄动物最易暴发。开始扩散比较慢，每天死亡较少，呈慢性传染，即地方性流行。经过一段时间后，毒力增强，转为急性。

4. 流行特征　本病没有季节性，全年均可发生，但以夏、秋季多发，多呈地方性暴发流行。本病流行的另外一个特点是具有固定性。患病的养殖场如不采取措施，第 2 年 7～9 月还会大批动物发病死亡，这可能与耐过病毒性肠炎的动物长期带毒有关。

【症状】　本病潜伏期 5～14d，临床上分为最急性型、急性型和慢性型。

1. 最急性型　发病突然，常观察不到典型症状，仅在食欲废绝后 12～24h 内即死亡。

2. 急性型　发病初期表现为精神沉郁，不愿活动，反应迟钝；食欲减退甚至废绝，渴欲增加，频繁大量饮水，有时发生呕吐；鼻镜干燥，体温升高至 40℃ 以上，眼内的浆液性分泌物逐渐病变为黏稠的灰黄白色脓性眼眵；粪便稀软，含有肠黏膜，纤维蛋白黏液组成的灰色管状物。病后期重度腹泻，排出混有血液，黏液（多呈乳白色，少数呈鲜红色或红褐色乃至黄绿色）的水样便，或脱落肠黏膜样的稀便，有的出现管形（黏液管）便，呈酱油色且有恶臭、腥味，动物明显消瘦，严重脱水，7～14d 后因衰竭而死亡。

3. 慢性型　患兽耸肩弯背，被毛蓬松，眯眼，有的眼裂变窄，斜视，排粪频繁但量少，粪便为液状，常混有血液，呈灰白色、粉红色、褐色或绿色。发病动物极度虚弱和消瘦，四肢伸展平卧，病程一般可长达 14～18d。

【病理变化】　急性经过病例尸体营养常良好，慢性经过时尸体消瘦，被毛蓬松，肛门周围被粪便污染。剖检发现主要变化在肠道。胃内空虚，胃容积可扩大 2～3 倍，含少量黏液和胆汁，黏膜特别是幽门部黏膜充血、淤血、脱落，常发生溃疡和糜烂。肠管空虚，直径增大（2～3 倍），呈鲜红色，明显充血，多数病例以空、回肠出血为主。肠内容物混有血液和纤维样物质，呈急性卡他性出血性肠炎变化，部分尸体肠内容物呈水样。小肠浆膜出血，黏膜坏死、脱落，有出血点，肠内有黏稠煤焦油样或酱油样内容物。肠系膜淋巴结肿大、充血及水肿，呈暗红色。

全身肌肉淡红，重度脱水。肝脏轻度肿大，胆囊扩张，胆汁充盈呈黄绿色或黑绿色。脾脏通常肿大呈暗红色，表面粗糙，在脾内发现多处充血和出血区。膀胱积留大量豆油色透明尿液，黏膜有出血斑或出血点。亚急性病例肝肿大，质脆色淡。肾脏病变不明显。

组织学观察可见小肠黏膜显著充血，有坏死灶和纤维素沉着，小肠隐窝的上皮细胞明显肿大（2～3 倍），出现空泡变性。这种肿大的上皮细胞常见于粪便内，其中有些上皮细胞出现胞质包涵体和胞核包涵体，数量为 2～3 个，胞质包涵体出现在胞质增大的上皮细胞里，胞核包涵体出现在未增大的上皮细胞里，用 HE 染色时，包涵体被碱性品红着色。

【诊断】　根据流行病学、临床症状、病理解剖和组织学变化综合分析可做出初步诊断。临床可见大批发病和急性传播，高度腹泻并在液状粪便内发现黏膜圆柱（黏液管），白细胞显著减少，小肠病理切片上皮细胞增大、空泡变性和出现包涵体等较为特征性的变化，均可为诊断本病提供依据。通过血凝和血凝抑制（HA-HI）及琼脂凝胶扩散（AGP）试验可确诊。

【鉴别诊断】　病毒性肠炎与食物性肠炎某些症状类似，也常与细菌性肠炎（大肠埃希菌病、巴氏杆菌病等）相混淆，容易误诊。在本病诊断过程中，对上述 2 种原因引起的肠炎要加以区别，除全面考虑流行病学、临床症状及病理剖检材料外，如是由饲料引起的肠炎，从饲粮中排除不良饲料，就会停止发病和死亡。当细菌传染而引起发病时，给予抗生素后可见到明显效果，而病毒性肠炎则无效，但最终需通过细菌学检查和生物学试验才能加以鉴别。

【治疗】　对病毒性肠炎，目前尚无特效疗法。当细菌（大肠埃希菌、巴氏杆菌和副伤寒杆菌）混合感染时，可用抗生素和磺胺类药物治疗。有条件的可用高免疫血清或卵黄抗体治疗，效果较好。

【预防】　免疫接种是预防本病发生的最有效的途径。疫苗为灭活疫苗，注射后产生抗体较快，一般于免疫后 7～15 d 即可产生保护力，免疫潜伏期动物也可产生一定的免疫保护。仔兽可在 50～60 日龄与犬瘟热疫苗同时免疫，两周后加强免疫，免疫保护期 6 个月。疫病流行时，或场内发生病毒性肠炎疫情，应对全群进行紧急接种，剂量为正常接种量两倍，每只兽更换一个针头。种兽在配种前一个月应加强免疫一次。

三、伪 狂 犬 病
（pseudorabies）

伪狂犬病，又名阿氏病（Aujesky's disease，AD），是由伪狂犬病毒引起的一种野生动物及动物共患的急性传染病。临床上主要表现为发热、奇痒（猪和自然发病的貂除外）、繁殖障碍和脑脊髓炎。一旦感染该病毒，动物将终生带毒，呈潜伏感染状态。本病在毛皮动物中多见，给毛皮动物饲养业带来很大的经济损失。

【病原】　伪狂犬病毒（pseudorabies virus，PRV）是疱疹病毒科（Herpesviridae）甲型疱疹病毒亚科（Alphaherpesvirinae）成员。完整的病毒粒子呈球形，无囊膜的粒子直径为

110～150nm；有囊膜的成熟病毒粒子直径 180nm。囊膜表面有长 8～10nm，呈放射状排列的纤突。PRV 对外界环境的抵抗力较强，在污染的圈舍或干草上能存活 1 个多月，在 pH 4～9 保持稳定。将感染组织置于 50% 甘油中，在 0～6℃下病毒可保持感染性 5 个月以上。PRV 对乙醚、氯仿、福尔马林等化学消毒剂敏感，对紫外线照射也敏感。0.5% 石灰乳或 0.5% 碳酸钠中 1min，0.5% 盐酸和硫酸溶液以及氢氧化钠溶液中 3min，2% 福尔马林溶液中 20min，即能杀死病毒。PRV 对热的抵抗力较强，55～60℃经 30～50min，80℃经 3min 灭活，100℃瞬间能将病毒杀灭。

　　PRV 具有泛嗜性，能在鸡胚细胞，猪、牛、兔、猫等多种动物的肾细胞，犬睾丸原代细胞，以及 HeLa、Hep2、pkl5、BHK21 等的传代细胞内增殖，并产生明显的细胞病变，受感染的细胞变圆、融合，呈多核巨细胞变化。苏木素 - 伊红染色，可见嗜酸性核内包涵体，强毒株更易引起多核巨细胞的形成。鸡胚经各种途径可以感染 PRV，在绒毛尿囊膜上接种，可产生小点状病变，一般 3～5d 杀死胚体。

【流行病学】

1. 传染源　　患病或带毒动物以及污染的饲料、水等是本病的主要传染源。

2. 传播途径　　PRV 主要由污染的饲料、水经消化道以及由空气经呼吸道传播，也可经胎盘、乳汁、交配及擦伤的皮肤传播。在实验条件下，给毛皮动物饲喂含有病毒的饲料时，口腔黏膜破损的动物更易感。

3. 易感动物　　在自然条件下，毛皮动物以水貂、银黑狐、北极狐、貉易感。此外，PRV 也能感染猪、牛、羊、犬、猫、兔、鼠等动物，鸡、鸭、鹅及人均可感染轻度的伪狂犬病。实验动物中家兔最敏感，较豚鼠敏感 1000 倍左右，是最常用的实验动物。

4. 流行特征　　毛皮动物发病无明显季节性，但以夏、秋季多见。该病常因饲料中混有病死于本病动物的肉和脏器而暴发流行，流行初期死亡率高，停喂污染饲料后流行很快平息。

【临床症状】　　不同种属的动物患本病所表现的临床症状不尽相同。猕猴、浣熊、臭鼬、黑足鼬、负鼠感染本病时均表现出奇痒（啃咬和摩擦皮肤），而水貂发病却无瘙痒反应。除麝、臭鼬外，其他种类患本病的动物都出现厌食、大量流涎、阵发性痉挛和惊厥等症状，有的还出现鼻炎、肺炎等呼吸道症状，到后期，患兽后肢麻痹，以死亡告终。

1. 北极狐　　潜伏期为 6～12d，剧痒等神经症状是本病的重要临床特征，初期症状包括拒食、流涎和呕吐。病狐精神沉郁、呼吸加快、体温增高、眼睑和瞳孔高度收缩。病狐常表现出严重的痛痒症状，常用肢搔抓颈部、唇、颊部的皮肤。病狐呻吟、翻转打滚。兴奋性显著增高的病狐，常咬笼子和器具等。由于中枢神经紊乱严重和脑脊髓炎，常引起肢体麻痹或不完全麻痹。有些病例出现呼吸困难时，呈急促的腹式呼吸，每分钟可达 150 次，后期鼻孔和嘴流血样泡沫，但很少出现搔痒伤。

2. 银黑狐和貉　　自然潜伏期为 6～12d，临床表现为拒食、流涎和呕吐，眼裂及瞳孔高度收缩。有明显的瘙痒，患兽用前脚掌搔抓颈、唇、颊部的皮肤，被搔抓部位水肿，严重者出血。患兽兴奋性增强，对外界刺激反应增强，兴奋后转入沉郁，后期不全或完全麻痹，这种有奇痒症状的病例病程为 1～8h，患兽一般在昏迷状态下死亡。另一种不出现瘙痒症状的病例，表现为呼吸困难、浅表、腹式呼吸，每分钟可达 150 次。患兽常取坐姿，前肢叉开，颈伸展，咳嗽声音嘶哑并出现呻吟，后期鼻孔及口腔流血样泡沫，病程一般为 2～24h。

3. 貂　　病貂无瘙痒和抓伤，主要表现为平衡失调，常仰卧；用前爪掌摩擦鼻镜、颈和腹部，但无皮肤和皮下组织的损伤。病貂食欲废绝，表现拒食或食后不久发作，其特征为食后 1h 水貂精神萎靡，瞳孔急剧缩小，呼吸促迫，鼻镜干燥，体温升高（40.5～41.5℃），狂躁不安，冲撞笼网，兴奋与抑制交替出现。病貂可出现呕吐和腹泻，死前出现喉麻痹，胃肠臌气。部分公貂发生阴茎麻痹，眼裂缩小，斜视，下颌不自主地咀嚼或痉挛性收缩，后肢不全麻痹或麻痹，病程 1～20h 后死亡。

4. 鹿和野牛　　表现头枕部和背部皮肤奇痒，常在有棱角的硬物上摩擦皮肤，或啃咬皮肤，致使患处被毛脱落，皮肤水肿、出血；神经症状较轻，表现磨牙和频频空嚼，但无攻击人畜现象；体温升高达 40℃以上，精神委顿，食欲下降，发病后多在 48h 之内死亡。

【病理变化】

1. 剖检变化　　本病无特征性病理变化。病死尸体营养良好，鼻和口角有多量粉红色泡沫状液体。患兽眼、鼻、口、肛门黏膜发绀；舌肿胀，露出口外，有咬痕。银黑狐、北极狐和貉的尸体搔抓部位的皮肤被毛缺损，有搔伤和撕裂痕。患兽腹部膨满，腹壁紧张，叩之鼓音；皮下组织呈出血胶样浸润；胸膜有出血点，支气管和纵隔淋巴结充血、淤血；气管内有泡沫样黄褐色液体；心扩张，冠状动脉血管充盈，心包内有少量渗出液，心肌呈煮肉样；肺塌陷，呈暗红色或淡红色，表面凹凸不平，有红色肝样变区和灰色肝样变区交错，切之有多量暗红色凝固不良的血样液体流出；胃肠臌气，胃肠黏膜常覆以煤焦油样内容物。银黑狐胃内常见有出血点；水貂有的胃黏膜有溃疡灶。患兽小肠黏膜呈急性卡他性炎症，肿胀充血或覆有少量褐色黏液；肾脏增大，呈樱桃红色或泥土色，质软，切面多血；脾微肿，呈充血、淤血状态，白髓明显，被膜下有出血点；大脑血管充盈，质软，脑实质里面团状。

2. 组织学变化　　组织学病变有一定的诊断价值。各脏器表现充血、出血，局部血液循环障碍，这是病理组织学变化的主要特点，中枢神经系统呈弥漫性、非化脓性脑炎及神经节炎、血管套及胶质细胞坏死。

【诊断】　　常根据临床症状（奇痒、神经症状及局部抓伤、咬伤的形态等），结合流行特点可初步诊断。对那些症状不明显的病例，单凭临床诊断难以确诊，尚需实验室检查。病毒分离是诊断本病最确切的一种方法。其中兔肾和猪肾（包括原代细胞和传代细胞系）最适合病毒的增殖。需要注意的是，组织样本须低温运输和保存，以确保病毒分离成功。

【鉴别诊断】　　毛皮动物伪狂犬病与狂犬病、脑脊髓炎、神经型犬瘟热、肉毒梭菌中毒、巴氏杆菌病等常有相似之处，必须加以鉴别，以免误诊。

1. 狂犬病　　伪狂犬病与狂犬病相类似，特别是以神经症状为主而又无皮肤瘙痒和搔伤的病例更难区别。狂犬病的典型症状是恐水，易攻击人、畜；伪狂犬病则突然发作，病程短，患兽迅速出现大批死亡，胃肠臌气。银黑狐、北极狐等常出现皮肤瘙痒和搔伤。

2. 狐脑脊髓炎　　狐伪狂犬病与脑脊髓炎有某些相似之处，但后者病程较长，呈散发流行，且局限于场内某一区域，常侵害 8～10 月龄的幼狐，银黑狐易感，蓝狐少见。

3. 神经型犬瘟热　　犬瘟热多呈慢性经过，高度接触性传染，而无皮肤的瘙痒和搔伤，幼龄动物多发，死亡率较高。特别是对膀胱黏膜上皮样细胞进行包涵体检查时，犬瘟热病例可见特征性胞质内包涵体。

4. 肉毒梭菌中毒　　水貂伪狂犬病与肉毒梭菌中毒也存在某些相似之处，后者主要是由肉毒梭菌毒素引起，病情来势凶猛，群发，主要表现为病貂后肢麻痹，丧失活动能力，肌肉高度松弛，放在手中后肢下垂，病势可由后肢向前肢发展，最后引起全身瘫软。病貂瞳孔散大，闪闪发光；而水貂伪狂犬病则瞳孔缩小，皮肤有擦伤或撕裂痕，主要表现为血液循环障碍。

5. 巴氏杆菌病 巴氏杆菌病无皮肤瘙痒和搔伤，幼龄动物多发，临床表现多为体温升高到41.5～42℃，皮下组织水肿，淋巴结炎，卡他性出血性胃肠炎和肝脂肪变性，细菌学检查可以检出两极浓染的巴氏杆菌；而在伪狂犬病例中查不出细菌。

【治疗】 尚无特效疗法，发病时使用病毒唑等药物均无效。接种疫苗是预防伪狂犬病的重要手段之一，但对野生动物感染 PRV 尚无特异性疫苗防治，有文献报道，应用于猪的PRV 疫苗对野生动物有一定保护作用。国内主要应用灭活苗和弱毒苗预防伪狂犬病，具有良好的免疫效果。值得注意的是，对于狐（蓝狐和银黑狐）、水貂等毛皮动物还是应使用灭活苗比较安全，因为国内有蓝狐在接种猪用伪狂犬病弱毒疫苗后，引发蓝狐脑炎性病变的报道。

【预防】 在目前对本病没有特效的治疗方法及防治猪的伪狂犬病尚很困难的情况下，对本病易感的毛皮动物（貂、狐、貉）的防治工作应重点做好毛皮动物饲养场的兽医卫生工作，做好饲料入场检查，生猪副产品加热煮熟后方可作为毛皮动物饲料。做好养殖场的灭鼠工作，对由野外捕捉的动物，经隔离饲养观察确无本病者可混入大群饲养。养殖场内也应该严防猫、犬窜入，更不允许鸡、鸭、鹅、犬、猪与毛皮动物混养。

四、狂 犬 病
（rabies）

狂犬病是由狂犬病病毒及狂犬病相关病毒所引起的人、多种野生动物和多种动物共患的一种急性接触性传染病。该病的临床特征是患兽出现极度的神经兴奋和意识障碍，继而出现局部或全身麻痹导致死亡。因其特征性病状多表现为恐水，因此也叫"恐水病"，俗称"疯狗病"。

【病原】 狂犬病病毒（rabies virus，RV）是弹状病毒科（Rhabdoviridae）狂犬病毒属（Lyssavirus）成员。RV 粒子呈典型的子弹状或试管状。病毒粒子直径约75nm，长100～300nm，由外壳和核衣壳核心两部分组成。外壳为一层紧密而完整的脂蛋白双层包膜，内部附着有少量基质蛋白（M），用来连接病毒的内外两部分，外部镶嵌有穗状突出物，为糖蛋白（G），电镜下观察具有"头"和"茎"结构。病毒基因组与核蛋白（N）及基质蛋白（M）结合，构成致密的螺旋状核衣壳。其中，病毒的核衣壳核心包括核酸（RNA）、核蛋白（N）、磷蛋白（P）和依赖 RNA 的 RNA 多聚酶（L）。

病毒能抵抗自溶及腐败，在自溶（腐败）组织中保持活力7～10d，冻干可长期保存。在50%的甘油中保存感染脑组织中的病毒至少存活1个月，4℃存活数周，低温下数个月甚至几年。该病毒对外界抵抗力不强，可被各种理化因素灭活，紫外照射、蛋白酶、酸、胆盐、甲醛、乙醚、升汞和季铵盐类化合物及自然光、加热等都可使之灭活；56℃ 15～30min、70℃ 15min 或 100℃ 2min 均可使之灭活；pH<3 或 pH>11 均可灭活；43%～75% 乙醇、0.01% 碘液也可杀死病毒；用 1% 甲醛和 3% 来苏儿 15min 内也可灭活病毒。组织细胞培养中增殖的 RV，用 1/1000 丙内酯处理，可使病毒灭活，此法可用来制备疫苗。

【流行病学】

1. 传染源 患兽和健康带毒动物是本病的传染源。理论上所有感染发病的动物都可能成为狂犬病的传染源，但实际情况是，只有那些感染发病后攻击性明显的动物，如犬、猫以及其他肉食或杂食性的野生或家养动物，才能有效传播狂犬病。我国狂犬病的传播动物主要是犬，其次是猫。

2. 传播途径 狂犬病最常见的传播途径是经带毒动物咬伤或受损的皮肤黏膜接触病

毒而感染。此外，通过呼吸道、消化道和胎盘也可传播本病。

3. 易感动物　　所有温血动物对狂犬病毒均易感。自然界中主要的易感动物是犬科和猫科动物，以及翼手类（蝙蝠）和某些啮齿类动物。野生动物中的狼、狐、熊、臭鼬、蝙蝠等是狂犬病病毒主要的自然储存宿主，蝙蝠是本病病毒的重要宿主之一。野生啮齿动物如野鼠、松鼠、鼬鼠等对本病易感；经济动物中的狐、貂、麝、鹿、海狸鼠、毛丝鼠等均易感；实验动物中以仓鼠最为敏感，小鼠和兔较敏感。

4. 流行特征　　本病的流行无明显的季节性，一年四季均可发生。但是在动物集中发情的时段（如春季），动物个体间接触机会增多，争夺领地活动频繁，狂犬病感染和传播的机会也会大大增加。本病的发生也没有年龄和性别的差异，雄性动物好斗，幼龄动物敏感性高而多发。此外，伤口部位越接近中枢神经系统或伤口越深，其发病率越高。

【临床症状】　　狂犬病的潜伏期与病毒的毒株、侵入的部位、动物的种类等有关，但多为1~3个月，也有短至不足10d和长达数年的报道。毛皮动物狂犬病症状与犬一样，多为狂暴型。大体区分为3期，前驱期可见短时间沉郁，厌食，对外界反应迟钝，运动迟缓；兴奋期高度兴奋，攻击性强，猛扑人和各种动物，咬、扒、撕物体；麻痹期后躯摇晃，后肢麻痹，在痉挛、抽搐中死亡。现将部分动物的临床表现分述如下。

1. 鹿　　潜伏期短的数日，长的数月。临床表现为3种类型。

（1）兴奋型：发病突然、不安、尖叫、乱撞、攻击性强、迅速死亡，病程1~2d。

（2）沉郁型：表现为离群呆立，两耳下垂，头颈震颤，步伐蹒跚或卧地不起，流涎，最后死亡，病程3~5d。

（3）麻痹型：病鹿后躯麻痹无力，步行摇晃或呈母兽排尿样姿势站立，最后因呼吸中枢麻痹或高度衰竭死亡，病程较长。一般多见狂暴、沉郁、后躯麻痹混合发生。

2. 狐　　潜伏期1~8周，临床表现多为兴奋（狂暴）型，发病时躲在暗处，异嗜，继而兴奋，狂暴攻击人和动物，咬笼、尖叫甚至自咬，到后期流涎、后躯麻痹、倒地不起，最后昏迷死亡，病程短，1~2d，死亡率几乎100%。

3. 貉　　多喜暗处、沉郁、厌食、运动迟缓，对外界反应敏感，易惊恐不安。随后出现兴奋、狂暴、攻击、尖叫、乱撞。病后期舌下垂，流涎，后躯麻痹，倒地不起，窒息死亡。急性病程2~3d，亚急性病程约1周，死亡率几乎100%。

【病理变化】

1. 剖检变化　　一般无特征性病理变化。营养良好，可见咬伤、牙齿缺损，角膜高度充血，可视黏膜稍苍白或偶有黄染，有的肛周附有粪便。剖检时皮下血管充盈，心外膜、内膜有出血点；肝有的肿大，膈面有的有硬币大的坏死灶，切面微外翻，有大量血液流出，且质地易碎；肾皮、髓质分界不明显，皮质出血，污秽不洁；脾脏一般无明显变化，有的稍肿胀，表面有点状出血，脾小梁明显，个别病例脾萎缩；胃内空虚或充满异物，有的胃黏膜高度发炎、出血，有的出现溃疡灶；十二指肠亦有溃疡灶，内有红褐色内容物，黏膜充血，多数病例呈血肠样；空回肠黏膜呈卡他样变化或局部性出血，呈血肠样；盲肠有的出血；直肠有干涸的蓄粪，有的为黑色粪便，恶臭味；肠系膜血管充盈；膀胱充满尿液；脑膜充血、淤血或出血。

2. 病理组织学检查　　光学显微镜下可见内基小体（negri body），是RV的包涵体，平均直径3~10μm，位于感染细胞的胞质内，呈圆形或卵圆形，边缘整齐。目前的研究已经表明，内基小体主要存在于海马和大脑皮质的椎体细胞，以及小脑的浦肯野细胞。取待检动物脑组织做成病理切片，检查神经细胞内是否有可见明显嗜酸性的颗粒，如果为阳性结果，再根据流行病学和临床症状即可确诊，但该法检出率低（20%～70%），灵敏度不高。

【诊断】　如果临床症状明显，结合病史和剖检特征综合分析，可做出初步诊断。确诊需要进行实验室检查。

【鉴别诊断】　狂犬病麻痹期的症状常与神经型犬瘟热和饲料中毒相似，须区别诊断。

1. 犬瘟热　神经型犬瘟热患兽无攻击性，不狂暴；幼兽最易感犬瘟热；而狂犬病任何年龄动物均易感；犬瘟热患兽脑组织切片包涵体不局限于海马角；在膀胱黏膜刮取物中能检出包涵体，而狂犬病则无。

2. 饲料中毒（食盐）　饲料中毒表现群发，多数出现呕吐，无攻击行为；而狂犬病则不出现全群发病，呈散发。

【治疗】　在狂犬病毒进入机体到达中枢神经系统前，如切除局部神经，或注射 RV 特异性抗体和狂犬病疫苗，有可能阻止病毒进入，避免疾病发生，这是目前疑似 RV 感染治疗的最有效手段。但对于 RV 感染病例，目前成功得到治疗的病例极罕见；也就是说，狂犬病一旦发病几乎无治愈可能。对于毛皮动物狂犬病发作，一般无有效治疗方法，治疗也无意义。

【预防】　在没有找到特殊的治疗制剂的现阶段，对疫区和受威胁区的动物进行疫苗免疫是控制狂犬病最有效的方式。RV 在动物体内既能引起体液免疫，又能引起细胞免疫，因而必须接种 RV 疫苗用于狂犬病的预防。鹿可以每年春季接种鹿狂犬病灭活疫苗，公梅花鹿 2.5～3.5mL/头，母梅花鹿 2.5mL/头；公马鹿 4.0～5.0mL/头，母马鹿 3.0～4.0mL/头。其他毛皮动物，如狐、貂、貉等可参考犬用狂犬疫苗使用说明书，根据动物个体大小和重量调整使用剂量。此外，还要建立严格的兽医卫生制度，禁止外来犬、野生动物进入饲养场；引入新种源时，要隔离观察 30d。在经常流行狂犬病的地区，应对本场的动物和人预防接种（目前有弱毒苗和灭活苗）。发生疫情要及时上报，严格封锁，严禁人和动物出入，患兽应立即处死、焚烧或紧急接种治疗。对患兽尸体焚烧，禁止取皮或食用，对管理人员紧急接种，严格进行消毒。在最后一头患兽死亡后 2 个月无新发病的动物，疫区才可解除封锁。

（王德海）

第二节　药用动物病毒性传染病

一、口　蹄　疫
（foot-and-mouth disease）

鹿（麝）口蹄疫是由小 RNA 病毒科口疮病毒属的口蹄疫病毒（foot-and-mouth disease virus，FMDV）引起的一种急性、高度接触传染性疾病。本病具有明显季节性，多冬、春季节发病。鹿科动物发病急、传播迅速、发病率高，临床上以高热、流涎、跛行、黏膜水泡为主要特征，成年鹿死亡率低，怀孕母鹿易流产。病死鹿剖检可见典型的"虎斑心"病变。本病属我国 I 类动物疫病、OIE 法定报告疫病。

【病原】　口蹄疫病毒为小 RNA 病毒科（Picornaviridae）口疮病毒属（*Aphthovirus*）成员。病毒粒子微小（直径约 30nm），无囊膜，由 60 个拷贝的结构蛋白 1A、1B、1C 和 1D（又称 VP4、VP2、VP3 及 VP1）组成二十面体结构。病毒核酸为正链 RNA 分子，大小约

8.5 千碱基对（kilobase，kb），包含 5′-UTR、3′-UTR 和一个大的 ORF，编码一个多聚蛋白（polyprotein）基因，该蛋白经酶解后形成结构蛋白和非结构蛋白。FMDV 对环境抵抗力强，在污染的垫料、饲料、土壤等环境中，可保持其传染性达数月之久。高温、紫外线、酸碱等因素对病毒具有良好的杀灭作用。FMDV 可在幼仓鼠肾细胞（BHK）、猪肾细胞（PK-15）、牛肾细胞（MDBK）等多种细胞上复制增殖，产生典型的细胞病变效应（cytopathic effect，CPE）。FMDV 共有 7 个血清型，分别为 O 型、A 型、C 型、Asia I 型（亚洲 I 型）、SAT1 型（南非 1 型）、SAT2 型（南非 2 型）和 SAT3 型（南非 3 型）。每个血清型还包括多个亚型，目前已发现的血清亚型至少 70 种，各血清型间无交叉免疫反应。

【流行病学】

1. 传染源　　患兽是本病最重要的传染源，发病初期和出现明显临床症状后的动物排毒量最多。患兽污染的分泌物、排泄物、饲料、环境、运输工具等均可成为本病的传染源。

2. 传播途径　　本病主要通过呼吸道、消化道和黏膜感染。空气是口蹄疫最重要的传播途径，远距离感染多依赖于风媒和运输工具传播。

3. 易感动物　　口蹄疫易感动物包括牛、猪、羊、骆驼和鹿等。不同种属的鹿对本病易感性有较大差异。赤鹿感染本病时多呈亚临床经过，不表现明显的临床症状，而梅花鹿患病后症状明显。

图 3-2-1　梅花鹿口蹄疫
口鼻黏性分泌物增加，舌底部有水疱

4. 流行特征　　本病发病没有严格的季节性，但秋、冬、春季节交替，气温变化剧烈时易暴发大规模流行，夏季流行趋缓。此外，本病有周期性暴发特点，间隔 2～5 年流行一次。

【症状】　　本病潜伏期 2～5d。发病突然，病鹿体温迅速升高，精神萎靡，食欲减退或废绝。随后病鹿口唇、面部等处出现水疱、流涎等典型症状（图 3-2-1）。病鹿四肢皮肤、蹄叉与蹄尖同时出现水疱、蹄疮乃至糜烂。病鹿呈现明显跛行。怀孕母鹿流产、死胎、胎衣不下及子宫内膜炎为主要特征。个别病例子宫内膜炎严重，胎儿在母体内腐败变质。部分患病母鹿产弱胎，出生数小时内死亡。

【病理变化】　　病变以口腔、头眼、蹄部水疱、溃疡、溃烂为主。此外，剖检可见其他黏膜组织，如食道、胃肠道等出现卡他性、出血性炎症；肺脏有浆液性渗出；严重病例可发生心肌炎，形成条纹状出血性斑纹，为口蹄疫引起的典型性"虎斑心"状病变。

【诊断】　　根据疾病的流行病学史、发病季节、发病特征和临床表现，如冬、春季节发病、发病急、传播快、发病率高、临床症状典型，可做初步疑似诊断。口蹄疫临床上发病症状与恶性卡他热症状类似，确诊需进行实验室诊断。

FMD 的实验室诊断需要在符合 OIE 要求的参考实验室进行。一般实验室诊断通常通过抗原捕获 ELISA 或血清分型 ELISA。该方法适用于口蹄疫流行的国家进行抗原检测或血清分型（OIE Terrestrial Manual 2012）；同时需要进行病毒分离，病毒分离首选原代牛甲状腺细胞。反转录实时 PCR 在检测病毒核酸方面敏感、快速，可用于低浓度病毒样本的检测。ELISA 方法因具有更高的敏感性与特异性更适合本病的诊断，无 ELISA 试剂的实验室可用补体结合试验进行诊断。目前，OIE 尚未批准侧向层析的诊断装置和方法。

本病与鹿的恶性卡他热具有类似的临床表现，因此应注意区别。口蹄疫感染一般具有季节性，具有发病急，传播迅速，发病率高，死亡率低等特点；而鹿恶性卡他热一般多与羊直接或间接接触后发病，发病率低，死亡率高。虽然二者均有类似的口唇水疱、流涎、黏膜卡他性炎症等症状，但恶性卡他热多伴腹泻或血便症状，跛行病例少发。

【治疗】　鹿群中发生口蹄疫时，应立即报告兽医主管部门，同时要封锁现场，全群扑杀。

【预防】

1. 免疫预防　目前可选用的用于防控鹿口蹄疫的疫苗包括口蹄疫 O 型、亚洲 1 型、A 型三价灭活疫苗和口蹄疫 O 型、A 型二价灭活疫苗。

2. 封锁消毒　对发病场实行全场封锁，禁止一切人员和动物出入；对全场环境及用具进行彻底清扫和消毒，采用 4％甲醛溶液和 5％来苏儿溶液交替进行，每天 2 次，连续 3d。

3. 封闭管理　禁止闲杂人员及其他动物出入鹿舍，以消灭传染源。严格外来人员带病入场，同时应用口蹄疫疫苗预防注射，严禁由病区购进饲料。采取综合性防治措施，定期检疫，对病鹿和带毒鹿只全部淘汰，培育健康鹿群。

二、恶性卡他热
（malignant catarrhal fever）

鹿恶性卡他热主要是由绵羊、山羊和角马携带的 γ- 疱疹病毒引起的一种淋巴细胞增生性致死性传染病。本病以成年鹿易感且低发病率和高死亡率为主要特征，临床上以发热、头眼型的黏膜溃疡、角膜混浊、肠型腹泻、血便为主要特征。不同品种鹿科动物对本病易感性有明显差异，鹿羊混养是造成本病感染流行的主要因素。

【病原】　本病病原为 γ- 疱疹病毒亚科 *Macavirus* 属内的多个成员，包括绵羊疱疹病毒 2 型（OvHV-2）、山羊疱疹病毒 2 型（CpHV-2）、角马疱疹病毒 1 型（AlHV-1）、角马疱疹病毒 2 型（AlHV-2）以及最近发现的麝牛恶性卡他热病毒（MCFV - muskox）、北山羊恶性卡他热病毒（ibex - MCFV）和白尾鹿恶性卡他热病毒（MCFV-WTD）。临床上以 OvHV-2、CpHV-2 和 AlHV-1 感染导致的恶性卡他热最为常见，引起的疾病根据传染媒介动物可分成绵羊相关恶性卡他热和角马相关恶性卡他热。角马相关恶性卡他热主要在非洲大陆广泛流行，偶尔也可造成输入性动物园感染；绵羊相关恶性卡他热在世界范围内广泛流行。

成熟疱疹病毒粒子大小为 200～220nm，由囊膜、皮层、衣壳和核心组成。病毒核酸为双链 DNA 分子，基因组大小为 180～200kb。γ- 疱疹病毒不易培养，目前已证实的只有 AlHV-1 可在犊牛甲状腺和肾上腺细胞上增殖和传代。国内也有用原代犊牛甲状腺细胞和日本甲状腺细胞分离传代 OvHV-2 的研究报导，但并未得到推广应用。

【流行病学】

1. 传染源　绵羊、山羊和角马等是本病的传染源。此外，麝牛、北山羊等也可传播本病。这些携带病毒的动物常呈亚临床性感染，无可见临床症状，但可向环境排毒。

2. 传播途径　本病主要可通过呼吸道和消化道传播，此外，患兽的唾液、干燥的结痂、受污染的环境都是病毒传播的载体。有研究报导，病毒可通过气溶胶长距离传播，传播半径可超过 5km。此外，啮齿类动物、虫媒和蝙蝠也有传播本病的可能。

3. 易感动物　不同品种鹿科动物对本病均可感染，不同物种间易感性差异明显。梅花鹿、白尾鹿、麋鹿、水鹿、骡鹿、驼鹿最易感，赤鹿、駝鹿易感性差，很少或轻微发病。

4. 流行特征　　本病呈散发或地方性流行，发病率低，死亡率高是本病主要特征。此外，成年鹿易感性强。发病鹿群一般与羊或角马等动物有直接或间接接触。

【症状】　　感染病毒的类型和鹿的品种对本病的临床表现影响较大。易感动物感染OvHV-2 可引起特急性或急性感染，包括典型的体温升高、流涎、黏膜溃疡、角膜混浊等头眼型症状，也常引起腹泻等肠型临床症状。CpHV-2 引起的临床症状较为轻微，常呈慢性或亚临床感染，主要以渐进性消瘦、脱毛和皮炎为主。部分病例还可见角膜混浊、头部震颤、阴茎包皮溃疡、跛行等临床症状（图 3-2-2）。

【病理变化】　　死亡鹿剖检可见典型的卡他性炎症病变，包括鼻黏膜、口腔黏膜、眼结膜、角膜及肠道等明显的卡他性分泌物增多、溃疡和坏死。实质器官主要以心脏、肺脏和肾脏为主，可见肺脏出血，心肌和心脏瓣膜出血，肾表面有灰白色坏死灶为本病的特征性病变（图 3-2-3）。

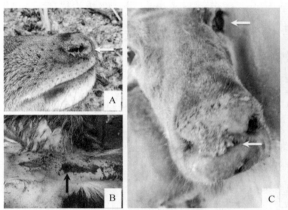

图 3-2-2　梅花鹿恶性卡他热临床症状
A. 鼻黏膜分泌物增加；B. 严重腹泻伴血便；
C. 鼻镜发炎、结痂，角膜混浊

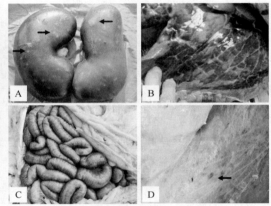

图 3-2-3　梅花鹿恶性卡他热剖检病变
A. 肾表面灰白色坏死灶；B. 严重肺出血；C. 肠道出血；D. 皮下肌肉层点状出血

病理学观察可见典型的淋巴细胞增生性血管炎为主。皮下组织、脑组织等处动脉炎较为常见，部分病例可观察到动脉血栓存在。组织器官以广泛性的出血、炎性细胞浸润、坏死为主，肺脏可出现被膜增厚，纤维细胞增生；心瓣膜可见大量淋巴细胞增生，出血坏死；肾脏可见严重的淋巴细胞浸润，肾脏固有层消失，被大量淋巴细胞取代，肾小管充满坏死的细胞碎片，肾上腺可出现严重的炎性细胞浸润、出血和坏死。

【诊断】　　根据疾病流行特点可初步诊断。鹿群出现典型卡他性临床症状，结合羊、角马等动物接触史，低发病率和高死亡率可初步诊断，确诊以病毒核酸或抗体诊断为主。

1. 病原学诊断　　本病病毒分离可行性不高，需采用分子生物学诊断。鉴于本病病原涉及一系列疱疹病毒，且疱疹病毒感染携带率高，针对疱疹病毒保守性的 DNA 聚合酶（*DPOL*）基因设计的泛疱疹病毒巢式 PCR 方法为诊断的最佳选择。最适检测样本为血液，其次为肺脏、脾脏、肾脏和脑组织。血液样本经淋巴细胞分离液处理后，以提取的外周血淋巴细胞 DNA 为模板，进行巢式 PCR 扩增，阳性 PCR 扩增产物需经测序确定具体的病毒。此外，针对 OvHV-2，CpHV-2 和 AlHV-1 的单重 PCR、双重 PCR 和多重 PCR 和 Real-time PCR 法也可用于本病诊断。

2. 血清学诊断　基于恶性卡他热病毒特异性单克隆抗体建立的 ELISA 血清学检测方法在本病的诊断方面应用广泛，可做临床诊断，也可做回溯性流行病学调查。

3. 病理学观察　采取典型病变组织进行病理学观察，多组织淋巴细胞性血管炎可作为本病的指征性病变。

【治疗】　本病为病毒性疾病，且死亡率高，药物治疗可操作性不强。种鹿的治疗可选用阿昔洛韦，但治疗效果不明确。临床治疗主要以消炎、防止继发感染等支持性治疗为主，也可选用板蓝根或穿心莲制剂增加机体免疫力。黏膜的局部治疗可选用冰硼散。

【预防】　羊型恶性卡他热目前无可用疫苗。角马疱疹病毒引起的恶性卡他热可通过疫苗进行免疫预防。本病最为有效的防控措施为避免与羊直接或间接接触。放牧养殖模式的鹿群应远离羊群。饲养人员要避免接触与羊相关的物品、运输工具和设备。

三、鹿流行性出血病
（epizootic hemorrhagic disease of deer，EHD）

鹿流行性出血病（EHD）是由鹿流行性出血病毒（EHDV）引起的白尾鹿、麋鹿和其他多种反刍动物的一种虫媒性病毒病。患病以动物体温升高、呼吸困难、黏膜和浆膜面出血、昏迷乃至死亡为特征。怀孕母鹿患病可致流产或死胎。

【病原】　鹿流行性出血病毒（EHDV）属呼肠孤病毒科（Reoviridae）环状病毒属（*Orbivirus*）成员，与同属的蓝舌病毒（BTV）具有类似的形态结构和交叉抗原性。鹿流行性出血热病毒无囊膜，二十面体对称，具有内、外层双衣壳结构，衣壳表面由 42 个环状颗粒组成，是该病毒的典型特征。病毒为分节段的双股 RNA 病毒，基因组由 10 个节段组成，分别编码了 10 个病毒蛋白，其中 7 个结构蛋白（VP1-VP7），3 个非结构蛋白（NS1，NS2和 NS3/NS3A）。病毒内层衣壳主要由 VP3 和 VP7 组成，外层衣壳主要成分为 VP2 和 VP5。目前确认的病毒血清型至少有 12 种。鹿流行性出血病毒对温度不敏感，在 −70℃ 可保存 30个月，70～95℃ 才能灭活，对福尔马林和 70% 乙醇敏感。

【流行病学】

1. 传染源　患病鹿是本病的主要传染源。

2. 传播途径　本病为虫媒病，非接触性感染，可通过变翅库蠓（*Culicoides variipennis*）传播。鹿间水平传播和垂直传播情况不明。

3. 易感动物　以美国白尾鹿最易感，人工接种感染率可达 90%，黑尾鹿、麋鹿、羚羊等可携带病毒不发病。

4. 流行特点　本病具有季节流行性，主要在夏秋节肢动物繁殖活跃季节多发，本病呈地方性流行。

【症状】　本病平均潜伏期为 7d，有特急性、急性和慢性三种临床表现。特急性病例表现高热、呼吸急促、食欲废绝、头颈部迅速水肿；部分病例迅速死亡，没有临床症状。剖检典型症状是全身淤血，脏器浆膜淤血，伴血性腹泻或血尿。急性病例可见多组织出血，口、舌、上颚、瘤胃和皱胃可出现溃疡或糜烂。慢性病例临床症状与急性相似，康复鹿常因蹄叶损伤而跛行。

【病理变化】　病理学病变包括广泛的血管炎与血栓形成，舌、唾液腺、胃壁、主动脉坏死；肝、脾、肾、肺、淋巴结和消化道出血；广泛性小血管纤维蛋白血栓伴组织坏死。

【诊断】　本病与蓝舌病、恶性卡他热、小反刍兽疫在临床上难以区分，应注意鉴别。

1. 病毒分离　采取患病鹿血液样本或组织样本接种鸡胚细胞进行病毒分离，亦可接种 Vero 或 BHK-21 细胞进行病毒分离，通常在接种 48h 后可见特征性 CPE，包括细胞圆缩、聚集成团并悬浮于培养液。

2. 血清学诊断　血清学诊断法主要包括琼脂扩散试验和竞争性 ELISA 试验。由于鹿流行性出血病毒与蓝舌病病毒存在抗原交叉反应性，血清学诊断法仅作为辅助诊断法。

3. 分子生物学诊断　针对病毒核酸节段设计引物建立的 RT-PCR 方法可用于鹿流行性出血病病毒检测。此外，Real-time PCR 及 LAMP 快速检测法亦可用于病毒诊断。

【治疗】　本病目前尚无有效治疗方法。对于急性和慢性病例，可采取对症治疗，以强心、利尿和预防继发感染为主。

【预防】　加强海关检疫和运输检疫。扑杀患兽，做好疫区隔离、封锁和消毒等综合防控措施。对媒介生物进行控制及环境治理，减少库蠓的栖息和滋生。

本病可通过免疫接种进行预防，但保护效果尚不明确。灭活疫苗可根据现地流行毒株的血清型选择合适的多价或单价灭活疫苗免疫接种。美国和日本已研发出鹿流行性出血病和蓝舌病的灭活疫苗。

四、鹿日本乙型脑炎
（Japanese encephalitis of deer）

鹿日本乙型脑炎是由日本乙型脑炎病毒引起的媒介传染病。患病鹿以脑炎症状和后躯麻痹为主要特征。本病多在秋末冬初发病，呈散发或地方性流行。

【病原】　日本乙型脑炎病毒（Japanese encephalitis virus, JEV）属于黄病毒科（Flaviviridae）黄病毒属（Flavivirus）成员，为 RNA 病毒，病毒直径 15~22nm，核心为单股 RNA，包以脂蛋白膜，表面有糖蛋白纤突。日本乙型脑炎病毒只有一个血清型，有血凝活性，能凝集多种动物红细胞，能在仓鼠肾原代细胞和 BHK-21 等多种传代细胞中增殖。病毒对理化因素抵抗力不强，对常用消毒剂敏感，50℃ 30min 可灭活，但对低温和干燥有抵抗力。

【流行病学】

1. 传染源　患兽和潜伏期感染动物是本病的主要传染源。

2. 传播途径　本病为虫媒传染病，主要通过携带病毒的蚊虫叮咬传播。三带喙库蚊为本病的主要传播媒介。被蚊虫叮咬的鸟类，特别是迁徙候鸟也可传播本病。

3. 易感动物　本病为人兽共患传染病，鹿群感染率高，所有鹿科动物均易感。人感染发病后可引起脑炎，致死率高。

4. 流行特征　本病感染呈散发和地方性流行，具有明显的季节性。热带地区可全年发病，温带地区多在夏秋季蚊虫大量滋生繁殖月份发病。

【症状】　本病通常发病突然，患病鹿首先出现精神异常，共济失调，躯体僵直、麻痹、兴奋、瘙痒等神经症状。根据发病临床特征可将本病分成兴奋型、沉郁型和麻痹型 3 种类型，其中有些病例几种类型症状可先后出现。兴奋型病鹿主要以神经异常亢奋，表现为嘶叫、不安和攻击性行为，兴奋型病例一般发展成麻痹型，主要表现为后躯麻痹，角弓反张，常因呼吸衰竭死亡。沉郁型临床症状主要表现为病鹿精神沉郁、离群索居、食欲废绝、流涎磨牙、卧地不起等临床症状。麻痹型主要以肢体麻痹、共济失调为主，常表现出步态不稳、行走艰难、倒地不起等症状。

【病理变化】　病死鹿一般营养状况良好，剖检可见典型脑膜炎病变，主要表现为大脑皮质点状出血，血管充血，其他部位淤血严重。其他组织器官无特征性病变。偶见部分组织和器官充血和水肿。在多数病例中可见病鹿胃肠道出现溃疡、小肠出血等病变。部分病例表现出非特异性病变，可能对本病的临床诊断带来干扰。病理组织学观察可见脑膜、蛛网膜淋巴细胞和单核细胞浸润。脑血管周围炎性细胞浸润可形成典型"血管套"，此外，还可见脑血管充血、淤血，伴有小血管出血。

【诊断】　根据本病流行病学、临床和剖检特征可初步判断，确诊需进行实验室检查。

1. 病毒分离　取病鹿脑组织悬液接种小鼠或 BHK-21 细胞进行病毒培养，当出现细胞病变后进行病毒鉴定。

2. 血清学诊断　可对发病期采集的血清样本进行中和实验和血凝抑制试验、ELISA 试验和补体结合试验进行病毒特异性抗体的鉴定。

【治疗】　鹿日本乙型脑炎无有效药物和治疗方案。

【预防】　本病的有效防控措施为控制媒介生物的传播。①做好鹿舍环境治理，减少蚊蝇，减少蚊虫栖息和滋生条件；②做好灭蚊、驱蚊工作，降低本病的传播概率。

本病可通过免疫接种进行预防，但保护效果尚不明确。

五、鹿病毒性腹泻 - 黏膜病
（bovine viral diarrhea-mucosal disease of deer）

鹿病毒性腹泻 - 黏膜病是由牛病毒性腹泻（BVDV）引起的一种仔鹿和育成鹿易感，以发热、白细胞减少、腹泻、黏膜溃疡为主要特征的接触感染性疾病。

【病原】　牛病毒性腹泻（BVDV）是黄病毒科（Flaviviridae）瘟病毒属（*Pestivirus*）成员。成熟病毒粒子呈球形，有囊膜，直径约 30nm。牛病毒性腹泻病毒为单股正链 RNA 病毒，基因组大小约 12.5kb，由一个开放阅读框（ORF）、5′ 和 3′ 非编码区（UTR）组成。根据基因组差异可将病毒分成 BVDV1 和 BVDV2。根据是否引起培养细胞的病变，可将病毒分为致细胞病变型（CP）和非致细胞病变型（NCP）两种生物型，通常非致细胞病变型病毒在鹿群中较为流行。病毒与同属其他病毒具有一定的交叉抗原性。

病毒低温下稳定，可在低温下保存多年，56℃ 可失去感染性。此外，病毒对乙醚和氯仿等有机溶剂敏感，胰蛋白酶处理后致病性减弱。该病毒可在牛睾丸细胞（BT）和牛肾细胞（MDCK）上生长，但不能在鸡胚上繁殖。

【流行病学】

1. 传染源　患病鹿、牛、猪是本病的自然宿主，也是本病主要传染源。持续性感染动物终生带毒，并不断向外界排毒。

2. 传播途径　直接接触和间接接触均可传播本病，病毒可通过被病毒污染的圈舍、医疗器械或饲料、饮水传播，亦可通过消化道和呼吸道传播给健康动物。怀孕母鹿感染后，病毒可以垂直传播给胎儿。

3. 易感动物　所有年龄的鹿都可感染，但主要发生于 18 月龄以内的仔鹿和育成鹿。

4. 流行特点　本病常呈散发或地方性流行，以秋、冬两季多发。与牛群直接或间接接触可造成本病发病率升高。

【症状】　本病自然感染潜伏期 7～10d。鹿科动物感染本病后临床表现多样，分急性感染、黏膜病和持续性感染三种主要形式，急性感染和黏膜病也可发展成持续性感染。

1. 急性感染　　患病鹿一过性发热、白细胞减少，可出现短期病毒血症和鼻腔的瞬时排毒。急性感染死亡率低，有时无临床症状，但发热可致部分怀孕母鹿胚胎早期死亡和流产。

2. 黏膜病　　临床症状与牛病毒性腹泻 - 黏膜病类似，但症状更为明显，主要表现为突然发病、高热、重度腹泻、脱水、白细胞减少、流涎、流泪、口腔黏膜溃疡和糜烂。纤维蛋白样腹泻物、血便和腹泻物恶臭为本病特征性症状。皮肤黏膜等多处可出现明显溃烂，舌部、上颚、齿龈、乳头、阴道、阴茎等可能会出现溃疡和血痂。黏膜病临床出现概率低，但死亡率可高达 90%。部分急性黏膜病可转化成慢性感染。病鹿持续性排稀软粪便，或间断性腹泻，可伴随其他诸如消瘦、厌食、眼鼻分泌物增多、脱毛、慢性蹄叶炎、跛行等临床症状。

3. 持续性感染　　怀孕母鹿感染病毒后，经胎盘垂直传播，造成仔鹿持续性感染，母鹿的母源抗体不能提供免疫保护。仔鹿可出现生长缓慢、发育不良等症状。出现症状的仔鹿多因体弱、天气寒冷而死亡。

【病理变化】　　病死鹿鼻孔、口腔和上呼吸道黏膜可见大量的坏死性溃疡。整个消化道，包括食管、瘤胃、皱胃、十二指肠、空肠、回肠、盲肠和结肠出现溃疡。肠内容物多呈现水样，并有恶臭气味。小肠派氏小结常见有坏死和出血。脾脏和其他淋巴结眼观病变不明显，镜检可见淋巴细胞减少，生发中心不明显。

【诊断】　　根据病鹿临床症状、流行特点和病理变化可初步诊断。该病与蓝舌病、鹿流行性出血病、鹿恶性卡他热等疾病临床症状与病理变化类似，应注意鉴别诊断，确诊需要进行病原学检查。

1. 病毒分离　　采取动物血液，分离白细胞，或将淋巴器官或肠道等组织匀浆后接种 MDBK 细胞或 BT 细胞进行病毒分离试验，再用病毒特异性单克隆抗体来检测病毒。

2. 血清学检查　　常用于诊断鹿黏膜病的血清学方法是血清中和试验。将灭活的血清倍比稀释后与特定效价的牛病毒性腹泻病毒混合后接种 MDBK 细胞。37℃温箱培养，连续观察细胞病变，血清中和效价≥1：2 时，可判为病毒抗体阳性。

此外，ELISA 在本病诊断方面具有特异、敏感、快速等优点，可用于鹿病毒性腹泻 - 黏膜病的诊断。

3. 分子生物学检测　　针对病毒的 5′-UTR 区设计特异性引物，建立的 RT-PCR 或 Real time RT-PCR 诊断方法具有良好的特异性。多重 RT-PCR 和巢式 RT-PCR 诊断方法在本病鉴别诊断方面也具有较好的参考依据。

【治疗】　　本病无有效治疗方法，临床上主要以对症治疗和预防继发感染为主。针对腹泻症状可选用物理或化学止泻药物，补充电解质，防止脱水。针对黏膜溃疡可选用抗生素预防细菌继发感染，也可选用重组干扰素进行皮下或肌内注射。

【预防】　　本病无疫苗可用，也无特效治疗方法。发生本病时应注意患兽的隔离，防止病情蔓延。淘汰持续性感染鹿只，避免与牛等可传染动物接触，做好环境消毒。

六、鹿乳头状瘤病
（deer papilloma）

鹿乳头状瘤病又称鹿疣，是由鹿乳头状瘤病病毒（DPV）、驯鹿乳头状瘤病病毒（RPV）

和欧洲麋鹿乳头状瘤病病毒（EEPV）感染引起的多种鹿科动物皮肤纤维瘤或乳头状肿瘤为特征的传染病。

【病原】　鹿乳头状瘤病病毒（DPV）、驯鹿乳头状瘤病病毒（RPV）和欧洲麋鹿乳头状瘤病病毒（EEPV）为双股环状 DNA 病毒，属于乳多空病毒科（Papovaviridae）乳头状瘤病毒属（*Papillomavirus*）成员。病毒粒子无囊膜，结构简单，呈典型的二十面立体对称，成熟病毒粒子直径 40～55nm。病毒基因组大小约为 8kb。鹿乳头状瘤病毒基因组与欧洲麋鹿乳头状瘤病毒及牛乳头状瘤病毒基因组高度同源，编码的病毒蛋白存在交叉免疫性。鹿乳头状瘤病病毒可在鸡胚中培养，但细胞培养病毒不成功。

【流行病学】

1. 传染源　患病鹿是本病传染源。患病牛、羊、犬等多种动物也可能是本病传染源。

2. 传播途径　本病为接触传播性传染病。蚊虫叮咬、采血、挂耳标、蹭痒等自然或人为因素造成皮肤、黏膜损伤可传染本病，亦可通过哺乳、交配传播。

3. 易感动物　不同品种的鹿均可发生本病，2 岁龄鹿只易感，公鹿较母鹿易感，病愈个体可获得一定的免疫力。

4. 流行特点　本病发病率低，呈散发性流行，野生鹿感染率高于家养鹿。

【症状】　患病鹿临床表现是皮肤表面肉质疣状生长，可以从单个生长到疣簇。常见于颈、颌、肩、头面部、包皮（图 3-2-4）、乳房等部的皮肤。皮肤纤维瘤或乳头状肿瘤为良性肿瘤，患病鹿一般无其他临床症状。如这些肿瘤或疣的大小足以抑制正常行为，它们可能会损害鹿视力、进食或跑步的能力。如消化道发生肿瘤，可引起鹿食欲减退，发生于膀胱的乳头状瘤易癌化，可导致"慢性地方性血尿"。

图 3-2-4　梅花鹿阴茎乳头状纤维瘤

【病理变化】　患病鹿多皮肤出现球形、结节状、分枝状或花椰菜样肿瘤，暗褐色，表面粗糙。若出现在体表，则为直径 1～3cm 的鹿疣或疣簇；若肿瘤出现在皮肤黏膜，则多为直径 5cm 以上的肉粉色球型纤维素肉瘤，表面粗糙，多呈角质化。较大的肿瘤因鹿的活动易受损，发生出血并继发细菌感染。

【诊断】　本病发病率低，传播速度慢，对鹿的健康影响小，一般根据病鹿临床表现、流行病学特征和病理变化可初步诊断。确诊需要进行组织病理学观察和病毒 DNA 的分子生物学检测。

【预防】　发病鹿除体表肿瘤外，若无其他临床表现，可不必治疗。若肿瘤严重影响鹿只健康，可行肿瘤摘除手术，做好消毒措施。预防本病需加强饲养管理，减少蚊蝇等媒介生物的滋生，尽量减少人为的机械损伤或皮损。

七、新西兰赤鹿副痘
（parapox of reddeer in New Zealand）

新西兰赤鹿副痘是由新西兰赤鹿副痘病毒（parapoxvirus of reddeer in New Zealand，

PVNZ）引起的病毒性、传染性脓疱性皮炎，患病鹿以皮肤炎性丘疹、上皮增生性痘疱、鹿茸损伤为主要特征。

【病原】　　新西兰赤鹿副痘病毒为痘病毒科（Poxviridae）脊椎动物痘病毒亚科（Chordopoxvirinae）副痘病毒属（*Parapoxvirus*）成员。成熟病毒粒子呈卵圆形，有包膜，表面有微管（表面丝）。病毒为双链 DNA 病毒，基因组大小为 130～150kb，GC 含量约 60%。病毒对乙醚、氯仿、低 pH、高温等处理较为敏感，但可在干燥的痂皮内长期存活。副痘病毒之间存在共同抗原，具有交叉免疫反应性。

【流行病学】

1. 传染源　　病鹿是本病的主要传染源。

2. 传播途径　　病毒可通过皮肤或伤口进行传播，也可通过与患兽体液接触传播，此外，吸血类媒介生物也是本病的传播途径。

3. 易感动物　　已报到的易感动物仅限于赤鹿和驯鹿，亦有狩猎者患鹿源副痘病毒感染病例。

4. 流行特点　　新西兰赤鹿鹿群最早发现本病，最近意大利赤鹿、挪威和芬兰的驯鹿群中已发现本病的流行。一般认为本病夏秋季节发病率高，一旦发病，全群鹿只均发病，几乎可达 100%，常呈散发或地方性流行。

【症状】　　本病以传染性脓疱性皮炎为特征性临床症状。初期可出现体温升高，随后口鼻、上腹部、面部、耳朵和颈部出现不同程度的疥疮，发病率达 100%。鹿茸皮肤也可出现皮损和结痂，常伴有体液、血性或脓性分泌物流出。病鹿 2～3 周康复，可获得免疫性。

【病理变化】　　皮肤深层病理变化不明显，发病前期病变部位出现溃疡和糜烂，皮肤表皮和真皮层出现炎性细胞浸润，嗜酸性粒细胞增多、坏死，表皮增生、角化和结痂。

【诊断】　　根据本病的特征性临床症状可初步诊断，病毒分离和分子生物学检测可确诊。

1. 病毒分离　　采集发病部位组织结痂或组织液，经抗生素处理后，接种于牛睾丸原代细胞，进行病毒的分离鉴定。

2. 分子生物学诊断　　根据副痘病毒 B2L 基因设计的半槽式 PCR 可用来检测病变组织或细胞培养物中的新西兰赤鹿副痘病毒（PVNZ）、牛丘疹性口炎病毒（BPSV）和伪假牛痘病毒（PCPV）在内的 3 种副痘病毒，对扩增产物 DNA 测序即可进行确诊。

【治疗】　　本病为病毒性疾病，无有效治疗方法。鹿群发生本病时，应注意以对症治疗为主，若无继发感染则可不用治疗。

【预防】

1. 加强饲养管理　　提高鹿群抗病能力。

2. 隔离　　对发病鹿群进行隔离观察，防止病情蔓延。

3. 消毒　　对污染的圈舍、垫料、用具进行消毒处理，切断传播途径。

八、蓝　舌　病
（bluetongue disease）

蓝舌病是由蓝舌病病毒（bluetongue disease virus，BTDV）引起的一种非接触传染的病毒性疾病。该病主要感染绵羊，亦可感染鹿、牛、山羊、水牛、骆驼和羚羊等反刍动物。以口、鼻、舌、眼等部位黏膜充血，流涎，发绀为主要特征。库蠓、库蚊、伊蚊、虻、虱等吸血昆虫是该病的传播媒介。

【病原】 蓝舌病病毒（bluetongue disease virus，BTDV）是呼肠孤病毒科（Reoviridae）环状病毒属（*Orbivirus*）成员。蓝舌病病毒粒子呈球形，无囊膜，核衣壳二十面体对称，病毒粒子直径50～80nm，成熟的病毒粒子有囊膜。病毒基因组为双链RNA（dsRNA）分子，由10个基因组片段组成。内层核衣壳由VP3、VP7、VP1、VP4、VP6结构蛋白组成。VP3和VP7是病毒的群特异性抗原。衣壳蛋白外部由VP2和VP5组成。VP2是病毒型特异性抗原和血凝素蛋白，能诱导产生中和抗体，与病毒的毒力和细胞吸附作用有关。除结构蛋白外，病毒感染时亦可表达NSI、NS2、NS3a和NS3b 4种非结构蛋白。病毒对外界环境抵抗力较强，耐干燥和腐败。对热和乙醚、氯仿等具有一定抵抗力，在福尔马林、酸和碱性环境下抵抗力低。蓝舌病病毒有血凝素，可凝集绵羊及人的O型红细胞，可用于蓝舌病病毒分型。病毒可在蚊源细胞（C6/36）、乳仓鼠肾细胞（BHK-21）、非洲绿猴肾细胞（Vero）、牛肺动脉内皮细胞（CPAE）、羊或牛胚肾细胞上生长，产生CPE。病毒也可感染并致死鸡胚。

蓝舌病病毒分为24个血清型，VP2是特异性抗原，型间交叉免疫性较差。其中蓝舌病病毒和鹿流行性出血病（EHD）病毒具有交叉抗原，我国优势血清型为1、4、2、16型。

【流行病学】

1. 传染源 患病和带毒野生反刍动物是野生动物蓝舌病的宿主和传染源。

2. 传播途径 蓝舌病为非接触感染，不通过粪口途径或空气传播，但可经胎盘垂直传播，引起流产、死胎或畸形胎。感染公畜可通过交配传播给母畜和胎儿。库蠓（*Culicoides*）是蓝舌病病毒的主要传播媒介，通过叮咬易感动物传播本病。在中国，传播蓝舌病的主要库蠓为琉球库蠓（*Culicoides actoni*）和原野库蠓（*Culicoides homotomus*）。

3. 易感动物 鹿科动物包括梅花鹿、麋鹿、黇鹿、黑尾鹿、白尾鹿、黄麂等。

4. 流行特征 本病的发生具有严格的季节性，多发于夏末和秋初，其发生和分布与库蠓的分布、习性和生活史有密切关系。本病常呈地方流行性。

【症状】 本病潜伏期一般为4～8d。多数动物感染后并不表现临床症状，或仅出现亚临床症状，但可携带高水平的抗体。发病病程可从急性突然死亡到慢性经过。急性病例，初见发热，24～36h后，病鹿口、鼻黏膜充血，流涎；眼、鼻黏液性分泌物增多，黏稠，后形成血痂；眼结膜、鼻、嘴出血，偶有舌部及口腔黏膜充血、发绀，故名蓝舌病。患病后期可见舌部溃疡、糜烂，呼吸困难，食欲减退，皮肤、味蕾出血。部分病例可出现便血等消化道症状，偶见蹄冠溃疡、出血、跛行。孕兽可出现流产、死胎、弱胎、畸胎或木乃伊胎。本病在病变和临床特征上与流行性出血病、恶性卡他热疾病不易区分。

【病理变化】 患病鹿只病变复杂，发病早期可出现胸腹腔、心包积液，皮下水肿，实质器官、黏膜等均可出现充血、出血、坏死、溃疡等病变。肺动脉中膜出血为本病一个特征性病变。此外，皱胃浆膜出血、坏死，黏膜溃疡较为常见。患兽可出现蹄部冠状垫炎、蹄叶炎甚至蹄部糜烂。

患病鹿只可出现心、肺、消化道、肾、脾、淋巴结、全身主要血管等充血、出血，形成血栓、坏死；口腔、舌等上皮组织下层小血管淋巴细胞浸润，形成"血管套"；血管腔内充血、形成血栓；淋巴细胞浸润，实质性坏死；肠壁可见血栓和坏死；肾小球基部管状坏死，出现纤维蛋白血栓；主动脉和肺动脉中层毛细血管出血；脾和淋巴结内淋巴细胞坏死、减少；肾和肾上腺间质淋巴细胞浸润。

【诊断】　根据流行病学、临床症状和病理变化可做出初步诊断。

1. 病毒分离　采集患兽血液、肝、脾、肺等组织病料，处理后接种敏感细胞，盲传 1～2 代可出现细胞病变效应（CPE）；亦可接种于 11～13 日龄鸡胚，进行病毒的分离。

2. 血清学诊断　竞争 ELISA 法、琼脂凝胶扩散试验、PCR 是国际兽疫局（OIE）指定试验方法，竞争 ELISA 法首选，病毒中和试验为替代方法。

3. 分子生物学诊断　采用巢式 RT-PCR 检测血液和组织中的病毒为 OIE 推荐方法，此外，国内外不同机构建立了实时荧光定量 PCR 方法、基因芯片等多种检测技术。

4. 鉴别诊断　出现以肺水肿、胸腔积水、心包积液、皮下出血为主要症状时，注意与巴氏杆菌病、梭菌性肠毒血症区分鉴别；当糜烂和溃疡为主要症状时，注意与水疱性口炎、恶性卡他热、口蹄疫、小反刍兽疫、腐蹄病进行鉴别诊断。

【治疗】　目前尚无有效治疗方法，主要是对症治疗，主要以温和消毒液冲洗口腔和蹄部，预防继发感染。

【预防】　蓝舌病为 OIE 规定法定报告传染病。发生本病 24h 内必须上报并限制动物移动，控制昆虫媒介，捕杀感染动物，免疫易感动物等。

弱毒疫苗、灭活疫苗及基因重组疫苗均可用于蓝舌病的预防。但市场上只有弱毒苗，可根据现地流行毒株的血清型选择合适的多价或单价弱毒疫苗免疫接种。

加强海关检疫和运输检疫，严禁从有该病的国家或地区引进感染动物或相关动物制品。发生疫情后坚决扑杀患兽，并按照相关法律法规进行疫区隔离、封锁和消毒等综合防控措施。

九、小反刍兽疫
（peste des petits ruminants，PPR）

小反刍兽疫是由小反刍兽疫病毒（peste des petits ruminants virus，PPRV）引起的一种急性、烈性、高度接触性传染病，主要感染小反刍动物，美国白尾鹿（*Odocoileus virginianus*）易感，特征性病变如发热、黏膜溃疡、腹泻和肺炎。

【病原】　小反刍兽疫病毒（PPRV）属单股负链病毒目、副黏病毒科、麻疹病毒属成员。病毒可分成 4 个遗传谱系（Lineage 1～4），其中 Lineage 4 毒株近年来普遍流行。小反刍兽疫病毒与同属的牛瘟病毒具有较高的遗传相似性和交叉抗原，与犬瘟热病毒、麻疹病毒也具有一定的交叉免疫性。成熟病毒粒子多为圆形或椭圆形，直径 150～350nm，有囊膜，囊膜表面有纤突，纤突蛋白具有血凝性和神经氨酸酶活性。病毒基因组大小约 16kb，包含 6 个编码基因，分别编码核蛋白（N）、磷酸化蛋白（P）、基质蛋白（M）、融合蛋白（F）、血凝素蛋白（H）和具有 RNA 聚合酶活性的大蛋白（L）。病毒可在胎羊及新生羊的睾丸细胞和肾细胞上增殖，也可在 Vero 细胞上繁殖，产生典型合胞体病变。病毒外层囊膜蛋白不稳定，因此，病毒对热、pH 等理化处理较为敏感。

【流行病学】

1. 传染源　患兽的分泌物和排泄物含高浓度病毒，是重要的传染源。本病也可通过飞沫和气溶胶传播，潜伏期动物可间断排毒。

2. 传播途径　直接或间接接触、空气和饮水均可传播本病。精液和乳汁也含有一定量病毒，因此，也存在着人工授精或哺乳传播的可能。

3. 易感动物 美国白尾鹿易感，我国亦有从河麂（*Hydropotes inermis*）分离出 Lineage-2 谱系 PRRV 的报导，但未有临床试验证实其易感性，其他动物易感性无明确报导。

4. 流行特征 本病在疫区常呈零星发生，亦可造成流行。在部分地区具有明显的季节性，季节性降雨或降温可诱发本病。

【症状】 人工感染美国白尾鹿可呈现不同临床症状。发病鹿具有典型小反刍兽疫致死性临床症状，也有无临床表现的亚临床感染。一般情况下，本病在鹿科动物临床症状与山羊和绵羊较为类似，包括发热、鼻腔流黏液脓性分泌物、结膜炎、口腔炎伴糜烂，发病后期常见腹泻和便血。

【病理变化】 患病鹿病理病变与羊小反刍兽疫及牛瘟类似，包括口腔、瘤胃出现血斑、糜烂、坏死等，肠道亦可出现出血或糜烂；还可出现淋巴结肿大、脾坏死、支气管肺炎等典型病变。黏膜表皮层含有嗜酸性胞质包涵体的多核巨细胞是本病特征性组织学病变。

【诊断】 国内鹿群未见本病报道，鉴于本病在我国羊群中广泛流行且部分地区羊、鹿混养的现状，应密切关注鹿群中本病发病的可能性。鹿群中有发生小反刍兽疫特征性临床症状的传染病，且与山羊或绵羊接触时，应将本病列为诊断排查对象。确诊需结合实验室检查。

1. 病毒分离 取血液、分泌物、黏膜或肺脏等组织处理后接种 Vero 细胞进行病毒分离。经 2～3 次盲传观察到病毒产生的典型细胞病变效应（CPE），具体表现为细胞聚集，偶见小的合胞体。

2. 血清学诊断 病毒中和试验、竞争性酶联免疫吸附试验（cELISA）为较为常用的血清学诊断方法，也是国际贸易指定的诊断方法。

3. 分子生物学诊断 RT-PCR 和 Real-time PCR 法在本病病毒检测方面具有特异性好、快速、敏感等优点。

4. 鉴别诊断 本病与鹿的口蹄疫、恶性卡他热、蓝舌病等相鉴别。

【预防】 本病为 OIE 法定报告的传染病，应加强区域内疫情监测，确诊后立即扑杀患畜，并隔离封锁，防止疫情蔓延。严格将鹿与羊隔离饲养，疫区山羊或绵羊可进行弱毒疫苗免疫。

十、轮状病毒病
（rotaviral gastroenteritis）

轮状病毒病是由呼肠孤病毒科、轮状病毒属的轮状病毒（rotavirus，RV）引起的多种幼龄动物以胃肠炎为主要特征的传染性疾病。病毒宿主谱极其广泛，幼龄有蹄类哺乳动物包括鹿科动物易感。

【病原】 轮状病毒是呼肠孤病毒科（Reoviridae）轮状病毒属（*Rotavirus*）成员，病毒粒子呈圆形，无囊膜，具有双层衣壳，包括内层衣壳和外层衣壳。病毒直径 60～80nm，病毒衣壳蛋白由内向外呈放射状排列，状似车轮。轮状病毒为双股分节段 RNA 病毒，由 11 节段组成，编码 7 个结构蛋白 VP1-4、VP6、VP7 和 5 个非结构蛋白 NSP1-5。VP4 可经胰蛋白酶裂解产生 VP5 和 VP8。VP4 编码血凝素抗原，VP6 为病毒型特异性抗原，VP7 可诱导产生中和抗体。轮状病毒分为 7 个群，其中 E、F、G 群轮状病毒可能与鹿科动物感染相关。

【流行病学】
1. 传染源 隐性感染动物、患兽和康复期动物是本病的主要传染源。

2. 传播途径　　主要通过粪口途径感染。病毒主要存在于肠道内，随粪便排出体外，且在粪便中可长期稳定存活。病毒可通过胎盘屏障进行垂直传播。

3. 易感动物　　人和多种家养、野生动物均易感，轮状病毒在幼龄动物中感染性强。鹿科动物中仔鹿最为易感，且症状较严重。

4. 流行特征　　本病呈世界范围内散发和流行，以秋冬季仔鹿出生和幼龄期发病率高。有报道显示本病具有周期流行性，2～5 年流行一次。

【症状】　　本病潜伏期 2～4d。病初临床症状包括食欲减退，精神沉郁，随后出现典型腹泻症状，粪便黄色或白色，恶臭，部分病例可出现水样腹泻症状。仔鹿极易呈现不同程度的脱水症状，表现为精神沉郁、食欲减退、体温降低、迅速消瘦。

【病理变化】　　本病特征性病变主要集中在肠道，可见肠道萎缩，小肠壁稀薄，小肠绒毛萎缩、坏死致肠上皮细胞脱落，肠黏膜固有层炎性细胞浸润，其他部位和部分组织器官常有轻度水肿。

【诊断】　　根据疾病流行病史、发病季节、发病特征和临床表现（如秋冬季节发病）幼龄仔鹿出现典型腹泻症状，可做初步疑似诊断。本病应与病毒性腹泻、恶性卡他热、大肠埃希菌性肠炎和梭菌性肠毒血症做鉴别诊断。实验室病原学诊断和血清学诊断可做确诊。

1. 病毒分离　　取腹泻粪便或肠道内容物，经除菌处理和胰酶处理，接种 MA104 和 Vero 细胞可产生 CPE，典型病变包括细胞变圆、边缘粗糙、细胞变暗、边界不清、细胞核消失等，可通过 RNA 电泳进一步观察到多条分节段 RNA 条带。

2. 分子生物学诊断　　可根据病毒核酸设计引物，进行 RT-PCR 或巢式 RT-PCR 进行特异性片段扩增，也可应用多重 RT-PCR 对肠道病毒进行鉴别诊断。Real-time PCR 因其具有特异、敏感等优点，在病毒分子生物学诊断方面已得到广泛应用。

3. 血清学诊断　　基于轮状病毒 VP6 的特异性抗体检测可用于牛轮状病毒的诊断，鹿源抗体检测因其条件所限，目前尚未建立相关检测方法。

【治疗】　　仔鹿暴发本病时，无有效治疗措施，以防止脱水和酸中毒对症治疗为主。

【预防】　　免疫预防可选用口服弱毒疫苗，但疫苗的抗体动态和免疫保护率未得证实。

环境卫生处理在本病防控中至关重要，如发现患兽应及时隔离，并对污染的圈舍、器具、垫料和饲料消毒处理。此外，还需注意秋冬季保暖，防应激，提高动物抗病能力。

十一、鹿慢性消耗病
（chronic wasting disease of deer，CWD）

鹿慢性消耗性疾病（chronic wasting disease，CWD）是由侵染性朊病毒引起的白尾鹿、黑尾鹿、麋鹿和驼鹿等鹿科动物的一种神经退行性、传染性脑病，可引起鹿科动物慢性消耗性死亡。本病可水平传播和垂直传播，有较强的传染性。

【病原】　　鹿慢性消耗性疾病病原是一种无核酸的蛋白侵染颗粒。动物体内正常朊蛋白（cellular prion protein，PrP^c）错误折叠后，形成具有神经毒性的 PrP^{CWD}。PrP^c 与 PrP^{CWD} 蛋白的编码序列相同，氨基酸序列也一致，但在三级结构上，PrP^c 蛋白的 α- 螺旋错误折叠，形成以 β- 折叠为主的 PrP^{CWD}。动物机体出现错误折叠的 PrP^{CWD} 后，会诱导 PrP^c 持续转化成为 PrP^{CWD}。PrP^{CWD} 可形成多聚物，当多聚体蛋白聚合程度较低时，以可溶性蛋白形式存在，具有较强的神经毒性；聚合程度高的 PrP^{CWD} 会形成不溶性蛋白颗粒，此时的 PrP^{CWD} 蛋白颗粒神经毒性较低。PrP^{CWD} 会持续损伤神经细胞，神经细胞出现慢性、退行性病变，直至患兽死亡。PrP^{CWD} 抗逆性较强，对酸、碱、高温、胰蛋白酶及常规消毒剂均不敏感，一般情况下，强碱或长时间高温、高压处理才能将其灭活。

【流行病学】 患兽是本病最重要的传染源，发病初期和出现明显临床症状后几天动物排毒量最多。患兽污染的分泌物、排泄物、饲料、环境、运输工具等均可成为本病的传染源。

1. 传染源 患病鹿是本病传染源，无直接证据表明其他物种可传播本病。

2. 传播途径 直接或间接接触患兽及其污染的物品可使健康动物发病。发病动物的骨粉、屠宰下脚料、分泌物可直接感染健康动物。本病主要在北美流行，欧洲近年来出现野生动物自然感染病例，韩国出现输入性感染病例。

3. 易感动物 所有鹿科动物均易感，患兽主要以白尾鹿、黑尾鹿、麋鹿和驼鹿为主。

4. 流行特征 本病一般呈地方性散发，发病潜伏期长，进展缓慢，青壮年或老龄鹿发病率明显高于幼龄或育成鹿。

【症状】 本病的特征性症状为渐进性消瘦。患兽初期无明显临床症状，随后出现食欲下降、体重减轻、行为异常等症状。疾病发展过程中可相继出现精神沉郁、口渴、磨牙、头部震颤、对刺激反应过度、后驱性共济失调等临床症状，病程较长，持续数周到 1 年左右。患兽多因呼吸衰竭死亡，死亡率为 100%。

【病理变化】 患病鹿以神经病变为主，中枢神经系统灰质双向对称性病变，大脑海绵状外观最为常见。此外，大脑皮层神经元核周空泡化、星状细胞增生和肥大也较为常见。H.E 染色可见苍白、纤维状和嗜酸性淀粉样斑块，有时被液泡包围。

【诊断】 由于本病病原为传染性蛋白颗粒，编码该蛋白的核酸不能作诊断靶标。本病的诊断方法包括传统临床症状观察、病理学观察和免疫学诊断及新建立的诊断方法。

1. 临床个体识别 当鹿群中出现食欲低下、体重减轻、行为异常伴共济失调症状的个体时，应密切留意，并进行进一步诊断。

2. 病理学观察 当疑似病例脑组织出现淀粉样变、神经元出现空泡样海绵状病变、星状胶质细胞增生等典型病变时可基本确诊。

3. 免疫学检测 随着商品化朊病毒特异性抗体的出现，对脑组织或淋巴组织免疫组织化学、Western-Blot 及 ELISA 等免疫学检测方法也可用于本病的诊断，该方法特异性强，诊断结果准确。该项诊断须在授权实验室开展。

4. 其他诊断方法 近年来，更加敏感的体外诊断技术，包括蛋白质错误折叠循环扩增技术（protein misfolding cyclic amplification，PMCA）和实时振动诱导转化检测（real-time quaking-induced conversion，RT-QUiC）技术可在疾病早期对血液、尿液、粪便、唾液等非侵袭性样本进行精确诊断。

【治疗】 本病无任何可用治疗药物和临床治疗方案。

【预防】 目前，我国未有本病病例报道。预防本病在我国出现应严格控制从本病流行国家进口鹿产品，包括进口鹿品种、胚胎、精液、鹿茸、鹿肉、鹿皮、饲料等产品。确需进口上述产品时应进行严格的入境检疫，防止本病传入我国。

（朱洪伟）

第三节　毛皮动物病毒性传染病

一、水貂阿留申病
（aleutian mink disease，AMD）

水貂阿留申病是由水貂阿留申病毒（aleutian mink disease virus，AMDV）侵染水貂引起的一种慢性、进行性衰弱疾病，又称为浆细胞增多症，主要侵害网状内皮系统致使血清丙种球蛋白、浆细胞增生和终生病毒血症，并伴有动脉炎、肾小球肾炎、肝炎、卵巢炎或睾丸炎等炎症变化。AMDV 可感染各年龄段不同群体水貂，病症呈多样性。临床上以感染母貂不能妊娠，或流产，或通过胎盘感染胎儿，导致弱胎，仔貂成活率下降；种公貂丧失配种能力等为特征。本病的危害是多方面的，既能影响病貂繁育和毛皮品质，又会干扰其免疫反应，给养殖业造成严重的经济损失，本病是水貂三大疫病之一。

【病原】　水貂阿留申病毒（aleutian mink disease virus，AMDV）是细小病毒科（Parvoviridae）细小病毒亚科（Parvovirinae）阿留申水貂病毒属（Amaovirus）成员。病毒粒子大小为 22～25nm，无囊膜，呈二十面体对称球形，病毒核酸为单股线性 DNA。该病毒对物理、化学因素具有很强的抵抗力，56℃ 30min 感染力不变，60℃ 可部分灭活，80℃ 存活 1h，在 5℃ 时，置于 0.3% 甲醛中能耐受 2 周，4 周才灭活。它能在 pH2.8～10.0 内保持活力。紫外线、0.5mol/L 的盐酸、0.5% 碘、1% 福尔马林、2% 氢氧化钠可有效灭活 AMDV。

【流行病学】

1. 传染源　本病主要传染源是病貂和潜伏期的带毒貂，后者在临床上与健康貂无区别。

2. 传播途径　病毒在貂群的主要传播方式为水平传播和垂直传播。水平传播主要通过接触传播，感染 AMDV 的水貂尿液、粪便和唾液中都有病毒存在，此外还有空气传播，可经呼吸道和消化道传染。饲养人员和兽医工作者是该病传染的主要媒介，疫苗接种、外科手术和注射药物等消毒不严格，也能造成本病传播；亦可通过蚊、虻叮咬传播。垂直传播主要是通过胎盘组织垂直感染及产后哺乳传染病毒。

3. 易感动物　AMDV 主要感染水貂，不同基因型水貂对该病毒均易感，感染后疾病发生发展不同。具有阿留申基因型的水貂发病率明显高于其他水貂，成年貂和幼貂均可染病，常表现为成年貂较育成貂易感；公貂较母貂易感。AMDV 也能感染狐、浣熊、臭鼬、貉等其他肉食动物。本病传入貂群开始呈隐性感染，继而地方流行，有时暴发性流行。

4. 流行特征　该病流行有明显的季节性，秋、冬季发病率和死亡率较其他季节均高。

【症状】　该病潜伏期不定，平均为 2～3 个月，有的达 7～9 个月，有的病貂可持续 1 年或更长时间无临床症状。本病属自身免疫病，无特征性症状，少数呈急性经过，多数为慢性或隐性型。幼貂感染后，病情发展迅速，常发生急性间质性肺炎，临床表征为严重呼吸窘迫，伴随肋骨的剧烈收缩和呼噜音，还伴有咳嗽、发热等，之后表现为倦怠和嗜睡，并在 24h 内死亡。成年貂感染后常不呈现明显临床症状，多数入冬后陆续发病，主要症状如下：

1. 渐进性消瘦　病貂食欲时好时坏，貂体逐渐消瘦，严重病貂体重急剧下降。

2. 出血和贫血　病貂出血性症状相当明显，主要表现为口腔、齿龈、软腭、硬腭和舌根有大量出血点和出血斑，口腔黏膜、眼结膜和阴道黏膜苍白，检查脚趾发现明显苍白、贫血状态，排出煤焦油样粪便。

3. 渴欲增强　　由于肾损害，增加水分的消耗，因此病貂在临床上表现为高度口渴，出现暴饮症状和啃冰现象。

4. 神经系统　　如侵害神经系统，常表现抽搐、痉挛、共济失调、后躯麻痹、下腹部尿湿等症状，2～3d 后死亡。

5. 繁殖　　母兽会出现不能妊娠、流产或胎儿被吸收，公兽也会出现生殖能力的损伤。

阿留申基因型水貂在感染后 3～5 个月常因肾衰竭死亡，约 20% 的非阿留申水貂可抵抗该病毒的感染而不发病，即使感染也很少在 5 个月以内死亡，其中一部分可以存活 1 年以上。

【病理变化】　　尸僵完整，被毛无光泽，病死貂尸体高度消瘦，胃肠道萎缩，无消化物，可视黏膜苍白，口腔和胃黏膜有大小不等的溃疡灶，肛周有少量煤焦油样稀便附着，多数病例有腹水。病理变化（图 3-3-1）主要表现在肾、脾、淋巴结、肝等，病初肾常肿大、充血，表面点状出血，切面外翻，后期肾萎缩，表面有黄白色浆液性粟粒状小病灶；急性经过脾脏肿大 2～5 倍，后期萎缩，有散在梗死灶，淋巴结肿大；肝初期肿大，呈暗褐色，后期不肿大，呈黄褐色或土黄色。成貂表现为脾、肾、肝、淋巴结和骨髓的浆细胞增多和动脉炎。幼貂病理变化局限在肺部，包括局部或弥散性出血，肉芽肿，肺表面浸润，肺泡表面玻璃样变化，Ⅱ 型肺泡上皮细胞增生肥大。浆细胞增生为阿留申病的组织学特征。其他脏器眼观病变不明显。

【诊断】　　根据流行病学、临床症状和解剖变化可初步诊断，以口渴、贫血、衰竭、血液检查浆细胞增多和血清丙种球蛋白增高为特征。病理组织学、血清学（对流免疫电泳，PPA-ELISA）检验结果常可确诊；也可参考《中华人民共和国出入境检验检疫行业标准》（SN/T 2847-2011）的水貂阿留申病检测技术规范所述 PCR 技术进行 AMDV 核酸检测确诊。

【治疗】　　迄今尚无特异性有效的治疗方法。曾有报道利用褪黑素清除自由基、抗过氧化酶及具免疫调理作用来治疗水貂阿留申病，在降低感染水貂死亡率方面取得一定效果，也

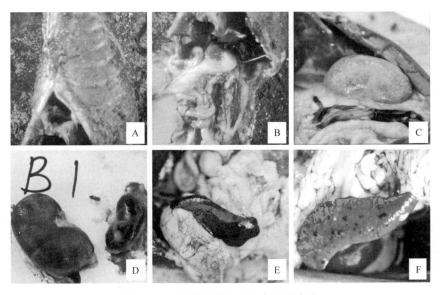

图 3-3-1　水貂阿留申病临床剖检病变

A. 病死貂消瘦，被毛无光泽；B. 胃肠道萎缩；

C. 肾萎缩，表面有黄白色浆液性粟粒状病灶；

D. 肿大的肾脏；E、F. 脾萎缩，有散在梗死灶

有报道，用异丙肌苷、多聚肌普酸进行治疗，同时应用抗生素、中药制剂可缓解病情。

【预防】　本病具有抗体依赖性感染增强效应（ADE），机体产生的抗体仅有少量可以发生中和反应，多数抗体与病毒形成免疫复合物进入血液和淋巴液循环，沉积于基底膜，造成免疫病理损伤，因此本病的疫苗免疫效果不佳。目前，国内水貂养殖场多采用以检疫、淘汰阳性貂为主的综合性防疫措施。每年在仔貂分窝后，利用免疫电泳法逐只采血检疫，阴性貂可留种，阳性貂到取皮期一律淘汰取皮，直至阿留申病得到净化。

二、狐传染性脑炎
（fox infectious encephalitis）

狐传染性脑炎是由犬腺病毒 I 型（CAV-1）引起的一种以感觉过敏、高度兴奋、肌肉痉挛、共济失调、眼球震颤，并伴有呕吐、腹泻、便血为特征的急性、败血性、致死性传染病，该病死亡率高，是我国养狐业的重要传染病，也是危害养狐业的三大疫病之一。

【病原】　狐脑炎病毒又称犬传染性肝炎病毒（infectious canine hepatitis virus，ICHV），属腺病毒科、哺乳动物腺病毒属成员。本病毒为犬腺病毒 I 型，而犬腺病毒 II 型（CAV-2）主要引起狐喉气管炎，虽然两者的血清型存在差异，但两者具有 70% 的基因亲缘关系，在免疫学上能交叉保护。狐脑炎病毒为线性双股 DNA 病毒，无囊膜，呈二十面体对称，病毒粒子直径为 70～80nm。本病毒易在犬肾和睾丸细胞内增殖，也可在猪、豚鼠和水貂等的肺和肾细胞中有不同程度增殖，并出现细胞病变（CPE），主要特征是细胞肿胀变圆、聚集成葡萄串样，也可产生蚀斑。感染细胞内常有核内包涵体，核内病毒粒子晶格状排列。狐脑炎病毒具有血凝活性，可在 4℃、pH7.5～8.0 时能凝集鸡红细胞，在 pH 6.5～7.5 时能凝集大鼠和人 O 型红细胞。血凝可被特异性抗体抑制，可进行血凝抑制试验。本病毒抵抗力强，在污染物上能存活 10～14d，4℃保存 270d 仍有传染性；37℃可存活 2～9d，60℃ 3～5min 可灭活。对酸、乙醚、氯仿和热等均有一定的抵抗力，在室温下能抵抗 95% 乙醇达 24h，污染的注射器和针头仅用酒精棉球消毒仍可传播本病。苯酚、碘酊及烧碱是常用的有效消毒剂。

【流行病学】

1. 传染源　病狐、隐性感染狐、康复狐、带毒猫和传染性肝炎患犬及康复犬是本病的主要传染源。

2. 传播途径　感染动物在发病初期，出现病毒血症，此后在分泌物、排泄物中均有病毒排出。康复动物尿液排毒可达 6～9 个月，康复和隐性感染动物为带毒者，是最危险的传染源。感染动物的饲料、水源、周围环境，可以经消化道、呼吸道等途径水平传播。寄生虫也是本病的传播媒介，发病动物在流行初期死亡率高，中、后期死亡率逐渐下降。本病也可经胎盘和乳汁感染胎儿。

3. 易感动物　狐和犬对本病毒易感，3～6 月龄幼狐最易感，其各种不同年龄的狐类动物都能感染传染性脑炎。幼狐发病率为 40%～50%，2～3 岁的成年狐感染率为 2%～3%，老年狐很少患病。其他犬科动物以及其他多种野生动物，如赤狐、狼、貉、臭鼬、浣熊、水貂、黑熊等也可以感染本病。

4. 流行特征　本病没有明显的季节性，但夏、秋季节，由于幼兽多，饲养密，对本病的传播最为有利。本病病程较长，无治愈率。

【症状】　本病潜伏期 6～10d，常突然发生，呈急性经过，表现脑炎症状的病狐在出现明显的神经症状之前不易察觉，精神沉郁或食欲减退或未见明显症状即突然死亡。典型病例狐发病初期，流鼻涕，食欲废绝，轻度腹泻，眼球震颤，继而出现中枢神经系统症状，如感觉过敏、易惊、过度兴奋、肌肉痉挛、共济失调、呕吐、腹泻等；阵发性痉挛的间歇期精神萎靡、迟钝，随后麻痹、昏迷而死。有的病例有截瘫和偏瘫。慢性病例的病狐食欲减退或暂时消失，有时出现胃肠道障碍和进行性消瘦、贫血、结膜炎，一般慢性病例能延长到取皮期。

该病难治疗，病程短、病死率高，出现症状的病狐几乎全部转归死亡。本病一旦传入养狐场，可持续多年，呈缓慢流行，每年反复发生。

【病理变化】　急性病例内脏器官出血，常见胃肠黏膜和浆膜，偶有骨骼肌、膈肌和脊髓膜有点状出血；肝肿大、充血，呈淡红色或淡黄色。慢性病例尸体极度消瘦和贫血，肠黏膜和皮下组织有散在出血点；实质器官脂肪变性，肝肿大、质硬，有豆落状纹理；组织学检查可见脑脊髓和软脑膜血管呈袖套现象；各器官的内皮细胞和肝上皮细胞中有核内包涵体。

【诊断】　根据流行特点、临床症状和病理变化，可做出初步诊断。本病的早期症状与犬瘟热相似，且有时混合感染，必须注意区别。狐脑炎主要为急性病程和严重的神经症状，最终确诊还需要实验室检查。目前的诊断方法主要依靠病毒分离、血清学诊断和分子生物学诊断。常用的针对本病的实验室检查与血清学检查方法如下：

1. 病原分离　目前，常应用犬或猪肾原代细胞进行病毒的分离培养。可根据犬传染性脑炎病毒致细胞病变的特征，如出现单个的圆形折光细胞并在细胞单层内出现空泡，小岛样病变细胞堆积成较大团块，如葡萄样，形成核内包涵体等加以确认。

2. 血清学中和试验　中和抗体在感染后1周即出现，持续时间也长，适于中和抗体的测定和免疫水平的判定，通常用组织培养中和试验法，实用效果很好。

3. 皮内反应　应用病死的感染动物实质脏器悬浮液离心上清液，加甲醛灭活，然后用于皮内接种，观察局部是否出现红肿以判定之。

4. 免疫荧光抗体技术、间接血凝　此两种方法也可以用于本病的诊断。然而比较有实用价值的是用免疫荧光抗体检查扁桃体涂片和肝脏涂片，或用活组织标本染色检查核内包涵体或病毒（抗原），可提供比较确实的早期诊断。

5. PCR技术　PCR技术可用于对该病病原的核酸检测，且能有效与CAV-2病毒区分。

【鉴别诊断】　出现脑炎症状的病例一般能治愈的均不属于此类型感染，可能是细菌性的或非病原性脑炎，如脑膜炎双球菌感染、李氏杆菌感染、低钙血症、维生素B缺乏等；此外，脑积水、中毒病以及其他传染病也能导致脑炎症状，应加以区分和识别。

1. 与脑脊髓炎的区别　传染性脑炎广为传播，大面积流行，成狐和幼狐均能发生；而脑脊髓炎常为散发流行，局限场内某区域（栋或组），常侵害8～10月龄的幼狐，银黑狐易感，蓝狐少见。

2. 与犬瘟热的区别　犬瘟热病是高度接触性传染病，传播迅速，发病动物表现出典型的浆液性化脓性黏膜变化和结膜变化，消化紊乱、腹泻，眼有泪、有脓性眼眵，皮肤脱屑有特殊的腥臭味，二次发热；而传染性脑炎则无此症状。

3. 与钩端螺旋体的区别　钩端螺旋体病主要症状为短期发热、黄疸、血红蛋白尿、水肿、妊娠母兽流产等；而传染性脑炎则无此症状。

【治疗】　病狐在隔离情况下对症治疗，可使用抗血清特异性治疗，结合镇静（如氯丙嗪、硫酸镁），降低颅内压（如甘露醇），消炎（磺胺嘧啶钠、脑炎清、青霉素等）综合治疗。丙种球蛋白也能起到短期的治疗效果，还可给发病动物注射维生素 B_{12}，或同时随饲料给予叶酸，具体用药量参考药物说明书。

【预防】　人工接种疫苗是防控狐传染性脑炎的主要手段。对狐每年定期接种疫苗即可有效预防，一旦发病应紧急接种，保护健康狐。狐群发生传染性脑炎时，应将发病动物和可疑发病动物隔离、治疗，直到取皮期为止。对污染的笼具应彻底消毒。地面用 10%～20% 漂白粉或 10% 生石灰乳消毒。污染（发过病的）养殖场到冬季取皮期应严格检疫，精选种兽。对患过本病或发病同窝幼兽以及与之有过接触的毛皮动物一律取皮，不能留做种用。

三、自　咬　症
（self biting）

自咬症是肉食性毛皮动物多见的急、慢性经过的疾病，临床上以动物反复撕咬、病貂和狐狸尾部和后躯某一部位为特征，患兽呈现定期性兴奋，啃咬自体一定部位。轻者咬伤皮毛等；重者因反复发作，撕裂肌肉继发感染，常因体质衰竭和败血症而死亡。自咬症患兽性情暴躁，攻击性强，繁殖力明显下降。

【病原】　肉食性毛皮动物自咬症是一个复杂的行为疾病，引起该病的原因目前尚不十分明确，但近年来国内多认为是营养代谢性疾病、神经性疾病、病毒性传染病引起的。除此之外，寒冷季节，水貂或者狐狸后躯被水或消毒药液浸湿后，寒风侵袭而产生皮肤过敏，水貂或者狐狸后躯、尾部出现疥癣和皮肤疾患也能诱发自咬。自咬症可能不是由单一因素所致，很可能是多种应激因素导致神经紊乱而引起的，与毛皮动物本身的神经类型有关。目前尚未证实自咬症有传染性，但认为有遗传性。

【流行病学】　该病没有明显的季节性，但春秋季节多发，特别是发情期、产仔期、仔貂断奶后多发，也有报告说秋分后换毛季节是发病高峰。各个年龄段的水貂和狐狸都能发生，但是育成期的貂多发。病貂所产仔貂发病率很高，并且发育不良。

【症状】　仅 20% 的患兽呈急性经过，多数呈慢性经过。发病时患兽自咬尾巴、四肢和其他部位，翻身打滚、鲜血淋淋、吱吱吟叫，持续 3～5min 或更长时间，常咬掉被毛，咬破皮肤和肌肉，严重时咬掉尾巴或肢掌，甚至咬破腹部流出肠管。兴奋过后病兽表现正常，但是听到意外声音刺激或喂食前常再发作自咬，1d 内可多次发作，反复自咬，尾巴背侧血污沾着一些污物，形成紫痂，呈黑紫色。一般呈慢性经过，反复发作，但很少死亡。

【病理变化】　一般为慢性经过，反复发作，周期长短不一，表现高度兴奋。兴奋时单向性转圈自咬某一部位，或咬尾巴，或咬臀部，并发出尖叫声，导致皮肤损伤，肌肉撕裂，造成流血、断尾等；也有的咬脚掌、腹部等处，如继发感染，可引起脓毒败血症而死亡。病理组织病变研究认为，自咬症水貂大脑、小脑存在病理变化，脑膜下血管和脑实质微血管均有不同程度充血。大脑神经锥体细胞肿大，细胞膜模糊不清，并出现广泛的噬神经细胞现象。

【诊断】　根据自咬症状可做出初步诊断，确诊需要进行实验室检验。

【治疗】　目前尚无特效疗法，宜镇静、消炎和外伤处理。一旦发现动物自咬，立即给患兽注射安定药液（根据貂的大小确定用量）。当发现狐有自咬症状时，首先要防止继续咬伤，用物理方法固定病兽颈部等方法，使其不能自咬躯体。对于自咬所产生的局部创伤，可使用外用抗感染药物进行处理。如伤面积较大，需对咬伤部位用双氧水冲洗后外涂消炎药物，并肌内注射抗菌药，控制感染。

【预防】　防治病兽自咬症必须采取如以下综合措施，才能取得较好效果：①适当增加病兽的活动范围，使其多运动，适应其兴奋好动的特点；②常刷洗动物皮肤，保持皮肤卫生，防止皮肤瘙痒病；③多次少量饲喂，并给予充足饮水，如以鱼为主食，为防止汞过量可减少海杂鱼比例，适当添加动物肝脏，如鸡肝等，同时添加一些微量元素；④严格选种，有条件者在适宜季节坚决淘汰病兽，注意饲料搭配，笼舍、饮具消毒，保持饲养环境稳定。

（程振涛）

第四节　特种珍禽病毒性传染病

一、新　城　疫
（newcastle disease，ND）

新城疫也称亚洲鸡瘟，俗称鸡瘟，是由新城疫病毒引起的禽类的一种急性、热性、败血性和高度接触性传染病，主要特征是高热、呼吸困难、下痢、神经机能紊乱以及浆膜和黏膜的显著出血，具有很高的发病率和病死率，是危害养禽业的一种主要传染病。OIE 将本病列为 A 类疫病。本病在特种珍禽养殖业中，主要发生于乌骨鸡、火鸡、珍珠鸡、榛鸡、雉鸡、鹌鹑、鸽子、鹧鸪、孔雀、鹅和鸵鸟等。

【病原】　本病病原为新城疫病毒（newcastle disease virus，NDV），为副黏病毒科（Paramyxoviridae）副黏病毒亚科（Paramyxovirus）新城疫样病毒属（*Avulavirus*）的成员，是禽 I 型副黏病毒的代表株。病毒粒子具多形性，一般近似球形，直径 100～300nm，具有双层脂质囊膜，内含有一长螺旋状核衣壳，直径 17～18nm，囊膜外有长 8～12nm 的糖蛋白纤突。病毒存在于病禽的所有组织器官、体液、分泌物和排泄物中，以脑、脾、肺含毒量最高，以骨髓含毒时间最长。该病毒可在鸡胚内繁殖扩增。NDV 在低温条件下抵抗力强，在 4℃可存活 1～2 年，−20℃ 时能存活 10 年以上。如附着在蛋上的病毒，在孵箱中可以存活 126d；室温中可存活 235d；在未消毒的鸡舍内，可以存活 7 周；粪便中的病毒，于 50℃ 可以存活 5.5 个月。该病毒对消毒剂、日光及高温抵抗力不强，加热 55～75℃,30min 可杀死；阳光直射48h 死亡；70% 乙醇、1% 碘酊、2% 氢氧化钠、1%～2% 福尔马林及 5% 漂白粉等溶液，在几分钟内就可以把它杀死。

【流行病学】

1. 传染源　病鸡是本病的主要传染源，鸡感染后临床症状出现前 24h，其口、鼻分泌物和粪便就有病毒排出。病毒存在于病鸡的所有组织器官、体液、分泌物和排泄物中。流行间歇期的带毒鸡，也是本病的传染源。

2. 传播途径　本病的传播途径主要是呼吸道和消化道，也可经眼结膜、受伤的皮肤和泄殖腔黏膜感染。在一定时间内鸡蛋也可带毒而传播本病，甚至体外寄生虫、野禽及人畜等，均可成为机械带毒者而扩大本病的传播。

3. 易感动物　野鸡、火鸡、珍珠鸡、鹌鹑对本病易感，其中以鸡最易感，野鸡次之。不同年龄的鸡易感性存在差异，幼雏和中雏易感性最高，两年以上老龄鸡易感性较低。

4. 流行特征　本病可发生于任何季节，但以春、秋两季较多。发病率和死亡率可高达 90% 以上。一旦发病，可于 4～5d 内波及全群。

【症状】　　潜伏期2～15d或更长，平均为5～6d。《陆生动物卫生法典》描述为21d。

根据临诊表现和病程长短把新城疫分为最急性、急性和慢性三个型：

1. 最急性型　　突然发病，无特征临诊症状迅速死亡，多在本病流行初期，雏禽多见。

2. 急性型　　临诊常见。病鸡体温升高，食欲减退或废绝，精神不振，垂头缩颈，翅膀下垂，眼半开半闭，似昏睡状，冠和肉呈深红色或紫黑色。病禽产蛋量急剧下降，可降到40%～60%，软壳蛋增多，甚至产蛋停止。随病程发展出现较典型的症状：病禽呼吸困难，咳嗽，有浆液性鼻液，常表现为伸头，张口呼吸，发出"咯咯"喘鸣声或尖叫声；嗉囊积液，倒提时常有大量酸臭液体从口内流出；粪便稀薄，呈黄绿色或黄白色，有时混有少量血液，部分病鸡出现明显神经症状，如翅、腿麻痹等，最后体温下降，惊厥、昏迷至死亡。

3. 慢性型（非典型新城疫）　　病禽初期症状与急性相似，不久后逐渐减轻，同时出现神经症状，患鸡头颈向后或一侧扭转，翅膀麻痹，跛行或站立不稳，共济失调，常伏地旋转，瘫痪或麻痹。病禽时有腹泻、消瘦。一般10～20d后死亡。此型多发生于流行后期，死亡率较低。

火鸡感染新城疫病毒后的症状大体与鸡相似，发病火鸡不愿走动，常呆立禽舍一角，咳嗽，口腔和鼻腔黏液增多，常见有甩头现象，拉稀，两腿发软，卧地不起。成年火鸡症状不明显或没有症状。

鸽感染新城疫在我国屡有发生，开始见病鸽拉稀（呈绿色水样），食欲减少，精神委顿，歪颈，病鸽站立不稳，共济失调，转圈运动，渐趋消瘦。

鹌鹑感染新城疫病毒时，发病初期食欲减退，精神沉郁，拉稀。幼龄鹌鹑表现为神经系统紊乱，肢体麻痹，头颈扭曲，震颤等神经症状，在临死时出现角弓反张。产蛋鹌鹑出现产蛋下降，产软壳蛋，蛋壳色泽变淡。成年鹌鹑缺乏新城疫的典型症状。

鹧鸪感染新城疫时食欲不振，头扭曲，羽毛逆立，两翼下垂，口腔有黏液，呼吸困难，咳嗽，粪便绿色，水泻样，产软壳蛋或停产，一般患病2～4d内死亡。

【病理变化】　　本病病变主要表现在全身黏膜或浆膜出血，淋巴组织肿胀、出血和坏死，尤其以消化道和呼吸道最为明显。病禽嗉囊内充满黄色酸臭液体及气体。腺胃黏膜水肿，其乳头或乳头间有出血点，或有溃疡和坏死等特征性病理变化，腺胃和肌胃交界处出血明显；肌胃角质层下也常见出血点。肠外观可见紫红色枣核样肿大的肠淋巴滤泡，小肠黏膜出血、局灶性纤维素性坏死性病变，形成伪膜，脱落后造成溃疡；盲肠扁桃体肿大、出血、坏死，坏死灶呈岛屿状隆起于黏膜表面；直肠黏膜出血明显。心外膜和心冠脂肪有针尖大出血点。产蛋母禽卵泡和输卵管显著充血，卵泡膜极易破裂以致卵黄流入腹腔引起卵黄性腹膜炎，腹膜充血或出血。肝、脾、肾无特殊病变。脑膜充血或出血，脑实质无眼观变化，仅在组织学检查见有明显的非化脓性脑炎病变。

非典型新城疫病变轻微，仅见黏膜卡他性炎症，喉头和气管黏膜充血，腺胃乳头出血少见，直肠黏膜和盲肠扁桃体多见出血。鹅最明显和最常见的大体病理变化是在消化道和免疫器官，食管有散在白色或黄色的坏死灶，腺胃和肌胃黏膜有坏死和出血，肠道有广泛糜烂性坏死灶，并伴有出血。

鸽新城疫的主要病变在消化道，如十二指肠、空肠、回肠、直肠、泄殖腔等多有出血性炎症变化；有的病例在腺胃、肌胃角质层下有少量的出血点，颈部皮下广泛出血。

鹌鹑新城疫主要病变表现在腺胃、肠道及卵巢上有明显的出血，尤以食道与腺胃处黏膜上有针尖大点状出血，为典型病灶。

【诊断】 依据流行病学、临床特点和病理剖检变化，特别是肠道淋巴滤泡的变化可以做出初步诊断，必要时进行实验室诊断。

1. 临床诊断

（1）发病后常有精神萎靡、采食减少、呼吸困难、饮水增多，常有"咕噜"声，排黄绿色稀便。

（2）发病时出现转脖、望星、站立不稳或卧地不起等神经症状。

（3）病禽产蛋减少或停产，软皮蛋、褪色蛋、沙壳蛋、畸形蛋增多；卵泡变形、卵泡血管充血、出血。

（4）病禽腺胃乳头出血，肠道表现有枣核状紫红色出血、坏死灶；喉头和气管黏膜充血、出血，有黏液。

（5）血凝抑制抗体（HI）显著升高或两极分离，离散度增大。

（6）注意该病与禽流感、传染性支气管炎、传染性喉气管炎等的并发和继发感染情况，诊断和防治该病的同时，应留意与这些疾病的鉴别诊断与联合防治，特别是联合免疫工作。

2. 实验室诊断

（1）病毒分离与血凝试验鉴定：特种珍禽出现临床症状后，在大多数器官和分泌物中即有多量病毒。采取发病、死亡禽的呼吸道分泌物、脾、肺、脑等组织用磷酸盐缓冲液（PBS溶液）做成1:5的混悬液，每1mL加链霉素和青霉素各1000U，置4℃冰箱中作用2～4h，然后离心沉淀。取其上清液接种9～12日龄鸡胚绒尿膜或尿囊内，剂量0.1～0.2mL，37～38℃培养5d。每天检查鸡胚死亡情况，24h内死胚弃去，其后检查死亡鸡胚病变，收集尿囊液和羊水，与15%鸡红细胞悬液进行血凝试验。为尽快做出诊断，也可在鸡胚死亡前用注射器吸出尿囊液做检查，再将鸡胚送回恒温箱孵化。一般在接种后36h就可测出血凝素；还可以将上述双抗处理的病料乳剂上清，接种于生长良好的单层鸡胚成纤维细胞或鸡胚肾细胞中，观察细胞病变情况。

（2）血凝抑制（HI）试验：按常规先用已知病毒做血凝试验，测定病毒的血凝价，再做血凝抑制试验，检测血清凝集抑制抗体的高低，血凝抑制试验灵敏度高。迄今所知，除火鸡副流感外，禽的其他病毒病不会产生与新城疫病毒发生交叉反应的抗体。

（3）中和试验：将连续稀释的血清与定量的已知病毒（50～100个空斑形成单位）混合，孵育接种于鸡胚成纤维细胞单层上，加覆盖层进行培养并设立对照组。一般于72h加上第2层带有中性红的覆盖层，24～48h在适当的光线下观察。根据一定稀释度的血清所减少的空斑数，即可获得血清的中和抗体滴度。此方法是检测中和抗体最敏感的方法。

（4）荧光抗体技术：取新鲜病死或发病珍禽的肝、脾、肺、肾、脑组织，制成抹片或冰冻切片，滴加标记的荧光抗体进行染色，在荧光显微镜下可见到病毒抗原。此法比血凝抑制试验和常规的鸡胚接种法能更快、更灵敏地做出诊断。

【鉴别诊断】 临诊上本病易与禽流感和禽霍乱相混淆，应注意鉴别。

1. 禽流感 病禽呼吸困难和神经症状不如新城疫明显，嗉囊没有大量积液，常见皮下水肿和黄色胶样浸润，黏膜、浆膜和脂肪出血比新城疫广泛而明显，且感染禽流感的病禽肌肉和脚爪部鳞片出血明显，通过血凝试验和血凝抑制试验可做出诊断。

2. 禽霍乱 无神经症状，肝脏有灰白色的坏死点，心血涂片或肝触片染色镜检可见两极浓染的巴氏杆菌，抗生素类药物治疗有效。

【治疗】　　目前本病尚无有效的治疗方法。免疫失败或其他原因造成珍禽群发生新城疫时，要及时治疗以减少经济损失，目前常用的比较有效的方法有以下几种：

1. 注射免疫血清　　治疗效果比较好，但是血清的制造成本较高限制了在养禽业上尤其是在养鸡业的应用，同时如果血清不纯或含有其他病原成分时引起比较严重的热源反应。

一般病禽无治疗价值，目前也无法治疗，必须及早淘汰。发病初期，在淘汰病禽的基础上，对其他假定健康禽立即用鸡新城疫Ⅳ系苗进行紧急免疫接种，每只肌内注射 2 头份。注意经常更换注射针头。

2. 药物治疗　　当继发细菌性疾病，特别是大肠埃希菌的感染时，要配合使用一些抗菌药物，以防止细菌病的继发感染。临床治疗常用西药有，安乃近退烧解表，β- 内酰胺类抗生素防止继发感染。

3. 紧急接种　　对于未感染或轻度感染的珍禽，用 2 倍量Ⅳ系或 Clone30 点眼或 4 倍饮水（必须做到饮水均匀），水中加电解质，3d 后病情即可得到控制。

【预防】　　预防本病是禽病防疫工作的重点。

采取严格的生物安全措施。高度警惕病原侵入禽群，防止一切带毒动物（特别是鸟类）和污染物品进入禽群，进入禽场的人员和车辆必须消毒；饲料来源要安全；不从疫区购进种蛋和禽苗；新购进的禽必须接种新城疫疫苗，并隔离观察 2 周以上证明健康方可混群。

做好预防接种工作。按照科学的免疫程序，定期预防接种是防控本病的关键。

1. 正确选择疫苗　　新城疫疫苗分为活疫苗和灭活疫苗两大类。目前，国内使用的活疫苗有Ⅰ系苗（Mukteswar 株）、Ⅱ系苗（B1 株）、Ⅲ系苗（F 株）、Ⅳ系苗（LaSota 株）和 V4 弱毒苗。Ⅰ系苗是一种中等毒力的活疫苗，绝大多数国家禁止使用。Ⅱ、Ⅲ和Ⅳ系苗属弱毒疫苗，各种日龄禽均可使用，多采用滴鼻、点眼、饮水及气雾等方法接种，但气雾免疫最好。V4 弱毒苗具有耐热和嗜肠道的特点，适用于热带、亚热带地区散养的禽群。灭活苗和活苗同时使用，活苗能促进灭活苗的免疫反应。

2. 制定合理的免疫程序　　主要根据雏禽母源抗体水平确定最佳首免日龄，以及根据疫苗接种后抗体滴度和禽群生产特点，确定加强免疫的时间。一般母源抗体血凝抑制（HI）在 2^3 时可以进行第 1 次免疫，在 HI 高于 2^5 时进行首免几乎不产生免疫应答。

3. 建立免疫检测制度　　在有条件的禽场，定期检测禽群血清 HI 抗体水平，全面了解禽群的免疫状态，确保免疫程序的合理性以及疫苗接种效果。禽群一旦发病，应立即封锁禽场，禁止转场或出售，可疑病禽及其污染的羽毛、垫草、粪便应焚烧或深埋，污染的环境彻底消毒，并对禽群紧急接种。待最后一个病例处理 2 周后，不再有新发病例，并通过彻底消毒，方可解除封锁。

二、传染性法氏囊炎
（infectious bursal disease，IBD）

传染性法氏囊炎是由传染性法氏囊病病毒引起的主要危害雏禽的一种急性高度接触性传染病，主要症状是腹泻、颤抖、极度虚弱；腿肌和胸肌出血；腺胃和肌胃交界处条状出血是特征性的病理变化。幼禽感染后，可导致免疫抑制，并可诱发多种疫病或使多种疫苗免疫失败。该病发病突然、病程短、死亡率高，且可引起鸡体免疫抑制，使病鸡对大肠埃希菌、腺病毒、沙门菌、鸡球虫等病原更易感，对马立克疫苗、新城疫疫苗等接种的反应能力下降。该病目前是养禽业的主要传染病之一，在特种珍禽中本病主要发生于乌骨鸡、鹧鸪、雉等。

【病原】　　本病病原为传染性法氏囊炎病毒（infectious bursal disease virus，IBDV），为双股RNA病毒科。病毒粒子为球形，无囊膜，单层核衣壳，二十面体对称，直径约565nm。IBDV主要侵害病禽的中枢免疫器官——法氏囊，导致免疫抑制，从而增强对其他疫病的易感性，降低对其他疫苗的反应性。病毒在外界环境极为稳定，在鸡舍内能够持续存在122d。病毒特别耐热、阳光及紫外线照射，病毒耐酸不耐碱，pH 2时不受影响，pH 12时可被灭活。病毒对乙醚和氯仿不敏感。3%的煤酚皂溶液、0.2%的过氧乙酸、2%的次氯酸钠、5%的漂白粉、3%的石炭酸、3%的福尔马林、0.1%的升汞溶液可在30min内灭活该病毒。

【流行病学】

1. 传染源　　鸡和乌骨鸡是IBDV的重要宿主，病鸡和带毒鸡为主要传染源，其粪便中含有大量的病毒。

2. 传播途径　　本病可直接接触传播，也可经污染的饲料、饮水、垫料、用具等间接接触传播。感染途径包括消化道、呼吸道和眼结膜等。昆虫亦可作为机械传播的媒介，带毒鸡胚可垂直传播。

3. 易感动物　　鸡和乌骨鸡是主要的易感动物。火鸡可隐性感染，鸭可感染并有分离出病毒的报告，鹌鹑和鹅在接种IBDV后6～8周，既无症状也无抗体应答，哺乳动物不易感。

4. 流行特征　　本病的流行特点是突然发病，传染性强，传播迅速，感染率高，发病率高，病程短，呈高峰式死亡和迅速康复的曲线。

【症状】　　本病潜伏期2～3d。根据临诊症状分为典型感染和非典型（亚临诊型）感染。

1. 典型感染　　早期症状是有些鸡自啄泄殖腔，病鸡羽毛蓬松，采食减少，畏寒，挤堆，精神委顿，随即出现腹泻，排出白色黏稠或水样稀粪，泄殖腔周围羽毛被粪便污染。严重病鸡头垂地，闭眼呈昏睡状态。后期体温低于正常，严重脱水，极度虚弱，最后死亡。整个鸡群死亡高峰在发病后3～5d，2～3d后逐渐平息。死亡率差异很大，有的3%～5%，一般为15%～30%，严重发病鸡群死亡率达60%以上。喂高蛋白质饲料的鸡群，病死率有明显增高趋势。部分病鸡病程可拖延2～3周，但耐过鸡往往发育不良、消瘦、贫血、生长缓慢。

2. 非典型感染　　主要见于老疫区或具有一定免疫力的鸡群，以及感染低毒力毒株的鸡群。本病型感染率高，发病率低，症状不典型，主要表现少数鸡精神不振，食欲减退，轻度腹泻，死亡率一般在3%以下。但病程和流行期较长，并可在一个鸡群中反复发生，直至开产。本病型主要造成免疫抑制。

发病初期，有些乌骨鸡啄自己肛门周围的羽毛，随即病鸡出现腹泻，排出白色黏稠或水样稀粪。病鸡走路摇晃，步态不稳。随着病程的发展，食欲减退，翅膀下垂，羽毛逆立无光泽，发病严重者，鸡头垂地，闭眼呈一种昏睡状态；最后因脱水严重，趾爪干燥，眼窝凹陷，极度衰竭而死亡，病程7～8d，死亡从发病开始，典型发病鸡群呈尖峰式死亡曲线。

鹧鸪发病后精神极度萎靡，食欲减退或废绝，饮欲激增，羽毛松乱，两翼下垂，低头嗜睡，排白色米汤样粪便，肛门周围被粪便黏附，最后患禽常因虚脱和衰竭而死亡。病程短暂，幸存者可在数日内康复，但生长停滞，成为"僵鸪"。

【病理变化】　　典型性IBD感染的死鸡表现尸体脱水，腿部和胸部肌肉出血。法氏囊的病变具有特征性：法氏囊充血、水肿、变大，浆膜覆盖有淡黄色胶冻样渗出物，法氏囊由正常的白色变为奶油黄色，严重出血时呈紫黑色，似紫葡萄状。切开囊腔后，黏膜皱褶多混浊不清，黏膜表面有出血点或出血斑，腔内有脓性分泌物；5d 后法氏囊开始萎缩，8d 后仅为原来的 1/3 左右，此时法氏囊呈纺锤状；有些慢性病例，法氏囊的体积增大、囊壁变薄、囊内积存干酪样物，腺胃和肌胃交界处有条状出血，肾脏肿大苍白，呈花斑状，肾小管和输尿管有白色尿酸盐沉积。非典型性感染的死亡鸡常见法氏囊萎缩、扁平，囊腔内有干酪样物质，有时胸部和腿部肌肉有轻度出血，肾脏肿胀，有尿酸盐沉积。

鹧鸪的典型特征为腿肌与胸肌都出血，呈斑状或条纹状；肾脏肿大，有大量白色尿酸盐沉积；腺胃与肌胃交界处有出血点。病初腔上囊的体积和重量都增大，呈奶黄色，黏膜有出血，后期则萎缩，变为灰色。

【诊断】　根据突然发病、传播迅速、发病率高、有明显的高峰死亡和迅速康复的曲线、法氏囊水肿和出血等流行病学特点和病变的特征就可做出诊断。必要时可做病毒的分离鉴定、琼脂扩散试验和易感鸡感染试验。

1. 病毒分离鉴定　鸡群在发病后的 2～3d，法氏囊中的病毒含量最高，其次是脾脏和肾脏。取典型病鸡的法氏囊和脾脏磨碎后，加灭菌生理盐水做 1：10 稀释，离心取上清液加入抗生素作用 1h，经绒毛尿囊膜接种 9～12 日龄 SPF 鸡胚。接种后 3～5d 鸡胚死亡，胚胎水肿，头部和趾部充血并有小点出血，肝脏有斑驳状坏死。

2. 琼脂扩散试验　该法既可检测抗原，也可检测抗体，可用于流行病学调查和检测疫苗免疫后的 IBDV 抗体含量。但本方法不能区分血清型差异，主要检查群特异性抗原。IBD 变异毒株能诱发胚胎的肝脏坏死，脾脏肿大，不引起鸡胚死亡，可采用交叉中和试验加以区别。

3. 易感鸡感染试验　取病死鸡有典型病理变化的法氏囊磨碎制成悬液，滴鼻和口服感染 21～35 日龄易感鸡，感染后 48～72h 出现症状，死后剖检见法氏囊有特征性病理变化。

【鉴别诊断】　本病通常有急性肾炎，应注意与肾型传染性支气管炎鉴别。肾型传染性支气管炎的雏鸡常见肾脏肿大，输尿管扩张并沉积尿酸盐，有时见法氏囊充血和轻度出血，但法氏囊无黄色胶冻样水肿，耐过鸡的法氏囊不见萎缩，腺胃和肌胃交界处无出血。本病的肌肉出血，与鸡传染性贫血、缺硒、磺胺类药物中毒和真菌毒素引起的出血相似，但这些病都缺乏法氏囊肿大和出血的病变。本病的腺胃出血要与新城疫相区别，关键区别点是新城疫不具有法氏囊肿大、出血病变，并且多有呼吸困难和扭颈的神经症状。

本病有腹泻症状，应注意与雏鸡白痢、鸡球虫病相区别，雏鸡白痢发病日龄在 14～21 日龄，粪便呈浆糊状，肛门常有干石灰样粪便封堵，病死鸡常有肺炎和肝脏肿大、变性、坏死，抗菌药物治疗有效，这些都有别于 IBD；鸡球虫病多为血便，且用抗球虫药治疗有效。

【治疗】

1. 鸡传染性法氏囊病高免血清注射液　37 周龄鸡，每只肌内注射 0.4mL；大鸡酌加剂量；成鸡注射 0.6mL，注射一次即可，疗效显著。

2. 鸡传染性法氏囊病高免蛋黄注射液　鸡每公斤体重肌内注射 1mL，有较好的治疗作用。

3. 中药治疗　蒲公英 200g、大青叶 200g、板蓝根 200g、双花 100g、黄芩 100g、黄柏 100g、甘草 100g、藿香 50g、生石膏 50g。水煎 2 次，合并药汁得 3000～5000mL，为 300～500 羽鸡一天用量，每日一剂，每鸡每天 5～10mL，分 4 次灌服，连用 3～4d。为提高疗效，选用以上治疗方法的同时，应给予辅助治疗和一些特殊管理，如给予口服补液盐，每 100g 加水 6000mL，让鸡自由饮用 3d，可缓解鸡群脱水及电解质平衡问题；或以 0.1%～1% 小苏打水饮用 3d，可保护肾脏；如有细菌感染，投服对症的抗菌素，不能用磺胺类药物；降低饲料中蛋白质含量到 15%，维持一周，可以保护肾脏，防止尿酸盐沉积。

【预防】

1. 加强管理，搞好卫生消毒工作 防止从外边把病带入鸡场，一旦发生本病，及时处理病鸡，进行彻底消毒。可选用聚维酮碘快碘喷洒；下批进鸡前鸡舍用甲醛烟熏消毒，门前消毒池宜用复合酚溶液，每 2～3 周换一次，也可用癸甲溴铵清净农场，每周换一次。

2. 预防接种 预防接种是预防鸡传染性法氏囊病的一种有效措施。目前我国批准生产的疫苗有弱毒苗和灭活苗；进口有中等毒力活苗——派斯德 D78。

（1）低毒力株弱毒活疫苗：用于无母源抗体的雏鸡早期免疫，对有母源抗体的鸡免疫效果较差，可点眼、滴鼻、肌内注射或饮水免疫。

（2）中等毒力株弱毒活疫苗：供各种有母源抗体的鸡使用，可点眼、口服、注射、饮水免疫，D78 苗剂量不需要加倍。

（3）灭活疫苗：使用时应与鸡传染性法氏囊病活苗配套。鸡传染性法氏囊病免疫效果受免疫方法、免疫时间、疫苗选择、母源抗体等因素的影响，其中母源抗体是非常重要的因素。有条件的鸡场应依测定母源抗体水平的结果，制定相应的免疫程序。

三、传染性支气管炎
（infectious bronchitis，IB）

禽传染性支气管炎是由传染性支气管炎病毒引起的一种急性高度接触性呼吸道疾病，以气管啰音、咳嗽、打喷嚏，产蛋禽产蛋量减少和蛋品质下降为特征，常因呼吸道或肾脏感染而引起死亡。在特种珍禽养殖业，本病主要侵害乌骨鸡、鹧鸪、雉、鹌鹑等。

【病原】 本病病原为传染性支气管炎病毒（infectious bronchitis virus，IBV），属于冠状病毒科（Coronaviridae）冠状病毒属（*Coronavirus*）中的一个代表种。病毒颗粒具有多形性，但大多数倾向圆形或球形，直径为 90～200nm，有囊膜，囊膜表面有松散、均匀排列的花瓣样纤突，使整个病毒粒子呈皇冠状。本病毒基因组为单分子线状正链单股 RNA，基因组核酸在复制过程中易发生突变和高频重组，因此血清型众多，新的血清型和变异株不断出现，各型间仅有部分或完全没有交叉保护性，给传染性支气管炎的预防带来很大困难。病毒主要存在于病鸡的呼吸道渗出物中，肝、脾、肾、法氏囊和血液中也能发现病毒。在肾和法氏囊内停留的时间可能比在肺和气管中还要长。病毒能在 10～11 日龄的鸡胚中生长，又能在 15～18 日龄的鸡胚肾、肺、肝细胞培养上生长，也能在非洲绿猴细胞株中连续传代。

病毒的抵抗力弱，被包含于组织团块或骨块中的病毒，在外界存活的时间较长。大多数毒株在 56℃ 15min 失去活力，在低温下能长期保存。用低压冻干法保存，至少可存活 24 年。病毒对一般消毒药敏感，如 1% 来苏儿、0.01% 高锰酸钾、70% 乙醇、1% 福尔马林、2% 氢氧化钠溶液等，能在 3min 内杀死病毒。

本病主要通过空气传播，也可通过饲料、饮水、垫料等传播。饲养密度过大、过热、过冷、通风不良等可诱发本病。1 日龄雏禽感染时可使输卵管发生永久性损伤，致产蛋率下降。

【流行病学】

1. 传染源 病鸡和带毒鸡为本病的主要传染源。

2. 传播途径　　本病的主要传播方式是通过空气、飞沫经呼吸道感染，也可通过污染的蛋、饲料、饮水及饲养用具等经消化道传染。

3. 易感动物　　本病可发生于鸡、乌骨鸡、鹧鸪以及雏。在自然条件下，本病仅发生于鸡，各种年龄的鸡均发，但雏鸡最为严重，特别是以 10～21 日龄鸡易感。过热、严寒、拥挤、通风不良及维生素、矿物质和其他饲料供应不足，可成为本病的诱因。

4. 流行特征　　本病无季节性，传播迅速，几乎在同一时间内有接触史的易感鸡都发病。

【症状】　　本病的自然感染潜伏期为 36h 或更长，人工感染为 18～36h，分为呼吸型、肾型和腺胃型。

1. 呼吸型　　病鸡常看不到前驱期临诊症状，突然出现呼吸困难，迅速波及全群为本病特征。4 周龄以下的鸡常表现伸颈、张口呼吸、喷嚏、咳嗽、啰音、衰弱、精神不振、食欲减少、羽毛松乱、昏睡、翅膀下垂等，病鸡常挤在一起，借以保暖。个别鸡鼻窦肿胀，流黏性鼻汁，眼泪多，逐渐消瘦。康复鸡发育不良。5～6 周龄以上鸡，突出的临诊症状是啰音、气喘和微咳，并伴有减食、沉郁或下痢等临诊症状。成年鸡出现轻微的呼吸道症状，产蛋鸡产蛋量下降，并产软壳蛋、畸形蛋、"鸽子蛋"或粗壳蛋，蛋质量变劣，蛋白稀薄，呈水样，蛋黄和蛋白分离以及蛋白黏着于壳膜表面等。病程为 1～2 周，有的拖延至 3 周。雏鸡病死率可达 25%，6 周龄以上的鸡病死率很低。康复后的鸡具有免疫力，血清中的抗体至少有 1 年可被测出，其高峰期是在感染后 3 周前后。部分病鸡常归巢不产蛋，即"伪产蛋鸡"，出现生"假蛋"现象（输卵管发炎所致），此种情况见于孵出后几天内早期感染的鸡。

2. 肾型　　多发生于 2～4 周龄的鸡，呼吸道临诊症状轻微或不出现，或呼吸临诊症状消失后，病鸡极度沉郁，续排白色或水样下痢，迅速消瘦，饮水量增加。雏鸡病死率为 10%～30%，6 周龄以上的鸡病死率为 0.5%～1%。

3. 腺胃型　　主要是由于接种生物制品引起，水平传播不强，发病率为 30%～50%，病死率 30% 左右，病鸡临诊表现主要为发育停滞、腹泻、消瘦。

鹧鸪发病后表现伸头、张嘴呼吸、咳嗽、流鼻液、眼泪、面部浮肿，3 周龄及以上鹧鸪发病时气管出现呻音，伴有咳嗽和气喘。产蛋量下降，产软壳蛋、畸形蛋，蛋壳粗糙，蛋质变差，蛋白稀薄，呈水样。

鹌鹑发病后主要表现为呼吸功能障碍、打喷嚏、咳嗽、寒战、不吃不喝，最后衰竭死亡，很快波及全群，几乎 100% 鹌鹑发病，死亡率 40% 左右。

乌骨鸡发病后精神委顿，脱水，尿、粪液多，咳嗽，气喘有啰音，眼湿润，鼻有分泌物，个别鸡可见窦肿胀，6 周龄后或成年患病鸡的症状较轻。

【病理变化】

1. 呼吸型　　剖检发现主要病变是气管、支气管、鼻腔和窦内有浆液性、卡他性和干酪样渗出物；气囊混浊或含有黄色干酪样渗出物；在死亡鸡的气管后段或支气管中可能有一种干酪性的栓子；在大的支气管周围可见到小灶性肺炎。产蛋母鸡的腹腔内可以发现液状的卵黄物质，卵泡充血、出血、变形，输卵管呈节段不连续，或不发育如幼鸡般细小。

2. 肾型　　剖检主要病变是肾脏肿大出血，多数表面红白相间呈斑驳状的"花斑肾"，切开后有多量石灰渣样物流出；肾小管和输尿管因尿酸盐沉积而扩张。严重病例有白色尿酸盐沉积于其他组织器官表面。

3. 腺胃型　　剖检主要病变是腺胃显著肿大，胃壁增厚，胃黏膜水肿、充血、出血、坏死，肠道内黏液分泌增多，法氏囊、脾脏等免疫器官萎缩。

【诊断】 本病可根据流行病学特点、症状及病变做出现场初步诊断，但确诊需要进行实验室诊断，包括病毒的分离与鉴定、干扰试验、气管环培养和血清学诊断。

1. 病毒的分离与鉴定 无菌采取急性期的病鸡气管渗出物或肺组织，经尿囊腔接种于10～11日龄的鸡胚或气管组织培养物中。在鸡胚中连续传几代，则可使鸡胚呈规律性死亡，并能引起蜷曲胚、僵化胚、侏儒胚等一系列典型变化，发育受阻，胚体缩成小丸形，羊膜增厚，紧贴胚体，卵黄囊缩小，尿囊液增多等；也可收集尿囊液再经气管内接种易感鸡，如有本病病毒存在，被接种的鸡在18～36h后可出现临床症状，发生气管啰音。感染鸡胚尿囊液不凝集鸡红细胞，但经1%胰酶或磷脂酶C处理后，则具有血凝性，可以进行血凝（HA）和血凝抑制（HI）实验。

2. 干扰试验 IBV在鸡胚内可干扰NDV-B1株（即Ⅱ系苗）血凝素的产生，因此可利用这种方法对IBV进行诊断。取9～11日龄鸡胚10枚，分为2组，一组先尿囊腔接种被检IBV鸡胚液；另一组作为对照。10～18h后2组同时尿囊腔内接种NDV-B1株，孵化36～48h后，置鸡胚于4℃ 8h，取鸡胚液做HA。如果为IBV，则试验组鸡胚液有50%以上HA滴度在1∶20以下，对照组90%以上鸡胚液HA滴度在1∶40以上。

3. 气管环培养 利用18～20日龄鸡胚，取1mm厚气管环做旋转培养，37℃环境下培养24h，在倒置显微镜下可见气管环纤毛运动活泼。感染IBV，1～4d可见纤毛运动停止，继而上皮细胞脱落。此法可用做IBV分离、毒价滴定，若结合病毒中和试验则还可做血清分型。

4. 血清学诊断 酶联免疫吸附试验、免疫荧光及免疫扩散，一般用于群特异血清检测；而中和试验、血凝抑制试验一般可用于初期反应抗体的特异抗体检测。琼脂扩散沉淀试验用感染鸡胚的绒毛尿囊膜制备抗原，按常规方法测定血清抗体。

【鉴别诊断】 本病应与新城疫、传染性喉气管炎、传染性鼻炎等鉴别诊断。

新城疫呼吸道症状比本病更为严重，并出现神经症状和大批病禽死亡；传染性喉气管炎很少发生于幼雏，高度呼吸困难，气管分泌物中有带血的分泌物，气管黏膜出血和气管中有血凝块；传染性鼻炎的病禽，其脸部明显肿胀和流泪，用敏感的抗菌药物治疗有一定疗效。

肾型传染性支气管炎常与痛风容易相混淆，痛风一般无呼吸道症状，无传染性，且多与饲料配合不当有关，通过对饲料中蛋白质、钙、磷分析即可确定。

【治疗】 对传染性支气管炎目前尚无有效的治疗方法，人们常用中西医结合的对症疗法。由于实际生产中常并发细菌性疾病，故采用一些抗菌药物有时显得有效，如应用氯霉素、土霉素、复方泰乐菌素、红霉素、新诺明等药物。对肾病变型传染性支气管炎的病禽，有人采用口服补液盐、0.5%碳酸氢钠、维生素C等药物投喂可起到一定的效果。

中药采用止咳平喘的双花、连翘、板蓝根、甘草、杏仁、陈皮等中草药配合在一起治疗，有一定的效果。

【预防】 防控本病主要以疫苗免疫为主要手段。严格执行隔离、检疫等卫生防疫措施。禽舍要注意通风换气，防止拥挤，注意防寒保温，加强营养，补充维生素和矿物质饲料，增强鸡体抗病力的同时配合疫苗进行人工免疫。

1. 灭活苗 采用本地分离的病毒株制备灭活苗是一种很有效的方法，但由于生产条件的限制，目前未被广泛应用。

2. 弱毒苗 常用M_{41}型的弱毒苗如H_{120}、H_{52}及其灭活油剂苗。一般认为M_{41}型对其他型病毒有交叉免疫作用。H_{120}毒力较弱，对雏禽安全；H_{52}毒力较强，适用于 20 日龄以上禽类。一般免疫程序为 5～7 日龄首免用 H_{120}；25～30 日龄二免用 H_{52}；种禽于 120～140 日龄油苗做三免。使用弱毒苗应与 NDV 弱毒苗同时或间隔 10d 再进行 NDV 弱毒苗免疫，以免发生干扰作用。弱毒苗可采用点眼（鼻）、饮水和气雾免疫，油苗可做皮下注射。对肾型 ⅠB，弱毒苗有 Ma-5,1 日龄及 15 日龄各免疫 1 次，方法同上。此外，还有多价（2～3 个型毒株）灭活油剂苗，0.2～0.3mL/雏、0.5mL/成鸡皮下注射。新城疫、传染性支气管炎的二联苗由于存在传染性支气管炎病毒在鸡体内对新城疫病毒有干扰的问题，所以在理论和实践上对此种疫苗的使用价值存有争议，但由于使用较方便，并节省资金，故应用者也较多。

四、禽　痘
（fowl pox）

禽痘是由禽痘病毒引起禽类的一种急性、热性、接触性传染性疾病，分为皮肤型和黏膜型。皮肤型多为皮肤（尤以头部皮肤）的痘疹，继而结痂、脱落为特征；黏膜型可引起口腔和咽喉黏膜纤维素性坏死性炎症，常形成假膜，又名禽白喉，有的病禽两者可同时发生。特种珍禽养殖业中本病主要发生于乌骨鸡、火鸡、雉鸡、贵妇鸡、鹌鹑、鹧鸪、鸵鸟等。

【病原】　　本病病原为禽痘病毒（*Poxvirus avium*），为痘病毒科（Poxviridae）脊椎动物痘病毒亚科禽痘病毒属（*Avipoxvirus*）。禽痘病毒属的代表种为鸡痘病毒，成员还有金丝雀痘病毒、火鸡痘病毒、鸽痘病毒、鹊痘病毒、鹌痘病毒、麻雀痘病毒、鹦鹉痘病毒以及燕八哥痘病毒等。痘病毒为 DNA 病毒，有囊膜，病毒粒子多为砖状，大小约 250nm×250nm×200nm。禽痘病毒与本科其他属痘病毒之间无免疫学关系，而在本属各痘病毒之间存在不同程度的交叉保护作用。根据 DNA 相关性，禽痘病毒属各成员可进一步分为 3 个群，分别以鸡痘病毒、金丝雀痘病毒和鹦鹉痘病毒为代表。禽痘病毒大量存在于病禽的皮肤和黏膜病灶中，病毒对热抵抗力不强，55℃ 20min 或 37℃ 24h 丧失感染力。对冷及干燥有抵抗力，痘病毒的生理盐水悬液在 0℃下最少可保存 5 周以上，冷冻干燥可保存 3 年。在干燥痂皮中的病毒至少能存活几个月，在正常条件下的土壤中可生存几周。在 pH3 环境下，病毒可逐渐失去感染能力，直射日光或紫外线可导致病毒灭活。0.5% 福尔马林、3% 石炭酸、0.01% 碘溶液、3% 硫酸及 1% 盐酸都可在数分钟内使病毒失去感染力。

【流行病学】

1. 传染源　　病禽是主要的传染源。

2. 传播途径　　健禽与病禽接触可传播本病，脱落和碎散的痘痂是病毒散布的主要形式，主要通过皮肤或黏膜伤口感染。蚊子及体表寄生虫可传播本病，蚊子带毒时间可达 10～30d。

3. 易感动物　　家禽中以鸡的易感性最高，各种年龄、性别和品种的鸡都能感染，但以雏鸡和中雏最常发病，雏鸡死亡多；其次是火鸡，其他如鸭、鹅等家禽也能发生，但不严重。

4. 流行特征　　本病一年四季中都能发生，以春秋两季和蚊子活跃的季节最易流行。拥挤、通风不良、阴暗、潮湿、体表寄生虫、维生素缺乏和饲养管理恶劣，可促进本病发生并加重。一般在春季和秋初发生皮肤型禽痘较多，在秋季则以黏膜型（白喉型）禽痘为多。

【症状】　　本病的潜伏期 4～8d。在临诊上可分为皮肤型、黏膜型、混合型和败血型。

1. 皮肤型　　多发于身体无毛或毛稀少的部分，特别是在鸡冠、肉髯、眼睑和喙角，亦可出现在泄殖腔的周围、翼下、腹部及腿等处，出现灰白色的小结节，渐次成为红色小丘疹，很快增大如绿豆大痘疹，呈黄色或灰黄色，凹凸不平，呈干硬结节状突出皮肤表面。有时和邻近的痘疹互相融合，形成干燥、粗糙呈棕褐色的大疣状结节，使眼睑闭合。痂皮可以存留3~4周之久，以后逐渐脱落，遗留平滑灰白色瘢痕。本病一般无明显的全身症状，但病重的雏禽有精神萎靡、食欲消失、体重减轻等症状；产蛋禽则产蛋量显著减少或完全停产。

2. 黏膜型　　多发生于幼雏和中雏，死亡率高，幼雏死亡率可达50%。病初鼻腔流出浆液性或黏液性分泌物，随后可见口腔、咽喉等处黏膜发生痘疹，呈圆形黄色斑点，逐渐扩散成大片假膜，随后变厚而成为灰白色结节，强行剥离在局部会留下较深的鲜红色溃疡面。假膜若伸入喉部，可引起呼吸和吞咽困难，甚至造成窒息死亡。有时病变可蔓延到眼结膜，使结膜腔内充满脓性或纤维素性渗出物，眼睑肿胀，甚至可引起眼睛失明。由于本型可在咽喉部及上部气管处的黏膜表面形成灰白色假膜，故又名白喉。

3. 混合型　　即皮肤和黏膜同时受侵害，而所表现出上述两种类型共同的临诊特征，病情严重，死亡率高。

4. 败血型　　极少见，以严重的全身症状开始，继而发生肠炎，病禽多为迅速死亡或转为慢性腹泻死亡。

火鸡痘与鸡痘症状和病变相似，因增重受阻造成的损失比因病死亡大；产蛋火鸡呈现产蛋减少和受精率降低，病程2~3周，重者为6~8周。鸽痘的痘疹多发生于腿、脚、眼睑或近喙角基部，也可出现口疮（黏膜型）。金丝雀患痘，全身症状严重，常引起死亡。

【病理变化】　　本病的剖检变化主要限于上述所见的皮肤和黏膜，病毒侵入皮肤或黏膜后，首先在上皮细胞中繁殖，并引起细胞增生肿胀，而后形成结节。上皮细胞产生空泡变性和水肿。常因细菌的继发感染引起黏膜上皮细胞化脓和坏死，形成大量含有纤维蛋白复合物的假膜，病变可蔓延到气管、食道和肠。病毒血症一般发生在感染后2~5d。少数病例的病毒可随血液循环到达远处皮肤和黏膜中引起新的皮肤黏膜痘疹或者内脏病变。剖检时可见浆膜下出血、肺水肿和心包炎。在头部、上眼睑边缘、趾和腿上有时可出现痘疹。组织学变化是病变部位的上皮细胞内可发现胞质内包涵体。

【诊断】　　根据发病情况，病禽的冠、肉髯和其他无毛部分的结痂病灶，以及口腔和咽喉部的白喉样假膜也可做出初步诊断。确诊则有赖于实验室诊断，如鸡胚接种，分离病毒；接种易感鸡，出现痘肿或进行血清学检查。

【鉴别诊断】　　对单纯黏膜型禽痘易与传染性喉气管炎混淆，可采用病料接种鸡胚或人工感染健康易感鸡：取病料（一般用痘疹或其内容物或口腔中的假膜）做成1∶10的悬浮液，通过划破禽冠或肉髯、皮下注射等途径接种同种易感禽，接种后5~7d内出现典型的皮肤痘疹可确诊。另外，雏禽泛酸和生物素缺乏、维生素A缺乏也易与黏膜型禽痘病变相混淆。

【治疗】　　对病禽皮肤上的痘疹一般不需要治疗。如治疗时可先用1%高锰酸钾溶液冲洗痘疹，而后用镊子小心剥离，伤口用碘酊或龙胆紫消毒。口腔病灶可先用镊子剥去假膜，用0.1%高锰酸钾溶液冲洗，再涂碘甘油，或撒上冰硼散。眼部肿胀的病鸡，可先挤出干酪样物，然后用2%硼酸溶液冲洗，再滴入5%蛋白银溶液或氯霉素眼药水。除局部治疗外，每千克饲料加土霉素2g，连用5~7d，防止继发感染。

【预防】　　有计划地进行预防接种，这是防控本病的有效方法。我国目前有3种疫苗可用于防疫，即鸡痘鹌鹑化弱毒疫苗、鸡痘蛋白筋胶弱毒疫苗（鸡痘原）和鸽痘蛋白筋胶弱毒疫苗（鸽痘原），以鸡痘鹌鹑化弱毒疫苗最为常用。

一旦发生本病，应隔离病禽，轻者治疗，重者淘汰，死者深埋或焚烧，健群应紧急预防接种，污染场所要严格消毒。存在于皮肤病灶中的病毒对外界环境抵抗力很强，因此隔离的病禽应在完全康复后 2 个月方可合群。同时，加强饲养环境的灭蚊工作，加强笼具整修，避免损伤皮肤和黏膜从而造成感染。

五、鸭 瘟
（duck plague，DP）

鸭瘟又称鸭病毒性肠炎，是由鸭瘟病毒引起的常见于鸭、鹅等雁形目禽类的一种急性败血性和高度接触性传染病。典型的临诊特点是体温升高、流泪和部分病鸭头颈部肿大，两腿麻痹和排出绿色稀粪。病理特征可见食道和泄殖腔黏膜出血、水肿和坏死，并有黄褐色伪膜覆盖或溃疡，肝脏灰白色坏死点。本病的特征是流行广泛、传播迅速、发病率和病死率高，是目前对世界范围水禽危害最为严重的疫病之一。在特种珍禽中主要发生于番鸭。

【病原】 本病病原为鸭瘟病毒（duck plague virus）。鸭瘟病毒学名为鸭疱疹病毒 I 型（duck herpes virus I），系疱疹病毒科（Herpesviridae）甲型疱疹病毒亚科（Alphaherpesvirinae）马立克病毒属（Mardivirus）的成员，具有疱疹病毒的典型形态结构。病毒核酸型为 DNA，有囊膜，病毒粒子呈球形或椭圆形，直径 80～160mm，成熟病毒粒子可达 300nm。在感染细胞制备的超薄切片中，电镜下可见细胞核内病毒粒子为 90nm，胞质内病毒粒子为 160nm。病毒在病鸭体内分散于各种器官、血液、分泌物和排泄物中，以肝、肺、脑含毒量最高。本病毒对禽类和哺乳动物的红细胞没有凝集现象，毒株间在毒力上有差异，但免疫原性相似。病毒能在 9～12 胚龄的鸭胚绒毛尿囊上生长，初次分离时，多数鸭胚在接种后 5～9d 死亡，继代后可提前在 4～6d 死亡。死亡的鸭胚全身呈现水肿、出血、绒毛尿囊膜有灰白色坏死点，肝脏有坏死灶。此病毒也能适应于鹅胚，但不能直接适应于鸡胚，只有在鸭胚或鹅胚中继代后，再转入鸡胚中，才能生长繁殖并致死鸡胚。此外病毒还能在鸭胚、鹅胚和鸡胚成纤维单层细胞上生长，并可引起细胞病变，最初几代病变不明显，但继代几次后，可在接种后 24～40h 出现明显病变，细胞透明度下降，胞质颗粒增多、浓缩，细胞变圆，最后脱落。据报告，有时还可在胞核内看到嗜酸性颗粒状包涵体。经鸡胚或细胞连续传代到一定代次后，可减弱病毒对鸭的致病力，但保持有免疫原性，所以可用此法研制鸭瘟弱毒疫苗。

本病毒对乙醚、氯仿敏感，37℃下经胰蛋白酶、胰凝乳蛋白酶及脂肪酶处理 18h 可使本病毒部分失活或完全失活。本病毒对外界环境抵抗力强，50℃ 90～120min、56℃ 30min、60℃ 15min、80℃ 5min 均可破坏病毒的感染性；在 22℃ 条件下其感染力可维持 30d。在 pH5.0～9.0 环境中较稳定，经 6h 毒力不降低；在 pH3.0 或 1.0 环境下很快被灭活。

【流行病学】

1. 传染源 鸭瘟康复鸭可成为带毒鸭，周期性向外排毒，致家鸭和野生禽类鸭瘟暴发。

2. 传播途径 水是本病从感染禽传播到易感禽的重要自然传播媒介。本病自然感染情况下的传播途径主要是消化道，其次可通过交配、眼结膜、呼吸道、泄殖腔和损伤的皮肤传播。某些野生水禽感染病毒后可成为传播本病的自然疫源和媒介，节肢动物（如吸血昆虫）也可能是本病的传染媒介。调运病鸭可造成疫情扩散。

3. 易感动物 本病主要发生于鸭，对不同年龄、性别和品种的鸭都有易感性。以番鸭、麻鸭易感性较高，北京鸭次之。人工感染时小鸭较大鸭易感，自然感染多见于大鸭，尤其是产蛋母鸭，这可能由于大鸭常放养，有较多机会接触病原所致。鹅也能感染发病，但很少流行。鸭瘟可通过病禽与易感禽接触而直接传染，也可通过与污染环境接触而间接传染。

4. 流行特征 本病一年四季均可发生，以春、秋季流行较严重。鸭瘟传入易感鸭群后，3～7d 开始出现零星病鸭，经 3～5d 后陆续出现大批病鸭，疾病进入流行发展期和流行盛期。鸭群整个流行过程一般为 2～6 周。如鸭群中有免疫鸭或耐过鸭，可延至 2～3 个月或更长。

【症状】 本病自然感染的潜伏期 2～5d，人工感染的潜伏期为 2～4d，有时甚至不到 1d。病初体温急剧升高，达 43～44℃以上，持续不退，呈稽留热，体温升高并稽留至中后期是本病非常明确的发病特征之一。病鸭精神沉郁，头颈缩起，离群独处；羽毛松乱，翅膀下垂；饮欲增加，食欲减退或废绝；两腿发软，麻痹无力，行动迟缓或伏坐不动，强行驱赶时常以双翅扑地行走，此时病鸭不愿下水，若强迫其下水，则漂浮水面并挣扎回岸；腹泻，排出绿色或灰白色稀粪，有腥臭味，泄殖腔周围的羽毛被玷污或结块；肛门肿胀，严重者黏膜外翻，黏膜面有黄绿色的伪膜且不易剥离，翻开肛门可见泄殖腔黏膜充血、出血及水肿，膜上有绿色伪膜，剥离后可留下溃疡。

部分病鸭头部肿大，触之有波动感，所以本病又称"大头瘟""肿头瘟"。病鸭眼有分泌物，初为浆液性，眼睑周围羽毛湿润，后变为脓性，常造成眼睑粘连；眼结膜充血、水肿，甚至形成小溃疡，部分外翻；初期鼻中流稀薄分泌物，后期流黏稠分泌物；呼吸困难，并发生鼻塞音，叫声嘶哑，部分病鸭有咳嗽，倒提病鸭时从口腔流出污褐色液体；病的后期体温降至常温以下，体质衰竭，不久死亡。

本病一般呈急性经过，有的病例甚至可在泄殖腔发现外形完整而未来得及产出的鸭蛋，少数病例呈亚急性过程，拖延数天，部分转为慢性经过。急性病例病程一般为 2～5d，致死率在 90% 以上；少数病例转为慢性，表现消瘦，生长发育不良。亚急性病例病程 6～10d，病死率达 90% 以上，也有不到 1% 的，少数病例转为慢性，呈现消瘦、生长发育不良，产蛋减少并因采食困难而引起死亡，病程可达 2 周以上。产蛋鸭群的产蛋量减少，甚至停产。病鸭的红细胞和白细胞均减少，感染发病后 24～36h，血清白蛋白显著降低，β 和 γ 球蛋白有不同程度的上升，在临死前 24h 上升幅度尤为明显。

鹅感染鸭瘟的临诊症状一般与病鸭相似。特征为头颈羽毛松乱，脚软，行动缓慢或卧地不行；食欲减少甚至废绝，但饮水较多；体温升高，流眼泪，眼结膜充血、出血，严重的出现眼周水肿和脱毛现象；个别病鹅下颌水肿，鼻孔有大量分泌物，咳嗽，呼吸困难，肛门水肿，排黄白色或淡绿色黏液状粪便；神经症状表现为角弓反张，原地旋转；少数患病公鹅生殖器官突出，有的病鹅倒提时从口中流出绿色恶臭液体，病程为 2～3d，病死率达 90% 以上。

【病理变化】 剖检可见败血病的病理变化，皮肤黏膜和浆膜出血，头颈皮下胶样浸润，口腔黏膜有淡黄色的假膜覆盖，剥落后可见出血性溃疡。典型症状为食道黏膜纵行固膜条斑和小出血点，肠黏膜出血、充血，以十二指肠和直肠最为严重；泄殖腔黏膜坏死，结痂；产蛋鸭卵泡增大，发生充血和出血；肝脏有小出血点和坏死；胆囊肿大，充满浓稠墨绿色胆汁；部分病例脾有坏死点；肾肿大，有小出血点；胸、腹腔的黏膜均有黄色胶样浸润液。2 月龄以下鸭肠道浆膜面常见 4 条环状出血带。产蛋母鸭剖检还可见卵巢充血、出血，卵泡膜出血，腹膜炎，输卵管黏膜充血、出血。雏鸭法氏囊呈深红色，表面有针尖大小的坏死灶，囊腔充满白色的凝固性渗出物。

鹅感染鸭瘟的病变与鸭相似，主要表现在肝脏和消化器官，肝脏以出血和坏死为特征，消化道表现为充血、出血和伪膜性坏死。

【诊断】 可以根据流行病学、特征症状和病理变化等做出现场初步诊断。实验室确诊需进行如下检查：病毒的分离一般采用急性发病期或死亡后病鸭的血液、肝脏、脾脏或肾脏作为分离病毒的检样，一般采用9～14日龄鸭胚，通过尿囊膜途径接种，分离病毒。鸭胚在接种后4～10d死亡，胚体有典型出血病变，若初次分离为阴性，可将收获尿囊膜盲传3代。肝脏和脑是病原学诊断的最佳取材部位，可用PCR、中和试验鉴定分离到的病毒。其他实验室方法中和试验、琼脂凝胶扩散试验、酶联免疫吸附试验（ELISA）、反向间接血凝试验、斑点酶联免疫吸附试验、PCR等方法可用于本病的特异性诊断。

【鉴别诊断】 临诊上应注意鸭瘟与鸭霍乱相鉴别。鸭霍乱一般发病急，病程短，除鸭、鹅外，其他家禽也能感染发病，头颈不肿胀，食道和泄殖腔黏膜无假膜，发病率及病死率较鸭瘟低，可见肝脏表面、脾脏表面有多量白色坏死点、心肌和心冠脂肪出血、肠道出血；取病鸭或病死鸭的心血和肝脏做抹片，经瑞氏染色镜检，可见到两极着色的巴氏杆菌，应用磺胺类药和抗生素有很好疗效，而对鸭瘟没有效果。

【治疗】 本病目前尚无有效的治疗方法。鸭群发病时，对健康鸭群或疑似感染鸭，应立即采取鸭瘟疫苗3～4倍量紧急接种；对病鸭，每只肌内注射鸭瘟高免血清鸭毒抗0.5mL或聚肌胞0.5～1mL，每3d注射1次，连用2～3次，进行早期治疗；也可用盐酸吗啉胍可溶性粉或恩诺沙星可溶性粉拌水混饮，每天1～2次，连用3～5d，但不应用于产蛋鸭，肉用鸭售前应停药8d。病鸭一律宰杀并深埋处理，彻底消毒。

【预防】 防控本病主要依赖于平时的预防措施。防控应从消除传染源、切断传播途径和对易感水禽进行免疫接种等方面着手。

1. 消除传染源 不从疫区引进种鸭、鸭苗或种蛋，引种时经过检疫后才能引进，隔离饲养，观察2周后方可合群。

2. 切断传播途径 避免接触可能污染的各种用具、物品和运载工具、防止健康鸭到鸭瘟流行地区和有野生水禽出没的水域放牧。严格卫生消毒制度，对鸭舍、运动场、饲养管理用具等保持清洁卫生，定期用10%石灰乳和5%漂白粉消毒。

3. 免疫接种 免疫母鸭可使雏鸭产生被动免疫，但13日龄雏鸭体内母源抗体迅速消失。对受威胁的鸭群可用鸡胚适应鸭瘟弱毒疫苗进行免疫。20日龄雏鸭开始首免，每只鸭肌内注射0.2mL，5个月后再免疫接种一次即可，种鸭每年接种2次，产蛋鸭在停产期接种，一般在1周内产生坚强的免疫力。3月龄以上鸭肌内注射1mL，免疫期可达1年。

六、鸭病毒性肝炎
（duck virus hepatitis，DVH）

鸭病毒性肝炎是雏番鸭一种急性致死性传染病。该病的特征是发病急，传播迅速，死亡率高。临诊表现角弓反张，病理变化为肝炎与出血。本病在特种珍禽养殖业中主要侵害番鸭。

【病原】 鸭病毒性肝炎致病病原包括3个病毒科的4种病毒：分别为甲型鸭肝炎病毒（duck hepatitis A virus，DHAV）、鸭星形病毒1型（duck astrovirus 1，DAstV-1）、鸭星形病

2 型（duck astrovirus 2，DAstV-2）和鸭乙型肝炎病毒（duck hepatitis B virus，DHBV）。狭义上的鸭病毒性肝炎特指由 DHAV 引起的，该病病原分类上属小 RNA 病毒科（Picornaviridae）肠道病毒属（*Enterovirus*）。甲型鸭肝炎病毒分为 3 个基因型：经典基因型（DHAV-1），仅在我国台湾地区分离的基因型（DHAV-2），以及在韩国和我国分离鉴定的基因型（DHAV-3）。根据中和试验，将 DHAV 分为三种血清型，分别对应三种基因型。成熟病毒粒子大小为 20～40nm，病毒对氯仿、乙醚、胰蛋白酶和 pH3.0 均有抵抗力。在 56℃加热 60min 仍可存活，加热到 62℃ 30min 即被灭活。病毒对消毒剂有明显抵抗力，2% 来苏儿 37℃ 60min，1% 福尔马林 37℃ 8h 均不能保证完全灭活。病毒在污染的鸭舍中可存活 10 周以上，湿粪中存活 5 周以上。

【流行病学】

1. 传染源　　病鸭和带毒鸭是主要传染源，主要通过消化道和呼吸道感染。

2. 传播途径　　病毒随病鸭的分泌物和排泄物排出，雏鸭主要经消化道和呼吸道感染。病后康复鸭不再发生感染，但可随粪便排毒 1～2 个月。

3. 易感动物　　本病多发生于 4～20 日龄雏鸭，3～4d 内死亡。自然暴发仅见于雏番鸭，成年鸭即使在污染环境中也不见临诊症状，产蛋率不受影响。鸡和鹅不能自然发病。

4. 流行特征　　本病一年四季都有发生，流行季节取决于育雏时间。雏番鸭发病率可达 100%，死亡率为 20%～100%。幼龄雏番鸭死亡率高，4 周龄以上雏番鸭发病率与死亡率均低。饲养管理不良，缺乏维生素和矿物质，鸭舍潮湿、拥挤，可促使本病发生。我国鸭群中流行毒株为 DHAV-1 型和 DHAV-3 型，2012 年以前，DHAV-1 为主要流行毒株，随着 DHAV-1 减毒活疫苗毒株的广泛使用。2013 年以后主要流行毒株发生改变，以 DHAV-3 型为主。

【症状】　　本病自然感染潜伏期仅为 18～24h，也有长达 5d 的。病鸭发病初期精神沉郁、厌食、眼半闭，呈昏睡状，以头触地，不久即转为神经症状，运动失调，身体倒向一侧，两脚痉挛性后蹬，全身抽搐，仰脖，头弯向背部；有的在地上旋转，抽搐 10min 至几小时后死亡，死时大多头向背部后仰，呈角弓反张姿态。

【病理变化】　　在最急性病例仅可见到败血症的变化，表现为各组织器官出血。急性病例的主要病变见于肝脏，肝肿大，呈黄红色花斑状，表面有出血点和出血斑；胆囊肿大，充满胆汁；脾脏有时肿大，外观有类似肝脏的花斑；多数肾脏充血、肿胀；心肌如煮熟状，部分病例有心包炎、气囊中有微黄色渗出液和纤维素絮片。显微镜下观察，肝细胞在感染初期呈空泡化，后期则出现病灶性坏死，中枢神经系统可能有血管套现象；脾肿大，呈斑驳状；肾肿胀，血管明显，呈暗紫色树枝状。

【诊断】　　本病型多见于 20 日龄内雏鸭群，发病急、传播快、病程短、出现典型神经症状、肝脏严重出血等特征，均有助于初步判断。现场诊断的主要依据是流行病学特征（如自然条件下发生于雏鸭等），典型临诊症状（如神经症状、角弓反张等）和典型大体解剖病变（如肝脏肿大和出血斑点）等。值得注意的是，近年来临床上在较大日龄鸭群或已作免疫接种的鸭群发生本病时，病例常缺乏典型病理变化，仅见肝肿大、淤血，表面有末梢毛细血管扩张破裂而无严重的斑点状出血，易造成误诊、漏诊，必须经病原分离与鉴定确诊。

病毒分离鉴定，需无菌采集雏鸭肝脏，制成悬液，经尿囊腔接种 8～10 日龄鸭胚或 10～14 日龄鸭胚，观察死亡情况；然后收集尿囊液作为待鉴定材料（此法也可同时设立阳性血清中和肝脏悬液对病料进行初步鉴定）。其他实验室方法包括中和试验、雏鸭血清保护试验、间接 ELISA、琼脂扩散试验、荧光抗体技术、斑点酶联免疫吸附试验、免疫组织化学法、RT-PCR 等可用于本病的特异诊断。

【鉴别诊断】 临诊上本病应注意与煤气中毒、番鸭细小病毒感染、鸭浆膜炎、雏鸭副伤寒、曲霉菌病及药物中毒等相区别。

1. 雏鸭煤气（一氧化碳）中毒 多发生于烧煤取暖而通风不良的鸭舍，主要表现雏鸭大批量死亡，离取暖炉越近死亡越多，剖检可见血液凝固不良、鲜红。

2. 番鸭细小病毒感染 主要病变为胰脏有针尖大小的白色坏死点，十二指肠出血，肝脏病变一般不明显。

3. 鸭浆膜炎 多发生于 2～6 周龄的鸭，病鸭眼、鼻分泌物增加，眼周围羽毛黏湿，运动失调，全身颤抖，排绿色稀粪，主要病变是纤维素性心包炎、纤维素性肝周炎和纤维素性气囊炎，心包内充有黄白色絮状物和淡黄色渗出液。

4. 雏鸭副伤寒 多发生于 2 周龄内的雏鸭，主要表现严重腹泻，浆液性或脓性结膜炎，常突然倒地死亡，主要病变是心外膜和心包膜炎症，肝脏肿大，表面有大小不一的黄白色坏死灶，十二指肠发生严重的卡他性炎症。

5. 曲霉菌病 多发生于梅雨季节，主要表现为呼吸困难、呼吸次数增加，主要病变部位是气囊或肺有黄色针头大至米粒大的结节，结节硬度似橡皮样，有时胸腔内有霉菌菌落。

6. 药物中毒 肝脏一般不出现明显的出血点和出血斑，可能表现为肝脏淤血，肠黏膜充血和出血，确诊需要进行回溯性调查和饲养对比试验。

【治疗】 在鸭场暴发鸭病毒性肝炎时，除了采取一些预防传播的紧急防控措施外，如果能对病鸭及时治疗，将可减少甚至阻止病鸭死亡的发生，减少经济损失。目前能用于治疗 DVH 的有康复鸭血清、高免血清和卵黄抗体等，鸭场发病后可用于早期治疗和阻止未发病鸭感染。如果抗体效价高，治疗及时则效果极佳。刚出孵的 1～3 日龄雏鸭使用高免卵黄抗体皮下注射 1～3mL，可预防鸭病毒性肝炎的发生。

【预防】 我国现在防控雏鸭病毒性肝炎的主要技术手段是对种鸭免疫，使下一代雏鸭获得被动保护，以及对刚孵出雏鸭注射高免抗体，实践证明这些措施是有效和可行的。

1. 种鸭免疫 种鸭产蛋前 2 周用弱毒疫苗免疫一次，5 个月内可使雏鸭获得免疫；在 DVH 流行严重地区，在种鸭产蛋前 2～3 周进行 2 次（间隔 7d）弱毒疫苗免疫，免疫 4～5 个月后，种鸭产蛋高峰期开始下降时，再用弱毒疫苗免疫一次，使雏鸭获得较高的母源抗体水平。发病严重鸭场，如无其他措施（如没有弱毒疫苗等），可用本场分离的 DHV 强毒毒株灭活后全群接种，第 1 次接种后间隔 2 周加强免疫 1 次，再经过 2 周即可获得具有高度免疫力的种蛋。这种方法只适用于发病严重的鸭场使用，同时应采取措施防止病毒扩散。发病较严重的地区，可在 1 日龄时使用弱毒疫苗口服接种，使雏鸭产生的主动抗体的上升能够弥补母源抗体的下降，从而防止 DVH 的发生。

2. 雏鸭免疫 没有母源抗体的雏鸭在 1 日龄时用弱毒疫苗进行皮下注射或口服，经 2d 产生抗体，5d 达到高峰，此后略有下降，一直维持到 8 周龄；有母源抗体的 1 日龄雏鸭可改用口服途径进行免疫，已经证明 DHV 弱毒活苗饮水免疫与皮下注射效果相似，其中母源抗体对注射活毒有中和作用，对口服免疫效果影响很小。

七、番鸭细小病毒病
（muscovy duck parvovirus disease，MDPD）

番鸭细小病毒病，俗称"三周病"，是由番鸭细小病毒引起番鸭的一种急性或亚急性传染病。本病主要侵害 3 周龄以内雏番鸭，临诊上主要以传染快、发病率高、病死率高、喘气、消瘦、拒食、蹲伏、腹泻、十二指肠内容物呈松散栓子状、软脚、胰腺出现大量白色坏死点和肠炎等为特征。目前本病已成为危害番鸭业的主要病毒性传染病之一。

【病原】 本病病原是番鸭细小病毒（muscovy duck parvovirus，MDP），为细小病毒科细小病毒属的一个新成员。病毒粒子呈球形，直径为 20～24nm，二十面体对称，无囊膜。

番鸭细小病毒只有一个血清型，与鹅细小病毒（GPV）在抗原性上既相关又有一定差异，而与病毒无抗原相关性。本病毒在番鸭鸭胚、鹅胚中以及番鸭胚成纤维单层细胞上生长良好，并分别引起胚体死亡和细胞病变。自然感染病（死）番鸭的胰脏、肝脏、脾脏、肾脏、肠内容物等均含有大量病毒。本病毒对氯仿、乙醚、胰酶不敏感，无血凝活性。对酸和热等有较强的抵抗力，经 60℃水浴处理 120min、65℃ 60min 和 70℃ 15min 处理，其毒力无明显变化，但本病毒对紫外线照射敏感。

【流行病学】
1. 传染源 本病主要通过水平传播。患病雏番鸭、康复带毒雏番鸭以及隐性感染的青年番鸭和成年番鸭为本病的主要传染源。

2. 传播途径 病鸭通过排泄物（特别是粪便）排出大量病毒，污染的水源、饲料、运输工具及工作人员等均可造成本病传播。种蛋蛋壳被污染后可将病毒传给刚出壳雏鸭导致本病暴发。

3. 易感动物 自然条件下，雏番鸭是唯一的易感动物，而麻鸭、半番鸭、北京鸭、樱桃谷鸭、鹅、鸡和哺乳类动物未见自然感染发病病例，即使与病番鸭混养或人工接种病毒也不出现临诊症状。

4. 流行特征 本病发生无明显季节性，但是由于冬春气温低，育雏室空气流通不畅，空气中氨和二氧化碳浓度较高，故发病率和死亡率亦较高。

【症状】 本病的潜伏期为 3～9d，病程 2～8d，病程的长短与发病番鸭的日龄密切相关。根据病程长短可分为急性型和亚急性型两种。

1. 急性型 主要见于 5～14 日龄雏番鸭，病程较短，一般为 2～4d。病鸭表现为精神沉郁、厌食、喜蹲伏、一过性呼吸困难（张口呼吸）、排灰白色或绿色稀粪，并黏附于肛门周围。急性型雏鸭的发病率和病死率都很高。

2. 亚急性型 多见于发病日龄较大的雏鸭，临诊症状与急性型相近，但病程较长，多为 5～9d，病死率较低，患病后期病鸭角弓反张及腿部瘫痪，生长发育迟缓，多转为僵鸭。

【病理变化】 剖检特征性肉眼病变为胰腺苍白，局部充血，胰腺表面有针尖大小的灰白色坏死点；心脏色泽苍白，心肌松软；肠黏膜有不同程度的充血和出血，呈卡他性炎症，尤以十二指肠、空肠和回肠病变为甚；多数病例在小肠的中段和下段，特别是在靠近卵黄柄和回盲部的肠段外观变得极度膨大，呈淡灰白色，形如香肠状，手触肠段质地很坚实，从膨大部与不肿胀的肠段连接处可以很明显地看到肠道被阻塞的现象，膨大的肠段有的病例仅有 1 处，有的病例有 2～3 处，每段膨大部长短不一；胆囊臌胀；脑壳、脑组织充血。

组织学检查可见心肌血管充血，肝小叶间血管充血，肝细胞局灶性脂肪变性，肺血管充血、肺泡扩张，肾小管上皮细胞变性，胰腺呈局灶性坏死，脑神经胶质细胞增生。

【诊断】　本病根据流行病学、临诊症状和病理变化可以做出初步诊断，但确诊必须依赖于病毒分离鉴定和血清学试验。

1. 病毒分离鉴定　该法是确定本病最可靠的方法。取感染鸭肝脏、脾脏、胰腺等脏器无菌处理后，经尿囊腔途径接种9～14日龄番鸭胚或番鸭胚成纤维细胞单层分离病毒，然后采用特异性的阳性血清或单克隆抗体进行鉴定。

2. 血清学试验　目前国内建立了乳胶凝集试验、荧光抗体技术、酶联免疫吸附试验、琼脂扩散试验以及核酸探针技术等用于本病的检测，其中以乳胶凝集试验最为实用，该法具有操作简便、敏感特异、检测速度快等特点。

【鉴别诊断】　本病易与雏番鸭小鹅瘟混淆。雏番鸭小鹅瘟是鹅细小病毒引起4～20日龄雏番鸭的一种高度接触性和致死性急性传染病，其发病率和病死率比雏番鸭细小病毒病高，有时病死率几乎达100%。临诊表现的主要特征是扭颈、抽搐和水样腹泻，一般不表现呼吸困难。特征性剖检病变为肠黏膜出血、坏死、脱落，肠道内形成腊肠样栓子，堵塞肠道。

【治疗】　发生本病时，应及时隔离消毒以防止散毒，对感染早期的病鸭紧急接种高免卵黄抗体或高免血清，每羽肌内注射1mL，一般均可获得较好的治疗效果。发病后期的病鸭应及时扑杀、销毁。有些饲养场采用中西疗法配合，取得良好效果。采用黄连解毒汤加减：板蓝根800g、白头翁500g、黄连800g、黄柏500g、山栀子500g、黄芩800g、金银花200g、地榆200g、穿心莲500g、甘草200g，每剂两次煎汁70～80kg，浓缩药液至40～50kg，供1500只3周龄番鸭自由饮用，每日1剂。服药期间适当减少供水量，重症不能自饮的病鸭用注射器灌服，每只番鸭3～5mL，7～8h喂1次。采用上述中医治疗的同时，给已感染发病的番鸭注射1次抗番鸭细小病毒鸭血清，每只番鸭0.8mL。病情严重番鸭每只注射1mL，用药4h后，再注射银黄注射液1mL，每日2次，连用3d。

【预防】　避免从疫区引进雏鸭或种蛋，种蛋、孵化设备和出雏过程应及时消毒，用0.1%新洁尔灭或用50%百毒杀3000倍稀释液洗涤、消毒、晾干，防止雏鸭的早期感染。除此之外，疫区和受本病威胁的地区应积极做好疫苗的免疫接种工作。

种番鸭接种番鸭细小病毒弱毒疫苗是防控本病的一种有效而实用的方法。种番鸭于开产前1个月左右皮下或肌内注射雏番鸭细小病毒弱毒疫苗，开产前10～15d以油佐剂灭活苗再次免疫，第2次免疫后15d到4个月内的种番鸭后代在出生10日龄内能够抵抗本病毒的自然感染，但通常需要在10～12日龄时注射本病的高免蛋黄抗体才能保护雏鸭度过危险期。对无母源抗体的雏番鸭，1日龄接种弱毒疫苗，部分雏鸭经过3d即可产生中和抗体，7d左右95%以上的雏鸭便可获得有效的免疫保护力，而且可以维持较长时间。

八、马立克病
（Marek's disease，MD）

马立克病是由疱疹病毒引起的最常见的一种鸡淋巴组织增生性疾病，以外周神经、性腺、虹膜、各种内脏器官、肌肉和皮肤单核细胞性浸润并形成肿瘤为特征。本病常引起病禽急性死亡、消瘦或肢体麻痹，传染性极强，在经济上造成巨大损失。本病在特种珍禽养殖业主要发生于乌骨鸡、鹌鹑、鹧鸪以及雉等。

【病原】　本病病原为马立克病病毒（Marek's disease virus，MDV），学名禽疱疹病毒2型（*Gallid alphaherpesvirus* 2），属于疱疹病毒科（Herpesviridae）α- 疱疹病毒亚科（Alphaherpesvirinae）马立克病毒属（*Mardivirus*）成员，是鸡的重要的传染病病原，具有致肿瘤特性。马立克病病毒是细胞结合性疱疹病毒，靶细胞为 T 淋巴细胞。成熟病毒粒子由囊膜、皮层、衣壳和核心组成，衣壳呈二十面体对称。病毒基因组为线状双股 DNA，基因组全长约 180kb。MDV 在细胞培养上呈严格的细胞结合性。MDV 可分为 3 个血清型，一般所说马立克病病毒系指致肿瘤的血清 1 型；2 型为非致瘤毒株；3 型为火鸡疱疹病毒（HVT），可致火鸡产蛋率下降，对鸡无致病性。由于 HVT 与 MDV 基因组 DNA 高度同源，故常用做疫苗进行预防接种。病毒对鸡及鹌鹑有致病性，对其他禽类无致病性。病毒能在刚孵出的幼雏、组织培养和发育鸡胚中生长繁殖，也能在鸡肾细胞和鸭胚成纤维细胞的培养物中繁殖，常产生疏散的灶状病变。病毒对温度的抵抗力不强，22～25℃经 4d，37℃经 18h，50℃经30min，60℃经 10min 丧失感染力。在 -65℃冰冻状态下，不降低其滴度。

【流行病学】

1. 传染源　病鸡和带毒鸡是传染源，尤其是这类鸡的羽毛囊上皮内存在大量完整的病毒，随皮肤代谢脱落后污染环境，成为在自然条件下最主要的传染源。

2. 传播途径　本病主要通过空气传染，经呼吸道进入体内，污染的饲料、饮水和人员也可带毒传播。孵房污染能使刚出壳雏鸡的感染性明显增加。

3. 易感动物　鸡是主要的 MD 自然宿主。鹌鹑、火鸡和山鸡可发生自然感染 MD，但不出现临床症状。乌鸡（竹丝鸡）也可自然感染，而且易感性强，死亡率很高。火鸡经人工接种 MDV 病毒后可产生淋巴瘤，但还没有证明它是 MDV 的自然宿主。

4. 流行特征　主要发病于 2～5 月龄鸡，2～18 周龄鸡均可发病，母鸡比公鸡易感。来航鸡抵抗力较强，肉鸡抵抗力低。

【症状】　本病是一种肿瘤性疾病，潜伏期较长，多数以 8～9 周龄鸡发病严重，种鸡和产蛋鸡常在 16～20 周龄出现临诊症状，少数情况下，直至 24～30 周龄发病。按病变发生的主要部位和临诊症状，将本病分为以下 4 型。

1. 神经型　病毒主要侵害周围神经。当坐骨神经受到侵害时，最早看到的症状为运动失调，步态不稳，甚至完全麻痹，不能行走，蹲伏地上，或一腿伸向前方，另一腿伸向后方，呈 "大劈叉" 的特征性姿势。当臂神经受侵害时，病侧翅膀下垂；控制颈肌的神经受到侵害时，可导致头部下垂或头颈歪斜。迷走神经受侵害时，引起失声、嗉囊麻痹或扩张以及呼吸困难。腹神经受侵害时，常有腹泄症状。由于运动障碍易被发现，因此病鸡运动失调，步态异常是最早看到的症状。

2. 内脏型　本型多呈急性暴发。本型的特征是一种或多种内脏器官及性腺发生肿瘤。病鸡起初无明显症状，呈进行性消瘦，冠髯萎缩、颜色变淡、无光泽，羽毛脏乱，后期精神委顿，极度消瘦，最后衰竭死亡。

3. 眼型　出现于单眼或双眼，视力减退或消失，表现为虹膜褪色，呈同心环状或斑点状至弥漫的灰白色，俗称 "鱼眼"。瞳孔边缘不整齐，呈锯齿状，而且瞳孔逐渐缩小，到严重阶段，瞳孔只剩下一个针尖大小的孔，不能随外界光线强弱而调节大小，病眼视力丧失。

4. 皮肤型　肿瘤多发生于翅膀、颈部、尾部上方及大腿皮肤，表现为羽毛囊肿大并以羽毛囊为中心，在皮肤上形成淡白色小结节或瘤状物。特别是在脱毛的鸡体上最易看出。

【病理变化】 神经型病例最常见病变以外周神经病变为主，坐骨神经丛、腹腔神经丛、前肠系膜神经丛、臂神经丛、内脏大神经最常见。受害神经横纹消失，呈灰白色或黄白色，有时呈水肿样外观，局部弥漫性增粗可达正常2～3倍。病变常为单侧性，将两侧神经对比有助于诊断。

1. 内脏型 常见于卵巢，其次为肾脏、脾脏、肝脏、心脏、肺脏、胰脏、肠系膜、腺胃和肠道，肌肉和皮肤也可见到病变。在上述器官和组织中可见大小不等的肿瘤块，灰白色，质地坚硬而致密，有时肿瘤呈弥漫性，使整个器官变得很大。内脏的眼观变化很难与禽白血病等其他肿瘤相区别。法氏囊的病变常为萎缩，有时因滤泡间肿瘤细胞分布呈弥漫性增厚，但不会形成结节状肿瘤，肿瘤组织细胞为T细胞，这是本病与鸡淋巴白血病的重要区别。

2. 眼型 虹膜和睫状肌的单核细胞浸润，有时出现骨髓样变细胞。病变部的浸润细胞常为多种细胞的混合物，其中有小淋巴细胞、中淋巴细胞、浆细胞及淋巴母细胞。

3. 皮肤型 主要表现为皮肤毛囊肿大，毛囊周围组织有大量单核细胞浸润，真皮内出现血管周围淋巴细胞、浆细胞等增生，严重病例病灶可呈疥癣样，表面有淡褐色的结痂形成，即所谓瘤皮症，有时可见到较大的肿瘤结节或硬结。

【诊断】 马立克病病毒是高度接触性传染性的，在商品鸡群中普遍存在，但在感染鸡中仅有一小部分表现出症状。此外，接种疫苗的鸡虽能得到保护不发生马立克病，但仍能感染MDV病毒。故是否感染MDV不能作为诊断马立克病的标准，必须根据疾病特异的流行病学、临诊症状、病理变化和肿瘤标记做出诊断，血清学和病毒学方法主要用于鸡群感染情况的检测。本病确诊必须采取病鸡的周围神经（如坐骨神经）做组织切片检查。此外，如有条件可用琼脂扩散沉淀反应试验、荧光抗体试验和间接血球凝集试验等血清学方法诊断。

【鉴别诊断】 本病需注意与鸡淋巴细胞性白血病相区别，鉴别要点见表3-4-1。

表 3-4-1 马立克病与淋巴细胞性白血病鉴别要点

鉴别要点	马立克病	淋巴细胞性白血病
发病周龄	常发于4～18周龄	一般发生于18周龄以上
瘫痪或轻瘫	经常出现	无
神经肿大	经常出现	无
法氏囊	萎缩	结节状肿大
皮肤、肌肉肿瘤	可能有	无
消化道肿瘤	常有	无
性腺肿瘤	常有	很少
虹膜混浊	经常出现	无
肝脾肿瘤	经常出现	一般呈结节状膨胀增生
出现肿瘤细胞的种类	主要是T淋巴细胞	主要是B淋巴细胞

【预防】 本病目前尚无有效疗法，可采取以下途径预防。

疫苗接种是防控本病的关键。本病疫苗株主要有3种：人工致弱的1型MDV（如CVI988）、自然不致瘤的2型MDV（如SB1、Z4）和3型MDV（HVT）（如FC126）。多价疫苗主要由2型和3型或1型和3型病毒组成。1型毒和2型毒只能制成细胞结合疫苗，需在液氮条件下保存。由超强毒株引起的MD，用1型CVI988疫苗和2，3型毒组成的双价疫苗或 1，2，3 型毒组成的三价疫苗可以控制。2 型和 3 型毒之间存在显著的免疫协同作用。由他们组成的双价疫苗免疫效率比单价疫苗免疫效率显著提高。

防止出雏室和育雏室早期感染的综合性防控措施对提高免疫效果、减少损失起重要作用。要始终坚持做好防疫工作，加强检疫，发现病鸡立即隔离、淘汰；对育雏阶段的幼鸡须与成年鸡分开饲养。本病病禽羽毛带毒多，注意处理。无害化处理病死鸡，鸡舍、孵化器和其他用具要彻底清扫并用福尔马林熏蒸消毒。培育生产性能好的抗病品系鸡，是未来防控马立克病的重要方面。

九、禽脑脊髓炎
（avian encephalomyelitis，AE）

禽脑脊髓炎，又称为流行性震颤，是禽脑脊髓炎病毒引起鸡的一种急性、高度接触性传染病。本病主要侵害雏鸡的中枢神经，典型症状是共济失调和头颈震颤，主要病变为非化脓性脑脊髓炎。成年鸡感染后可出现产蛋率和孵化率下降，并能通过垂直感染和水平感染使疫情不断蔓延。在特种珍禽养殖业中，本病主要发生于乌骨鸡、火鸡、雉、鹌鹑等。

【病原】　本病病原为禽脑脊髓炎病毒（avian encephalomyelitis virus，AEV），属于微 RNA 病毒科（Picornaviridae）肠道病毒属（Enterovirus）的成员。病毒颗粒无囊膜，直径 27nm，二十面体对称，外表光滑呈球形。本病毒只有 1 个血清型，但毒株毒力有较大差异。禽脑脊髓炎病毒各毒株大都为嗜肠性，但有些毒株是嗜神经性的，此种病毒株对鸡的致病性较强。当家禽被感染后，病毒自粪便中排出，且可存活至少 4 周。病毒能在无免疫性母鸡所产的卵的鸡胚脑部和卵黄囊中增殖，也可在神经胶质细胞、鸡胚肾细胞、鸡胚成纤维细胞和鸡胚胰细胞等细胞培养物上生长繁殖，但对鸡胚是非致死性的。鹌鹑、火鸡及雉也能致脑脊髓炎，但比较温和，其他禽类可人工感染。本病毒可抵抗氯仿、酸、胰酶、胃蛋白酶和 DNA 酶，在二价镁离子保护下可抵抗热效应，56℃ 1h 稳定。

【流行病学】

1．传染源　病禽通过粪便排出病原，污染饲料、饮水、用具、人员。病原在外界环境中存活时间较长。

2．传播途径　在传播方式上，本病以垂直传播为主，也能通过接触进行水平传播。

3．易感动物　本病自然感染见于鸡、雉鸡、鹌鹑和火鸡，各个日龄均可感染，但一般雏禽（以 1～4 周龄多发）才有明显症状。脑内接种途径在鸡复制禽脑脊髓炎时最恒定。皮下、皮内、腹腔内、静脉内、肌内、口内和鼻内等接种途径也可建立感染。

4．流行特征　本病流行无明显的季节性，一年四季均可发生，以冬春季稍多。

【症状】　经胚感染本病的雏鸡潜伏期为 1～7d，经接触或经口感染的小鸡，最短的潜伏期为 11d。因此，一般认为出壳后 1～7 日龄出现症状者系病毒垂直感染所致，11～16 日龄表现症状者系水平传播所致。本病主要见于 4 周龄以内的雏鸡，极少数到 7 周龄左右才发病。一般的发病率是 40%～60%，死亡率平均为 25%，亦可超过 50%。

病雏初期表现为精神沉郁、反应迟钝，驱赶时行走不协调、摇晃或向前猛冲后倒下，逐渐运动共济失调，以跗关节或胫部行走。病雏病初采食和饮水正常，随着病情的加重而站立不稳，双腿紧缩于腹下或向外叉开，头颈震颤，共济失调或完全瘫痪。部分病鸡还出现易惊、斜视，头颈偏向一侧等症状。病雏发病后 2～6d 死亡，有的可延续十几天。耐过病鸡常发生单侧或双侧眼晶状体混浊，变成蓝色而失明。1 月龄以上的鸡群感染后，一般无明显临诊症状。产蛋鸡感染 1～2 周内的产蛋率有轻度下降，降幅为 10%～20%，其后可逐渐恢复。

【病理变化】　　病死雏鸡剖检可见肌胃有细小的灰白区。部分病例的脑组织变软，有不同程度淤血，或在大小脑表面有针尖大出血点。病理组织学变化常见于中枢神经系统、腺胃、肌胃和胰腺等，周围神经一般不受侵害，中枢神经出现以胶质细胞增生为特征的弥漫性非化脓性脑脊髓炎和背根神经炎，尤其在大脑视叶、小脑、延脑、脊髓中易见到以淋巴细胞渗出为主的血管套。

【诊断】　　根据疾病多发生于 4 周龄以下雏鸡，无明显肉眼病理变化（偶见小脑水肿），以共济失调和头颈震颤为主要症状，药物防治无效，种鸡曾出现一过性产蛋率下降等流行病学、临诊症状和病理变化资料等，即可做出初步诊断。确诊需进行实验室诊断，包括病毒分离与鉴定、病理组织学检查、中和试验、荧光抗体试验、ELISA 试验、琼脂扩散试验等。

1. 病毒的分离与鉴定　　将出现临床症状雏鸡的脑组织悬液通过脑内接种 1 日龄敏感雏鸡，在接种后 1～4 周内出现典型症状和病变；也可将脑组织悬液经卵黄囊途径接种 6 日龄 SPF 鸡胚，继续孵化至 18 日龄收毒，连续传几代至鸡胚出现明显病变。对分离到的病毒可进一步做理化特性和生物学特性鉴定。

2. 血清学试验　　常用的方法有琼脂扩散试验和 ELISA，前者可利用已知 AEV 抗原检查血清中的抗体，方法简便迅速、结果稳定、特异性强；后者可用于大批量血清抗体的检查，已有商品化试剂盒出售。此外，也可用荧光抗体染色进行组织病料的抗原检测。

【鉴别诊断】　　禽脑脊髓炎在症状或组织学变化上易与新城疫、维生素 B_1 缺乏症、维生素 B_2 缺乏症、维生素 E 和微量元素硒缺乏症等相混淆，注意鉴别诊断。

1. 雏鸡新城疫　　常有呼吸困难，呼吸啰音，剖检时见喉头、气管、肠道出血，这些均与禽脑脊髓炎不同。

2. 雏鸡维生素 B_1 缺乏症　　主要表现为头颈扭曲，角弓反张等症状，肌内注射维生素 B_1 后大多能康复。

3. 雏鸡维生素 B_2 缺乏症　　主要表现为绒毛卷曲、肢爪向内侧屈曲、关节肿胀和跛行，在添加大剂量维生素 B_2 后，轻症病例可以恢复，大群中不再出现新的病例。

4. 维生素 E 和微量元素硒缺乏症　　也有头颈扭曲、前冲、后退、转圈运动等神经症状，但发病多在 3～6 周龄，有时可发现胸腹部皮下有紫蓝色胶冻状液体。

【预防】　　本病尚无药物治疗，主要是做好预防工作，不到发病鸡场引进种蛋或种鸡，做好消毒及环境卫生工作。种鸡群在生长期接种疫苗，保证其在性成熟后不被感染，以防止病毒通过蛋源传播，是防控禽脑脊髓炎的有效措施。母源抗体可在 2～3 周内保护雏鸡不受禽脑脊髓炎接触感染。疫苗接种也可防止蛋鸡群感染禽脑脊髓炎所引起的暂时性产蛋率下降。

目前用于免疫接种的疫苗有两类：一类是致弱的活病毒疫苗，应在 14～18 周龄经饮水或点眼、滴鼻方式免疫，使母鸡在开产前便获得免疫力；另一类是灭活油乳剂疫苗，一般在开产前 1 个月经肌内注射接种；也可在 10～12 周龄接种弱毒苗，在开产前一个月再接种灭活苗，均具有很好的防制效果。

（原冬伟）

第四章 特种动物细菌性疾病

第一节 共患性细菌性传染病

一、炭疽病
（anthrax）

炭疽（anthrax）是由炭疽杆菌（*Bacillus anthracis*）引起的人和各种家畜、经济动物、野生动物共患的一种急性、热性、败血性传染病。本病多为散发或地方性流行，病变特征是脾脏极度肿大，从口、鼻、肛门、阴道等天然孔流出凝固不全的黑红色煤焦油样血液，皮下和浆膜下胶冻样浸润。该病被 OIE 列为必须报告的动物疫病，被我国列为二类动物疫病。本病分布广泛，多呈散发，可感染多种动物，毛皮动物中水貂、貉、狐等都有不同程度的易感性，常发展为急性败血症而死亡。

【病原】 炭疽杆菌属于芽孢杆菌科（Bacillaceae）芽孢杆菌属（*Bacillus*）中的成员。该菌是一种两端平齐的大杆菌，长 3.0～10.0μm，宽 1.0～3.0μm。外有肥厚的荚膜，成分为 D-谷氨酸，是构成毒力的因素之一。在自然界中能形成由十个至数十个菌体相连的长链。在病料检样中多散在或 2～3 个短链排列，在培养基中则形成较长的链条。活体染色时菌体两端呈圆形，在染色的干燥标本上成方形，有时突出如"I"字形。本菌无鞭毛，不能运动，革兰染色阳性，为需氧或兼性厌氧菌。对营养要求不严格，一般培养基中即可生长，最适生长温度为 30～37℃，在 14～44℃也能生长，最适 pH7.2～7.6。普通琼脂培养基上培养 18～24h，生成扁平、灰白色、不透明、干燥、边缘不齐的火焰状大菌落，低倍镜观察菌落边缘呈卷发状，此时无荚膜，但形成不膨出菌体的中央芽孢。

炭疽杆菌繁殖体对外界理化因素抵抗力不强，与一般非芽孢菌相似，60℃ 30～60min 即被杀死。夏季时，存在于未被解剖尸体内的繁殖型炭疽杆菌经 24～96h 腐败作用可完全死亡。60℃ 30～50min、75℃ 2～15min、煮沸 2～5min 均可灭活。常用消毒药在短时间内即可将其杀死。但炭疽杆菌芽孢在干燥状态下可生存 20 年以上，养殖场一旦被污染，传染性可保持 30～50 年。在泥土中经 24d 仍能找到有发芽能力的芽孢存在，煮沸 10min 后仍有部分存活，干热 150℃可存活 30～60min，湿热 120℃ 40min 可将其杀死。在 5% 的石炭酸中可存活 20～40d。炭疽杆菌芽孢可在动物、尸体及其污染的环境中存活多年。

目前在生产实践中常用的消毒剂为 20% 漂白粉和 0.5% 过氧乙酸溶液。此外，本菌对青霉素、先锋霉素、卡那霉素、四环素、金霉素、多西环素及磺胺类药物均敏感。

【流行病学】

1. 传染源 患兽是传染源，炭疽杆菌主要存在于患兽和尸体各器官、组织、血液中。

2. 传播途径 炭疽杆菌经过消化道、呼吸道、皮肤黏膜或昆虫叮咬等多种途径感染传播，但主要是采食污染的饲料、牧草、饮水或食用未经严格处理的患兽尸体等。貂、狐、貉等毛皮动物发病主要是由于饲喂了污染的马、牛、羊肉类饲料引起的。

3. 易感动物 经济动物中鹿、水貂、紫貂、兔和海狸鼠、麝鼠相对易感；银黑狐、北极狐钝感；貉对炭疽杆菌有较强的抵抗力。一般情况下，特种珍禽类对炭疽杆菌有很强的抵抗力，极少有发病的报道。

4. 流行特征　　本病一般呈散发，但是洪水、地震等自然灾害后，吸血昆虫大量繁殖等都可以促进炭疽呈地方性流行。此外，从疫区购入毛皮、骨粉等也会引起本病的流行。

【症状】　　本病潜伏期 1～3d。

1. 鹿　　本病流行初期，往往不表现任何临床症状，突然倒地，全身痉挛，呼吸急促，瞳孔散大，口流黄水，于数分钟内死亡。

2. 水貂　　多呈最急性和急性经过，病程 20min 至 3h，病貂体温升高，呼吸频数，步伐蹒跚，渴欲增强，食欲废绝，血尿和腹泻，粪便内混有血块和气泡，常从肛门和鼻孔流出血样泡沫，并出现咳嗽、呼吸困难、抽搐、咽喉水肿，有时扩散于头颈部、胸下、四肢及躯干。

3. 紫貂　　表现为超急性经过，无任何临床表现，进食后突然死亡。

4. 银黑狐、北极狐和貉　　病程长，一般为 1～2 个昼夜。除上述毛皮动物临床表现外，主要为喉部水肿，由颈部向头、四肢和躯干蔓延，几乎全部以死亡告终，极少有康复者。

5. 食肉兽　　常表现为厌食、口、唇、舌发炎、肿胀，咽喉水肿，呼吸困难，体表局部肿胀发炎。食肉兽通常表现为肠胃道的变化，如严重的胃肠炎和咽炎等症状，也可能在唇、舌等处黏膜发生痈性肿胀，但多数能恢复，很少死亡。

【病理变化】　　当怀疑患兽死于炭疽时，禁止解剖。死于炭疽的动物主要变现为败血症变化，常有天然孔出血，血液呈煤焦油状，不易凝固；可视黏膜发绀，尸僵不全，尸体腐败迅速；头、咽喉、颈部及胸前、腹下等部位皮下组织胶样浸润，呈黄红色胶冻状，有的水肿或胶样浸润扩散到肌肉深层；咽下淋巴结肿胀、充血、出血；喉部肿胀多见于银黑狐和北极狐，水貂、紫貂和海狸鼠比较少见；可见机体各部结缔组织中，有浆液性渗出以及出血，皮下组织有黄色胶样浸润和出血，在浆膜下的疏松结缔组织中，特别是在纵隔、肠系膜、肾脏周围等处水肿和出血；脾脏呈显著的急性肿大，增至 2～5 倍，被膜紧张、易破裂，脾髓质呈暗红色，质软如泥，脾小梁或脾小体模糊不清，也有的呈局限性肿胀、软化及出血；淋巴结肿大，呈黑红色，切面湿润呈樱桃红色，并有出血点，尤以胶样浸润部位以及附近的淋巴结更为明显；肝及肾充血、肿胀，质软易碎；心肌呈灰红色和松软状态，心内膜下出血；体腔内含有暗红色液体，血液凝固不良；小肠黏膜或黏膜下层充血、肿胀。

【诊断】　　炭疽诊断方法较多，常将临床诊断、细菌学检查和血清学检查结合进行确诊。

1. 临床诊断　　炭疽是一种较复杂的疾病。由于被感染动物种类不同和个体差异而表现多样，易与某些疾病相混淆，另有一些最急性疾病往往缺乏临床症状，需结合流行病学特点、患兽临床症状以及剖检确定，然而怀疑死于炭疽的尸体剖检只能在特定情况下及不致扩大污染的条件下方可进行，如特定解剖室或埋葬坑旁。一般来说，由于原因不明而突然死亡或临床上出现可视黏膜发绀、高热、病情发展急剧及死后天然孔出血的病例，都应首先怀疑为炭疽。

2. 实验室诊断

（1）细菌学检查：镜检病料需选择患兽死前的静脉血、水肿液或血便，也可选择新鲜尸体的脾脏、淋巴结以及肾脏抹片，自然干燥，用福尔马林龙胆紫染色（吉姆萨染色或碱性美蓝染色），菌体呈深紫色，荚膜呈淡紫色，形成单个大杆菌或 2～4 个大杆菌组成的短链，即可确诊。陈旧腐败病料中炭疽杆菌会迅速崩解，无镜检意义。

（2）分离培养：取新鲜病料直接接种于普通琼脂和血液琼脂平板上培养。若病料已经被污染，应先制成悬液，在 70℃水浴中加热 30min 杀死非芽孢菌后，再接种于普通琼脂或肉汤中进行培养，根据菌落形态特征加以鉴定。

（3）鉴别试验：根据培养形状，选取可疑菌落用以下方法鉴别：

1）噬菌体裂解试验：将分离菌株涂布在琼脂平板上，涂菌中心部滴加 γ- 噬菌体，置于 37℃培养 8h 后观察，如滴加噬菌体部位出现噬菌斑，即证明所分离的细菌为炭疽杆菌。

2）串珠试验：炭疽杆菌在适当浓度青霉素溶液作用下，菌体肿大形成串珠，此反应为炭疽杆菌特有，可用此法与其他需氧芽孢杆菌相鉴别。取培养 4～12h 的肉汤培养物 3 管，其中 2 管各加入每毫升含 5U 和 10U 青霉素溶液 0.5mL（最终浓度含 0.5 和 1.0U）混匀，另一管加生理盐水 0.5mL，作为对照。置 37℃孵育 1～4h（过久，串珠继续肿胀，易破裂），取出加入 20% 福尔马林溶液 0.5mL，固定 10min 后涂片镜检，找到典型串珠状者可确诊。

3）荚膜形成试验：将分离菌接种于 0.2% 活性炭末、0.7% 碳酸氢钠血清琼脂平板上，在 25%CO_2 环境中，37℃培养 16～22h 后，如长有圆形、整齐、光滑及显著黏稠的菌落，即可认为是产生了宽厚荚膜的炭疽强毒菌株；如菌落为黏液 - 粗糙型，则是形成了部分荚膜的炭疽弱毒菌株；如为粗糙菌落，则属于无毒菌株。

（4）动物试验：一般常用小鼠或豚鼠，将病料或培养物用生理盐水制成 10 倍乳剂，给试验动物皮下注射。若病料中含有炭疽杆菌时，则于 12h 后注射部位发生水肿，动物经 2～3d 因败血症死亡。剖检采取病料进行涂片镜检、分离培养和鉴定。

（5）血清学检查

1）沉淀反应：将被检血液或研磨的脏器，用生理盐水稀释 5～10 倍，煮沸 15～20min，取浸出液用中性石棉滤过，用毛细管吸取透明滤液，慢慢重积于装入小试管内的沉淀素血清上 1～5min，若接触面出现清晰的白色沉淀环则为阳性。

2）间接凝集反应：本法是利用吸附炭疽血清的炭粉或乳胶的诊断液，去查找标本中是否有炭疽杆菌存在的一种血清学方法。检查时，将待检标本液滴于玻璃板上，再加炭粉诊断血清或乳胶诊断血清，充分混匀后，静置室温下，在 5min 内判定结果。如系炭凝集反应，检验滴中的碳粉呈颗粒状凝集，液滴透明，即为阳性结果；若炭粉呈浓厚的墨汁状团集，且振摇不散，即为阴性反应。如系乳胶凝集反应，检验滴的乳胶被凝集，像白色粉末飘浮在透明的液滴中，即为阳性反应；若乳胶仍呈均匀的奶汁状，即为阴性反应。

3）荧光抗体技术：将病料涂片、干燥、固定后用炭疽荚膜荧光抗体染色，再用荧光显微镜观察，炭疽杆菌荚膜呈明亮黄绿色的荧光。

（6）分子生物学方法检查

1）聚合酶链反应（PCR）：根据炭疽杆菌毒素质粒 pX01 和荚膜质粒 pX02 特异序列设计引物建立的 PCR 方法，可以用于检测炭疽杆菌强毒菌株。

2）基因探针：用炭疽杆菌保护性抗原（PA）基因制备的基因探针可以用来检测炭疽芽孢杆菌强毒菌株，其特异性强、敏感度高。

【鉴别诊断】 最急性和急性型炭疽常与巴氏杆菌病及恶性水肿相类似，应当注意鉴别：

1. 巴氏杆菌病 在血液及实质脏器中可检出两端着色的巴氏杆菌，Ascoli 沉淀反应阴性。

2. 恶性水肿 为创伤感染，触摸其肿胀有凉感，以后呈迅速向四周扩散的气性肿胀，触诊有捻发音，细菌检查为两端钝圆的大杆菌，新鲜病料中也有芽孢出现。

【治疗】 对患兽早期发现和确诊，进行及时治疗，大多数急性和亚急性病例可以治愈。

1. 血清疗法 抗炭疽血清为治疗炭疽的特效生物制剂。如早期应用，可于用后 6h 高温下降，12h 后完全康复；6h 高温仍不降，重复应用一次。皮下注射治疗剂量：水貂及紫貂，成年兽 10～15mL，幼兽 5～10mL；银黑狐、北极狐及貉，成年兽 20～30mL，幼狐 10～15mL。

2. 药物治疗 首选青霉素，肌内注射。水貂和紫貂每次肌内注射 11 万～20 万 U；狐、貉每次肌内注射 30 万～40 万 U，每日 3 次。土霉素、链霉素、金霉素、多西环素及磺胺类药物亦有良效。如采用几种抗菌药物或抗菌药物与抗炭疽血清联合应用，疗效更优越。

【预防】 每年应定期进行炭疽疫苗预防接种，尤其是对炭疽常在地区的毛皮动物和鹿要坚决贯彻执行。目前国内现用的菌苗主要有 3 种：巴氏苗、Sterne 芽孢苗和 PA 佐剂苗。对于疫情控制，我们首先要控制传染源。当确诊为炭疽后，立即进行严格封锁，一并将疫情向上级报告。对所有动物作临床诊断，患兽和可疑患兽隔离治疗，尽快查明疫情，划定疫区。

（1）将兽舍及其有关的地方，以含有效氯 5% 的漂白粉液、10% 烧碱彻底消毒。患兽的粪便、垫草要焚烧，被污染的泥土用漂白粉消毒后，铲除上边一层，再垫上新土。

（2）对患兽群全群测温，发现体温升高的可疑患兽，以抗炭疽血清注射，1～2 周后再注以炭疽芽孢苗。对其他假定健康动物进行全面炭疽芽孢苗预防接种，逐日观察至 2 周。

（3）对患兽所能到达的地方和可能接触的用具进行彻底消毒，对患兽的分泌物、排泄物等要妥善处理。尸体最好采用焚烧销毁或深埋，严禁解剖。

此外，还要保护易感动物，加强饲养管理。对控制区内的易感动物要进行定期免疫接种，对受威胁地区的动物要定期检疫。

二、大肠埃希菌病
（colibacillosis）

大肠埃希菌病是由致病性大肠埃希菌引起的各种动物的疾病，其病型复杂多样，但一般来说是初生动物的一种急性肠道传染病的总称。特种动物中的狐、貉、貂、兔、鹿、麝和特种野禽都很易感，以发生败血症、腹泻、赤痢样症候群及毒血症等为特征。成年动物除可发生乳房炎及子宫内膜炎外，一般对大肠埃希菌有抵抗力。

【病原】 本菌为革兰染色阴性无芽孢的直杆菌，长 0.4～0.7μm，宽 2～3μm，两端钝圆，散在或成对，个别呈短链存在。大多数菌株以周身鞭毛运动，但也有无鞭毛或丢失鞭毛的无动力变异株。一般均有 L 型菌毛，少数菌株兼具性菌毛。除少数菌株外，通常无可见荚膜，但常有微荚膜。碱性染料对本菌有良好着色性，菌体两端偶尔略深染。

大肠埃希菌抗原构造及血清型极复杂。抗原主要由菌体抗原（O 抗原）、荚膜抗原（K 抗原）和鞭毛抗原（H 抗原）组成，此外还有菌毛抗原（F 抗原）。O 抗原为多糖 - 类脂 - 蛋白质复合物，即内毒素。已确定的大肠埃希菌 O 抗原有 173 种，K 抗原有 80 种，H 抗原有 56 种。从水貂、银狐等毛皮动物分离的致病性菌型有 O_3、O_{20}、O_{26}、O_{55}、O_{111}、O_{119}、O_{124}、O_{125}、O_{127}、O_{128}。在鹿中分离的大肠埃希菌血清型为：O_3、O_7、O_9、O_{21}、O_{77}、O_{88}、O_{128}、O_{142}。在野禽中分离的大肠埃希菌血清型为：O_1、O_{11}、O_{18}、O_{26}、O_{88}。自然界中的大肠埃希菌血清型十分庞杂，但与人和动物疾病有关的血清型数量较少。有 K 抗原的细菌不能被 O 血清凝集，并有吞噬能力，毒力较强。根据抗原结构的不同，将致病性大肠埃希菌分为若干群和型。血清型与致病性有密切关系，有些血清型只能引起一种动物发病，另一些血清型则能引起多种动物发病，对毛皮动物则在有条件时出现致病性。

本菌的抵抗力不强，对一般消毒药如漂白粉、石炭酸等均很敏感。大肠埃希菌对热的抵抗力较强，55℃ 60min 或 60℃ 15min 一般不能杀死所有的菌体，但 60℃ 30min 则能将其全部杀死。在潮湿温暖的环境中能存活近 1 个月，在寒冷干燥的环境中生存时间更长，自然界水中的该菌能存活数周至数月，对消毒剂的抵抗力不强，常规浓度在短时间内即可将其杀灭。本菌的培养物在室温下可存活数周，密闭室温下保存于黑暗处至少可存活 1 年，菌种培养物加 10% 甘油在 −80℃ 下可保存数年，冻干后置于 −20℃ 能存活 10 年。

【流行病学】

1. 传染源　带菌的动物和污染的饲料、饮水是本病的传染源。

2. 传播途径　粪便污染的水体是重要的传播媒介。带菌动物通过粪便、尿液等排泄物，将病原体排出体外。带菌动物的粪便以及所有被粪便污染的舍、栏、圈、笼、垫草、饲料、饮水、管理人员的靴鞋、服装等均能传播本病，带菌动物的肉尸亦可传播本病。此外，本病常自发感染，毛皮动物的正常机体即有大肠埃希菌存在，当机体抵抗力降低，肠道菌群失调等诱发因素存在时，大肠埃希菌即可迅速繁殖，毒力不断增强，而引起动物发病。

3. 易感动物　大肠埃希菌病的分布极广泛，凡是有饲养经济动物及动物家禽的国家和地区均常发生。本病菌常感染 10～30 日龄动物，也可致生后 12～18h 的新生动物发病。自然条件下，10 日龄以内银黑狐和北极狐最易感，1 月龄左右的仔貂及当年幼貂易发，成年貂较少发病。本病感染范围较广，所有温血动物均可发生本病。已见报道感染大肠埃希菌病的野生哺乳动物包括犬、狐狸、水貂、毛丝鼠、鹿、刺猬、犀牛、大熊猫、大象、东北虎、华南虎、雪豹、眼镜熊、海豹、猞猁等。其中毛皮动物水貂、北极狐、银狐主要发生于断乳前后的幼兽，鹿、兔和特禽中的珍珠鸡、乌骨鸡、鹌鹑、鹧鸪、野鸭等都对大肠埃希菌比较易感，同样都是幼龄动物易感性比成年动物高。

4. 流行特征　在自然条件下，10 日龄以内的银黑狐和北极狐最易感。据统计，1～5 日龄仔兽患大肠埃希菌病死亡的占 50.8%，6～10 日龄的仔兽患本病的很少。

【症状】　大肠埃希菌在多种经济动物中可引起局部或全身性疾病，包括急性、致死性败血症，肠炎和脓肿等。在哺乳动物中，常表现为未出现腹泻症状即发生死亡的急性肠炎，有时表现为急性败血症。大肠埃希菌病表现为食欲废绝、体温升高和渐进性沉郁，有时并发肺炎、脑膜炎和关节炎；肠炎型病初排黄白色粥样便，逐渐变稀，灰白色，便中带血，如不治疗1～3d 脱水而死，个别可自愈；中毒型症状不明显，死亡率较高，濒死前常现神经症状。

自然感染本病，潜伏期变动很大，其潜伏期长短取决于动物的抵抗力、大肠埃希菌的数量和毒力，以及动物的饲养管理条件。北极狐和银黑狐的潜伏期一般为 2～10d。

1. 水貂、狐大肠埃希菌病　毛皮动物幼兽主要表现为腹泻。早期常表现不安，被毛蓬乱，常被粪便污染，肛门部被毛污染尤为严重。当轻微按压腹部时，常从肛门排出黏稠度不均匀的黄绿色、绿色、褐色或淡黄白色的液状粪便，严重者可排血便，黏稠度不一，常可见未消化完全的乳块，间或混有血液，还发现有气泡和黏液。年龄较大的毛皮动物症状发展较为缓慢，食欲减退，逐渐消瘦，活动减少，持续性腹泻，粪便颜色为黄色、灰白色或暗

图 4-1-1　貂腹泻脱水死亡

灰色，常伴有黏液状粪块。严重病例排便失禁，患兽虚弱，眼窝下陷，背拱起，步态摇晃，被毛蓬乱而无光泽（图 4-1-1）。

此外，多重耐药大肠埃希菌所引起的肠道外感染也多见，主要表现为肾炎、排尿困难或膀胱积尿。而脑炎型动物，如仔狐常表现沉郁或兴奋，食欲尚存，但寻找食物的能力下降。患兽额部被毛蓬松，头盖骨异常突出，容积增大，后期出现共济失调，反应迟钝，四肢不全麻痹，有的呈持续性痉挛或昏迷状态。妊娠母兽患病时，常发生大批流产和死胎。

在患兽出现上述症状 1～2d 后，在小室内不出来活动，而母兽常把患兽叼出，放在笼网上。当下痢停止时，患兽常表现有神经症状。

2. 特禽大肠埃希菌病　患禽除败血症和肠炎外，还可出现纤维素性渗出物或肉芽肿病灶、腹膜炎、输卵管炎、气囊炎、化脓性关节炎。急性病例可能无临床表现或表现不明显而突然死亡，但有时可见患禽精神沉郁，羽毛松乱，食欲减退或废绝，嗜饮；鼻分泌物增多，气囊发炎，经常伸颈张口呼吸；结膜发炎，病眼失明；腹泻，排黄白或黄绿色稀便，很快消瘦；关节发炎，脚麻痹，难以站立；水禽还发生大肠埃希菌性生殖器感染，临床表现为精神沉郁，行动迟缓，蹲伏于地，全身肌肉颤抖，勉强下水，不愿游动。

3. 兔大肠埃希菌病　病兔（如獭兔等）以水样或胶胨样粪便和严重脱水为特征，潜伏期 4～6d，其症状以下痢、流涎为主。体温正常或稍低，精神沉郁，被毛粗乱，胃膨大，腹部膨胀充满多量液体和气体，拍打有击鼓声，摇晃有流水声，粪球细长，两头尖。病初有带黄色透明黏液的干粪排出，有时带黏液粪球与正常粪球交替排出；随后出现黄色水样稀粪或白色泡沫，四肢发冷，眼眶下陷，最终衰竭死亡。

4. 鹿大肠埃希菌病　本病常见急性经过，食欲废绝，粪便似牛粪并带血，最后排血便，病程 2～3d。慢性经过病鹿精神沉郁，鼻镜干燥，呼吸加快，结膜潮红，排粪次数增多，粪便呈稀粥状，初期带灰色黏液，以后粪便带血，最后血便，体温下降，四肢厥冷。

【病理变化】　哺乳动物主要表现为不同程度的肠炎及内脏器官的出血、变性。

1. 水貂、狐大肠埃希菌病　动物机体常消瘦，心包常有积液，心内膜下有点状或带状出血，心肌呈淡红色；肺颜色不一致，常有暗红色水肿区，切面流出淡红色泡沫样液体；肝脏呈土黄色，被膜有出血点，充血肿大；脾脏肿大 2～3 倍；肾脏柔软，呈灰黄色或暗白色，常见肿大，且被膜可见出血；胃肠道主要为卡他性或出血性炎症病变（图 4-1-2、图 4-1-3），肠管内常有黏稠的黄绿色或灰白色液体和少量气体，个别肠管内充满气体呈鱼鳔状，肠壁菲薄，黏膜脱落，布满出血点，肠系膜淋巴结肿大，充血或出血，切面多汁。

当患兽有神经症状时，脑充血或出血，脑室常有化脓性渗出物或淡红色液体。许多病例在软脑膜内发现有灰白色病灶，脑实质变软，切面上有许多软化灶。这种脑水肿与化脓性脑膜炎变化，常见于北极狐和银黑狐的仔兽。

2. 特禽大肠埃希菌病　肉眼病变主要有纤维素性心包炎、纤维素性肝周炎和纤维素性气囊炎。心包炎主要表现为心包积液，心包膜浑浊、增厚，或者内有渗出物与心肌粘连；

图 4-1-2　貉胃出血性炎症

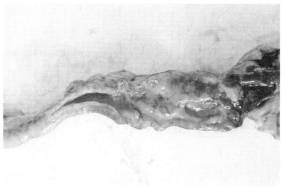

图 4-1-3　貂出血性肠炎

肝周炎表现肝脏肿大，表面有纤维素性渗出物，或者整个肝脏被纤维素性薄膜所包裹；气囊炎则表现气囊浑浊，有纤维素性渗出物，或纤维素性渗出物充斥于腹腔内肠道和脏器间，气囊壁增厚。肠炎型时，消化道呈出血性炎症变化；肠黏膜出血、脱落，肠壁增厚；肠内容物呈黑褐色、黑红色；肌胃、腺胃交界处出血，腺胃附灰白色黏稠伪膜；肝、脾散在灰白色或黄白色，粟粒大小到高粱大小的坏死灶。肉芽肿型时，肺部有大小不等、质地较软、淡黄色的肿瘤样物，切面为粉红色或灰白色；肝、盲肠、十二指肠和肠系膜也有典型的肉芽肿。

　　3. 兔大肠埃希菌病　　剖检可见明显的黏液性肠胃炎病变。小肠内容物呈黄色胶样黏液；回肠内容物呈黏液胶样半固体；胃肠黏膜出血、充血；肠道浆膜充血、出血、水肿；胆囊扩张，黏膜水肿；肝脏及心脏有小点状坏死灶；十二指肠充满气体和染有胆汁的黏液状液体。

　　4. 鹿大肠埃希菌病　　食道和前三胃无变化，真胃内容物为褐色，黏膜有出血点；肠系膜淋巴结肿大，肠系膜有出血点，小肠内容物暗红色，黏膜有出血点，直肠黏膜脱落（图 4-1-4）；各胃及盲肠常有溃疡，如黄豆或蚕豆大；脾有坏死灶；肝肿大，质地脆弱，呈暗褐色；肾脏不肿大，呈暗红色；心腔内血液凝固不良，冠状沟有少数粟粒大出血点。

　　【诊断】　　根据流行病学、临床症状及病理变化可作出初步诊断。确诊还需进行实验室诊断。实验室检查主要步骤包括：①采取未经治疗、急性型的濒死或刚死不久貂的肠内容物、肝、脾或血液等供分离培养、涂片镜检和动物接种之用。②挑选鉴别培养基上的典型菌落作增菌培养，并进行初步鉴定。③对纯培养物做进一步生化试验、血清型鉴定和致病力试验。

　　【治疗】　　发病后，排除可疑致病因素，切断传染源，用大剂量的磺胺类或抗生素药物进行治疗或预防，一般能很快控制本病，如用恩诺沙星、环丙沙星、庆大霉素、黄连素、磺胺脒等药物进行治疗。但应当注

图 4-1-4　鹿出血性肠炎

意，大肠埃希菌易产生对抗生素的抗药性，故在条件允许时，应先做药敏试验或几种抗生素联用，均可取得良好的效果。另外，可用仔猪、犊牛、羔羊大肠埃希菌病的高免血清进行特异性治疗。1～2 月龄银黑狐和北极狐的仔兽，皮下多点注射高免血清 15～20mL；1～2 月龄的水貂和紫貂仔兽皮下注射 5～6mL 血清即可。

【预防】　本病病原体是动物体内的常在菌，要防止本病发生，必须加强饲养管理，保证饲料和饮水清洁，减少动物接触病原体的机会。特别是仔兽期要常检查小室（产箱）内是否有蓄积饲料，若有要及时除掉。提高机体非特异性抵抗力，做好兽医卫生防疫工作，加强对环境用具的消毒。仔兽断奶后要给予优质饲料。发病季节，可给动物口服（混到饲料中）抗生素进行预防。一些对病原性大肠埃希菌有竞争抑制作用的非病原性大肠埃希菌或各种益生菌制剂已在国内多地推广应用，取得了较好的预防效果，减少了抗生素使用。

如果毛皮动物饲养场或动物园发生大肠埃希菌病的流行，要严格执行兽医卫生防疫制度，对患兽要隔离治疗，对污染的地面、用具及笼舍等要进行严格的消毒。流产和死胎的雌兽要打皮淘汰或隔离饲养。与病仔兽同窝而幸存下来的仔兽也要隔离饲养或年终打皮淘汰。

三、沙门菌病
（salmonellosis）

沙门菌病，又称副伤寒，是由沙门菌属的细菌引起的各种疾病的总称。临床上主要表现为败血症和肠炎。以发热、下痢、体重减轻、孕母兽发生流产为特征。毛皮动物（狐、貉、貂和海狸鼠等）的沙门菌病主要是由沙门菌属中的肠炎沙门菌、猪霍乱沙门菌和鼠伤寒沙门菌等引起的急性传染病。近年来，由于广泛使用抗生素作为治疗药物和饲料添加剂，该菌的耐药情况日趋严重，给该病的防治带来了更多的困难。

【病原】　沙门菌病原属于肠杆菌科（Enterobacteriaceae）沙门菌属（*Salmonella*）中的几个成员：猪霍乱沙门菌、猪副伤寒沙门菌、肠炎沙门菌、马流产沙门菌、牛沙门菌、都柏林沙门菌、鼠伤寒沙门菌、鸡白痢沙门菌、鸭沙门菌、甲型副伤寒沙门菌等。

本属菌的形态与多数肠道杆菌相似，为两端钝圆的中等大杆菌，呈直杆状，大小（0.7～1.5）μm×（2.0～5.0）μm，无芽孢，一般无荚膜，除鸡白痢沙门菌和鸡伤寒沙门菌外，都有周身鞭毛，能运动，个别菌株可出现无鞭毛的变种。绝大多数细菌具有菌毛，能吸附于细胞表面或凝集于豚鼠红细胞，革兰染色阴性。本菌为需氧或兼性厌氧菌，具有菌体（O）抗原、鞭毛（H）抗原、荚膜（K）抗原和菌毛（F）抗原。O 抗原是细菌壁表面的耐热多糖抗原，100℃煮沸 2.5h 不破坏。它的特异性依赖于多糖链上特异性侧链的组成，而 O 抗原决定簇又由该侧链上末端单糖及多糖链上的排列顺序所决定。K 抗原包括 Vi，M 和 S 三种抗原。其中 Vi 抗原因最初发现与细菌毒力有关而得名。Vi 抗原位于菌体表面，是一种 N- 乙酰 -D 半乳糖胺，糖醛酸聚合物。M 抗原位于荚膜层，是沙门菌的黏液型菌株的一种黏液抗原；S 抗原来源于 O 抗原，而 H 抗原是蛋白质性鞭毛抗原。

本属菌对热、各种消毒药和外界环境的抵抗力较强，在水中能存活 2～3 周，在粪中可存活 1～2 个月，在潮湿温暖处可生存 4～5 周，在干燥的地方可存活 8～20 周。对干燥、腐败、日光等因素具有一定的抵抗力。该菌对冷冻也有一定的抵抗力，如在冰冻土壤中能过冬，在 -25℃能存活 10 个月，在干燥的沙土中可生存 2～3 个月，在干燥的排泄物中可存活 4 年之久。本菌在 60℃ 1h 方可杀死。食品中沙门菌的致死作用，依其污染程度而定。

【流行病学】

1. 传染源　患兽和带菌的动物是本病的传染源。病菌可随粪便、尿、乳汁及流产胎儿、胎衣和羊水排出，污染饲料和水源等。

2. 传播途径　污染本菌的饲料和饮水经消化道感染可传播本菌，但也有经呼吸道和眼结膜感染的报道。患兽和健康兽类交配或用患兽的精液人工授精也可发生感染；此外，在子宫内也可能感染本菌。有人认为鼠类可传播本病。

3. 易感动物　人、各种动物和禽类对沙门菌中的许多血清型都有易感性，各种年龄的动物均可感染，但以幼龄的动物更易感。在自然条件下，毛皮动物中银黑狐、北极狐、海狸鼠等易感；水貂，紫貂等抵抗力较强。

4. 流行特征　本病一年四季均可发生，但有明显的季节性，一般发生在6～8月，多为急性经过，多侵害仔兽，哺乳期少见。环境污秽、潮湿、养殖密度大、粪便堆积；饲料和饮水供应不佳，长途运输、疲劳和饥饿、寄生虫侵袭、分娩、手术、仔兽缺乏维生素B、新引进兽类未实行检疫隔离等均易导致本病的发生。

【症状】　本病的潜伏期为3～20d，平均14d，一般分为急性、亚急性和慢性三种。

1. 急性型　多见于仔兽，体温升高到41～42℃，病初精神兴奋，继之沉郁，拒食，喜躺卧于室内，流泪，下痢，有时呕吐，呕吐物含较多的黏液，行走缓慢，拱背，病程稍长者可出现眼窝塌陷，眼结膜炎，眼流泪；病初兴奋后很快转为沉郁，最后全身衰竭，常在昏迷状态中死亡。一般病例在发病5～10h，或延到2～3d死亡。

2. 亚急性型　主要症状为胃肠机能紊乱，体温40～41℃，精神沉郁，呼吸减弱，食欲废绝，被毛蓬乱，眼窝凹陷无神，少数病例有黏液性化脓性鼻液、咳嗽。患兽下痢，排出水样便和大量卡他性黏液便，个别病例混有血液，吸乳无力，无支撑能力，后期后肢不全麻痹，在重度衰弱下死亡。北极狐、银黑狐皮肤和黏膜黄疸，水貂、麝鼠多发生败血症。

3. 慢性型　患兽食欲不振、腹泻，粪便有黏液，呈进行性衰弱、贫血；眼结膜常化脓；被毛松乱，失去光泽，患兽爱卧于小室内，较少运动，行走时不稳、缓慢，最后衰弱而死亡；另外，妊娠病母兽往往空怀和流产，有的在产前3～14d发生流产，病母兽精神沉郁、拒食；在哺乳期仔兽染病时，表现虚弱，不活动，吸乳无力，有的发生昏迷及抽搐，四肢呈游泳状态，有的发生呻吟或鸣叫，病程2～3d死亡。

【病理变化】　哺乳动物的急性及亚急性型表现为胃及小肠黏膜肿胀、变厚，有时充血，有时有少量针尖大或更大些的溃疡；肠内容物为稀薄的黏液，常混有血块或纤维素性絮状物；大肠变化不显著，黏膜稍肿胀、充血，内有少量黏液；肠淋巴结显著肿大、出血；脾明显肿大，有时为正常的数倍，呈暗红色或暗褐色，切面多汁，散在出血点、斑或灶性坏死；肝肿大，淡黄或红褐色，切面外翻，小叶不清；胆囊增大，充满浓稠胆汁；肾皮质有少量出血。慢性型尸体消瘦，黏膜苍白，肌肉色淡；脾轻度增生性肿大；肠壁薄，苍白透明，肠内容物为稀薄黏液，大多呈深红色或茶色。

1. 银狐、蓝狐及水貂沙门菌病　银狐、北极狐及貉可视黏膜、皮下组织、肌肉、脏器、浆膜和胸腔不同程度黄疸（图4-1-5、图4-1-6）；貂类和麝鼠黄疸轻微，胃空虚或含有少量混有黏膜的液体，黏膜肿胀、变厚，有时充血，少数病例有点状出血。肝脏肿大，土黄色或暗黄色，切面外翻，有黏稠血样物，胆囊肿大，充满浓稠胆汁。脾脏肿大，可达6～8倍，个别病例超过12～15倍，呈暗红色或灰红黄色。肠系膜及肝脏淋巴结肿大超过2～3

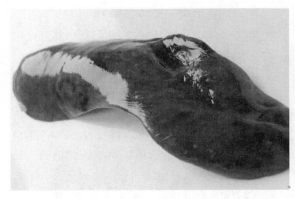

图 4-1-5　貉脾脏肿大

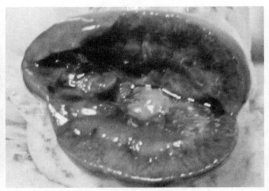

图 4-1-6　貉肾脏出血

倍，呈灰色或灰红色。肾脏稍肿大，呈暗红色或灰红黄色，肾包膜下有弥漫性出血点。心包下有密集的点状出血。膀胱黏膜有散在点状出血。心肌变性，呈煮肉状。脑实质水肿，侧室内积液。

2. 兔沙门菌病　　败血症病兔（如獭兔等）可见胸、腹腔脏器有淤血点，腔中有多量浆液性或纤维素性渗出物。流产病兔子宫肿大，浆膜和黏膜充血，并有化脓性子宫炎，局部黏膜覆盖一层淡黄色纤维素性污秽物，有的子宫黏膜出血或溃疡。未流产的病兔子宫内有木乃伊状或液化的胎儿；阴道黏膜充血，腔内有脓性分泌物；肝脏有弥漫性或散在性淡黄色针尖至芝麻粒大的坏死灶；胆囊肿大，充满胆汁；脾脏肿大 1～3 倍，呈暗红色；肾脏有散在性针尖大的出血点；消化道黏膜水肿；聚合淋巴滤泡有灰白色坏死灶。

3. 特禽沙门菌病　　病禽肺部有大小不一的实质变性或坏死病灶；肝肿大，呈黄色或暗红色，表面有密集坏死小点，部分肝内有结节；肠壁可见形状、大小不等的坏死结节；肾可见白色小结节，肾小管上皮细胞轻度变性，局部间质内血管周围少量单核细胞浸润，镜下中央静脉及血窦扩张、充血。青年特禽白痢心肌内见坏死结节，黄白色，稍凸起，形成表层的坏死，镜下观察心外膜水肿、增厚，淋巴及单核细胞浸润；脾肿大，部分可见白色结节，镜下白髓体积变小，淋巴细胞减少，网状细胞片状增生，网状纤维间红染，蛋白颗粒沉着。

【诊断】　　根据流行病学、临床症状及病理变化，可作出初步诊断，确诊需做实验室检验，进行沙门菌的分离鉴定。由于沙门菌的血清型众多，血清型鉴定需要借助凝集试验。近年来，酶联免疫吸附试验（ELISA）和 PCR 方法已经应用于该病的快速诊断。

【鉴别诊断】　　本病应与钩端螺旋体病、巴氏杆菌病、大肠埃希菌病、魏氏梭菌性肠炎、霉菌性流产、犬瘟热、细小病毒病、轮状病毒病和地方流行性脑脊髓炎等进行鉴别。

1. 钩端螺旋体病　　患兽病初期体温升高；黄疸出现后，体温下降至 35～36℃。

2. 犬瘟热　　不同于沙门菌病，犬瘟热具有典型的浆液性、化脓性结膜炎，皮肤脱屑，鼻端肿大，患兽有特殊的腥臭味，足掌肿大。

3. 脑脊髓膜炎　　患兽表现神经紊乱，癫痫性发作、嗜睡、步态不稳或做圆圈运动。

4. 巴氏杆菌病　　此病可同时发生于各种年龄的动物，细菌学检查可检查到两极浓染的革兰阴性小杆菌。

【治疗】　　本病治疗原则为抗炎、解热、镇痛，常用新霉素和螺旋霉素等抗生素治疗：

（1）用新霉素和左旋霉素混于饲料中饲喂，连续用 7～10d。对幼龄兽用 5～10mg，成年兽为 20～30mg；水貂可用链霉素 50～100mg、四环素 0.01～0.025g 或磺胺二甲基嘧啶 0.1～0.2g 混入饲料内，连喂 8～10d；或庆大霉素和卡那霉素等药物进行治疗。

（2）为保持心脏功能，可皮下注射 10% 樟脑碘酸钠，幼兽为 0.5～1mL，成年兽 2mL，也可以用拜有利注射液（此药优点：抗菌谱广，半衰期长，每天注射 1 次）。

（3）为了保持体内电解质平衡，防止脱水，有条件的可以静脉注射 5% 葡萄糖生理盐水；同时，可用安痛定注射液镇痛解热。

【预防】　目前只有禽肠炎沙门菌、鼠伤寒、仔猪副伤寒及马流产血清型沙门菌的灭活或弱毒菌苗，毛皮动物专用的菌苗尚未见报道。随着沙门菌属基因组计划的完成，沙门菌口服疫苗的相关研发正在进行，将来可能成为预防沙门菌的一个重要武器。

本病的防治原则是杜绝传染源引进与药物预防相结合，执行严格的卫生清毒措施与隔离淘汰制度。加强饲养卫生管理，提高仔兽的抵抗力，特别对妊娠母兽和断乳兽的哺乳期，应保证供给多价饲料和易消化的饲料，保护仔兽正常生长发育。益生菌活菌制剂用于该病的预防也取得了较好的效果，需要注意益生菌不能与抗生素同时使用。

在毛皮动物饲养场应尽量不引种。在引进时应注意严格的检疫，尤其是在本病净化场更应如此。为了防止本病的发生，还应当在饲料中混入抗生素类药物，如磺胺类药物等，亦能有效地降低本病的发病率；同时对动物使用的饮水和饲喂用具以及活动的场所定期消毒，并对发病动物及时隔离治疗或淘汰，逐渐建立无特定疾病的动物群。

四、巴氏杆菌病
（pasteurellosis）

巴氏杆菌病又称出血性败血症，是由多杀性巴氏杆菌引起的一种急性败血性传染病，急性病例常以败血症和出血性炎症为主，慢性病例以皮下、关节和各脏器局灶性化脓性炎症为主，多与其他疾病混合感染或继发。本病分布广泛，世界各地均有发生，常呈地方性流行。

【病原】　该病病原为多杀性巴氏杆菌（*Pasteurella multocida*），属于巴斯德菌科（Pasteurellaceae）巴斯德菌属（*Pasteurella*）中的成员，是两端钝圆、中央稍隆起的短杆菌，单个存在，有时成双排列，长 1～1.5μm，宽 0.3～0.6μm，不形成芽孢、无鞭毛、无运动性，可形成荚膜。普通染料即可着色，革兰染色呈阴性。组织压片或体液涂片，用瑞氏、姬姆萨法或美蓝染色镜检，菌体多呈卵圆形，两端着色深，中央部着色较浅，即为两极浓染的小杆菌。新分离的细菌荚膜宽厚，用印度墨汁染色可见到，体外培养后很快消失。

多杀性巴氏杆菌分为 A、B、D、E 和 F 五个荚膜血清型，其中 C 型为猫和犬的正常栖居群。产毒素多杀性巴氏杆菌为 A 型和 D 型，用凝集反应对菌体抗原（O 抗原）分类可分为 12 个血清型；用琼脂扩散试验对热浸出菌体抗原分类，分为 16 个血清型。我国对本菌的血清学鉴定表明，有 A、B、D 三种血清群，没有 E 血清群。

本菌抵抗力不强，50℃ 30min、58℃ 20min、70～90℃ 5min、加热 60℃ 1min 即可将其杀死，煮沸立即死亡。该菌在腐败组织及土壤内能存活 3 个月，在粪便内存活 14d 以上。各种消毒药能很快杀死本菌，5% 石炭酸 1min、3% 来苏儿、1% 石灰乳和 1% 漂白粉溶液经 3～10min，2%～3% 福尔马林 3～5min 即能杀死本菌。本菌在自然界中活力不强，粪中活 14d，尸体内存活 1～3 个月，浅层土壤存活 7～8d。本菌在干燥或低温时，可以保存，不发生变异或失去毒力，本菌能耐低温，能耐受 -70℃冷冻而不死亡，有的冻干保存 26 年后的培养物对鸡仍有毒力。

【流行病学】

1. 传染源 主要的传染源是患病或带菌的动物。

2. 传播途径 该菌常存在于健康动物的上呼吸道黏膜中。病菌可随唾液、鼻液、粪便、尿液污染饲料、饮水、用具等。经济动物患本病的主要原因是饲喂患病的畜、禽及其副产品。不同畜、禽种间一般不易相互传染，但猪巴氏杆菌病可传染给水牛和水貂，禽、畜、兽间相互传染的病例也颇为多见。

3. 易感动物 本菌对多种动物和人均有致病性，但以幼龄动物最易感。动物中牛、猪发病较多，家禽、兔、水貂等经济动物易感。可感染本病的经济动物有：紫貂、水貂、银狐、蓝狐、红狐、貉、海狸鼠、麝鼠、毛丝鼠、驯鹿、浣熊、驼鹿、黑羚、瞪羚、浣熊、旱鸭、绿头鸭、银鸡、红嘴鸡、珍珠鸡、斑嘴鸭等。

4. 流行特征 本病发生一般无明显季节性，散发，但冬春季节交替或闷热潮湿季节多发，发病率为 20%～70%，冬季发生率较低，热带比温带地区多发。水貂和兔常呈地方性流行，狐狸、水貂和貉在各生物学阶段均可发生，但以断奶分窝后的幼仔发病率高。

【症状】 本病的潜伏期一般为 1～5d，长的可达 10d。本病在临床上可分为最急性型、急性型、慢性型三种类型。最急性型患兽精神沉郁，采食停止，呼吸急促，体温升高达 40℃以上，腹泻，初排水样便，后排血样稀便；临死前体温下降，四肢抽搐并尖叫，病程短的24h 死亡，稍长的 3～4d 死亡，最急性者常见不到临床症状而突然死亡。急性型多表现突然发病，食欲不振，精神沉郁，鼻头干燥，有时呕吐和下痢，稀便中常混有血液和黏液，有的出现神经症状、痉挛和不自觉的咀嚼运动，常在抽搐过程中死亡。慢性型病变多集中于呼吸道，常为散发性发生，临床症状因感染动物不同而异。

1. 鹿 多呈急性败血症或大叶性肺炎经过，体温升至 41～41.5℃，呼吸、脉搏均加快，皮肤和黏膜充血、出血，毛稀少处呈青紫色；食欲废绝，反刍和嗳气停止；精神沉郁，呆立或躺卧；鼻镜干燥，口腔和鼻腔内有血样泡沫液体；初便秘，后腹泻，严重时为血便，一般 1～2d 死亡。肺炎型（胸型），精神沉郁，步态蹒跚，呼吸粗厉，咳嗽，鼻镜干燥，体温达 41℃以上，头向前伸；后期呼吸极度困难，鼻翼扇动，流鼻液，口吐白沫，粪便稀软，多 5～6d 死亡，也可能在 1～2d 内死亡，死亡率高（图 4-1-7）。

2. 银黑狐、蓝狐 突然发病，食欲不振或废绝，饮水量增加；精神沉郁，鼻镜干燥，有时出现呕吐、下痢，粪便内含血液和黏液，可视黏膜黄染，消瘦；当神经系统受到侵害时，伴发痉挛性抽搐等神经症状，可在抽搐中死亡；心跳加快，呼吸困难，体温达40.8～41.5℃，有时头、颈水肿。

3. 水貂 多为急性经过，幼貂先发病，然后大群突然发作。超急性死亡或以神经症状开始，痉挛、虚脱、出汗而死。病貂类似感冒，不愿活动，卧于小室内，体温达40～41.6℃，濒死时体温降至 35～36℃，鼻镜干燥，食欲减退，渴欲增高；肺型呼吸困难，心跳加快，有的病貂鼻孔有少量黏液性无色或血样分泌物，有的头颈水肿，眼球突出，一般2～3d 死亡；肠型食欲减退，废绝，下痢，粪便呈灰绿色水样，混有血液、黏液和未消化的饲料，眼球塌陷，卧于小室不愿活动，通常昏迷、痉挛而死。慢性经过时，精神、食欲不振或拒食，呕吐；黏膜贫血、发白，极度消瘦，被毛无光泽，鼻镜干燥，体温增高，下痢，肛门周围有少量稀便或黏液，如不及时治疗，3~5d 多以死亡转归（图 4-1-8）。该病初期症状不典型，很难看到典型出血性败血症。

图 4-1-7　鹿出血性肺炎

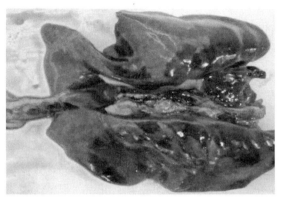

图 4-1-8　貂出血性肺炎

4. 貉　急性型突然发病死亡，尤其仔兽多见。患兽精神沉郁，卧于小室内，不愿活动；毛无光泽，体温达 40℃时食欲减退或废绝；鼻镜干燥，呼吸困难，喜饮凉水，少数患兽下泻，有的头颈部发生水肿，后期活动不灵活，常痉挛性抽搐而死。慢性型一般为 4~5d，开始精神不振，消瘦，被毛蓬乱，食欲减退，体温升高，心跳加快，渴欲增加，腹泻，稀便恶臭，混有血液和黏液。

5. 海狸鼠　多呈急性经过，嗜睡，行动不稳，食欲下降，流涎、流泪、流黏液性混有血液的鼻液，体温达 39.5~40.5℃；肌肉痉挛，后肢瘫痪。慢性经过时，有浆液脓性结膜炎，关节肿胀，进行性消瘦，死亡率达 80%~90%。

6. 麝鼠　最急性型病例，发病第 1d 无异常表现，次日突然死亡，此型约占死亡总数的 50%。急性型患兽精神高度沉郁、嗜睡，食欲下降或拒食，行动迟缓，步态不稳，喜卧，体温升高 1~1.5℃，呼吸困难；喜欢将头放在凉水中，渴欲增强，流泪，流涎，有黏液性混有血液的鼻漏，眼有脓性分泌物；粪便软呈黑绿色或煤焦油样；机体逐渐衰竭，消瘦，最后卧地不起，抽搐死亡，病程为 2~3d，该型约占患鼠的 10%。慢性型（脓肿型），皮下脓肿，切开可见乳黄色干酪样物质，个别内有淡黄色黏稠液体；脓肿主要发生于颈部、四肢内侧和背部，开始小，后期逐渐增大，致使患兽行动困难，精神不振，食欲减退或废绝；有的患兽出现浆液脓性结膜炎，并有关节炎，病程 7~15d，此型约占患鼠的 40%。

【病理变化】

1. 最急性型　本型主要以败血症病变、出血性素质为主要特征。全身各部黏膜、浆膜、实质器官和皮下组织有大量出血点，其中以胸腔器官尤为明显；全身淋巴结肿大、出血，切面潮红多汁；脾脏除个别小动物外，一般无明显外观变化，但组织学检查时，有急性脾炎变化；常见皮下疏松结缔组织胶冻样浸润、出血；胸腔内常有多量淡黄色积液。

2. 急性型　除具有最急性败血症病变外，主要是不同程度的纤维素性肺炎（胸型）、出血性肠炎（肠炎型）。胸型主要表现为肺有暗红色硬固区，切面肝样硬变，可沉于水，其余部分水肿、充血；肺与胸膜常粘连，有多量胸水，并有纤维素性渗出物；支气管内充满泡沫样、淡红色液体。肠炎型表现为胃、小肠黏膜有卡他性或出血性炎症，在肠管内常混有血液和大量黏液；其他病变为肝、肾变性，体积变大，颜色变深。

3. 慢性型 表现为尸体消瘦，贫血；内脏器官常发生不同程度的坏死，肺脏病变较严重，肝样变且有坏死灶；胸腔常有积液及纤维素样沉着。鼻炎型剖检时可见鼻黏膜充血，内有多量鼻漏，轻者水肿；鼻窦、副鼻窦黏膜红肿并积聚大量分泌物。

【诊断】

1. 涂片镜检 取心血、脾、肝、肺、淋巴结等病料涂片染色，镜下见到两极浓染，革兰阴性小球杆菌。

2. 分离培养 于血琼脂平板上划线，长出透明露滴状 S 型小菌落，周围不溶血。45°折光有荧光反应，菌落生长良好，可作出诊断。于平板培养基上选定菌落镜检确认后，将其移植到斜面培养基上进行纯培养。

3. 生化鉴定 将纯培养物进行生化鉴定，MR 试验阴性，形成靛基质，培养物不分解鼠李糖，但分解葡萄糖、蔗糖、果糖和甘露醇。

4. 动物试验 给小鼠或家兔肌内或皮下注射 1∶5 或 1∶10 病料悬液 0.2～0.5mL，接种后 18～24h 死亡。心血涂片镜检，同时从尸体分离到该菌就可确诊。

5. PCR 检测 提取病料的总 DNA，然后应用特异性引物对该菌基因片段进行检测。

【鉴别诊断】 应注意本病与副伤寒、犬瘟热、伪狂犬病和肉毒梭菌中毒相鉴别。

1. 副伤寒 仔兽多发，皮下骨骼肌显著黄疸，海狸鼠大肠黏膜溃疡，能分离到副伤寒菌，为革兰阴性杆菌；巴氏杆菌镜检时似"双球菌"。

2. 犬瘟热 有典型的浆液、化脓性结膜炎发生，侵害神经系统，有麻痹和不完全麻痹症状，临床最具典型特征的是水貂脚掌肿胀；细菌学检查为阴性。

3. 伪狂犬病 有神经症状，口流泡沫含血液。狐头部典型损伤，啃咬笼网，呕吐和流涎；水貂则眼裂收缩，用前脚掌摩擦头部皮肤。用患兽脏器悬液接种家兔经 5d 会出现特征性损伤而死亡，并且细菌学检查为阴性。

4. 肉毒梭菌中毒 病程 1～2d 后患兽大批死亡。患兽内脏器官无出血性变化，特征性肌肉松弛，瞳孔散大。在肉类饲料及死亡动物内脏器官可检到肉毒梭菌。

【治疗】 对患兽隔离治疗，用抗出血性败血病单价或多价血清 5～30mL，每日皮下注射 1 次，连用 2～3d；或青霉素 15 万～120 万 U，链霉素 2～15mg，每日肌内注射 2～3 次，连续 3～5d；或卡那霉素 15～45mg，每日肌内注射 2 次，同时用复方新诺明 0.2～0.8g 混于饲料中，每日 2 次，连续 5～7d。发生本病后立即停喂可疑肉类饲料，妥善处理患兽粪便和尸体，彻底消毒。

【预防】 加强兽医卫生和饲养管理，经常做好圈舍的清洁卫生工作，尤其在本病流行季节，更要注意圈舍和食具的卫生及饲料和饮水的清洁，秋冬交替时要做好防寒工作。防止应激因素的刺激，如拥挤、潮湿、营养不良、长途运输、过冷过热等。应严格检查饲料，特别是禽、兔、犊牛、仔猪、羔羊的肉尸及其副产品，禁喂污染饲料，可疑饲料煮熟后再喂。兽舍要定期消毒，杜绝一切传染病。绝不允许鸡、鸭、猪、犬等进入畜场。每年定期接种疫苗尤为重要。对动物做好经常性检疫，必要时在饲料中混合磺胺类药物预防感染。

发生该病后，应立即查明病因，排除传染源；同时将患兽和可疑患兽隔离观察和治疗。全群进行紧急接种菌苗或接种高免血清（治疗量的一半）后，1～2d 再接种菌苗。对患兽污染的环境、用具等进行全面彻底消毒，可用 10% 石灰乳、3%～5% 来苏儿、15% 漂白粉。兽尸及粪便应无害处理，深埋或生物发酵。

五、产气荚膜梭菌病
（clostridium perfringens）

　　产气荚膜梭菌，旧称魏氏梭菌，是一种广泛分布于自然界的条件性致病菌。产气荚膜梭菌病是由产气荚膜梭菌引起的，可感染多种动物，是一种重要的人兽共患传染病。毛皮动物产气荚膜梭菌病又称产气荚膜梭菌性肠炎，是由 A 型产气荚膜梭菌及其毒素引起的下痢性疾病。临床特征是急性下痢，排黑色黏性粪便，病理特征表现为胃黏膜有黑色溃疡和盲肠浆膜面有芝麻粒大小的出血斑，发病率和致死率都很高，给毛皮动物养殖业带来巨大经济损失。

　　【病原】　　产气荚膜梭菌（Clostridium perfringens）为梭状芽孢杆菌属（clostridium）成员，为革兰阳性、无鞭毛、不运动的大杆菌，单个存在、成双或短链排列，长 4～8μm，宽 1～1.5μm。在动物组织中形成荚膜是本菌的主要特征。本菌芽孢呈卵圆形，位于菌体中央或近端，直径比菌体小，但在动物体内或培养物中很少见到芽孢。本菌为厌氧菌，对营养要求不高，在普通培养基上生长良好，能快速增殖。在血液琼脂平板上，形成灰白色、圆形、边缘呈锯齿状的大菌落，产生 α 溶血；有时可见双重溶血环，在血清葡萄糖琼脂平板上，形成中央隆起或圆盘状的大菌落，菌落边缘呈锯齿状，表面有放射状条纹，外观似"勋章"样。在厌气肉肝汤中，细菌生长迅速，培养 5～6h 即变混浊，并产生大量气体，因而有所谓的"快速移植法"，即每隔 2～4h 传一代，用此法来排除杂菌，有助于本菌的分离。在牛乳中培养 8～10h 后，本菌因发酵乳中的酪蛋白而使牛乳呈海绵状，气势凶猛，称此种现象为暴烈发酵或急骤发酵，此特征对本菌鉴定有很大意义。

　　根据产气荚膜梭菌毒素 - 抗毒素中和试验将本菌分为 A、B、C、D、E、F 六型。对毛皮动物致病的有 A，B，C，E 四型，其中以 C 型常见。对人致病的主要有 A，C，F 三型。A 型能引起人和动物的气性坏疽（恶性水肿）及鹿的肠毒血症；B 型引起羔羊痢疾、犊牛和羔羊的坏死性肠毒血症及水貂的肠毒血症；C 型引起羔羊和犊牛的出血性肠毒血症，鹿、水貂、田鼠的肠毒血症；D 型引起羊、牛的肠毒血症；E 型引起犊牛、羔羊的肠毒血症和痢疾；F 型则引起人的肠炎和毒血症。

　　本菌的繁殖体抵抗力不强，一般消毒药均可将其杀死。芽孢具有较强的抵抗力，90℃ 30min 或 100℃ 5min 才能将其杀死。毒素在 70℃ 30～60min 即可被破坏。

　　【流行病学】

　　1. 传染源　　产气荚膜梭菌普遍存在于土壤、粪便、污水、饲料及健康动物的肠道内，发病及死亡动物的尸体也是本病的传染源。

　　2. 传播途径　　本菌可经消化道、皮肤和损伤的黏膜等传播；患兽常因食入污染的饲料，饲养管理不当，饲料突然更换，蛋白质饲料过量，粗纤维过低等，使胃肠正常菌群失调，造成肠道内产气荚膜梭菌迅速繁殖，产生毒素，引起肠毒血症和下痢，继而死亡。

　　3. 易感动物　　家畜、家禽、特种动物、野生动物均可发病，近年奶牛、山羊、绵羊、猪、鸡、兔等发病增多，野生动物因感染产气荚膜梭菌而发病的报道也增多，如大熊猫、鹿、非洲狮、牦牛、梅花鹿、豚鹿、北极狐、貉、水貂、麝鼠、犬、海狸鼠等。

　　4. 流行特征　　本病一年四季均可发生，以春、秋、冬 3 季多发。本病呈散发或在某几个养殖场中流行。一般在秋季发生较严重，发病率 10%～30%，病死率 90%～100%。

【症状】

1. 最急性型　患兽不见任何症状或仅排少量黏稠黑色粪便后突然死亡，仅见腹部膨胀，口吐白沫，很快倒地痉挛而死，可见死前尖叫，排出血便。病程在数小时内，死亡率为 100%。

2. 急性型　患兽精神沉郁，采食量剧减或食欲废绝，体温升高，鼻镜干燥，呼吸困难，腹部增大，站立不稳，弓背弯腰，可发生不同程度的腹泻，粪便中含有鲜红的血液，肛门松弛，排粪失禁，重度脱水；眼结膜初潮红，后发绀，有的眼中流泪，眼睑肿胀，病后期肛门突出，瞳孔散大，倒地不起，四肢痉挛抽搐，很快死亡。病程一般在 1～3d，个别持续 5～6d 而转为慢性。

3. 慢性型　患兽采食减少，排稀便，病初为灰黄色后为灰绿色，最后为煤焦油色；精神差，蜷缩于笼内不动；腹部膨胀，有腹水；尿色暗，呈茶水色。发病后在 2～3d 内死亡，个别的可拖延 1 周左右，但最终因肠道吸收毒素而死亡。

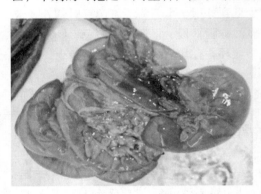

图 4-1-9　狐出血性肠炎

【病理变化】　患兽外观无明显症状，打开腹腔有特殊的腐臭味，胃肠内因充满气体而扩张，胃大弯及胃底部的浆膜下隐约可见到圆形的芝麻粒大小的溃疡面，切开胃壁，在胃黏膜上有数个大小不等的黑色溃疡面；盲肠充气、扩张、浆膜面及部分肠系膜上可见圆形的出血斑，小肠壁变薄、透明，各肠段内充满有腐败气味的黑色糊状粪便（图 4-1-9）；肝脏肿胀出血；肺有明显出血斑；肾脏肿胀，肾皮质出血。鹿产气荚膜梭菌肠毒血症主要以肝脏土黄，表面硬脆，肾脏质软为主要特征。

【诊断】　本病发生急，病程短，根据流行病学，临床症状和病理变化易作出诊断。细菌学检查和毒素测定可提供可靠的诊断依据。病料的采取主要是选取一段回肠或盲肠，两端结扎，保留肠内容物，同时采集实质脏器、肠系膜淋巴结或肠内容物作涂片和分离培养。

1. 涂片检查　将病料直接涂片，革兰染色镜检。魏氏梭菌为革兰阳性大杆菌，具有明显的荚膜。

2. 分离培养　将病料接种于厌气肉肝汤中，如培养几小时后，肉汤混浊并产生大量气体，立即移植，培养 2～4h 再移植，如此反复几次可获得纯培养物；也可将病料直接在血清葡萄糖琼脂平板上划线接种，培养后挑取典型菌落镜检，如与涂片检查菌特征一致（但不一定有荚膜），可进行纯培养。

3. 动物试验　将 18～24h 液体纯培养物接种健康小鼠，腹腔注射 0.3～0.5mL，小鼠一般于感染后 48h 内死亡，可用其脏器涂片和细菌分离培养，予以证实。

4. 生化鉴定　为进一步确定病原，将纯培养菌接种牛奶培养基和卵黄琼脂平板上（点接种），37℃培养，定时观察。魏氏梭菌在牛奶培养基中呈暴烈发酵现象，产生大量气体，牛奶凝固。在卵黄琼脂平板上，由于该菌产生卵磷脂酶，可水解卵磷脂，故而在接种处细菌生长的周围出现一乳白色环，证明卵黄被水解。

【鉴别诊断】 本病易与巴氏杆菌病、大肠埃希菌病混淆，可作如下区别：

1. 巴氏杆菌病 本病由多杀性巴氏杆菌引起，多种动物均易感，临床上多呈超急性经过，不见任何症状突然死亡，与产气荚膜梭菌病有相似之处，须经细菌学检查加以区别。巴氏杆菌在组织涂片中为革兰阴性、明显两极着染的小球杆菌。

2. 大肠埃希菌病 本病由大肠埃希菌引起，幼兽多发，呈急性经过，常见腹泻、血便。本病与魏氏梭菌病难以区分，但可通过细菌学检查加以确定。此外，用死亡动物的肠内容物滤液注射家兔或小鼠，不发病者可确知为大肠埃希菌感染。

【治疗】 发现本病应立即隔离患兽，对全场进行消毒，立即停止饲喂不洁的变质饲料。对健康群立即用磺胺间甲氧嘧啶和金霉素拌料治疗，连喂5～7d。

对发病拒食的重症病例，大多难以治愈；对轻症病例可用庆大霉素，剂量为2～5mg/kg体重，肌内注射，或拜有利0.5～2mL，肌内注射，连用3～5d。

【预防】 为预防本病的发生，主要是严格控制饲料的污染和变质，防止饲料腐败、酸败或发霉。质量可疑的饲料、饲草不能喂动物。不可随意改变饲料配比或突然更换饲料。当发生本病时，应将患兽和可疑患兽及时隔离饲养；及时查明发病原因，更换可疑饲料，有条件的养殖场应尽快使用抗魏氏梭菌高免血清，及时投用有效抗生素。恢复期可选用微生态制剂调整肠道菌群。对患兽污染的笼舍或圈舍彻底消毒，可用1%～2%苛性钠溶液或火焰消毒。粪便和污物，堆放指定地点进行发酵。死亡的动物要深埋或焚烧，严禁剥皮和食用。地面用10%～20%新鲜的漂白粉溶液喷洒后，挖去表土，换上新土。

六、坏死杆菌病
（necrobacillosis）

坏死杆菌病是由坏死梭杆菌引起的一种侵害哺乳动物以及禽类的慢性传染病，以蹄部、皮下组织或消化道黏膜的坏死为特征，可转移到内脏器官如肝、肺形成坏死灶，或引起口腔、乳房坏死。该病广泛存在于世界各地，其中反刍动物的腐蹄病是发病率最高、危害最大的一种疾病类型。

【病原】 本病病原为坏死杆菌（*Necrobacterium necrophorus*），属拟杆菌科（Bacteroidaceae）梭杆菌属（*Fusobacterium*）。坏死杆菌是一种厌氧菌，革兰染色阴性，多形性杆菌，不能运动，不产生芽孢和荚膜。本病病原抵抗力不强，一般消毒剂均能在短时间内将其杀死。

初次分离得到的细菌和初代培养基生长的细菌呈长丝状，宽0.75～1.5μm，长80～100μm，偶尔也可见到3～4μm长，呈短杆或球杆状。在液体培养基中，其多形性尤为明显，菌体略弯，中部膨大，两端钝圆，普通苯胺染料可着色。初期培养菌着色均匀；培养超过24d，用石炭酸-复红加温染色，呈浓淡相间的不均匀着色，似串珠状，如用碱性复红-美蓝染色，表现更为明显，这是由于菌丝内形成空泡所致。

本菌为严格厌氧菌，分离比较困难。常从患兽的肝、脾等内脏的病变部分采病料分离。在培养基中加入血液、血清、葡萄糖、肝块等可助其生长；加入亮绿或结晶紫可抑制杂菌生长，获得本菌的纯培养。在血液琼脂平板上，呈β溶血；在血液琼脂或葡萄糖血液琼脂上经48～72h培养，形成圆形或椭圆形菌落。本菌适宜培养温度为34～37℃，适宜pH7.4～7.6。据报道，该菌在22～43℃均能生长，以37℃生长最好，pH6.0～8.4也能存活。

本菌能产生两种毒素，一种外毒素，可引起组织水肿；一种内毒素，可使组织坏死。坏死毒素对热稳定，100℃ 15min 不受影响，100℃ 1h 仅能略微降低其活性。

【流行病学】

1. 传染源　　本病的主要传染源是患病和带菌动物，如动物发生肢、蹄部或体躯其他部位的皮肤坏死病变，或发生口腔黏膜坏死时，病菌可随患部渗出物、分泌物和坏死组织污染周围环境使其成为传染媒介。健康动物在很大程度上也起着媒介作用。

2. 传播途径　　本病的感染途径主要是经损伤的皮肤和黏膜（口腔）而感染。仔兽可经脐带感染，低劣的卫生环境和创伤是感染本病的诱因，其中皮肤损伤是坏死杆菌病的主要感染途径，也可通过消化道创伤、助产产道伤口，以及脐带炎而感染，特别在机体抵抗力下降时，一旦损伤皮肤（尤其蹄部皮肤），极易感染发病。

3. 易感动物　　经济动物中的水貂、鹿和兔易感染；实验动物以家兔和小鼠最易感，豚鼠次之。本病也见于观赏动物，如袋鼠、猴、羚羊、蛇及龟类。人也偶有感染，常在手的皮肤、口腔、肺部形成脓肿。

4. 流行特征　　本病流行特点是在秋冬季节呈散发性，春夏季节较少发生，也可呈地方流行性或群发性。人工饲养的梅花鹿和马鹿群中，坏死杆菌病发病率及致死率均可达 50%

【症状】　　各种动物受害的组织部位不同，所引起的临床症状也各不相同。

1. 腐蹄病　　多见于牛、羊和鹿，也可发生于马属动物。一般呈慢性通过，以蹄部受到机械损伤为基础而发病。病初跛行，蹄部肿胀或溃疡，流出恶臭浓汁。病变如向深部扩展，可波及韧带、关节，严重者可出现蹄壳脱落。若病情严重，病变扩散到肝、肺等内脏时，全身症状明显恶化，继而发生脓毒败血症而死亡。幼兽如果是通过脐带创口感染时，通常引起脐部索状硬结或肿胀，从脐带处流出恶臭的浓汁。

2. 坏死性皮炎　　该病特点是体表及皮下组织甚至肌肉发生溃烂、化脓和坏死，多发生于臀部、后肢、体侧及颈部。一般呈慢性经过，但也可形成内脏转移，或继发感染其他疾病，使病情恶化。

3. 坏死性鼻炎　　病灶原发于鼻黏膜，继发蔓延到鼻甲骨、副鼻窦、气管和肺。患兽出现咳嗽，脓性鼻涕，呼吸困难。

4. 坏死性口炎　　又称"白喉"，病变多见于齿龈、舌、上颚、颊及咽部；同时伴体温升高、厌食、流涎、鼻漏、口臭，严重时不能吞咽，呕吐、呼吸困难。病变可向肺及其他器官转移，引起患兽死亡。此外，还可见脸部、下颌肿胀，消化不良，消瘦，共济失调等症状。

【病理变化】　　一般患兽可见由创伤感染所致的局部病变和脓毒败血症所导致的全身性转移性病灶。局部病变如腐蹄病、坏死性皮炎、坏死性口炎、坏死性鼻炎等。坏死病变蔓延至病灶附近的皮下蜂窝组织或更深层，并形成大小不一、互相贯通的病灶。

多数患兽除在体表有病变，内脏器官（肝、肺、肠）也常有转移性坏死灶。发生在肝脏时，肝脏大且呈土黄色，散在分布有多数黄白色、质地硬实、周围有红晕、大小不一的坏死灶。病变在肺脏时，形成大小不等的灰黄色结节，圆而硬固，切面干燥。病变在肠道时，在肠黏膜上出现坏死与溃疡，严重者遍及整个肠壁，甚至穿孔。偶见胃也可发生以上病变。

【诊断】　　根据本病的发生部位是以肢蹄部和幼兽口腔黏膜坏死性炎症为主，以及坏死组织的特殊恶臭味变化，再结合流行病学资料，不难作出诊断，确诊需进行实验室诊断。

1. 细菌学检查　　采取病、健组织交界处的深部组织制成涂片，用等量酒精与乙醚混合液固定，用碱性美蓝染色。镜检为典型的长丝状菌体即可初步诊断，确诊尚需分离鉴定。

2. 细菌分离培养 首先用套有针头的灭菌注射器，充满 CO_2，刺入病变组织边缘，抽取炎性渗出物，再将针头插入灭菌橡胶块内（避免空气进入）；或用棉拭子蘸取病变深处材料，迅速插入含硫乙醇酸钠半固体琼脂管内，及时送检。当接到送检材料时，应立即在厌氧条件下进行接种，培养 48～72h 后，在培养基上长出一种蓝色的菌落，中央不透明，边缘有一团亮带，可视为疑似坏死杆菌菌落，再作纯培养和生化鉴定，即可作出准确诊断。

3. 动物接种试验 将病料用生理盐水或肉汤制成 10 倍稀释的混悬液，注射 0.1mL 于小鼠尾根皮下，经 24h 后，皮下高度水肿，再做镜检，能见到坏死杆菌即为该病；另外，在家兔耳的内侧面，经火焰对表面杀灭杂菌后，取 0.5cm³ 的坏死组织块，埋入皮内，以橡皮胶封好，经 3d 可呈水肿，3d 后坏死，7d 后发生转移性坏死灶，随后内脏发生坏死，肝脏尤为明显，从内脏分离本菌进行纯培养，最后镜检到坏死杆菌，即可确诊本病。

【鉴别诊断】 本病应注意与葡萄球菌病相鉴别。葡萄球菌病多为金黄色葡萄球菌感染，流黄白色脓汁；坏死杆菌多流出黑色坏死组织分泌物，有突出的臭味。

【治疗】 坏死杆菌病的治疗原则是早期发现，及时治疗，局部和全身治疗相结合，防止病灶扩散和转移。对患部仔细地剪毛清洗之后，清除坏死组织及其碎片、脓汁、异物，必要时扩创、引流，以防恶性循环，平息炎症，改善营养，促进愈合。

要采取局部和全身治疗相结合的办法进行治疗。具体方法：对患部剪毛，清洗消毒，清除局部坏死组织、脓汁、异物，用 3% 双氧水和 5% 碘酊按 1：20 的比例配合液或 3% 高锰酸钾液冲洗创面，然后撒上碘酊或等量硼酸粉末（或拔毒散或生肌散）；还可以用高锰酸钾粉，然后包扎绷带，每隔 2～3d 换药 1 次。病情严重者，可用 0.25% 普鲁卡因 20mL，碘胺嘧啶注射液 20mL，链霉素 100U，进行蹄部神经封闭，疗效显著。

坏死杆菌病的全身疗法，可静脉注射甲硝唑 250～500mL，加 10 支 80 万 U 青霉素；或静脉注射环丙沙星 100～200mL，也可静脉注射 5%～10% 葡萄糖溶液 500～1000mL，在葡萄糖溶液内加入安钠咖注射液 5mL、乌洛托品注射液 20mL、磺胺嘧啶钠注射液 20mL 则效果更好；同时，常规肌内注射抗生素。

【预防】 改善兽舍环境，保持清洁卫生，定期消毒圈舍，要求地面平整，防止肢、蹄部受损，及时清除圈舍内的粪便，保持地面清洁、干燥。每年春季开始消毒，每隔 15～30d 消毒 1 次，消毒药可用 3%～5% 的来苏儿，每次消毒前必须彻底清扫圈舍。

保护皮肤和黏膜的完整性，防止细菌侵入；提高兽群的健康水平和抗病力，有效地防治本病；对患兽及时隔离并进行消毒处理，新生仔兽要在隔离栏内放入垫草，防止蹄部、膝关节等处磨损；保持兽舍干燥，避免皮肤黏膜损伤，发现外伤及时处理。

七、钩端螺旋体病
（leptospirosis）

钩端螺旋体病是由钩端螺旋体引起的一种重要而复杂的人、兽、畜及禽鸟共患的自然疫源性传染病。本病的临床表现复杂多样，动物种类不同、所感染钩端螺旋体的血清型不同，其临床表现也不尽相同，常见的症状有贫血、黄疸、发热、出血性素质、血红蛋白尿、败血症、流产、皮肤和黏膜坏死、水肿等。现已证明，多种温血动物、爬行动物、节肢动物、两栖动物、软体动物和蠕虫都可自然感染钩端螺旋体。本病在世界各地流行，热带、亚热带地区多发。我国许多省区都有本病的发生和流行，并以盛产水稻的中南、西南、华东等地区发病最多，是农业农村部规定的二类传染病。

【病原】 钩端螺旋体（*Leptospira*）是钩端螺旋体科（Leptospiraceae）钩端螺旋体属（*Leptospira*）成员。该菌大小为（0.1～0.2）μm×（6～20）μm，有12～18个弯曲细密规则的螺旋，菌体一端或两端弯曲呈钩状。钩端螺旋体为需氧菌，对培养基要求不高，可用含动物血清和蛋白胨的柯氏培养基、不含血清的半综合培养基等培养。培养适宜温度为28～30℃，适宜酸碱度为pH7.2～7.6。

钩端螺旋体对理化因素的抵抗力较强，能耐低温，在中性水中可存活数月，在停滞的微碱性水和淤泥中可长期存活。潮湿是其存活的重要条件，在含水的泥土中如水田、池塘、沼泽里及淤泥中可活6个月，这在疾病传播过程中有重要意义。

【流行病学】

1. 传染源 发病和带菌动物是主要的传染源。钩端螺旋体的动物宿主非常广泛，几乎所有的温血动物都能感染，其中鼠和猪是两个主要传染源。

2. 传播途径 动物接触含有病原体的尿液是感染本病的主要传播途径，还可通过交配、人工授精传染，在菌血症期间可由吸血昆虫如蜱、虻等传播。通过采食患病或死亡动物是食肉动物感染本病的主要原因，即以食物链形成传播。

3. 易感动物 病原存在于猫、犬、鼠、狐、貂等多种动物体内，可在肾和输尿管中形成持续感染，通过尿液等排泄物排出体外，污染饲料、饮水或动物的生活场所，再通过消化道、损伤的皮肤和黏膜传染给易感动物。

4. 流行特征 本病一年四季均可发生，特别是秋雨连绵、湿度较大的季节发病较多。各种年龄的动物不分性别均可发生，但以幼龄较敏感，成年动物次之，在体况上营养良好者比瘦弱者多发。饲养管理条件失调，如饥饿、饲养不合理或其他疾病致使机体衰弱时，常可促进本病的发生和流行。

【症状】 总体上本病菌感染率高，发病率低，症状轻的多，重的少。患钩端螺旋体病动物的主要症状是黄疸、发热、尿血和贫血。本病可分为四型，最急性型1～3d，急性型3～6d，亚急性型1～2周，慢性型长达2周以上。临床多见急性经过，患兽表现为精神沉郁，食欲减退或拒食，反刍动物表现为反刍停止，频排血红蛋白尿。

患兽病初体温上升，稽留3d以上，离群独立于一隅，两耳下垂，可视黏膜黄染，肢体倦怠无力；血液稀薄乃至血水状，红细胞减少，血沉加速，心肺机能均有相应变化。后期体温下降至36℃以下，脉搏每分钟100～120次，大多躺卧，呼吸困难，窒息而死。良性经过者，贫血状态逐渐停止，血尿和黄疸现象逐渐减轻并消失，可逐渐恢复健康。

【病理变化】 钩端螺旋体对动物所引起的病变基本一致。在急性病例中，可见皮肤、皮下组织、全身黏膜及浆膜发生不同程度的黄疸；心包腔、胸腔、腹腔内常有少量淡茶色澄清或稍混浊的积液；肝、肾、黏膜和浆膜常见点状或斑状出血；肝呈棕黄色，体积轻度肿大，质脆弱，切面常隐约可见黄绿色胆汁瘀积的小点。亚急性病例表现为肾炎、肝炎、脑脊髓炎及产后泌乳缺乏症。慢性病例则表现虹膜睫状体炎、流产、死产等，病程长，经历菌血症（前期发热）和菌尿症（后期无热）两个阶段。

【诊断】 临床症状、剖检病变及流行病学分析等可为诊断提供有力佐证。实验室诊断最重要的指标是检测特异性抗体滴度是否升高。诊断材料在发病7～8d内可采集血、脑脊液，剖检可取肝和肾，发病 7～8d 后可采集尿液，死后则采肾。

1. 病原学诊断

（1）涂片镜检：涂片后，用吉姆萨染色或方登纳镀银染色，临床标本用暗视野显微镜、免疫荧光或经过适当染色后用光学显微镜检查可发现钩端螺旋体，镀银染色时钩端螺旋体呈深灰色或灰色。

（2）分离培养：无菌肝素抗凝血及尿液可直接接种于柯氏培养基，污染组织病料可接种于含抗生素的培养基，置于 28～30℃培养，每隔 5～7d 观察一次，连续 4 周或更长时间，最多至 3 个月，未检出者为阴性；如为阳性，常在培养 7～10d 后肉眼见培养基略呈乳白色浑浊，对光轻摇试管时，上 1/3 内有云雾状生长物，此时挑取培养物做暗视野检查，可见多量的典型钩端螺旋体。

（3）动物接种：适用于含菌量少的病料的分离及菌株毒力的测定。常用幼龄豚鼠和金黄仓鼠，每份病料至少接种 2 只动物，一般在接种后 1～2 周，实验动物出现体温升高和体重减轻，此时可取其肝和肾进行镜检和分离。

2. 分子生物学诊断　　用 PCR 技术可检测尿中的菌体 DNA，此法特点是特异、敏感、快速；分型可用限制性内切酶，比较其基因图谱。

3. 血清学诊断　　取同一患兽发病早期和中后期的血清各一份，检测特异性抗体的存在及其滴度上升情况，即可做出诊断。

4. 显微凝集试验（MAT）　　本试验具有高度特异性，是钩端螺旋体病诊断最常用的方法之一。试验时用活菌体做抗原，与被检血清作用后在暗视野镜检，若待检血清中有同种抗体，可见菌体相互凝集成"小蜘蛛状"，被检血清效价在 1∶800 或以上者为阳性，1∶400 为可疑，1∶400 以下者，间隔 10～14d 后再次采血检查，若效价较上次增高 4 倍，即可确诊。

【鉴别诊断】　　本病应注意与附红细胞体病、衣原体病相区别。

【治疗】　　早期大剂量的用各种抗生素如青霉素、链霉素、金霉素、土霉素都有效。本病在早期不易发现，一旦发现症状就是中、晚期，所以治疗效果一般不理想。轻症病例可用青霉素或链霉素 60 万 U 每天分 3 次肌内注射，连续治疗 2～3d；重症病例连续 5～7d，同时配合维生素 B_1 和维生素 C 注射液各 1～2mL，分别肌内注射，1 次 /d。为了维护心脏功能，应给予强心剂；腹泻时可给予收敛药物；如有便秘，可投服缓泻药；此外，使用四环素、土霉素等也有一定的治疗作用。

【预防】　　平时防制本病的措施应包括 3 个部分，即消除带菌、排菌的各种动物（传染源）；消除和清理被污染的水源、淤泥、牧地、饲料、场舍、用具等以防止本病传染和散播；实行预防接种和加强饲养管理，提高动物的特异性和非特异性抵抗力。

另外，养殖场要格外重视灭鼠，不要熟视无睹。老鼠传播很多疾病，而且就是钩端螺旋体的携带者。所以，养殖场一定要做好防鼠工作。

八、土拉杆菌病
（tularemia）

土拉杆菌病又称野兔热、土拉热，是由土拉弗朗西斯科菌引起的一种自然疫源性疾病，主要感染野生啮齿动物并可传染给其他动物和人类，主要表现为体温升高，肝、脾、肾肿大，充血和多发性粟粒状坏死，淋巴结肿大并有针尖样干酪样坏死灶。

【**病原**】 土拉杆菌（*Bacillus tularensis*）是盐杆菌科（Halobacteriaceae）弗朗西斯菌属（*Francisella*）成员。本菌属于革兰阴性专性需氧胞内寄生杆菌，呈两极着色，在适宜的培养基中的幼龄培养物中形态相对一致，呈小的、单在的杆状，大小为 0.2μm×（0.2~0.7）μm，培养 24h 呈多形态，表现豆形、球形、杆状和丝状等形态，死亡期的丝状细胞裂解成碎片，无芽孢，无动力。强毒的土拉杆菌有荚膜，最适生长温度 37℃，可生长温度范围为24~39℃。本菌在普通培养基上不生长，在葡萄糖半胱氨酸血琼脂（GCBA）平板上培养2~4d 可形成光滑、凸起的灰白色菌落，围绕有特征性褪色绿环，直径约 1mm。本菌分解葡萄糖、果糖、甘露糖迟缓，产酸不产气，可由半胱氨酸或胱氨酸产生 H_2S。本菌触酶实验弱阳性，氧化酶阴性，不水解明胶，不产生吲哚。

本菌对自然条件有较强的抵抗力，在水中可存活 90d，在干粪内可存活 20~25d，在谷物中可存活 130d，在毛皮中可存活 40~45d，在尸体中可存活 100d 以上。60℃以上高温和常用消毒剂都能很快将其杀死。本菌对链霉素、四环素和氯霉素敏感。

【**流行病学**】

1. 传染源 土拉杆菌病在自然界中主要流行于野兔和啮齿类动物中，多种节肢动物如虱、蚤、蚊、虻、螨、蝇等均是该病的重要传染源。

2. 传播途径 土拉杆菌病主要是通过吸血节肢动物传播，土拉杆菌能在节肢动物体内寄居和繁殖。昆虫叮咬动物时，细菌会随昆虫的唾液进入动物体内。动物在采食过程中，如食入带菌的昆虫也会发生感染。

3. 易感动物 带菌野生哺乳动物，如黑尾鹿、白尾鹿、欧洲野猪、赤狐、灰狐、北美水貂、浣熊、雪兔、欧洲野兔、美洲野兔、田鼠、水獭、麝鼠、松鼠、美洲旱獭等对土拉杆菌病易感。土拉杆菌病对欧洲、美国等地的野兔的生存威胁巨大。人工饲养的毛皮动物，如水貂、银黑狐、北极狐、海狸鼠、麝鼠等均易感。

4. 流行特征 本病一年四季均可发生，发病时间主要与人类生产活动的季节和媒介、宿主动物活动的季节变化有关，多见于媒介活动季节，常为夏、春季；因接触动物宿主引起的发病多见于冬季。

【**症状**】 动物患该病的临床症状常不明显，淋巴结肿大为本病特征。临床可见头颈部及体表淋巴结肿大，一般还可见体温升高、精神衰弱。发现动物患此病时，常已处于濒死期或动物已死亡。该病潜伏期为 1~9d，以 1~3d 为多。不同动物和病例的临诊症状差异较大。

1. 兔 幼兔患本病多呈急性经过，一般病例常不表现明显症状而突然死亡。有的仅表现体温升高、食欲废绝、步态不稳、昏迷而死亡。成年兔大多为慢性经过，常表现为鼻炎，流鼻涕，打喷嚏，颌下、颈下、腋下和腹股沟等体表淋巴结肿大、化脓，体温升高，白细胞增多，12~14d 后恢复。

2. 海狸鼠 结膜充血，鼻孔有浆液性鼻液流出，随后肩前淋巴结肿大，触摸腹部有痛感，有的出现咳嗽，流脓性鼻液，食欲废绝，爪部浮肿，濒死前痉挛，病死率可达90%。

3. 水貂 水貂在流行早期多为急性型，潜伏期 2~3d。患貂突然拒食，体温升高达42℃，精神沉郁，厌食，疲倦，迟钝；呼吸困难，甚至张口、垂舌、气喘；后肢麻痹，常转归死亡，病程 1~2d。流行后期水貂多呈慢性经过，沉郁，厌食，鼻镜干燥，倦怠，步态不稳，极度消瘦，眼角有大量脓性分泌物，有的病貂排带血稀便，体表淋巴结肿大，可化脓、破溃，并向外排脓汁。病貂如治疗及时且适当，多数能康复。

4. 狐 狐亦表现沉郁，拒食，体表淋巴结肿大、化脓，有的出现呼吸困难和结膜炎，多数转归死亡。

【病理变化】 特征性病变为化脓性淋巴结炎及内脏实质器官出现坏死、肉芽肿。

急性病例缺乏病理特征性变化，亚急性和慢性病例表现典型。患病动物体表（颌下，咽后、肩前、肩下、颈部等）淋巴结显著肿大，一般可达正常的10～15倍，其被膜亦增厚数倍，无光泽，并分布有淡灰色小坏死灶；切面淋巴结正常结构消失，充满黄色小腔洞，慢性病例淋巴结切面有结缔组织增生，呈半透明条索状，硬固；淋巴结常化脓，呈黄白色干酪样，无臭味，并能形成瘘管，与皮肤表面相通，形成干酪样坏死。胸膜及腹膜常显著增厚，潮红，粗糙，覆盖以米糠样薄膜。胸、腹腔有混浊白色，混有纤维素絮片的积液。皮下组织充血、淤血，伴有胶样浸润。心内外膜有点状出血，心肌松弛。肺充血，水肿。肝肿大，切面呈豆蔻状纹理。脾增加2～3倍。肝、脾、肺等脏器常有多量灰白色干酪样坏死灶。

【诊断】 根据流行病学特点及病理变化可做初步诊断，确诊依赖实验室检查。

1. 细菌学诊断 采取淋巴结和内脏病变组织制成悬液，皮下接种豚鼠或小鼠，豚鼠在4～10d内死亡，死后采取血液和病变组织作细菌分离培养，通常须连续进行2～3次分离才能得到纯培养物，然后进行鉴定。直接从病变组织进行分离培养十分困难。

2. 变态反应试验 用土拉菌素（灭活菌液或土拉菌内毒素）0.1～0.2mL接种尾梢部皮内，24h后检查，局部发红、肿胀、发硬、疼痛者为阳性，但是有一小部分发病动物不发生反应。变态反应素一般在发病后3～5d出现。

3. 血清学诊断 动物在发病后的第二周，血清的凝集抗体滴度显著升高且长期保持。采可疑病兽血清与本病抗原作凝集反应试验，如滴度升高，则为本病。此法尤适用于动物群体的普查工作。虽然土拉杆菌与布鲁菌有共同抗原成分，但与布鲁菌抗体的凝集价极低，可以区别，如与变态反应同时进行，则可以提高诊断的准确性。

【治疗】 链霉素是治疗土拉杆菌病最有效的抗生素。在感染土拉杆菌病的小白鼠和猴的治疗实验中，证明了链霉素的治疗效果，它既有抑菌作用也有杀菌作用。通过动物实验结果还表明，四环素对土拉杆菌有效，其他抗菌剂（大环内酯类、β-内酰胺和氯霉素）效果较差。在临床实践中，可用药敏实验选择敏感而经济的抗生素治疗。

【预防】 农业上为了降低鼠害，在防鼠、灭鼠中采取减少鼠类食物、消除鼠类栖息场所，结合保护食鼠动物的方法，是防止土拉杆菌病流行最有效和安全的措施。

人工饲养过程中，为控制本病的发生应注意杜绝野生啮齿动物和外寄生虫，加强食物和饮水的管理，做好卫生防疫工作。应定期进行灭鼠工作，发现死鼠应及时收集进行无害处理。做好除虫工作，特别是螫刺昆虫。在昆虫孳生季节，要防止蚊、蚤和扁虱等昆虫侵袭动物。喂饲动物的饲料特别是肉类应是安全的。肉类食物应来自健康动物，必要时对供肉动物进行宰前检疫，可疑肉类需加热处理。不要让动物饮用河流的水。

发现本病流行时，应及时隔离患兽，消除传染媒介，对动物舍和用具进行彻底消毒。持续检疫淘汰阳性动物，直至全群净化。人也感染本病，接触动物的人员应进行免疫预防接种和采取必要的防护措施。接触动物（包括死的动物）需配戴手套。

九、结 核 病
（tuberculosis，TB）

结核病是由结核分枝杆菌引起的人、畜、禽共患的一种慢性传染病。其特点是在多种组织器官形成结核结节和干酪样坏死或钙化结节病理变化。病原主要侵害肺，也可侵害肠、肝、脾、肾和生殖器官，甚至引起全身性病变。

我国野生经济动物也有本病发生，特别是鹿科反刍动物和野禽山鸡（人工驯养的山鸡）感染率和发病率都比较高。貂、貉、狐、海狸鼠、麝鼠等很少呈地方性流行，只是有散发病例。本病在世界各地都有分布，我国的人和动物的结核病基本得到了控制，但近年来发病率又有增长的趋势，特别是超级耐药菌株的出现使得结核病的防控面临新的挑战。

【病原】　结核分枝杆菌（*Mycobacterium tuberculosis*）共有三种型，即人型分枝杆菌（*M.hominis*）、牛型分枝杆菌（*M.bovis*）和禽型分枝杆菌（*M.avian*）。分枝杆菌属除这三种分枝杆菌外，还包括副结核分枝杆菌、胞内分枝杆菌以及冷血动物型、鼠型结核杆菌等30余种分枝杆菌，但它们对人和动物的致病力均较弱或无致病力。

在经济动物中，以牛型和禽型结核杆菌最为易感，人型结核杆菌次之。本菌为革兰阳性菌，无鞭毛，不形成芽孢和荚膜，也不具有运动性，形态因种别不同稍有差异。人型分枝杆菌是直或微弯的细长杆菌，呈单独或平行相聚排列，多为棍棒状，间有分枝状。牛分枝杆菌稍短粗，且着色不均匀。禽分枝杆菌短而小，为多形性。

该菌为需氧菌，营养要求高。生长适宜pH：牛型为5.9～7.2，人型为7.4～8.0，禽型为7.4。本菌最适温度为37℃，低于30℃或高于42℃均不生长，但禽型42℃可生长。本菌在初次分离培养时发育很慢，需用凝固牛血清或鸡蛋培养基；在不含甘油固体培养基上接种，3周左右开始生长，出现菌落，如粟粒大，圆形、透明、潮湿并逐渐变为半透明，呈褐灰白色菌落，易剥离。在甘油肉汤培养基中细菌菲薄、柔软，呈网状。经过驯化培养的菌株，可在液体表面形成大量多皱襞的菌膜。牛分枝杆菌生长最慢，禽分枝杆菌生长最快。

本菌对磺胺类药物和一般抗生素不敏感，但对链霉素、异烟肼及对氨基水杨酸和环丝氨酸等有不同程度的敏感性。

【流行病学】
1. 传染源　开放型的患兽是主要的传染源，患兽可经不同途径排菌。肺结核通过痰，乳房结核通过乳汁，肠结核通过粪便，肾和膀胱结核通过尿，淋巴结核则通过破溃的分泌物扩散传播。感染结核菌的肉类饲料和乳品，是主要传染来源。肉食动物吞食了未经无害化处理的患结核病的牛、羊肉及内脏等副产品，易感染本病。

2. 传播途径　主要为呼吸道、消化道，其次是生殖道，动物通过交配而感染，皮肤接触也有可能传播。由患兽排出的病菌可污染周围空气、地面、土壤、饲料及兽舍、禽舍及其他用具，由此传染给健康易感动物。

3. 易感动物　经济动物中鹿的死亡率较高，尤其是仔鹿，配种后期的公鹿发病率和死亡率更高。在毛皮动物中，幼龄水貂、银黑狐、貉、海狸鼠等比较敏感，北极狐很少患病。我国个别水貂场偶有散发病例，由于水貂色型和抵抗力不同，易感性也有所差异。

4. 流行特征　发病没有季节性，一年四季均可发生，毛皮动物多见于夏、秋两季。饲养管理不当与本病的传播有着密切关系，特别是笼具比较小和密集饲养，粪便堆积不及时清除，卫生条件不好，兽舍通风不良、潮湿、阳光不足，饲料不足或搭配不当，缺乏运动，以及多种动物混养均可促进本病的发生与传播。禽结核据认为发病率可能与气候有关，而与禽的品种、年龄关系不大。

【症状】　潜伏期长短不一，短者十几天，长者数月甚至数年。通常为慢性经过，病初临床症状不明显，随着病情逐渐延长，病症逐渐显露，各种动物临床表现取决于一个或几个器官的病变程度。

1. 鹿　常感染牛分枝杆菌，初期症状不明显，随病程进展食欲逐渐下降，呈进行性消瘦，随发病部位不同，临床表现不一。肺结核时，易疲劳，初干咳后湿咳，并以早晚及采食时为甚。随病情的发展咳嗽加重、频繁且表现痛苦；呼吸次数增加，严重时发生气喘；听诊肺部有湿性啰音或胸膜摩擦音；被毛无光，换毛延迟，不爱运动，贫血，不育，体表淋巴结肿大，并常有低热。本病为慢性经过，一般拖至数日甚至一年之久，最后极度消瘦，衰竭而死亡。肠结核时，表现消化不良，食欲不振，迅速消瘦；顽固性下痢，病鹿常有腹痛感，腹泻与便秘交替发生，腹泻时粪便呈半液状，混有脓液甚至血液。乳腺结核时，乳房上淋巴结肿大，一侧或两侧乳腺肿胀，泌乳量减少，触诊可感知坚实硬块，乳汁初期无变化，严重时稀薄如水。纵隔淋巴结核时，淋巴结肿大，甚至压迫食道妨碍反刍，引起顽固性慢性瘤胃鼓胀。淋巴结核时，常发生在咽喉部，下颌淋巴结明显肿胀，多为开放性的，流出脓血，经久不愈，鹿尤为常见，病程较长，可达数月至一年，如不及时治疗，多以死亡告终。

2. 水貂　潜伏期为1～2周，病程一般为40～70d。病貂不愿活动，食欲减退，进行性消瘦，易疲乏嗜卧，贫血，被毛无光泽，鼻镜颜色变淡。当侵害肺部时，表现咳嗽，严重者呼吸困难；部分病貂鼻、眼有较多浆液性分泌物。侵害肠系膜淋巴结时，腹腔可能积水，咽后淋巴结肿大，触之有波动感，破溃后流出脓样黏稠液体，局部被毛粘结，创面污秽。有些病例出现带血下痢，还有些病例死前1～2周出现后肢麻痹。有的病貂常打喷嚏和响鼻，有化脓性鼻漏，因此在鼻镜上形成淡黄色痂皮；胸部听诊有啰音，呼吸频速，浅表。

3. 银黑狐、北极狐和海狸鼠　病例表现决定于病变部位。多数病例表现衰竭，被毛蓬乱无光泽；肺部病变时发生咳嗽，呼吸困难，很少运动；下颌淋巴结和颈浅淋巴结受侵染时，肿大、破溃；实质脏器结核病多无明显症状，表现消瘦，营养不良；有的患兽有腹泻或便秘，腹腔积水；银黑狐体表淋巴结被侵害时，发现长久不愈的溃疡或形成结节。

4. 貉　表现为发育停滞，消瘦，被毛逆立、蓬乱、粗糙无光泽。病貉咳嗽，有的体表淋巴结肿大，特别是颈浅淋巴结溃烂，创面污秽，被毛粘结，可视黏膜苍白，不愿活动，秋末冬初时死亡；剖检以肺部变化为主，可见大小不等各型结节，有的下颌淋巴结破溃。

5. 禽　主要危害雏鸡和火鸡，成年鸡多发，其他家禽和野禽亦可感染。感染途径主要经过消化道，但亦可能通过呼吸道感染。临床表现贫血、消瘦、鸡冠萎缩、跛行以及产蛋减少甚至停产。病程持续2～3个月，有时可达一年。病禽因衰竭或肝变性破裂而突然死亡。

【病理变化】　结核病的病理变化特点是在器官组织发生增生性或渗出性炎症，或两者混合存在。当机体抵抗力强时，机体对结核菌的反应以细胞增生为主，形成增生性结核结节，为增生性炎，由上皮样细胞和巨噬细胞集结在结核菌周围，构成特异性肉芽肿，外层是一层密集的淋巴细胞或成纤维细胞形成的非特异性肉芽组织。在机体抵抗力降低时，机体反应则以渗出性炎症为主，在组织中有纤维蛋白和淋巴细胞的弥漫性沉积，之后发生干酪样坏死、化脓或钙化，这种变化主要见于肺和淋巴结。

1. 毛皮动物结核病 患兽尸僵完全，可视黏膜苍白、消瘦。结核病变常发生于肺内，在肋腹下及肺组织深部，可见豌豆大或黄豆大的单在钙化结节，切面见有浓稠凝块和灰黄色脓样物。有的侵害气管和支气管，形成空洞，其内容物由支气管进入气管而排出体外；有的在气管和支气管黏膜上发现小的结核结节，在胸腔内混有脓样分泌物。支气管周围和纵隔淋巴结增大，切面多汁，有脓样病灶。肠系膜淋巴结肿大，充满黏稠凝块状灰色物。

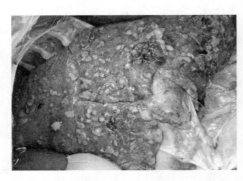

图 4-1-10　鹿肝脏的结核结节

2. 鹿结核病 主要发生在肺脏，肺门淋巴结和体表淋巴结、肝、脾、浆膜等也常见到结核病灶（图 4-1-10）。外观呈大小不等的脓肿，最大呈篮球状。结节中心呈灰白色、粗糙、稠浓汁样、无臭、无味坏死灶。有的肺空洞化，见有少量灰白色干酪样渗出物。肠结核也常发生，其病变多见于空肠后1/3 部及回肠内，结节特点是有明显溃疡面，溃疡呈圆形或椭圆形，周围为堤状突起，底面常有脓样坏死物。肠系膜结核时常发生在浆膜面上，浆膜结核可见珍珠样病理变化。体表淋巴结呈开放性结核时，从破溃的淋巴结流出白色无臭的干酪样物质。

3. 禽结核病 见于肝、脾、肺、肠等处，出现不规则的、浅灰黄色、从针尖大到 $1cm^2$ 大小的结节，将结核结节切开，可见结核外面包裹一层纤维组织性的包膜，内有黄白色干酪样坏死，通常不发生钙化。结节大小不等，多少不一，多时可布满整个器官，肝、脾最多，结节稍突起于器官表面，在肠壁、腹膜、骨骼、卵巢、睾丸、胸腺等处也可见到结核结节。

【诊断】 在动物群中有发生进行性消瘦、咳嗽、慢性乳房炎、顽固性下痢、体表淋巴结慢性肿胀等症状的动物，可作为初步诊断的依据。但在不同的情况下，须结合流行病学、临床症状、病理变化、结核菌素试验，以及细菌学试验和血清学试验等综合诊断方可确诊。

1. 细菌学诊断 本法对开放性结核病的诊断具有实际意义。采取患兽病灶、痰、尿、粪、乳及其他分泌物直接涂片，抗酸性染色，镜检见到红色短杆状菌，则为此菌。接种培养，分离本菌，因含杂菌多，病料须经过特殊处理，接种在含有抑制杂菌生长的培养基上。

2. 病理组织检查 做病理组织切片时，病料需用 10% 福尔马林固定、石蜡切片、抗酸染色，如有该菌存在，镜检时可见到结核菌染成红色，其他细菌染成蓝色，并可观察到典型的结核结节结构。

3. 动物接种 豚鼠和家兔对人型和牛型结核杆菌敏感，试验注射 1 mL 病料悬液于豚鼠皮下，阳性反应者，10d 后局部出现硬结，并逐渐增大，3 周后破溃，1～2 个月内患全身性结核而死亡。从病灶中可分离出结核菌，即可确诊。

4. 血清学诊断 补体结合试验、血细胞凝集试验、沉淀试验、吞噬指数试验等方法均可检测本菌，但由于这些方法的实际应用意义不大，目前极少应用。目前广泛采用免疫荧光抗体技术检查病料，该法具有快速、准确、检出率高等优点。

5. 结核菌素诊断法 该法是目前诊断结核病具有现实意义的好方法。此法操作简便，易于在基层和现场展开工作。结核菌素试验主要包括提纯结核菌素（PPD）和老结核菌素（OT）诊断方法。

（1）提纯结核菌素诊断方法：即应用由我国研制的提纯结核菌素于皮内试验。取每毫升含 5 万 IU 的提纯结核菌原液 0.1mL，用注射用水或灭菌蒸馏水稀释成每毫升含 2.5 万 IU 的 PPD 0.2mL，注射于牛颈侧中部皮内。在注射后 72h 观察反应，局部皮肤会出现肿、热、痛等炎症反应。皮差为 4mm 以上或不到 4mm，但局部呈弥漫性水肿的可判为阳性。

（2）PPD 点眼反应：将 5 万 IU/mL 的 PPD，以注射用水或无菌蒸馏水 2～3 滴作点眼反应试验。一般于第 3、6、9h 点眼，各观察 1 次，必要时可观察 24h 反应。有两个大米粒大或 2mm×10mm 以上的呈黄白色的脓性分泌物自眼角流出，或散布在眼的周围，眼结膜明显充血、水肿、流泪并有全身反应的为阳性。

（3）OT 点眼反应：结核菌素 OT 采取两次点眼试验，点眼间隔为 3～5d。在点眼前对两眼做细致检查，注意眼结膜有无变化，正常时方可作点眼，第一次点于左眼，第二次必须点同一个眼睛。每次滴入 2～3 滴（0.2～0.3mL）。点眼后于 3、6、9h 各观察一次，必要时可观察 24h。有两个大米粒大或 2mm×10mm 以上的呈黄白色的脓性分泌物自眼中流出，或散布在眼的周围，或上述反应较轻，但有明显结膜充血、水肿、流泪并有全身反应者为阳性。

【治疗】　目前，对于鹿尚无特效疗法，对体质较差的可以淘汰；对有利用价值的可用异烟肼和链霉素治疗。每公斤体重异烟肼 8mg，链霉素 20mg，每日 2 次，疗程应坚持数月。对鹿群定期进行结核病检疫，查出阳性鹿，建议及时隔离，严重者淘汰；假定阳性者，接种疫苗。平时应加强饲养管理，严格兽医卫生制度。

毛皮动物结核病不仅治疗困难，而且疗程长，用药量大，治疗意义不大，所以从生产角度出发走自群净化路线，发现患兽和可疑患兽应尽快隔离饲养，维持到取皮淘汰。除非特别优良的品种可用链霉素、异烟肼、对氨基水杨酸、维生素等治疗，一般宜淘汰处理。据报道，水貂结核病可用异烟肼治疗，每只水貂每天口服 4mg，连续 3～4 周可获得良好疗效。

在长期治疗时，病情呈进行性发展而不见疗效时，应同时使用几种抗结核药物进行控制，并应分离病原菌，确定为何种分枝杆菌，还需进行药敏试验，以选择理想抗结核药物。感染禽型分枝杆菌的动物，用单一抗结核药物治疗一般效果不理想，可考虑几种药物结合使用。总之，结核病的治疗最好做药敏试验，选择敏感药物、联合用药，长期坚持用药不间断的原则，才有可能达到理想的治疗效果。

【预防】　对兽群禽群定期进行结核病检疫，查出阳性者，建议及时隔离，严重者淘汰；假定阳性者，接种疫苗。平时应加强饲养管理，严格兽医卫生制度。防止养殖密度过大，避免棚舍潮湿，确保营养全价。有本病的养殖场，对患兽用过的笼子用火焰喷灯或 2% 热苛性钠溶液消毒，场地、饲槽可用 5% 煤酚皂，3%～5% 石炭酸、5% 克辽林或 20% 漂白粉，实行严格消毒。除检疫和严格隔离发病动物外，谢绝外人参观，饲养员则应每年进行两次健康检查，患有开放型结核的病人不应在饲养场工作。

十、布 鲁 菌 病
（brucelliasis）

布鲁菌病又称地中海弛张热、马耳他热、波浪热或波状热，是由布鲁菌引起的人兽共患性慢性传染病。临床上以生殖器官发炎，引起流产、不育和各种组织的局部病灶为特征。经济动物中，鹿的发病率相对较高，毛皮动物感染也时有报道，主要侵害母兽，使妊娠兽发生流产和产后不育以及新生仔兽死亡。

【病原】 布鲁菌属有 6 个种，即马耳他布鲁菌（*Brucella melitensis*）、流产布鲁菌（*Brucella abortus*）、猪布鲁菌（*Brucella suis*）、林鼠布鲁菌（*Brucella neotomae*）、绵羊布鲁菌（*Brucella ovis*）和犬布鲁菌（*Brucella canis*）。习惯上称马耳他布鲁菌为羊布鲁菌，流产布鲁菌为牛布鲁菌。鹿和毛皮动物的布鲁菌病主要由猪、牛和羊布鲁菌引起。各个种与生物型菌株之间，形态及染色特性等方面无明显差别。

布鲁菌（brucella）为革兰阴性短小杆菌，菌体无鞭毛，不形成芽孢，不运动，条件不良时形成荚膜。本菌为需氧菌，对营养要求较高，普通培养基上生长较差，在含血清或马铃薯浸液的培养基中生长良好。在培养基上培养可形成光滑型（S）和粗糙型（R）菌落。

布鲁菌在自然环境中生活力较强，在患兽的分泌物，排泄物及尸体的脏器中能生存 4 个月左右，在食品中约生存 2 个月。加热 60℃ 或日光下曝晒 10～20min 可杀死此菌，对常用化学消毒剂较敏感，1%～2% 苯酚、来苏儿溶液，1h 内死亡；1%～2% 甲醛溶液，经 3h 杀死；在 0.2% 石炭酸中 2h 失去活力。本菌对卡那霉素等抗菌药敏感，但对低温抵抗力较强。

【流行病学】

1. 传染源 患兽和带菌动物是主要的传染源，其中最危险的传染源是受感染的妊娠动物，其流产时随流产胎儿、胎衣、胎水和阴道分泌物排出大量细菌。

2. 传播途径 该菌在动物间主要经皮肤及黏膜接触传播，也可通过母畜垂直传播给子代。向人间传播主要靠直接或间接接触病兽或其排泄物、分泌物、娩出物、污染的环境及物品经皮肤微伤或眼结膜感染；食用布鲁菌污染的食品和水经消化道传播可造成感染；布鲁菌污染环境后形成气溶胶，可经呼吸道感染；污染的精液可通过人工授精造成全群感染，暴发本病。

3. 易感动物 在自然条件下，布鲁菌的易感动物范围很广，主要是羊、牛、猪，还有牦牛、野牛、水牛、鹿、骆驼、野猪等，性成熟的母畜比公畜易感，特别是头胎妊娠母兽。成年兽感染率较高，幼兽发病率较低。经济动物中的鹿、毛皮动物均可感染。

4. 流行特征 本病一年四季均可发病，但以产仔季节为多。牧区发病率高于农区，农区高于城市。流行区在发病高峰季节（春末夏初）可呈点状暴发流行。动物一旦感染，首先表现为患病妊娠母兽流产，多数只流产 1 次；流产高潮过后，流产可逐渐完全停止，虽表面看恢复了健康，但多数为长期带菌者。营养不良、饲养管理不良等可促进本病的发生和流行。

【症状】 潜伏期长短不一，一般为 4～7d。各种动物的临床表现主要特征为流产。

1. 鹿 患鹿多呈慢性经过，早期多无明显症状，日久食欲减退，体质消瘦，皮下淋巴结肿大。母鹿在怀孕初期感染后，多在 6～8 个月间流产。流产前后可从子宫内流出恶臭的污褐色或乳白色脓性分泌物，流产胎儿多属死胎。产后母鹿常发生乳腺炎、胎衣不下和不孕症等。公鹿则多出现睾丸炎和附睾炎，睾丸一侧或两侧肿大。部分成年鹿发病时出现关节炎，常在腕关节、跗关节及其他关节发生脓肿。麋鹿、驼鹿和驯鹿发生本病时，主要症状是流产和产出无生命力的仔鹿，病鹿四肢下部出现传染性水囊瘤和滑膜炎，传染持续期可超过几年。

2. 貂和狐 貂和狐等毛皮动物的流产一般发生于妊娠后期，表现为体温升高，或产弱生仔兽，食欲下降，个别出现化脓性结膜炎，空怀率高，公兽配种能力下降等。新生仔兽生后衰弱，病死率较高（图 4-1-11）。

【病理变化】

1. 鹿　流产的胎衣有明显病变，呈黄色胶冻样浸润，有些部位覆有灰色或黄绿色纤维蛋白或脓液絮片，或覆有脂肪状渗出物；胎儿胃特别是皱胃中有淡黄色或白色黏液絮状物；浆膜腔有微红色液体，皮下呈出血性浆液性浸润；淋巴结、脾和肝肿胀，有的散在有炎性坏死灶；脐带常呈浆液性浸润。公鹿生殖器官、精囊内可能有出血点和坏死灶，睾丸和附睾可能有炎性坏死灶和化脓灶。

2. 貂和狐　妊娠中、后期死亡的母兽，子宫内膜有炎症，或有糜烂的胎儿，外阴部有恶露附着，淋巴结和脾脏肿大（图 4-1-12），其他器官充血、淤血，公兽有的出现睾丸炎。

图 4-1-11　新生仔貂衰弱

图 4-1-12　母狐脾脏肿大

【诊断】

1. 初诊　根据流行病学调查，孕兽发生流产，特别是第一胎流产多，并出现胎衣不下、子宫内膜炎、不孕；公兽发生睾丸炎、附睾炎、不育，加上胎衣、胎儿的病变等可怀疑为该病，但确诊需进一步检查。

2. 病原学检查　采流产胎儿的胃内容物、脾、肝等和母畜的胎衣、阴道分泌物、乳汁等涂片，进行柯氏染色。

3. 分离培养　布鲁杆菌为需氧菌，对营养要求严格，可在基础培养基中加入2%～5% 的牛血清或马血清，或者血清葡萄糖琼脂、甘油葡萄糖琼脂等。该菌生长缓慢，一般需要 7d 或更长时间才能长出肉眼可见的菌落。

4. 血清学试验　检查的常用方法是虎红平板凝集试验、试管凝集试验（判定凝集效价 1：50 可疑，1：100 以上为阳性）。

（1）补体结合反应：本反应对布鲁杆菌病有很高的诊断价值，急性或慢性感染的患兽均适用，其敏感性较凝集反应高，但操作复杂。一般毛皮兽发生流产后 1～2 周采血检查，可提高检出率。

（2）凝集反应：在本病诊断中应用最广的是试管凝集试验，平板凝集试验也较常用。

此外，也可应用全乳环状试验、变态反应、荧光抗体试验和病原分离方法进行诊断。

5. 分子生物学检测　PCR 和 AMOS-PCR 等方法都可以对布鲁菌进行快速诊断和分型。病料主要采集患兽脾脏、淋巴结、流产胎儿、胎衣等。

【鉴别诊断】　布鲁菌的主要症状是流产，但能引起流产的病原很多，要注意相鉴别。

布鲁菌病与副伤寒相类似，但根据细菌学检查即可鉴别，副伤寒病原体常出现于血液内和脏器中，同时副伤寒固有病理变化比较典型。水貂布鲁菌病虽然与阿留申病相似，但通过血清学检查可得到鉴别，阿留申病血清对流免疫电泳阳性，且阿留申病兽血清的浆细胞增多，而布鲁菌病没有这种变化。

【治疗】

1. 抗菌治疗　急性期要以抗菌治疗为主。常用抗生素有链霉素、庆大霉素、卡那霉素、土霉素、金霉素、四环素等，患兽对青霉素不敏感。没有治疗价值的患兽，隔离饲养到取皮期，淘汰取皮。

2. 菌苗疗法　适用于慢性期患兽，治疗机理是使敏感性增高的机体脱敏，减轻变态反应的发生。菌苗疗法也宜与抗菌药物同时应用。

3. 水解素和溶菌素疗法　水解素和溶菌素系由弱毒布鲁菌经水解及溶菌后制成，其作用与菌苗相似，疗效各不相同。

【预防】

1. 管理传染源　加强患兽管理，发现患兽应隔离于专设牧场中。污染兽场还应定期检疫可疑兽群，扑杀阳性个体。尽量从健康种群培育后代，购进动物、引进种兽或精液应做好隔离观察和检验检疫工作；同时对患兽污染的笼子可用1%～3%石炭酸或来苏儿溶液消毒，用5%新石灰乳处理地面，工作服用2%苏打溶液煮沸或用1%氯亚明溶液浸泡3h。

2. 切断传播途径　平时应加强肉类饲料的管理，对可疑的肉类及下脚料要高温处理。疫区的乳类、肉类及皮毛需严格消毒灭菌后才能外运，保护水源。

3. 保护易感动物和人群　使用疫苗预防接种应做到连续性（每年免疫1次，连续3～5年）和连片性（同地区同时接种）。目前常用菌苗有A19号苗、S2号苗、M5号苗等，要根据实际情况，选择适合的疫苗及接种方式。产仔前接种疫苗对于鹿来说不安全，接种后会体温升高，增加流产风险。经常与动物接触者，应具备一定的防病知识，既要防止布鲁杆菌在动物间传播，又要防止患兽传染给人，特别是在接产或处理流产时要谨慎。

十一、嗜血性支原体感染
（eperythrozoonosis）

嗜血性支原体感染，又叫附红细胞体病，该病是由嗜血性支原体寄生于脊椎动物红细胞表面或血浆中而引起的一种人、兽共患传染病。本病多为隐性感染，在急性发作期出现溶血性贫血、黄疸、发热等症状。该病广泛分布于世界各地，我国自1981年首次发现病例以来，已经成为嗜血性支原体感染流行最为严重的国家之一。

【病原】　对嗜血性支原体的分类，国际上较广泛地采用《伯杰细菌鉴定手册》的分类方法，将其列为立克次体目（Rickettsiales）支原体科（Anaplasmataceae）嗜血性支原体属，而不再将其归为立克次体科。嗜血性支原体种类很多，已命名的有13种，常见有兔嗜血性支原体等。

嗜血性支原体是一种多形态生物体，在电子显微镜下观察，呈环形、球形、卵圆形、逗点形或杆状，无细胞器和细胞核，其直径在0.3～0.4μm，瑞氏染色浅蓝色，吉姆萨染色呈紫红色，革兰染色阴性，苯胺类色素如吖啶黄易于着染，着染性高于其他染色方法，但需在荧光显微镜下才能观察。在红细胞表面单个或成团存在，呈链状或鳞片状。红细胞上菌体数多少不等，少则 3～5 个，多则 15～25 个，也可能游离于血浆中。嗜血性支原体对干燥和化学药品的抵抗力低，用消毒药几分钟可杀死，但在低温条件下可存活数年，在冰冻凝固的血液中可存活 31d，在加 15% 甘油的血液中于 −79℃时能保持感染力 80d。

【流行病学】

1. 传染源 患兽为主要传染源。

2. 传播途径 经吸血昆虫和节肢动物传播是目前公认的该病最为主要的传播方式。在夏秋或雨水较多的季节，吸血昆虫活动、繁殖为该病的传播起到了关键媒介作用，常见的吸血昆虫和节肢动物有蚊虫、鳌蝇、猪虱、蠓、蜱等。但到目前吸血昆虫和节肢动物的传播机制尚属未知。

（1）垂直传播：胎儿在母体中或在分娩过程中发生的母源性传播，如人和奶牛、猪的嗜血性支原体可通过母体经胎盘传给后代。

（2）血液传播：动物之间可通过摄食血液、含血的食物、舔断尾的伤口、咬尾或喝被血污染的尿、交配等相互传播。人为因素也可能造成该病的传播，如使用被污染的注射器等。

3. 易感动物 多种动物均易感，以毛皮动物易感程度观察，顺序为蓝狐—貉—水貂—银黑狐。

4. 流行特征 本病一年四季均可发病，但在夏、秋季节（7～9 月）多发。蚊、蝇及吸血昆虫叮咬可以造成本病的传播。此外，注射针头消毒不好可造成严重传播。许多成年水貂带虫，在应激作用下可以发病。

【临床症状】 本病的临床症状复杂，易与其他疾病混合感染，使其症状更为复杂。本病潜伏期 6～10d，有的长达 40d。在发病的初期使用抗生素后症状减轻。病狐、病貂表现发热，体温升高至 40.5～41.5℃以上，稽留热，食欲不振，拒食，偶有咳嗽、流鼻涕、呼吸迫促，可视黏膜（眼结膜等）苍白、黄染，机体消瘦，有的排血便，最终衰竭死亡。驯鹿感染后表现为衰弱，嗜睡，厌食，呼吸困难，体重减轻，躯干部不同程度水肿，中度贫血，红细胞变小或变大，形态异常，血红蛋白减少。

【病理变化】 尸体消瘦，营养不良，被毛蓬乱；可视黏膜苍白、黄染；血液稀薄；肺脏有出血斑；心肌松软、心冠脂肪黄染、心包内有大量淡黄色液体；肝脏肿胀、黄染，有出血斑，质脆；脾脏肿大；肾出血严重；胆囊肿大、充满浓稠的胆汁；肠系膜淋巴结肿大，切面多汁，肠管黏膜有轻重不一的出血，肠腔内有暗红色黏液。

【诊断】 根据流行病学特点、临床症状及病理变化可作初步诊断。血片检查找到菌体，即可确诊。血液涂片用吉姆萨染色，在 1000 倍显微镜下镜检，可见到红细胞变形，周边呈锯齿状或星芒状，有的细胞破裂，在每个红细胞表面上附有数目不等，少则几个，多则 10～20 多个，大小不一，直径为 0.25～0.75μm，呈蓝紫色有折光性的附红体，即可确诊。

【治疗】 病狐用咪唑苯脲 1～1.5mg/kg 体重，肌内注射，每天 1 次，连用 3d，效果较好；也可用盐酸土霉素注射液治疗，15mg/kg 体重肌内注射，或血虫净 3～5mg/kg 体重用生理盐水稀释后深部肌内注射；同时可以注射复合 V_B、V_C 以及铁制剂。

另外，附红细胞体对庆大霉素、喹诺酮、通灭等药物也敏感。

【预防】 平时加强饲养管理，搞好卫生，消灭场地周围的杂草和水坑，以防蚊、蝇孳生传播本病。减少不应有的意外刺激，避免应激反应。大群注射疫苗时，要注意针头的消毒，做到一兽一针，严禁一针多用，以防由于注射针头而造成疫病的传播。平时应全群预防性投药，可用多西环素粉，剂量为 7～10mg/kg 体重，拌料喂 5～7d；也可用土霉素、四环素拌料。

（曾祥伟　李克鑫）

第二节　药用动物细菌性传染病

一、鹿副结核病
（paratuberculosis of deer）

鹿副结核病是由副结核杆菌引起的鹿的一种慢性肉芽肿性肠炎。该病以顽固性腹泻、渐进性消瘦为典型临诊特征，剖检见慢性卡他性肠炎表现，肠黏膜增厚并出现皱襞。本病 1955 年首次发生在我国内蒙古谢尔塔拉牧场。目前，该病在吉林省长春、白城、延边、通化 4 个地区以及黑龙江省，内蒙古自治区，四川省和北京市的某些地区也有发生和流行。

【病原】　副结核杆菌（*Mycobacterium paratuberculosis*）又称禽分枝杆菌副结核亚种（*Mycobacterium avium* subsp. *paratuberculosis*），隶属于分枝杆菌科、分枝杆菌属。

本菌革兰染色阳性，杆菌，无芽孢、无运动性。与结核分枝杆菌相似，具有抗酸染色特性，经萋 - 尼抗酸染色呈红色。本菌为需氧菌，最适生长温度 37℃，pH6.8～7.2。初次分离较困难，生长缓慢，一般需 6～8 周，有时可达半年。为提高细菌生长速度、增加菌数，可在培养基中加入草分枝杆菌素或副结核分枝杆菌素。菌落一般呈粗糙型，灰白色。从不同种属动物如牛、羊中分离的本菌，在菌落形态、颜色及生化特性上均存在一定差异。

副结核杆菌 K10 菌株的全基因组序列测定已经完成，为双股环状 DNA，4.83kb，包含 4350 个开放阅读框。

本菌对自然环境抵抗力极强，在土壤中可存活 11 个月，在牛奶和甘油盐水中可存活 10 个月。青霉素对本菌无效，本菌对消毒剂的抵抗力也极强，3%～5% 石炭酸溶液 5min，3% 来苏儿 30min，3% 甲醛 20min，5% 氢氧化钠 2h，10%～30% 漂白粉 20min 方可杀死本菌。本菌对湿热抵抗力不强，60℃ 30min 或 80℃ 1～5min 可杀死本菌。

【流行病学】　病兽和隐性感染动物是本病的传染源，可通过粪便排出大量病原菌，污染环境，并可经消化道途径感染健康动物。当母畜有临诊症状时，可通过子宫传染给子畜。幼畜易感，母畜感染在妊娠、分娩及泌乳时才出现临诊症状。本病传播比较缓慢，饲料中缺乏无机盐可能促进本病发展。

【症状】　潜伏期较长，达 6～12 个月，有时甚至更长。特征性临诊症状主要是间断性和顽固性腹泻，排泄物稀薄、恶臭，混有气泡、黏液和血液等。机体逐渐消瘦、眼窝下陷、不愿走动；产乳量减少，直至停止，病畜常因衰竭而死亡，病程 3～4 个月。

【病理变化】　尸体极度消瘦，典型肉眼可见病变主要集中在消化道。可见空肠、回肠、结肠等浆膜和肠系膜有显著水肿，肠黏膜增厚，有时可达正常厚度 20 倍；有时还可见浆膜下淋巴管和肠系膜淋巴管呈索状肿大，淋巴结肿大变软，切面湿润。

【诊断】　根据流行病学、临床症状及病理变化一般即可做出初步诊断。但要与其他引起腹泻的传染病区别开，实验室诊断必不可少。

1. 细菌学诊断　可刮取肠道内容物或新鲜粪便中的黏液及血块，死亡动物可取肠道内容物涂片，经抗酸染色，镜检。如镜下见红色细小杆菌，成丛存在，怀疑为本菌。本法应注意与肠道中其他抗酸性细菌区别。由于本法培养困难及生长时间长，在临诊时不建议作为首选方法。

2. 血清学诊断 目前以 ELISA 和琼脂扩散试验最为常用，特别适合于缺乏临诊症状的病兽检疫。斑点免疫试验灵敏性也较高，与 ELISA 相似，同时还具有简单、快速等优点，适合野外使用。补体结合试验由于操作比较繁琐、耗时，使用较少。

3. 变态反应诊断 本法是用副结核菌素或禽结核菌素做皮内变态反应的诊断，与结核杆菌的变态反应诊断类似。

4. 分子生物学方法 在有条件的地方开展 PCR 技术诊断，更加快速、准确。

【治疗】 病兽往往在感染后期出现症状，药物治疗一般无效，可使用止泻、收敛类药物对症治疗。

【预防】 本病重在预防，不要从疫区引进动物，如确需引进，要进行严格检疫，隔离观察确定健康时方可合群。对于感染鹿群的控制，首先是净化鹿群，定期采取多种检测手段检疫鹿群，对阳性动物及时隔离、扑杀、淘汰，控制传染源，是控制本病的关键。

加强饲养管理，注意卫生，彻底清扫粪便及被污染的泥土，并利用生石灰、火碱、克辽林、来苏儿等对鹿舍及饲养器具等定期消毒，以切断传染源。

二、鹿支原体感染
（mycoplasma infection of deer）

目前在矮南美小鹿、红南美小鹿、南美泽鹿、白尾鹿等鹿群上分离到牛支原体（*Mycoplasma bovis*）和嗜血支原体（*Mycoplasma haemocanis*）。在我国马鹿、梅花鹿及长颈鹿支原体感染主要由牛支原体引起。该病为高度接触性传染病，临诊特征主要表现为高热、咳嗽、呼吸困难，病程可呈急性或慢性经过，严重可引起死亡。

【病原】 牛支原体属于支原体科支原体属，无细胞壁，有细胞膜，膜有 3 层结构。细胞呈多形性，可呈丝状、颗粒状、螺旋状及球状等，革兰染色阴性。在支原体专用培养基上生长良好，如添加血清可形成典型菌落形似"荷包蛋状"，上有乳头状突起。在鸡胚卵黄囊接种也能进行良好的传代。在多种传代细胞，如 Hela 细胞、牛肾细胞及鸡胚成纤维细胞等也能连续传代。本病原对外界环境抵抗力不强，干燥、日光直射几小时即可失去感染力。60℃ 30min 可迅速死亡。对化学消毒剂抵抗力也不强，0.25% 来苏儿、0.5% 漂白粉、2% 石炭酸溶液、10% 石灰乳溶液能在几分钟内将其杀死。本病原对低温有抵抗力，在冰冻肺组织和淋巴组织中可保持毒力 1 年以上，冻干后可保持毒力 3～12 年。青霉素和磺胺类药物对其无效，其对醋酸铊和龙胆紫有抵抗力。

【流行病学】 患兽和病原体携带动物是本病主要传染源。本病可经呼吸道传播，通过咳嗽、喷嚏等传给易感动物；消化道也是重要传播途径，通过被病牛、病鹿等污染的饲料、饮水等可造成本病传播，特别是在阴暗、潮湿等环境下，可加重本病的发生及流行。

目前在我国主要鹿群，如马鹿、梅花鹿中都有本病发生。发病动物无年龄、性别差别。

【症状】 病鹿精神沉郁，皮毛散乱无光泽，全身消瘦，眼眶深陷，翻开眼结膜可见苍白，本病主要临床症状表现为呼吸困难，在运动时或冷空气刺激时加剧，有的可听见干咳；严重时，患兽倒地不起，生命垂危；还有的患兽表现为关节炎、跛行。

【病理变化】 典型病变集中在呼吸系统。剖检可见细支气管及支气管充满分泌物，内混有气泡，肺部呈现虾肉样变，并有粟粒大小脓肿，呈弥散性分布；心肌苍白，心房淤血。

【诊断】　根据流行病学、临床症状及病理变化可做出初步诊断，但要与其他病原引起的感染相区别，则要进行病原分离培养及血清学检查。

1. 病原分离培养　取典型病变组织，如肺脏实变区、支气管分泌物等接种于支原体培养基，如果添加 10% 马血清可促进本微生物生长。37℃培养 2～7d 后，即可对生长菌落进行鉴定，可观察菌落形态、染色镜检等。如果革兰染色效果不佳，可采用吉姆萨染色或直接采用吉姆萨染色法观察。

2. 血清学检查　生长抑制试验常使用此法。支原体在固体培养基上的生长可被特异的抗血清抑制，可在接种培养物的平板上贴上含已知抗血清的圆形纸片，观察培养物周围有无抑菌现象出现，抑制半径达 2mm 以上即为阳性。凝集试验、琼脂扩散试验等也常被采用。

3. PCR 法　由于支原体种类众多，加上病原分离培养耗时较长，可采用针对 16SrRNA 基因进行扩增的 PCR 方法进行快速诊断。

【治疗】　有资料报道，新肿凡纳明（914）静脉注射有效，氟苯尼考治疗也能有效改善该病症状。红霉素、卡纳霉素、泰乐菌素、链霉素等也曾用于该病治疗。

【预防】　预防本病应坚持自繁自养，如引进动物则应隔离观察、检疫，证明阴性后可合群。本病感染初期，症状不明显，易被忽视。避免接触感染牛只及被其污染的制品。本病受环境因素影响较大，饲养条件良好时不易发病，管理水平较低或运输途中等本病易发。

（刘倩宏）

第三节　毛皮动物细菌性传染病

一、绿脓杆菌病
（pyocyanosis）

绿脓杆菌病又称假单胞菌病（pseudomonosis）、出血性肺炎，是由绿脓杆菌引起的人、畜、水貂等毛皮动物的一种急性传染病。以肺、鼻、耳出血和脑膜炎为特征，常呈地方性流行，病程短，死亡率高。

【病原】　绿脓杆菌（*Bacterium pyocyaneum*）又称绿脓假单胞菌（*Pseudomonas aeruginosa*），为需氧性无芽孢的革兰阴性小杆菌，菌体正直或弯曲，单在、成对或形成短链，长 1.5μm，宽 0.5～0.6μm，两端钝圆，一端有鞭毛，有运动力。该菌广泛分布于自然界中。本菌在普通培养基上生长良好，菌落大小不一，多数产生蓝绿色水溶性色素和芳香气味，色素可使菌落周围琼脂培养基着色。从水貂、银黑狐、北极狐及其他经济动物，乃至人分离出的绿脓杆菌，对大、小白鼠，豚鼠，家兔都有致病力。

绿脓杆菌对紫外线抵抗力强，因该菌产生色素，可改变紫外线光谱。对外界环境的抵抗力比一般革兰阴性菌强，在潮湿环境中能保持病原性 14～21d，在干燥的环境下可以生存 9d，55℃加热 1h 可被杀死。本菌对一般的消毒药敏感，0.25% 甲醛、0.5% 石炭酸和苛性钠，1%～2% 来苏儿，0.5%～1% 醋酸溶液，均可迅速将其杀死。因该菌有广泛的酶系统，能合成自身生长所需的蛋白质，不易受各种药物的影响，因此对常用的抗生素大都不敏感。

【流行病学】

1. 传染源 主要传染源是被污染的饲料和饮水。

2. 传播途径 传播途径为呼吸道与消化道。人工感染证实，本菌经鼻腔感染发病率最高。

3. 易感动物 自然条件下水貂和毛丝鼠最易感，其次是北极狐、貉及银黑狐，实验动物中大、小白鼠，豚鼠及家兔均易感。本病多发生于幼龄兽和青年兽，老龄兽一般有耐受力。

4. 流行特征 一般在夏秋两季流行严重，冬季很少发生。

【症状】 自然感染时潜伏期19～48h，最长4～5d，呈超急性或急性经过。死前看不到症状，或死前出现食欲废绝，体温升高，鼻镜干燥，行动迟钝，流泪，流鼻液，呼吸困难等症状；多数病兽出现腹式呼吸，并伴异常尖叫声；有些病例可见咯血、鼻或耳道出血，常在发病后1～2d死亡。

【病理变化】 病兽肺肿胀、色暗红，双肺叶均有不同程度、大小不等、形状不整的出血斑，切面有大量紫黑色血液流出，切面和表面色泽一致，肺门淋巴结肿大、出血；心肌色淡（图4-3-1）；胸腔内充满大量玫瑰酒样液体；多数病例脾肿胀，表面有散在性出血点（图4-3-2）；肾微肿，表面有零散的出血点或出血斑，肾实质出血，三界混淆；胃黏膜有条状出血，内容物呈紫黑色（图4-3-3）；小肠前段黏膜呈弥漫性出血，内容物黑红黏稠；可见

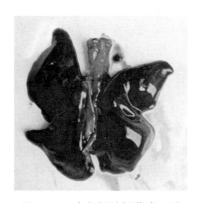 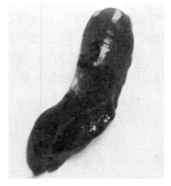

图4-3-1 水貂绿脓杆菌病—肺 图4-3-2 水貂绿脓杆菌病—脾

图4-3-3 水貂绿脓杆菌病—胃

肺大叶性、纤维素性及出血性炎症变化，并在小动脉、小静脉周围有绿脓杆菌聚集。病变严重者肺组织出现嗜中性粒细胞浸润，细支气管内含有白细胞、红细胞、脱落的上皮细胞和纤维蛋白渗出物，肺泡上皮脱落。

【诊断】　根据流行规律，临床表现，病理变化，特别是当发现动物鼻孔周围有血迹时，可疑似本病，确诊需进行微生物学诊断。

1. 镜检　取濒死期或刚死亡动物的脏器及血液进行涂片、染色，可查到革兰阴性，中等大杆菌，其中肺含菌量较高。

2. 分离培养　无菌采取实质脏器及血液，接种于常规培养基，18～72h 即可观察结果。在普通肉汤中可形成菌膜，生长迅速，显著混浊，呈黄绿或绿色，有时无色素产生。在普通琼脂平板上可形成光滑，形状不规则的菌落，产生的水溶性色素可渗入培养基中，有芳香味或生姜味。在血液琼脂平板上色素显示较差，菌落周围有 β 溶血环。

此外，因发病动物大多数为急性死亡，故对感染兽进行血清学诊断实用价值不大。

【鉴别诊断】　应与多杀性巴氏杆菌和某些产生类似绿脓色素的致病或非致病菌相区别，一般通过菌体形态观察可排除其他类菌。

【治疗】　当用实验室手段确定为出血性肺炎时，首先对发病动物和可疑发病动物进行隔离，固定饲养人员，与此同时，及时查明传染来源，立即切断传播途径，对假定健康兽进行预防性投药，对发病动物进行综合性治疗。下列药物可供选择：庆大霉素，肌内注射，每日 2 次，疗程为 4d，水貂每次 2 万～4 万 U；狐、貉每次 2 万～4 万 U。链霉素：肌内注射，每日 2 次，疗程为 3d，水貂每次 10 万～20 万 U；狐、貉每次 20 万～40 万 U。多黏菌素 B：口服，每日 2 次，疗程为 3～4d，水貂每次 1 万～3 万 U；狐、貉每次 2 万～6 万 U。

此外，强心、解毒、调节机体内电解质平衡等对症疗法应同时进行。药物治疗的同时应结合精心护理，及时清除发病动物的排泄物，并对污染的场地、笼舍、用具等进行全面彻底消毒，以防该病的恶性循环。

【预防】　为预防本病的发生，要定期接种疫苗。日本研制出一种新型绿脓杆菌菌苗，保护力很好，既能用于预防，又可用于治疗。我国也研制出水貂假单胞菌病脂多糖菌苗，效果很好，可做预防接种用或紧急接种用。正常情况下可在 8～9 月进行本疫苗的预防接种，经 5～6d 产生免疫。平时应加强饲养管理和注意提高动物机体的抵抗力，特别是要注意兽场的饮水卫生和经常灭鼠等。

当发生绿脓杆菌病时，对病兽和可疑病兽及时进行隔离，用抗生素和化学药物给予治疗，一直隔离到屠宰期为止。对病兽和可疑病兽污染的笼子、地面和用具要进行彻底的消毒。从最后一例病兽死亡时算起，再隔离 2 周不发生本病死亡，可取消兽场检疫，最后实行终末消毒。

二、水貂肉毒梭菌中毒
（mink clostridium botulinum poisoning）

肉毒梭菌毒素中毒是因动物食入肉毒梭菌毒素所致的一种中毒性疾病，特征是运动神经麻痹。

【病原】　肉毒梭菌（*Clostridium botulinum*），又称腊肠中毒杆菌（*Bacillus botulinus*），为专性厌氧、两端钝圆的大杆菌，平均长 4～6μm，宽 0.3～1.2μm，多单在，革兰阳性，有鞭毛，有荚膜，能形成偏端的椭圆形芽孢。芽孢抵抗力强，干热180℃ 5～15min，湿热100℃ 5h才能被杀死。肉毒梭菌是一种典型的腐生菌，主要存在于土壤中，在动物肠道中也可见，但不能使动物发病。肉毒梭菌在土壤中可存活多年。该菌在适宜条件下生长繁殖能产生外毒素，毒素毒力极强，已超越所有已知细菌毒素，10^{-7}mL毒素，即可致死豚鼠。该毒素对低温和高温都能耐受，当温度达到105℃时，经1～2h才能破坏，胃酸及消化酶不能使其破坏。

根据毒素抗原性不同，可将本菌分为A、B、C（含C_α、C_β型）、D、E、F、G等七个血清型，各型毒素是由同型细菌产生的。引起人和毛皮动物（肉食动物）中毒的多为C型。

【流行病学】

1. 传染源　水貂肉毒梭菌中毒的传染源主要是被该菌污染的饲料。

2. 传播途径　本病是由肉毒梭菌污染肉类或鱼类等动物性饲料，产生大量外毒素，导致人或动物急性食物性中毒的疾病。

3. 易感动物　水貂吃了含有肉毒梭菌及其毒素的饲料就会发生中毒现象。本病的严重性和延续时间，决定于水貂食入的肉毒梭菌毒素量，死亡率可高达90%以上。在实验动物中，小鼠、豚鼠对毒素最敏感，鸟类也敏感，家兔的敏感性较低。

4. 流行特征　本病多数发生于夏秋季节，南方地区气温较高，在春末也能发生。

【症状】　病貂通常于食后8～10h突然发病，最慢者48～72h，多为最急性经过，少数为急性病例。病貂表现运动不灵活、躺卧、不能站立，先后肢出现不全麻痹或麻痹，不能支撑身体，拖腹爬行（即海豹式行进），继而前肢也出现麻痹，常滞留于小室口内外，病貂瘫软无力；部分病貂表现神经症状，流涎，吐白沫，瞳孔散大，眼球突出；部分病貂痛苦尖叫，进而昏迷死亡，较少看到呕吐和下痢；有时水貂无明显症状而突然死亡。

【病理变化】　病理解剖无特征性变化。胃肠黏膜充血、出血，附有黏液；肺及胸膜有出血斑，肺部充血、水肿，局部淤血坏死（图4-3-4）；肝脏肿胀，呈土黄色，肝脏充血，肾脏肿胀，苍白（图4-3-5）；脾脏肿胀；膀胱内有尿液潴留，色泽偏黄；机体各处淋巴结未见明显病理变化；胃肠轻微臌气，未见明显出血点。

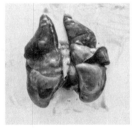

图4-3-4　水貂肉毒梭　　图4-3-5　水貂肉毒梭
菌中毒——肺　　　　菌中毒——肾

【诊断】　根据临床症状及剖检情况，初步怀疑为肉毒梭菌毒素中毒，立即采取治疗措施，同时进行实验室检查以进一步确诊。

1. 细菌分离培养　取水貂吃剩的饲料及胃内容物，90℃加热30min以杀死细菌。将样品接种于已制备好的疱肉培养基，经12h后观察，石蜡冲起，肉渣变黑、腐败、恶臭；第5d后挑取具有典型特点的菌落接种于卵黄琼脂平板，进行分离纯化，35℃厌氧培养48h，挑取48h培养后的单菌落进行涂片镜检，观察并记录菌落形态等。

2. 动物接种实验　取病死水貂胃内容物及剩余饲料，无菌研磨过滤后分别对小鼠和SPF鸡进行腹腔和眼内接种，观察发病及死亡情况。

【治疗】　本病来势急、死亡快、群发，来不及治疗，无有效治疗方案。发病后立即停喂疑似变质的饲料，在饲料中拌入一定量解毒剂，按 1kg/50kg 饲料的浓度，向饲料中拌入葡萄糖，并按临床使用量加入氟苯尼考、多西环素、复合 V_B，在饲料临近饲喂时加入 V_C。特异性疗法可用同型阳性血清治疗，效果较好，对症疗法可强心利尿。

【预防】　注意饲料卫生检查，防止动物性饲料发霉变质，注意贮存温度。用自然死亡的肉尸作为饲料时，及时清理、清洗绞肉设备，一定要经过高温处理后再喂。对本病污染区要提高警惕，加强消毒。貂群可考虑接种肉毒梭菌菌苗，1 次接种的免疫期可达 3 年之久。最常用的是 C 型肉毒菌苗，每次每只注射 1mL。处理肉毒梭菌中毒病的关键在于预防，动物性饲料要保证新鲜、无污染。对于冷藏的肉类及其副产品，在冷藏前应保证无污染，购买回来后要快解冻、快加工，防止 2 次污染。

三、阴道加德纳菌病
（gardnerella vaginalis disease，GVD）

阴道加德纳菌病是由阴道加德纳菌引起水貂、狐狸、貉流产的一种人兽共患病。

【病原】　阴道加德纳菌（*Gardnerella vaginalis*，GV），是一类无鞭毛、芽孢、荚膜的革兰阴性杆菌，具有近球或杆状等多种形态，大小为（0.6～0.8）μm×（0.2～0.7）μm，排列成单在、短链和八字形。加德纳菌对营养要求较为严格，培养要求较高，且有厌氧、嗜血的特性，能对马尿酸及淀粉进行水解；其在自然常态下能存活 2～5d，对于温度和湿度敏感；在抗菌类消毒剂对其的作用中，以甲醛、碘酊等效果最好。常用兔血胰蛋白琼脂培养基，于37℃ 48h，长出光滑、湿润、微凸起的透明小菌落，呈 β 溶血。

【流行病学】　加德纳菌是引起狐、貉、水貂繁殖障碍的重要细菌性传染病之一。

1. 传染源　该病主要传染来源是患病的水貂、狐狸、貉等。

2. 传播途径　本病的传播方式主要是通过交配，传染途径主要是生殖道或外伤。

3. 易感动物　该菌能感染人，水貂、狐狸、貉间能互相感染。

4. 流行特征　狐最易感本病，其中北极狐较其他狐感染率高，成年狐较育成幼龄狐感染率、空怀率和流产率高，配种后期感染率明显上升。

【症状】　母兽妊娠前期和中期出现流产症状，规律明显，病情逐年加剧，兽群空怀率逐年增加。母兽主要表现为阴道炎、子宫炎、卵巢囊肿、尿道感染、膀胱炎、肾周围脓肿及败血症等。公兽感染常发生包皮炎和前列腺炎。

【病理变化】　死亡母兽剖检发现阴道黏膜充血、肿胀，子宫颈糜烂，子宫内膜水肿、充血和出血，严重者发生子宫黏膜脱落，卵巢常发生囊肿，膀胱黏膜充血和出血；公兽常发生包皮和前列腺肿大，病理剖检发现，主要病变发生在生殖和泌尿系统，其他系统无明显变化。

【诊断】　对该菌感染主要诊断标准就是对阴道内的分泌物进行分离、培养及鉴定，看能否发现加德纳菌菌株，或通过其他科学检测手段是否能发现加德纳菌菌株的存在。

1. 胺试验诊断法　从患有加德纳菌感染的病兽阴道内提取出分泌物，加入 10%～20% 的氢氧化钾，阳性样品可释放鱼腥气味的胺。

2. 聚合酶链式反应（PCR）检测法　此种方法对检测阴道加德纳菌的感染有特异性，因此，此方法能敏感地检测出加德纳菌的致病菌株，而且不受其他抗生素治疗的影响。

3. 显微镜检测法　对样品进行常规的革兰染色，显微镜观察上皮细胞，可见大量的革兰阴性小杆菌，阴道内正常革兰阳性菌几乎消失。

4. 荧光抗体检测法　　针对该菌特异性荧光抗体直接染色镜检，可做出准确判断。

此外，实验诊断方法还有酶测定法、分泌物 pH 测定法、气相色谱法等一些诊断方法。

【治疗】　　该菌对氯霉素、氨苄青霉素、红霉素及庆大霉素敏感；对磺胺、金黏菌素和多黏菌素不敏感。临床常选用氯霉素和氨苄青霉素对狐进行治疗，治愈率较高。

【预防】　　应用加德纳菌铝胶灭活疫苗，免疫期 6 个月，每年注射 2 次。初次使用该疫苗前最好进行全群检疫，健康兽立即接种，对感染动物应取皮淘汰。不可徒手触摸流产胎儿，对流产兽阴道流出的污秽物污染的笼舍、地面用喷灯或石灰彻底消毒。

四、水貂脑膜炎双球菌病
（mink neisseria meningitides disease）

水貂脑膜炎双球菌病是水貂的一种急性传染病，以脓毒败血症为特征，并伴有内脏器官的炎症及体腔积液，发病率及死亡率很高，严重影响养貂业的健康发展。

【病原】　　脑膜炎双球菌（*Diplococcus intracellularis*），又名脑膜炎奈瑟菌（*Neisseria meningitidis*）或脑脊髓膜炎双球菌，简称为脑膜炎球菌，是一种革兰阴性菌，因其所导致的脑膜炎而闻名。该菌营养要求较高，用血液琼脂或巧克力培养基，在 37℃、含 5%～10% CO_2、pH 7.4 环境中易生长。细菌生长旺盛，传代 16～18h，抗原性最强。细菌裂解后释放的内毒素是重要致病因素，细菌表面成分也与致病有关，菌毛是脑膜炎球菌的黏附器。本菌感染性强，但抵抗力较弱，环境中存活能力差。本菌含自溶酶，如不及时接种易溶解死亡。本菌对寒冷、干燥较敏感，低于 35℃、加温至 50℃或一般的消毒剂处理极易使其死亡。

【流行病学】

1. 传染源　　该病主要传染来源是患病的水貂。

2. 传播途径　　本病的传播方式主要是经飞沫传染。

3. 易感动物　　该菌能感染水貂，水貂之间能互相感染。

4. 流行特征　　水貂不分品种、年龄及性别，均能感染本病，但成年貂多发于妊娠期，幼龄水貂常见暴发流行。饲养管理不良，卫生条件不好，饲料不全价等可诱发本病。

【症状】　　本病潜伏期 2～6d，病貂主要表现精神沉郁、不食、喜卧、体温 40.5～41.0℃，心跳、呼吸加快，粪便变稀、带血、含有肠黏膜；后期出现抽搐，角弓反张，痉挛而死，慢性者高度消瘦。新生仔貂发病时常见无特征性临床症状而突然死亡；日龄较大的幼貂表现精神沉郁，食欲丧失，步态摇摆，前肢屈曲，拱背，呻吟，躺卧不起，摇头，呼吸困难，腹式呼吸，从鼻和口腔内流出带血分泌物。

【病理变化】　　肺充血肿大，气管及支气管内含有出血性、纤维素性和黏液性渗出物；胸腹腔及心包内有化脓性渗出物（图 4-3-6）；脾稍肿大；肝肿胀，表面有黄黏土色条纹；淋巴结充血、肿大。

【诊断】　　根据临床症状可怀疑本病，采

图 4-3-6　水貂脑膜炎双球菌病——肺和心

取肝、心血、淋巴结及各种渗出液，涂片染色、镜检，本菌为革兰阳性排列成对的双球菌。确诊应进行细菌学和血清学检查。

【治疗】 无特效治疗方法，宜杀灭病原。

【预防】

（1）对貂群加强饲养管理，消除各种不良因素，提高机体抵抗力。饲料要全价，在日粮中适当增加瘦肉、鲜鱼及维生素饲料，严禁饲喂病兽肉类、奶以及被其污染的饲料和饮水等。在饲料内添加治疗量的金霉素、新霉素或多黏菌素，可预防本病。

（2）发病时立即隔离病貂，进行治疗。

（3）对未发病的貂群可服抗生素预防，检查日粮，更换饲料。

（4）貂舍、貂笼、场地及用具应用喷灯、3% 福尔马林或 3% 火碱等全面消毒。

（5）病貂可用抗牛犊或羔羊球菌病高免血清治疗，皮下注射 5～10mL，每日 1 次，连用 2～3d，并配合抗生素及磺胺类药物治疗。应注意对症治疗，如肌内注射樟脑磺酸钠，每只 0.3～0.4mL，防止心脏衰竭而死亡；静脉注射葡萄糖溶液及维生素 B、C 等，可提高治愈率。

五、链 球 菌 病
（streptococcal disease）

水貂链球菌病是由溶血性链球菌引起的一种急性、败血性传染病，临床上以发热、呼吸促迫、结膜发绀、嘶哑尖叫、局部关节肿胀、运动障碍、卧地不起等为特征，本病多散发，很少呈地方性流行。

【病原】 本病病原是需氧或兼性厌氧 C 型兽疫链球菌和 A 型化脓链球菌。该菌营养要求较高，普通培养基上生长不良，需补充血清、腹水，大多数菌株需核黄素、维生素 B_6、烟酸等生长因子。最适生长温度为 37℃，在 20～42℃能生长，最适 pH 为 7.4～7.6。在血清肉汤中易成长链，管底呈絮状或颗粒状沉淀生长。在血平板上形成灰白色、半透明、表面光滑、边缘整齐、直径 0.5～0.75mm 的细小菌落，不同菌株溶血性不一。

该菌抵抗力一般不强，60℃ 30min 即被杀死，对常用消毒剂敏感，在干燥尘埃中生存数个月。乙型链球菌对青霉素、红霉素、氯霉素、四环素、磺胺均敏感。青霉素是链球菌感染的首选治疗药物，很少有耐药性。

【流行病学】

1. 传染源 患病和病死动物是主要传染源，无症状和病愈后的带菌动物也可排出病菌成为传染源。

2. 传播途径 链球菌病多数通过消化道、呼吸道、受损伤的皮肤及黏膜感染，病原菌很快通过黏膜和组织的屏障而侵入淋巴与血液，随即随血流散布全身。

3. 易感动物 链球菌的易感动物较多，因而在流行病学上的表现不完全一致。鸡、兔、水貂以及鱼等均有易感性。

4. 流行特征 一般无季节性，但主要流行于冬、春季节。

【症状】 本病潜伏期长短不一，一般 6～16d，初期多呈急性型，病貂突然拒食，精神沉郁，喜卧，结膜潮红且流泪，不愿活动，行走时后躯摇晃，呼吸急促而浅表，部分水貂发现眼内有脓性分泌物，全身麻痹，四肢呈划水动作等神经症状；有的貂拉稀，便中带血，尿失禁，如不及时治疗，多在数小时到 1d 内死亡；部分貂死前口、鼻腔流血或红色泡沫液体，急性病例因治疗不彻底转化成亚急性或慢性；亚急性病貂出现于发病后期，病程在 1d 以上，经治疗多能转归痊愈；有的表现头部脓肿，心内膜炎，乳腺炎等最终死于败血症。

　　【病理变化】　急性病貂营养状况良好，脾脏肿大，暗红色，表面粗糙有小出血点或片状出血性梗死（图 4-3-7）。病貂肝脏充血、肿大，质脆，切面外翻，个别有粟粒大小坏死灶，肺充血，肾肿胀，有出血点，个别的有化脓性出血性心肌炎病变；幼貂均有膀胱积尿和出血性化脓性炎症；多数病貂脑膜充血，肠系膜及肠淋巴肿大，有小出血点；肠内有煤焦油状粪便（图 4-3-8）。所有这些病变在急性和亚急性死貂中变化较为明显，而在最急性病貂则不太明显。慢性病例中，关节内含有化脓性渗出物，在肺、肝等其他器官出现转移性脓肿。

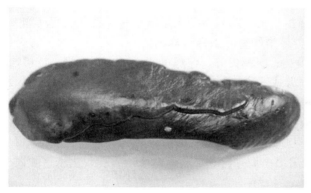

图 4-3-7　水貂链球菌病——脾

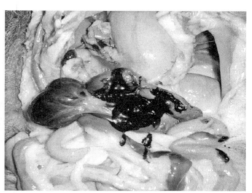

图 4-3-8　水貂链球菌病——肠

　　【诊断】　根据病史、临床症状和剖检病变可以怀疑本病，确诊需要细菌学检查：取肝、脾、血液、腹水等病料作涂片，用革兰染色或瑞氏染色镜检，均见革兰阳性菌，多为单个或成对排列，偶尔亦可见 3～4 个呈链状排列的球形细菌；随后将肝、脾、肾、脑分别涂布于血琼脂 37℃，10%CO$_2$ 培养 24h，均有细菌生长，绝大多数为链球菌。从脑中分离到纯粹的链球菌，该菌在马丁肉汤中生长良好，菌液混浊，无菌膜，涂片革兰染色可见 4～9 个不等球菌，最多的可见 13～15 个。此菌纯化后在鲜血琼脂上，37℃培养 24h，生长出圆形、光滑、边缘整齐、灰白色的较大的菌落，菌落周围有明显的溶血带。

　　【治疗】　宜抗菌消炎，青霉素 G 钠 10 万～20 万 U，肌内注射，每日 2 次，连用 7d；或应用氟苯尼考注射液注射，20mg/kg 体重，两天注射 1 次，同时应用头孢噻呋钠 30mg/kg 体重注射，每日注射 2 次，体温高者适当应用安乃近退热。

　　【预防】　病死貂立即焚烧后深埋；笼具、食具、棚舍及周围环境彻底消毒；对现有水貂进行药物治疗，复方新诺明拌料，每日 0.125g/ 只，连用 5d 后剂量减半，直至全群基本恢复正常为止；更换可疑和不新鲜的饲料，日粮中适当增加各种维生素的用量。经上述处理 3d 后，即无新病例出现，1 周后基本恢复正常。

六、克雷伯菌病
（klebsiella pneumoniae infection）

　　克雷伯菌病是由肺炎克雷伯菌引起的一种急性或亚急性经过的传染病，临床上以脓肿、蜂窝织炎、麻痹和脓毒败血症，并伴有内脏器官炎症和体腔积液为特征，本病呈地方性暴发，发病率和死亡率都很高。

【病原】 本病病原系肠杆菌科克雷伯杆菌属肺炎克雷伯菌。本菌为直杆菌，直径 $0.3\sim1.0\mu m$，长 $0.6\sim6.0\mu m$，呈单个、成对或短链状排列，有荚膜，革兰阴性，不运动，兼性厌氧，呼吸和发酵两种类型的代谢。本菌生长在肉汁培养基上产生黏韧度不等的稍呈圆形、有闪光的菌落。本菌发酵葡萄糖产酸、产气（产生 CO_2 多于 H_2），但也有不产气的菌株。大多数菌株产生 2,3-丁二醇作为葡萄糖发酵的主要末端产物，VP 试验通常阳性。水貂克雷伯菌，属于革兰阴性菌，能形成荚膜，在动物体内形成菌血症，可从病貂的心血、肝、脾、肾、肺中分离培养。

【流行病学】 肺炎克雷伯菌是典型的条件致病菌，在自然界，人和动物体内广泛存在。正常情况下带菌动物不发病，但当机体抵抗力下降或本菌大量增殖时，就会引起动物发病甚至暴发性流行，是当前危害动物和人类最为严重的条件致病菌之一，可引起支气管炎、肺炎、泌尿系统和创伤感染、败血症、脑膜炎、腹膜炎等。该病可能通过饲料感染，也可通过仔貂的粪便和被污染的饮水传播，但传播方式不清楚。

【症状】 本病的潜伏期 $2\sim6d$，该病根据临床表现可分为四个类型。

1. **脓疱痛型** 病貂周身出现小脓疱，特别是颈部、肩部出现许多小脓疱，破溃后流出黏稠的带黄色的浓汁，形成瘘管，局部淋巴结形成脓肿，妊娠母貂易发生流产、空怀。

2. **蜂窝组织炎型** 多在喉部出现蜂窝组织炎并向颈下蔓延，可达肩部，化脓、肿大，患部肌肉出现化脓，呈灰褐色或暗红色。

3. **麻痹型** 病貂食欲欠佳或废绝，后肢麻痹，步态不稳，多数病貂在出现症状后 $2\sim3d$ 内死亡，如身体同时出现脓肿，则病程更短。

4. **急性败血型** 突然发病，病貂食欲急剧下降或完全废绝，精神沉郁，呼吸困难，出现症状后很快死亡。

【病理变化】 病理变化以不同的类型而有所区别。

1. **脓疱型** 病貂体表有脓疱，破溃后有灰黄色或淡蓝色的脓汁，内脏器官出现败血症的变化，并有充血、淤血和各种营养不良的变化。

2. **蜂窝组织炎型** 病貂肝脏明显肿大，质硬，脆弱，充血和淤血，切面有多量凝固不良、暗褐色的血液流出；脾肿大 $3\sim5$ 倍，呈暗紫色；肺有脓肿。

3. **麻痹型** 病貂膀胱充满黄色尿液，黏膜肿胀增厚；脾、肾肿大。

4. **急性败血型** 死亡水貂营养状况良好，死前有明显呼吸困难；纤维素性肺炎和心内、外膜炎；脾、肝肿大；肾有出血点或梗死。

【诊断】 根据病史、临床症状和剖检病变可以怀疑本病，确诊需要细菌学检查。

1. **涂片镜检** 无菌采取颈部脓汁、肝、肺涂片，染色镜检，发现革兰阴性杆菌，有荚膜。

2. **分离培养** 无菌采取脓汁、肺接种于 PYG 汤（含蛋白胨 20g/L、葡萄糖 10g/L、氯化钠 5g/L、酵母粉 3g/L、琼脂 20g/L）和 PYG 平板，37℃培养 24h，在 PYG 汤中液体均匀混浊，PYG 平板长出灰白色、湿润、密集的黏稠菌落。

3. **动物接种试验** 取 PYG 汤纯培养物，接种健康小鼠，腹腔注射 0.2mL/ 只，解剖死亡小白鼠，取肺、肝组织涂片，镜检，发现有革兰阴性杆菌。根据病貂的临床表现，病理剖检变化和实验室分离到的细菌情况，做出此病的确诊。

【治疗】　　宜抗菌消炎；病貂及时隔离，对体表有脓肿的病貂，切开脓肿排出脓汁，用双氧水充分洗出脓汁，向脓腔内灌注抗生素。

根据药敏试验，选择敏感药物，及时全群投药进行治疗。病貂用硫酸庆大霉素按 5mg/kg 体重，肌内注射，2 次 /d，连用 5d。必要时与链霉素联用，效果更佳。同时在饮水中加入硫酸庆大霉素可溶性粉剂，按 200 万 U/25L 水，供水貂自由饮用，连用 7d。经过 1 周治疗和采取的综合防治措施，病情可得到控制。

【预防】

（1）当发生本病后，及时隔离病貂和疑似病貂。对水貂场进行严格消毒，每天 1 次，连续 7d，以后每周消毒 1 次，根除病原。

（2）注意对饲料，特别是对肉联厂提供的肉料以及饮水的卫生进行检验，尽量饲喂煮熟的肉料，对于预防本病有重要意义。

七、秃　毛　癣
（bald ringworm）

秃毛癣是由皮霉菌类真菌引起的毛皮动物皮肤传染病。特征是在皮肤上出现圆形秃斑，覆盖以外壳、痂皮及稀疏折断的被毛，常呈地方性暴发，使毛皮质量下降。

【病原】　　在毛皮动物中发现的皮霉菌类真菌主要有两属：即发癣菌属（*Trichophyton*）和小孢子菌属（*Microsporum*）。本菌在缺乏蛋白质而富于碳水化合物的培养基上易于生长和发育。常用沙氏葡萄糖琼脂（sabouraud dextrose agar）培养，在 20～30℃ 条件下，经 7～10d 生长，菌落如石膏粉、麸皮或形成绒毛状。这种皮肤真菌寄生在皮肤、被毛上，以及在人工培养基上，都能形成菌丝体和无数圆形或卵圆形的孢子。孢子对外界环境有较强的抵抗力。在病料（鳞屑、被毛等）内可保持毒力 1.5 年，落入土壤中其毒力保持 2 个月。直射阳光下几小时对真菌起致死作用，水银石英灯光线 30min 杀死本菌，在湿润环境内当温度达到 80～90℃ 时，经 7～10min 杀死本菌，干热（100～110℃），在 15～20min 杀死本菌，2%～3% 福尔马林溶液 20～30min 杀死本菌，8% 苛性钠溶液 20～30min 杀死本菌。

【流行病学】

1. 传染源　　传染来源为发病动物，由直接接触或间接经护理用具（扫帚等）、垫草、工作服、小室等而发生传染。

2. 传播途径　　啮齿动物和吸血昆虫可能是病原体的来源和传染媒介。

3. 易感动物　　在自然情况下，银黑狐和北极狐对秃毛癣易感。

4. 流行特征　　发病动物被毛和绒毛由风散布，迅速感染全场。本病可能呈固定性，由母兽直接接触传递给后代，持续时间较长。

【症状】　　潜伏期为 8～30d。在动物头颈、四肢皮肤上出现圆形斑块，上面无毛，或有少许折断的被毛，覆盖以鳞屑和外壳，剥下外壳露出充血的皮肤，压迫时从毛囊流出脓样物，干涸后形成痂皮。常在脚趾间和趾垫上发生病变，起初病变呈圆形，分界不明显，逐渐融合形成规则的区域，无痒感或不显著，如不治疗，在患兽背腹两侧形成掌大或更大的秃毛区。个别病例出现发病动物整个皮肤覆盖灰褐色痂皮。患有本病的银黑狐和北极狐，营养不良，发病率有时达 30%～40%，稀有达到 90% 者。

【诊断】　　取患病狐刮下物送实验室检查。

1. 显微镜检查 取感染的被毛或鳞屑少许置于载玻片上，滴加 10%～30% 氢氧化钠 1 滴，徐徐加热至周围出现小白泡，然后加盖玻片放大（40×10 倍）干燥，在显微镜下观察。如有真菌存在，常发现不同形状菌丝体和分生孢子，但观察时应注意菌丝同纤维、孢子与气泡、血细胞和油滴的区别。

2. 培养检查 将病料浸入 2% 石炭酸或 70% 乙醇中处理数分钟，然后接种于 SDA 培养基中，根据菌落的大小和形状判断真菌类型，进一步作显微镜检查。

3. 发光检查 小孢子菌具有发光特性，借以进行鉴别。在暗室内以紫外线透视患部被毛，会出现闪耀明亮的浅绿色，健康动物被毛和其他真菌侵害的被毛都没有此种现象。

【鉴别诊断】 狐狸秃毛癣与维生素缺乏病，特别是 B 族维生素缺乏病类似。虽然这种病也会在身体某部出现秃毛斑，但缺乏秃毛癣特有的外壳和痂皮，没有脚掌病变。在日粮中加入 B 族维生素，皮肤病变即停止，并且显微镜检查刮下物，没有真菌孢子。

【治疗】 在夏季推荐用 5% 碘酊或 10% 水杨酸酒精，涂擦患部连同其周围健康组织，可反复多次，或应用氯化碘治疗秃毛癣，在最初 3d 之内用 3%～5% 药液浸润外壳，然后用温水和肥皂洗涤患部，除去外壳涂以 10% 氯化碘溶液，隔 5d 重复治疗，或用 25% 漂白粉溶液作秃毛癣治疗。术者应戴橡皮手套，用该溶液涂擦患部及其周围健康皮肤，然后再涂过磷酸钙粉。此时发生猛烈反应并分离出大量原子氯及其他气体，能杀死真菌芽孢。在上述药物涂擦的地方形成灰色外壳，其外壳脱落，被毛迅速长出。治疗间隔 7～8d 反复一次，如发生面积较大（头、颈、脚掌、背部等），可分区治疗，防止中毒。

【预防】 应经常检查狐狸，发现有本病发生，立即隔离和治疗；发病动物污染的笼子和用具用火焰喷灯烧灼或用 2% 苛性钠溶液煮沸；价值低的用具烧掉，粪便污物也一并烧毁；地面用 20% 漂白粉消毒，每平方米用量为 3L；定期灭鼠，不准患发癣病的人饲喂狐狸。

八、念 珠 菌 病
（candidiasis）

本病俗称鹅口疮，是由念珠菌引起的一种以皮肤或黏膜（尤其是消化道黏膜）上形成乳白色凝乳样病变和炎症的疾病。

【病原】 白色念珠菌（*Candida albicans*）是半知菌纲念珠菌属的一种，为假丝酵母菌。此菌在自然界广泛存在，在健康动物及人的口腔、上呼吸道和泌尿生殖道等处的黏膜上寄居。念珠菌病是一种机会性内源真菌病，由微生物群落紊乱或其他应激因素引起。本菌在病变组织渗出物和普通培养基上产生芽生孢子和假菌丝，不形成有性孢子。出芽细胞呈卵圆形（$2\mu m \times 4\mu m$），革兰染色阳性。本菌在普通琼脂、血琼脂与沙堡培养基上均可良好生长。本菌需氧，室温或 37℃ 培养，1～3d 可长出菌落，呈乳脂状，有浓厚的酵母气味，其表层多为卵圆形酵母样出芽细胞，深层可见假菌丝，在玉米培养基上可长出厚垣孢子。本菌假菌丝和厚垣孢子可作为鉴定诊断。该菌能发酵葡萄糖、麦芽糖、甘露糖、果糖等并产酸产气；发酵蔗糖、半乳糖等，但产酸不产气；不分解乳糖、菊糖。

【症状】 病变常发生于口腔黏膜上，形成一个或多个小的隆起软斑，表面附有黄白色假膜，假膜剥脱后露出溃疡面。病貂表现为不安、呕吐或腹泻，有的跖部肿胀，趾间及周围皮肤皱褶处糜烂，有灰白色和灰红色分泌物，有的形成瘘管，后期常有 1～2 个，甚至全爪溃烂脱落，趾部露出鲜嫩肉芽。病菌侵入肺部时，病貂精神沉郁，食欲减退或拒食，体温升高，咳嗽且呼吸困难。

【诊断】　根据临床症状和实验室检查可作出诊断。

【治疗】

（1）制霉菌素片 50 万 U/ 片，一次内服 1 片，每天 3 次，连用 10d 以上。

（2）制霉菌素软膏，5% 碘甘油或 1% 龙胆紫溶液，涂布局部病变部位，每天 2～3 次。

九、隐 球 菌 病
（cryptococcosis）

隐球菌病是由新型隐球菌引起的亚急性或慢性真菌病。临床上以侵害中枢神经系统和肺脏，发生精神错乱、咳嗽、气喘、意识障碍等为特征。

【病原】　本病病原是新型隐球菌（*Cryptococcus neoformans*）。在组织中呈圆形或卵圆形，芽殖，直径 4～20μm，在组织中菌体稍大，经培养后变小；菌体为胶样物质的黏多糖荚膜，厚 1～2μm，是一种可溶性半抗原。根据荚膜抗原性不同，新型隐球菌有 A、B、C 和 D 四个血清型，临床分离多为 A 型或 D 型。荚膜抗原能溶解在脑脊液、血清及尿中，可用特异性血清检测。本菌不形成菌丝和孢子。该菌在室温或 37℃时易在各种培养基上生长，在沙堡培养基上 1～2 周方见白色、皱纹样菌落，继续培养时呈湿润、黏稠光滑、乳白色、酵母样菌落。本菌能分解尿素、肌醇、麦芽糖、卫茅醇，不分解乳糖，硝酸盐试验阴性。

【症状】　动物临床表现多种多样，一般表现为神志不清，呕吐不止；有的精神错乱，摇头摆尾，不停旋转；有的行为异常，运动失调；有的感觉过敏，视觉障碍；肺部受侵害时，动物连声咳嗽，鼻腔流出浆液性、脓性或出血性鼻液，呼吸困难，胸部疼痛；有的出现抽搐，甚至意识障碍，少数病例出现隐性肺炎症状。

【诊断】　临床症状无特征性变化，确诊主要靠真菌培养、血清学检查、动物接种试验的结果。

【治疗】　使用两性霉素 B，1 片（5mg/ 片）一次内服，每天 3 次，连用 10d 以上，也可选用克霉唑，酮康唑等；同时体表病灶应用外科手术根除病变组织，以防复发。

（白秀娟　刘长浩）

第四节　特种珍禽细菌性传染病

一、鸭传染性浆膜炎
（infectious serositis of duck）

鸭传染性浆膜炎是由鸭疫里氏杆菌引起鸭、鹅、火鸡等多种家禽和野禽的一种败血性传染病。急性病例以眼和鼻有分泌物、排绿色稀粪、抽搐和共济失调为典型症状，慢性病例以出现神经症状为典型表现。剖检慢性病例以败血症为典型病变，表现为纤维素性心包炎、肝周炎、气囊炎。由于在雏鸭群中发病率和病死率都很高，即使雏鸭能耐过也不能健活，常常发育迟缓，因此本病是危害养鸭业的重要传染病。1982 年，我国北京首先报道鸭群发生传染性浆膜炎后，其他养鸭地区陆续也有报道。

【病原】　鸭疫里氏杆菌（*Riemerella anatipestifer*，RA）属于黄杆菌科里氏杆菌属。本菌革兰染色阴性，杆菌，无芽孢、荚膜，无运动性，多数单个存在，少数成对排列，瑞氏染色两极浓染。目前，世界各地分离到该菌的血清型超过 20 个，我国也超过 15 个血清型，以 1 型为优势血清型。本菌基因组大小约为 2.3Mb。

本菌需要在 5%～10% 的二氧化碳的环境中培养，最适生长温度 37℃，对营养要求较高，在普通琼脂及麦康凯培养基上不能生长。初次分离需要在胰酶蛋白胨大豆琼脂（TSA）或巧克力琼脂培养基上进行，菌落呈光滑型。本菌多数菌株在室温下存活不超过 3～4d，4℃ 条件下，肉汤培养物可存活 2～3 周，冻干菌种可保存 10 年以上。

【流行病学】

1. 传染源　　发病和带菌禽类是本病主要传染源。

2. 传播途径　　呼吸道、消化道和损伤皮肤是本病的主要传染途径。被污染的饲料、饮水、工具等是本病主要的传播媒介。

3. 易感动物　　本病以 1～8 周龄雏鸭易感，2～3 周龄雏鸭尤为多见。本病在鸭群中的感染率有时可高达 90%，甚至更高。

4. 流行特征　　本病一年四季均可发生，由于主要感染雏鸭，故育雏季节出现病例多。饲养密度过大、环境潮湿、空气不流通、卫生条件不好等可加重本病的发生和流行。

【症状】　　根据病程长短，本病可分为最急性型、急性型、亚急性型和慢性型。

1. 最急性型　　雏鸭常不见任何明显症状就已死亡，不易诊断。

2. 急性型　　发病初期，病禽食欲不振，甚至废绝、嗜睡、缩颈低头、虚弱无力、步态不稳。随后出现本病典型症状，眼有浆液或黏液性分泌物，严重者常污染两眼周围羽毛，形成粘连脱落；鼻孔流出浆液或黏液性分泌物，导致呼吸困难；有些雏鸭排黄绿色稀粪，腹部膨胀，严重者肛周羽毛被污染；濒死时常出现神经症状，两腿伸直呈角弓反张，随即抽搐而死，病程一般为 1～3d。

3. 亚急性型或慢性型　　发病雏鸭日龄较大，多在 4～7 周龄以上，病程较长，可达 1 周或以上。除表现上述急性型病例出现的一般症状外，以出现神经症状为典型特征，表现为痉挛性点头、摇头摆尾、前仰后翻，如果呈仰卧翻倒后不能自主翻转。少数病例也会表现为头颈歪斜，遇有应激反应时，小鸭颈部弯转 90°，不由自主地转圈或倒退。病鸭发育不良、消瘦；有的病例还会表现干酪性输卵管炎、关节炎，部分病鸭不愿走动。

【病理变化】　　以全身浆膜面的纤维素性渗出性炎症为典型病理变化，表现为心包膜、肝脏表面及气囊上有白色或黄色纤维素性渗出物沉着，俗称"三炎"；有些渗出物质会将心、肝、脾等包裹住。慢性病例有些可见腹部皮肤或脂肪呈黄色，切面呈海绵状；输卵管肿大，内有干酪样物质驻留；跗关节肿胀，关节液增多，呈乳白色，质地黏稠。

【诊断】　　根据流行病学、临床症状及病理变化，一般即可做出初步诊断。但要注意与鸭大肠埃希菌病（败血症型）区别，二者在病变上都表现为纤维素性心包炎、肝周炎、气囊炎，实验室诊断必不可少。

1. 血清学诊断　　玻片凝集可用于现场的快速筛选，进一步确诊可采用试管凝集或琼脂扩散试验；在有条件的实验室还可以开展荧光抗体试验诊断。

2. 细菌的分离与鉴定　　无菌采取典型病变接种 TSA 或巧克力琼脂培养基，24～48h 后观察菌落形态并进行鉴定。

3. PCR　　可针对鸭疫里氏杆菌 *gyrB* 基因设计引物，建立的 PCR 法具有较好特异性。

【治疗】　　治疗时青霉素类、头孢类、大环内酯类及喹诺酮类抗生素都有效。由于药物预防仍是预防该病的一个主要手段，所以治疗前最好能做一下药物敏感试验。

【预防】　　疫苗接种是预防本病的关键。我国自主研发的鸭传染性浆膜炎灭活苗能有效预防该病。1~7日龄鸭皮下注射0.25mL，种鸭在产蛋前2~4周皮下注射0.5mL，下一代雏鸭可在1~10日龄获得较好保护；加强饲养管理，注意鸭舍通风、环境干燥、清洁卫生、经常消毒，采用全进全出的饲养制度。霉变饲料产生的黄曲霉毒素可诱发本病。

二、鸭曲霉菌病
（aspergillosis of duck）

鸭曲霉菌病是由曲霉菌属的真菌感染鸭引起的呼吸系统及其他多组织器官病变的一种疾病。

【病原】　　该病病原复杂，以半知菌门丛梗孢科曲霉菌属中的烟曲霉菌最常见，此外黄曲霉菌、土霉菌、青霉菌、木霉菌、头孢霉菌、毛霉菌、白曲霉菌等也可引起该病。烟曲霉菌对营养要求不高，在马铃薯培养基和其他糖分类培养基上都能生长，对温度要求也较宽泛，室温、37~45℃都可以，需氧菌。在固体培养基上烟曲霉菌为白色绒毛状菌落，24~30h后菌落呈面粉状，中间呈浅灰色、深绿色或黑蓝色，菌落周边仍呈白色，此时开始形成孢子；形成孢子后，曲霉菌对理化因子的抵抗力增强，煮沸5min方可杀死，常用消毒剂如石炭酸、5%甲醛、过氧乙酸和含氯制剂均有效，本菌广泛存在于自然界中，在土壤、饲料、环境、垫料中都可分离到。

【流行病学】

1. 传染源　　由于曲霉菌广泛存在于自然环境中，病鸭、带菌鸭、被污染的环境及器具中存在的曲霉菌都可成为本病的传染源。

2. 传播途径　　呼吸道和消化道，都可成为本病的传播途径。被污染的饲料、器具、垫料、空气、孵化器、蛋架、蛋盘、种蛋等都可成为传播媒介。种蛋如被污染，则死胚率及初生雏鸭发病率增高。

3. 易感动物　　雏鸭易感，特别是1~12日龄最易感，成年鸭感染呈慢性和散发性。

4. 流行特征　　感染日龄越小发病率和病死率越高。2日龄内的雏鸭感染病死率可达24%~33%，有些甚至高达80%以上。促进曲霉菌增殖的因素，如环境阴暗、潮湿、闷热、空气不流通等都易诱发本病。

【症状】　　病初出现一般临床症状，如食欲减少或不食等，随后出现呼吸系统症状，多表现为呼吸困难，张口呼吸，头颈伸长，呼吸时发出轻微"咯咯"声；成年鸭还可表现为冠和肉髯颜色发绀；其他系统或器官也可出现症状，表现为头、颈、腹部和大腿内侧皮肤水肿；眼结膜充血、肿胀、下眼睑有干酪样物质；部分病例出现神经症状，如摇头、共济失调等。

【病理变化】　　呼吸系统病变以肺部为主，表现为粟粒大小灰白色结节，质地硬度似橡皮样，切开可见其层次结构，中心为干酪样坏死组织，含大量菌丝，外层为类似肉芽组织的炎性反应层；气管、支气管也可见到结节及菌丝体形成的绒球状结构；其他器官或系统如腹腔、胸腔、肝、肠浆膜等处也可见霉菌结节。

【诊断】　　根据流行病学、临床症状及病理变化一般即可做出初步诊断。本病尚缺乏有效的血清学检测手段，实验室诊断主要依靠显微镜检查及病原分离。

取病变典型部位的霉菌结节或霉菌斑置于载玻片上，加20%氢氧化钾溶液1~2滴，用针将病料划破、浸泡后加盖玻片轻压至透明，镜下检测菌丝体和孢子。

无菌采集肺部等处结节，接种于沙氏培养基上，37℃培养48h，观察有无灰白色绒毛状菌落长出，培养物镜检可见大量菌丝、顶囊和孢子。

【治疗】　本病尚无特效治疗方法。克霉唑、5-氟胞嘧啶、噻苯达唑、伊曲康唑、两性霉素B和制霉菌素等化学药物和抗生素可抑制该菌生长，但成本较高。发生本病时，应立即清除污染源，同时对环境及用具进行彻底清洁和消毒。

【预防】　由于本菌在自然界广泛分布又极易造成环境污染，因此加强卫生管理和消毒及提高鸭群抵抗力是防治本病的关键。加强孵化过程的卫生管理，定期清扫，避免孵化场所曲霉菌的感染，使用0.4%过氧化酸或5%石炭酸喷雾后密闭或福尔马林熏蒸等定期消毒措施。闷热、潮湿的夏季应防止垫料和饲料的发霉。

三、鸡毒支原体感染
（mycoplasma gallisepticum infection）

鸡毒支原体感染可引起鸡和火鸡以呼吸系统感染为主要症状的慢性呼吸道疾病（chronic respiratory disease，CRD），火鸡表现为气囊炎及鼻窦炎，雏火鸡可发生结膜炎，其他珍禽表现为气管炎和气囊炎，张口呼吸及呼吸道啰音。病程长，发展缓慢，成年禽类多为隐性感染，在鸡群中可长期存在。本病在鸡群中造成的经济损失严重，幼禽感染，生长发育不良，成年禽感染，产蛋量降低，肉鸡胴体品质下降、废弃率增加，且容易继发其他病原微生物混合感染，造成复杂局面。目前在我国大型珍禽饲养场中，本病有不同程度的存在。

【病原】　鸡毒支原体（*Mycoplasma gallisepticum*，MG）属于支原体属。吉姆萨染色良好，电子显微镜下呈圆形、丝状，形态不一，无细胞壁的原核生物。本菌为需氧及兼性厌氧，在固体培养基上，3～5d可形成光滑、透明的小菌落，用放大镜观察，菌落呈乳头状；在马鲜血琼脂培养基上可引起完全溶血，能凝集鸡和火鸡红细胞；在液体培养中培养5～7d，由于分解葡萄糖产酸，可使培养液变黄；也能在7d龄鸡胚卵黄囊中繁殖，致使胚体发育不全、全身水肿、关节肿大及尿囊膜、卵黄囊出血。本菌对外界抵抗力不强，一般消毒剂即能将其杀死。本菌对热敏感，45℃ 1h或50℃ 20min即可失去活性；耐低温，冻干后4℃可存活7年，−60℃可存活20年以上。本菌对链霉素、红霉素、泰乐菌素和利高霉素敏感。

【流行病学】

1. 传染源　病禽和隐性感染禽类是本病的传染源。

2. 传播途径　病原体可通过咳嗽、喷嚏经呼吸道传染，上呼吸道和眼结膜是MG入侵的主要门户；污染的饲料、饮水、用具等也能传播本病；如果公鸡的精液被污染，也可经配种传播；经卵垂直传播可使本病在鸡群中连续不断。

3. 易感动物　鸡和火鸡对本病易感，尤以4～8周龄鸡和火鸡最敏感，纯种鸡比杂种鸡易感；鹌鹑、珠鸡、孔雀和鸽也感染本病。

4. 流行特征　在已经有本病存在的鸡群中本病传播缓慢，但在新发病的鸡群中传播快。如果饲养环境较差，如饲养密度大、卫生条件差、通风不良及气候变化等可加剧本病，病死率增多。

【症状】　本病在鸡群常呈隐性感染，潜伏期难以确定，人工感染的潜伏期为4～21d。幼龄禽发病时症状比较典型，常表现为流浆液性或黏液性鼻液，有些幼禽由于鼻孔被堵塞，常常表现摇头、喷嚏、咳嗽，严重时呼吸可听到啰音；有些还表现眼结膜炎、气囊炎和窦炎，后期鼻腔和眶下窦中蓄积渗出物常引起眼睑肿胀，严重时蓄积物突出眼球外似"金鱼眼"，常致失明；有些关节发炎，出现跛行。在火鸡，有时由于病原侵入脑内，会出现运动失调；感染鸡群生产性能下降，即使在临床症状消失后，发育也会受到不同程度抑制；幼禽如无并发症，较少死亡；产蛋鸡感染后由于输卵管炎，表现产蛋量下降和孵化率降低，但孵出的幼禽抵抗力降低；如继发大肠埃希菌感染，死亡率增高。

【病理变化】 单纯感染 MG，病变主要集中在呼吸道和输卵管。鼻孔、鼻窦、气管和肺中有卡他性或黏液性分泌物，气管壁可水肿。随着病情发展，气囊可见浑浊，上有干酪样渗出物，严重时可堆积成块；眶下窦有黏性或干酪状渗出物，眶下窦出现炎症；如果出现关节症状，则可见关节周围组织肿胀，关节液增多，初始时清亮而后浑浊，最后呈现奶油状；如与大肠埃希菌混合感染时，可见纤维素性心包炎和肝周炎。

【诊断】 本病仅根据流行病学、临床症状和病理变化很难做出诊断，确诊需进行病原分离鉴定和血清学检查。

病原分离可取气管或气囊渗出物制成悬液，接种于支原体肉汤或琼脂培养基上，观察有无目的菌落生长。但由于支原体生长缓慢，此法所需时间较长。条件允许时，可采用 PCR 方法分离病原，此法快速、敏感，并且不受多种支原体感染及继发细菌感染等条件限制，对于使用过抗生素治疗及其他条件抑制生长等情况下依然可以检测。

血清学检查主要用于辅助诊断及疫情监测，以血清平板凝集试验最常用，其他还可以采用血凝抑制试验及 ELISA。

【治疗】 泰乐菌素、链霉素、红霉素、泰妙菌素及大观霉素对本病有效，但本病治疗周期较长，停药后可复发，治疗时主要交替用药。

【预防】 疫苗接种是减少本病发生的有效方法。目前有灭活苗和弱毒苗两种，灭活苗用于幼禽及产蛋鸡，弱毒苗用于成年禽及加强免疫。本病受环境因素影响较大，该病在我国鸡场中普遍存在，正常情况下无明显症状，但在应激及饲养管理水平下降时可加重本病发生。因此避免应激、注意舍内卫生、及时清理粪尿、舍内通风、不拥挤等，可避免本病加重。

培育无支原体感染的种鸡群尤为重要。在有本病存在的种鸡场，可通过接种灭活疫苗，收集种蛋前种鸡连续服用高效抗支原体药物，种蛋药浴，最初在 46.1℃高温孵化种蛋 12～14h 等，减少支原体经蛋传递的概率，在孵化出的健雏中，定期血清学检查，淘汰阳性鸡，阴性鸡群隔离饲养，作为种用，后续饲养中严格消毒，定期对鸡群进行血清学检查。

四、衣原体病
（chlamydiosis）

衣原体病是由衣原体引起的一种人兽共患病，感染宿主广泛，包括 100 多种禽类、16 种哺乳动物和其他种类动物，也包括人。发生于鹦鹉类的衣原体病称为鹦鹉热（psittacosis），发生于非鹦鹉鸟类的衣原体病称为鸟疫。

【病原】 衣原体是衣原体目衣原体属的成员。衣原体形体细小，呈圆形或椭圆形，能通过细菌滤器，有细胞壁，缺乏肽聚糖，含有 DNA 和 RNA 两种核酸。在脊椎动物细胞内可形成胞内包涵体，嗜碱性染色，革兰染色阴性。衣原体是专性细胞内寄生，不能在人工培养基上培养，需要动物细胞或鸡胚（卵黄囊途径接种）培养。根据细胞壁抗原成分不同，可分为属特异性抗原、种特异性抗原和型特异性抗原。属特异性抗原即为细胞壁中的脂多糖，耐高温，135℃以上仍有活性；种特异性抗原为细胞壁内主要外膜蛋白，不耐高温，60℃即可失活，与衣原体免疫性及致病性紧密相关。衣原体对热抵抗力不强，56～60℃ 5～10min 即可灭活，但低温 4℃可存活 5d，0℃可存活数周。衣原体对常用抗生素敏感，如 75% 乙醇 0.5min，2% 来苏儿 5min，0.5% 福尔马林 24h，3% 氢氧化钠片刻均可将其杀死。

【流行病学】

1. 传染源　　患兽和带菌者是主要传染源。

2. 传播途径　　衣原体可经污染的饲料和水源，经消化道感染健康动物；可经空气飞沫、尘埃经呼吸道或眼结膜感染健康动物；也可经人工授精等途径感染。肠道中存在的衣原体可长期随粪便排出体外，在公共卫生学上有重要意义。

3. 易感动物　　不同禽类对衣原体感染的易感性不同，多呈隐性感染，尤以鸡、鹅等表现突出；鹦鹉、鸽、鸭、火鸡及一些观赏鸟类等可呈显性感染。

4. 流行特征　　本病季节性不明显，饲养密度过大、运输拥挤、营养不良等应激因素刺激可加重本病的发生和发展。

【症状】

1. 雏鸭易感　　雏鸭病死率高，成年鸭多呈隐性感染。病鸭食欲废绝，眼、鼻常有黏性或脓性分泌物，排出水样稀粪。随病情发展可出现神经症状，由病初的震颤、步态不调发展为强直性痉挛，最后抽搐而死。

2. 雏鸽易感　　雏鸽病死率较高，成年鸽感染多数可康复成为带菌者，成为隐性传染源，在流行病学上有重要意义。病鸽精神萎靡、食欲不振、腹泻，眼、鼻有黏性或脓性分泌物，呼吸困难，有的发出"咯咯"的叫声。

3. 幼龄鹦鹉易感　　幼龄鹦鹉患病后死亡率高，成年动物临床症状表现比较轻微，可耐过，但终身带毒。临诊症状表现为眼和鼻有分泌物，腹泻，消瘦，至后期明显脱水，极度衰竭。

4. 火鸡易感　　严重者产蛋率下降明显，如感染强度株病死率可达 10%～30%。

【病理变化】　　各种珍禽感染支原体后缺乏特征性病变，一般可见肝脏肿大，表面有坏死点或坏死灶，气囊膜增厚，有干酪样渗出物覆着或呈明显浑浊。

【诊断】　　根据流行病学、临床症状及病理变化仅可初步诊断，确诊需进行实验室检测。

1. 病原分离及鉴定　　采集血液和脏器，制片后经吉姆萨染色，显微镜检查包涵体。病原体呈红色或紫红色，网状体蓝绿色。如在病料中未检测到包涵体，也可先将病料经卵黄囊途径接种于 5～7d 鸡胚中，39℃孵育 3～10d。无菌采取卵黄囊膜涂片、染色、镜检。有些衣原体首次接种鸡胚，即能适应；但有些虽盲传 5 代以上，仍检测不到病原体。

2. 血清学诊断　　可用血清中和试验、空斑减数试验、间接血凝试验、ELISA 试验及荧光抗体技术进行检测。标准诊断血清可采用针对多种血清型的鹦鹉热亲衣原体单克隆抗体，既可以用于定性诊断，也可用于分型鉴定。PCR 技术已被广泛用于衣原体种间的鉴定，反应快速，并具有高度特异性。

【治疗】　　红霉素及青霉素对本病原敏感，可用于治疗，也可拌于饲料中连续饲喂 1～2 周，还可结合中药联合使用效果更好。

【预防】　　衣原体感染宿主广泛，传播途径多样，对公共卫生威胁很大，且禽类缺乏有效商品化疫苗，应采取综合措施进行防控。在规模化养殖场，要建立全进全出、封闭式饲养系统，杜绝其他动物携病原体进入，对外来禽类严格检疫，隔离饲养观察后方可合群，定期对禽类检疫，对疑似病例、感染动物及时清除；防止易感动物暴露于被衣原体污染的环境中，提高饲养管理水平，加强卫生，提高机体抵抗力；禽类屠宰、加工时要防止尘雾发生等。

（刘倩宏）

第五节　其他细菌性传染病

一、霉斑病（蛇）
（mildew disease）

蛇霉斑病是发生在蛇皮肤上的一种霉菌性传染病，多发生于梅雨季节，是蛇常患的一种季节性皮肤病。本病传播迅速，常常会导致此类幼蛇的大批死亡。

【病因】　　蛇霉斑病由霉菌感染而引起。多因盛夏季节的蛇场内温度高、湿度大、阴雨连绵致使蛇窝内空气混浊，霉菌易大量滋生而致病，此时环境卫生差的蛇场更易流行发病。健康蛇可通过互相接触而感染，此外蛇吞吃了霉菌的孢子也易暴发本病，且易于死亡。

【流行病学】　　霉斑病的发生原因是蛇窝内潮湿和不清洁，由适宜霉菌生长的环境所致。夏季在我国南方梅雨季节，蛇场内温度高、湿度大，蛇窝内空气混浊，霉菌易大量孳生而致病，或因蛇场地势低洼，排水不畅，蛇生活在潮湿环境中，使霉菌迅速生长，蛇类感染霉菌病的概率大增。

【症状与病理变化】　　患蛇腹部出现块状或点状的黑色霉斑，个别严重者还向背部延伸至全身，最后因大面积霉烂而死。症状为蛇腹鳞片上生有变色霉斑，通常失去光泽度，严重时可见片状腹鳞脱落、腹肌外露，呈橘红色。此病常见于五步蛇、蝮蛇及多种不善活动的蛇；如不及时治疗，溃烂很快遍及全身而发生自体中毒而死亡。

【治疗】

（1）发现病蛇后应及时隔离治疗，用刺激性较小的新洁尔灭溶液或中草药予以冲洗、消毒患处，而后用制霉菌素软膏涂抹。同时，给病蛇灌喂制霉菌素片（25万 U/ 片）0.5～1 片，每天 2 次，连服 3～4d。

（2）发现病蛇霉斑连成片时，可用 1%～2% 的碘酊涂抹患处，每日涂药 1～2 次并同时灌服制霉菌素片剂；若有克霉唑软膏配合涂抹，效果更佳。

（3）取黄连适量煎汤灌服也有效。

【预防】　　在使用上述药物的同时，必须降低饲养场内或窝内的湿度，改善蛇的栖息环境，力求做到清洁、干燥、通风，可经常用石灰块杀菌吸潮，或将木炭、草木灰用纸包好，放入蛇窝的潮湿处，定期更换除潮。一般蛇经过 1 周治疗后大都能痊愈，治愈后的蛇在放回蛇场前，需重新进行"药浴"消毒后方可混入全群饲养。

二、口腔炎（蛤蚧）
（stomatitis）

口腔炎是在蛤蚧养殖过程中发病率最高，且极具传播蔓延特点的一种疾病，一旦发生本病，如得不到及时有效控制，常导致饲养场毁灭性的损失。多年来，在世界各地，蛤蚧口腔炎一直都是蛤蚧养殖过程中危害严重的一种疾病。

【病原】 本病由铜绿假单胞菌（*Pseudomonas aeruginosa*）所致。该菌是一种常见的条件致病菌，属于非发酵革兰阴性杆菌。菌体细长且长短不一，有时呈球杆状或线状，成对或短链状排列。菌体的一端有单鞭毛，在暗视野显微镜或相差显微镜下观察可见细菌运动活泼。

本菌为专性需氧菌，生长温度范围 25～42℃，最适生长温度为 25～30℃，利用该菌在 4℃不生长而在 42℃可以生长的特点可加以鉴别。本菌在普通培养基上可以生存并能产生水溶性的色素，如绿脓素（pyocyanin）与带荧光的水溶性荧光素（pyoverdin）等；在血平板上会有透明溶血环。该菌含有 O 抗原（菌体抗原）以及 H 抗原（鞭毛抗原）。O 抗原包含两种成分：一种是其外膜蛋白，为保护性抗原；另一种是脂多糖，有特异性。O 抗原可用以分型。

【流行病学】 在夏季高温、高湿条件下，蛤蚧的发病率特别高。本病原菌在空气、土壤、水及蛤蚧体表都广泛存在，特别是在潮湿环境下繁殖更是异常迅速，在养殖过程中若平时消毒不严格，管理粗放，更易致本病的发生。

【症状与病理变化】 患病蛤蚧清瘦体弱，厌食，口腔表面肿胀，口腔黏膜局部出现大小不一的红点，弥漫性发炎，口中有分泌物，呈白色或灰白色，随着病程的发展，逐渐出现糜烂、溃疡，最后形成干酪样物沉积于齿龈及黏膜上，严重时牙齿脱落，下颌骨断裂，口腔紧闭，张口困难，不能摄食，导致消瘦衰竭而死；部分病例侵害眼部，使眼球肿胀、浑浊。

剖检时可见咽、喉、食道有大量黏液，黏膜出血；肺出血，呈暗红色；肝肿胀，脾、淋巴结肿大；肠胀气并充满黏液。

【诊断】 本病口腔炎病变明显，根据临床症状及流行特点可初步诊断，确诊需经实验室诊断。

【治疗】

（1）可用 0.5% 的呋喃西林溶液或 0.1% 的高锰酸钾溶液清洗患处，并喂服维生素 B$_1$ 和维生素 C，每天 3 次，每次 2.0mg。

（2）用 20% 明矾溶液冲洗发病蛤蚧口腔，每日数次；也可用 20% 的硫酸铜溶液于喂食前涂擦口腔黏膜；还可用明矾水加白糖，用吸管吸取，再吹入患蚧口腔患处，连治 3d 可治愈。

【预防】

（1）在蛤蚧养殖过程中，除保持环境清洁卫生外，还要定期对养殖场地进行全面消毒。

（2）对于引进的健康蛤蚧也必须进行消毒后并隔离观察 7d 左右，未出现任何症状方可混入全群饲养，以减少此类病菌对本场蛤蚧的危害。

（3）一旦发现患口腔炎的蛤蚧，应立即隔离并及时治疗，以免口腔炎在蛤蚧群中传播。

三、斑霉病（蝎子）
（spot mildew）

蝎子斑霉病为真菌性病害，致病菌多为绿霉真菌，又称真菌病或黑斑病，多集中于 6～8 月发病，极易传染。

【病原】 绿霉真菌主要存在于朽木、枯枝落叶、植物残体和空气中，其分生孢子通过空气传播，在 15～30℃时，孢子很快萌发，10℃以下、35℃以上萌发率下降，菌丝在 20～30℃生长迅速。孢子在相对湿度 95% 时萌发加快，相对湿度低于 85% 很难萌发，适于酸性和湿度较大的环境中孳生。孢子在空中传播快，繁衍迅猛。绿霉的主要生物特性为菌丝成熟期很短，往往在一周内即可达到生理成熟，然后生成绿色霉层（绿霉孢子层）。

【流行病学】　常因环境潮湿、气温较高、空气湿度大，以及食物发生霉变等，致使真菌大量繁殖，在蝎子躯体上寄生引起发病。

【症状与病理变化】　感染发病的蝎子，初期极度不安，胸腹部和前腹部常出现黄褐色或红褐色小点状霉斑并逐渐向四周漫延扩大，隆起成片。病蝎生长停滞，后期活动量减少，行动呆滞，不吃不喝，直至死亡。死亡躯体僵硬，体表出现白色菌丝，严重时突发性大批死亡，在蝎窝内集结并和腐烂饲料一起结块发霉，蝎体长出绿色霉状菌丝体集结成菌块。

【治疗】　可以用土霉素 1g 或长效磺胺 1～1.5g 与 1000g 饲料拌匀饲喂，直至痊愈。

【预防】　本病主要以预防为主。保持饲养区空气流通，调节温湿度，使蝎室和蝎窝保持蝎子生长所需最佳温湿度，从而达到根除病原的目的；降低饲养密度，场地进行喷洒消毒。食盘和供水器应该经常洗刷，及时更换盘内沉淀物，防止剩余饲料变质。

及时隔离治疗病蝎，死蝎要及时拣出焚烧；用 1%～2% 福尔马林或 0.1% 高锰酸钾溶液对养殖区消毒；另外，可以用 0.1% 的来苏儿溶液喷洒消毒。

四、黑腐病（蝎子）
（black rot）

蝎子黑腹病又叫黑肚病，四季均可发生，多因蝎子采食腐败变质饲料和污浊饮水而致。

【病因】　本病系饲喂过程中，供给蝎子的饲料腐败、变质或饮水器长时间不清洗，造成饮水不洁，或直接供给的水受到污染而引起健康蝎子感染黑霉真菌所致；另外，没有及时将病变或病死的蝎子拣出，而使健康蝎吃了病死的蝎子尸体，也可引起发病。

【症状与病理变化】　发病初期蝎子前腹膨胀，发黑，活动减少或不出穴活动，食欲减退或不食，粪便呈绿色污浊水样；病程继续发展，病蝎前腹部出现黑色腐败溃疡性病灶，用手轻轻按压病灶部位，即有污秽不洁的黑色黏液流出，后腹部呈线状拖在地上。

本病发病时间短，病蝎在病灶形成时即死亡，且死亡率非常高。剖检时可发现病蝎腹腔中有很多黑色液体流出。

【治疗】　可用干酵母 1g，大苏打 2.5g、红霉素 0.5g 或用长效磺胺 0.5g，混合 500g 饲料拌匀后喂病蝎，直到痊愈。

【预防】　首先要保证饲料、饮水新鲜，蝎窝定期清洁消毒，保持环境卫生。饲料虫须鲜活适量，吃剩饲料虫要及时清理，以防蝎子误食。一旦发生本病，要及时翻垛、清池，把养蝎室和垛体块用 0.3% 高锰酸钾溶液进行喷洒消毒，窝底垫土换用消毒后的新土，垛体和窝内垫土湿度以 15%～18% 为宜；及时清除死蝎尸体并焚烧。

五、绿僵菌病（蜈蚣）
（metarhizium anisopliae disease）

绿僵菌病又叫黑斑病、绿霉病，是人工养殖蜈蚣中最常见的主要病害。尤其是在夏季，人工养殖池内很容易发生由霉菌所致的"黑斑病"，常造成幼龄蜈蚣大批死亡，成年的大蜈蚣亦可感染致死，野生蜈蚣很少发病。"绿僵菌病"是养殖条件下的一种严重病害。

【病原】　本病由真菌中的绿僵菌（*Metarhizium anisopliae*）引起。绿僵菌属半知菌亚门（Deuteromycotina）丝孢纲（Hyphomycetes）丛梗菌目（Moniliales）丛梗霉科绿僵菌属，是一种广谱性病原菌，形态接近于青霉，菌落绒毛状或棉絮状，最初白色，产生孢子时呈绿色。适宜条件下，绿僵菌分生孢子接触虫体后，首先会附着于寄主体表，一旦正常萌发，则产生菌丝入侵，导致寄主死亡。绿僵菌分生孢子具有较好的耐高温和耐旱性，25～32℃致病力较强，28℃致病力最强。

【流行病学】　　黑斑病的传播需要适宜的环境条件，包括温度 25～32℃、湿度 70% 以上，饲养条件差，动物老龄、体弱、蜕皮及幼龄群体易发生黑斑病，造成大规模死亡，幼龄蜈蚣发病后死亡率极高。黑斑病绿僵菌耐旱性和耐高温能力较强，其分生孢子萌发力受环境湿度影响较大。当环境温度超过 35℃，绿僵菌会失去致病力。

【症状与病理变化】　　发病初期蜈蚣头部和下腹部呈现大小不等黑斑，腹胀，活动减少，食欲减退。病重蜈蚣腹部出现黑色腐败型溃疡病斑，并有黑色黏液流出，肚皮呈黑黄色，无光泽，黑色病斑形成时蜈蚣即死亡。

【治疗】　　发现病蜈蚣，立即隔离饲养，可用 0.25g 的红霉素片、金霉素片研粉加水600mL 强迫其饮用药水，每天 2 次，连续 3～4d，或用红霉素、金霉素加水研粉喷洒在砖头、瓦片上；同时注意养殖场卫生，注意水质。

用干酵母 0.6g、氟苯尼考 0.25g、土霉素 0.25g，一起磨细拌饲料虫连喂 7d 可防治本病，对严重者可分离喂食，也可分别选用制菌素、两性霉素、放线菌酮和克念霉素等乳化剂防治。

【预防】　　平时要加强饲养管理，保持饲料和饮水的新鲜清洁；改善通风条件，掌握好饲养池内的温湿度；及时清理残余食物和霉烂物质；一旦发现有绿僵菌病的初期危害，应迅速剔除发病蜈蚣，隔离饲养，将被污染的饲养土全部清除干净，并用 0.3% 的高锰酸钾水溶液喷洒消毒，换备用已消毒的饲养土；饲养池及其他被污染的器具等用 0.5% 的漂白粉溶液或 0.3% 的高锰酸钾溶液浸洗消毒，晾干后，再放回饲养池中。

六、鳖嗜水气单胞菌病
（turtle aeromonas hydrophila）

嗜水气单胞菌是水生生态系统中的重要病原之一，可引起多种水生动物疾病，导致中华鳖多种病症，如鳖的红脖子、出血性肠道坏死、疖疮、出血、腐皮等多种病症。

【病原】　　嗜水气单胞菌（Aeromonas hydrophila）广泛分布于自然界的各种水体，是多种水生动物的原发性致病菌。该菌为革兰阴性短杆菌，极端单鞭毛，没有芽孢和荚膜，从病灶上分离的病原菌常两个相连。在普通琼脂平板培养基上可形成圆形、边缘光滑菌落，菌落中央凸起，呈肉色、灰白色或略带淡桃红色，有光泽。嗜水气单胞菌在水温 14.0～40.5℃范围内都可繁殖，以 28.0～30.0℃ 为最适温度；在 pH 6～11 范围内均可生长，最适 pH 为7.27。嗜水气单胞菌可在含盐量 0～4‰ 的水中生存，最适盐度为 0.5‰。嗜水气单胞菌可以产生毒性很强的外毒素，如溶血素、组织毒素、坏死毒素、肠毒素和蛋白酶等。

【流行病学】　　本病流行季节为 6～9 月，流行范围广。加温养殖无季节性，患病和流行取决于水温，适宜水温为 25～32℃。该病传染性强，流行迅速，潜伏期短，发病快，日均死亡率约为 0.1%，严重时可达 1%。

【症状与病理变化】　　患病鳖外观较厚，腹甲呈纯白色；病鳖心包严重充血，影响循环；肺组织严重坏死，影响气体交换；肝、肾和脾等器官坏死，破坏了鳖的物质转化和解毒，加速了病鳖的死亡过程；肝脾肿大，肝呈花斑状，有坏死灶；血管内以及器官组织中大量红细胞变形、溶解，血细胞数量减少；菌体侵入肺、脾、肾和肌肉等器官组织中，菌聚集成团，在其周围无白细胞浸润现象，组织细胞出现水样变性、颗粒变化、玻璃样变性和坏死；小血管壁受损，内皮细胞坏死脱落，引起出血。

【治疗】 用头孢噻呋钠与肝肾康内服或长期服用扶正祛邪、利水解毒、加强营养的中药方剂可对本病起到一定疗效。

【预防】 为防止该病发生，特别在幼鳖饲养中应注意及时分级饲养，减少鳖间撕咬、争斗，减少病原由体表感染的机会；发现病鳖及时分离治疗，同时加强水质管理。鱼类是鳖重要的饵料，也是该菌的重要携带者，需特别重视饵料用鱼来源，必要时应作适当处理，以防病原通过食物传播。做好水质管理，每一周用二氧化氯消毒池水一次，防止此病发生。

七、鳖产气单胞杆菌病
（turtle aeromonas species）

鳖产气单胞杆菌广泛存在于水域、土壤及水生动物体内，是我国鳖中最常见致病性菌之一，能引起动物出血性败血症，给淡水养殖业造成严重损失。该菌也是重要的人畜共患病病原菌，通过感染鳖类经消化道感染人，致腹泻、败血症等疾病，严重威胁人类健康。

【病原】 产气单胞菌（Aeromonas sobria）是弧菌科气单胞菌属的一种，革兰阴性，短杆菌，菌体两端呈钝圆，直径 $0.3 \sim 1.0 \mu m$，长 $1.0 \sim 3.5 \mu m$。该菌可发酵甘露糖醇、麦芽糖、海藻糖、果糖、半乳糖及糊精，并会发酵葡萄糖产气，分解半胱氨酸产生硫化氢。

【流行病学】 发病季为 8～10 月，控温养殖场全年均可患病，病程 5～15d，该病呈暴发流行。温度不适宜时可达 30d。水质偏酸，溶氧偏低，放养密度大于 50 只 $/m^2$ 时，易患病。发病水温为 25～30℃，若不及时治疗，死亡率可达 100%。稚鳖易患此病，病程一般7～15d，个别可达月余。

【症状与病理变化】 病鳖对外界应激敏感性降低，行动迟缓，拒食，喜欢钻入泥中；随病情发展，病鳖颈部充血，呈龟纹状裂痕或充血肿胀，颈部皮肤溃烂，不能缩入壳甲内，腹甲部出现红斑，口鼻流出血水；部分患鳖失明，爬上岸呈昏迷状态，四肢皮肤糜烂，直至死亡；解剖观察，肠道无食物，肠黏膜明显充血，肝脏淤血发黑，口腔及咽喉出血、糜烂，有大量块状瘀积分泌物。

【防治】
（1）在疾病流行季节，加强饲养管理，稳定饲养条件，定期换水，可每月用土霉素拌饲料投喂 1～2 次，每次连喂 3d。

（2）用 $0.3g/m^3$ 的三氯异氰脲酸全池泼洒。

（3）重病病例可腹腔注射硫酸链霉素 20 万 U/kg 鳖重，1 周内可痊愈；如未痊愈，可再注射 1 次。

（4）商品鳖或亲鳖患此病，可腹腔注射庆大霉素，剂量为 10 万～12 万 U/kg 鳖重。

八、鳖 水 霉 病
（turtle water mildew）

水霉病又叫肤霉病、白毛病，是一种真菌病，由寄生性的水霉菌和绵霉菌感染造成。

【病原】 病原为水霉菌（water mould）和绵霉菌（foam mould）等多种真菌。水霉和绵霉都是腐生寄生物，专性寄生于伤口和尸体中，在较低水温时（10～15℃）生长较好。

【流行病学】 肤霉病全年都可发生，但以冬末春初，气温18℃左右的梅雨季节为常见。水霉广泛存在于水中，营腐生生活。在条件不适宜的情况下，水霉菌在水中以孢子的形式存在。水霉菌不会寄生于健康的鳖体上，只有当遇到鳖体表受伤或者体力衰弱时，水霉菌孢子才会在伤口处、体表上寄生，并开始萌发。水霉菌孢子最初寄生时，病鳖一般无异常。

【症状与病理变化】 感染初期病鳖无异常，继而食欲减退、体质衰弱或在冬眠中死亡。病鳖表现焦躁不安、负担过重、拒食。随病情发展，病鳖体表、头、四肢、尾部产生灰白色斑，俗称"生毛"；向体外生长的菌丝，似灰白色"棉毛状"，俗称"白毛病"，严重时大量繁殖寄生在整个鳖体表面，对稚、幼鳖危害较大，进而表皮形成肿胀、溃烂、坏死或脱落，病鳖很快死亡。

【诊断】

（1）观察病鳖体表棉絮状的覆盖物。

（2）病变部压片，以显微镜检查时，可观察到水霉病的菌丝及孢子囊等。

【防治】

（1）患病鳖可用4%的食盐水浸洗10min，并用高锰酸钾溶液对饲养容器浸泡消毒。

（2）食物中拌入适量抗生素，提高鳖的抵抗力；也可用亚甲基蓝、食盐、氯杀王、二氧化氯、五倍子煮汁，用40～50mg/L福尔马林或0.05%小苏打水混合溶液、硫醚沙星浸泡，也可以取得较好效果。

（3）鳖日常饲养时，保证经常性日光浴，保持水质清洁，抑制水霉菌滋生，可预防本病。

（胡俊杰）

第五章 特种动物寄生虫病

第一节 球 虫 病

球虫病（coccidiosis）是由于一种或多种球虫感染引起动物小肠黏膜上皮细胞内发生的以肠炎为主要特征的一种原虫病。

【病原】 引起哺乳动物球虫病的主要病原有北美水貂艾美耳球虫（*Eimera vison*）、黑足艾美耳球虫（*E. furonru*）、西北利卡艾美耳球虫（*E. sibirica*）、萨氏艾美耳球虫（*E. sabbi*）、河狸鼠艾美耳球虫（*E. nutriae*）、北极艾美耳球虫（*E. arctica*）、米伦斯艾美耳球虫（*E. muehlensi*）等。鹿、水貂、紫貂、银黑狐、水獭均易感。患病及带虫动物排出的球虫卵囊经外生性发育形成具有感染的孢子化卵囊，被动物吞食后进行内生性发育而引起球虫病。被球虫卵囊污染的笼舍、饲料、饮水、用具等都可引起本病传播。

【生活史】 球虫只需一个宿主即可完成其生活史（4～7d），其生长发育需经历孢子生殖、裂殖生殖和配子生殖三个阶段：

1. 孢子生殖阶段 在温度为25～30℃、有充分湿度和通风良好的环境下，卵囊内形成孢子囊，每个孢子囊内分裂形成子孢子。卵囊孢子化的时间随外界环境条件而异，通常为3～4d。孢子化卵囊具有感染性，经口感染孢子化卵囊后，子孢子破囊而出，入侵肠上皮细胞，进入无性生殖阶段。

2. 裂殖生殖（无性生殖阶段） 球虫在寄生的上皮细胞内进行裂殖生殖，产生许多新个体（裂殖子），经过若干代裂殖生殖后，然后进行有性生殖。

3. 配子生殖（有性生殖阶段） 在上皮细胞内形成大配子（雌性细胞）和小配子（雄性细胞），大小配子融合为合子，随即在其周围形成一层被膜发育为卵囊，随粪便排出体外。以上两个阶段都在宿主体内完成。

卵囊对消毒药有很强的抵抗力；在干燥空气中经数天即死亡；对热较敏感，55℃ 15min可将其杀死，该球虫在80℃热水中10s、100℃ 5s即可死亡。

一、貂 球 虫 病
（mink coccidiosis）

水貂是重要的经济毛皮动物，水貂球虫病能引起貂场严重的经济损失。

【病原】 水貂球虫有12种，艾美耳属和等孢属各6种，其中常见的等孢球虫致病力最强，能引起水貂腹泻和死亡。卵囊形态特征为卵圆形，无微孔，平均大小34μm×29μm，孢子化卵囊内无外残体，有内残体，孢子囊呈椭圆形，平均大小20.8μm×14.4μm。

【流行病学】 本病广泛传播于水貂之间，幼龄貂更易感染。被球虫卵囊污染的笼具对本病传播有重要作用，亦可经污染的饲料、饮水、用具和饲养人员传播。鼠类和蝇类动物也可成为本病的传染媒介。

【症状】 成年水貂球虫病症状不明显，病程为4～10周；幼龄貂可表现严重的临床症状。病貂食欲变化无常，出现腹泻，粪便稀薄，混有黏液，颜色为淡红、黄色、绿色或黑柏油样；病貂被毛粗糙、无光泽，易脱落，进行性消瘦，幼貂停止发育易死亡，老年貂抵抗力很强，常为慢性经过，易并发其他疾病。

【病理变化】　水貂尸体高度衰竭和贫血，腹水，胃空虚，小肠黏膜卡他性炎症，于球虫病灶处常覆以腐烂区，慢性经过在小肠黏膜层内发现白色结节（直径 0.5～1.0mm），结节内充满球虫卵囊。水貂肝性球虫临床少见，感染时胆囊明显肿大，囊壁变厚变硬。

【诊断】　在粪便中发现球虫卵囊是诊断的主要依据，但必须结合临床症状和病理剖检变化综合判断。

【治疗】　用氨丙啉、莫能菌素、磺胺喹噁啉等进行治疗都能取得良好的效果。磺胺嘧啶首次量为 0.14～0.2g/kg 体重，以后每 12h 按 0.11g/kg 体重用药，至症状消失为止。

【预防】　将水貂离地单笼饲养是本病有效的预防措施。此外，还需注意保持貂笼和小室清洁干燥，经常更换垫草，定期洗刷笼具等，貂粪清除后进行生物热发酵后再作肥料。经常用 2%～3% 克辽林溶液和热水消毒笼具，配合合理饲养，全价饲料，增加貂群抵抗力。

二、珍禽球虫病
（rare birds coccidiosis）

各种禽类的球虫病是一种全球性的原虫病，是集约化养禽业最为多发、危害严重、防治困难的重要疾病之一。引起珍禽球虫病的是一种或多种艾美尔属的球虫，常混合感染，主要感染鹧鸪、鸽、鹌鹑、珍珠鸡、火鸡、雉鸡、贵妃鸡、鹦鹉、鹤和雁等。

（一）鹧鸪球虫病

【病原】　脆弱艾美耳球虫（*Eimeria fragilis*）和毒害艾美耳球虫（*E. necatrix*）。*E. fragilis* 的致病力最强，寄生在雏珍禽的盲肠黏膜内，一般称为雏禽球虫病。*E. necatrix* 主要寄生在小肠黏膜内，能引起青年珍禽和成年珍禽的肠型球虫病。成年珍禽多为无症状带虫者。带虫珍禽是传播球虫病的重要来源。球虫病通常在气温 27～30℃ 和雨水较多的季节最容易流行，因为温暖潮湿的环境最有利于球虫的发育，所以在每年春、夏季发生最多，这个时期也是孵化和育雏最旺季节，一旦发生之后，就会造成巨大的损失。

【流行特点】　每年 4～5 月鹧鸪在繁殖季极易感染球虫病。球虫病易在鹧鸪群中蔓延甚至造成暴发性流行。如管理措施得当，人工繁育幼雏时，在育雏期内发病率较低。南方地区鹧鸪感染无明显季节性，四季均可发生，2～3 周龄鹧鸪感染率可达 100%，3～4 月龄青年鹧鸪感染率为 41%，产蛋鹧鸪有较强抵抗力。患病和隐性感染者是鹧鸪的主要传染源。昆虫、鸟类和饲养人员可为机械传播者，成年鹧鸪感染后，待症状消失数月内仍有虫卵排出。

【临床症状】　发病鹧鸪表现精神沉郁，有时出现呼吸困难，羽毛松乱，严重者翅下垂，嗜睡，粪便呈糊状或水样，恶臭，褐色，间或可见血便。

【病理变化】　病变主要为十二指肠黏膜充血，有斑点状或不规则出血点，有的病例回肠充满糊状内容物，肠壁增厚；盲肠不同程度高度肿胀，比正常肿大 2～4 倍，肠壁变薄，内含大量血液及干酪样物质，浆膜层有针尖至米粒大小的灰白色糜烂点和紫色出血点；肝稍肿，有小米粒大小的黄色斑点状坏死灶。

【诊断】　根据发病日龄、临床症状、剖检变化等怀疑为球虫病时，应取粪便或剖检死、病鹧鸪病变肠段黏膜镜检，见有多量球虫卵囊和裂殖体、裂殖子时，即可确诊。

【治疗】

（1）对患病和疑似患病鹧鸪进行隔离。

（2）对全部圈舍、地面用火焰喷灯进行消毒，然后用百毒杀进行喷雾消毒，食具进行浸泡消毒。

（3）在患病鹧鸪的饲料中添加盐酸氯苯胍，饮水中加入球虫净，并对较严重的个体人工灌服球虫净，并且肌内注射青霉素。

（4）球痢灵（硝苯酰胺）与磷酸钙配成 25% 球痢灵混合物，以 250～300mg/kg 饲料拌料，连服 3～5d。

（5）莫能菌素按 100～120mg/kg 饲料拌料，自 2 周龄起，连服 2 周。

【预防】 本病要以预防为主，雏鸽和成鸽要分养，采用笼养或网上平养，全进全出，搞好环境卫生，饲料中维生素 A 含量充足。定期在饲料中加入适量预防球虫的药物，并注意轮换用药、穿梭用药或联合用药，防止产生耐药性。

（二）鸽球虫病

鸽球虫病是由多种球虫引起的一种危害养鸽业的肠道寄生性原虫病，可引起鸽腹泻、消瘦、生长发育缓慢，严重时能造成鸽大批死亡，给养鸽业带来巨大的经济损失。该病主要危害幼鸽，暴发后死亡率高，损失较大，而成年鸽多为亚临床感染。

【病原】 目前报道的鸽艾美耳球虫有 8 个种，即拉氏艾美耳球虫（*Eimeria labbeana*）、鸽艾美耳球虫（*E. columbae*）、杜氏艾美耳球虫（*E. duculai*）、卡氏艾美耳球虫（*E. kapotei*）、原鸽艾美耳球虫（*E. columbarum*）、温氏艾美耳球虫（*E. waiganiensis*）、顾氏艾美耳球虫（*E. gourai*）和热带艾美耳球虫（*E. tropicalis*）。鸽球虫的生活周期一般为 4～7d，其中无性生殖期 3～5d，有性生殖期 2d，体外形成孢子卵囊只需 1d 左右。球虫卵囊壁有两层，外层为保护性膜，坚固且有较大的弹性，化学成分似角蛋白；内层由大配子在发育过程中形成的小颗粒构成，化学成分属类脂质、原生质。球虫卵囊抵抗力非常强，在土壤中可以存活 4～9 个月，在树荫下可存活 15～18 个月；卵囊暴露于空气中，在一定湿度和 20～30℃，经过 18～30h 发育便可成为具有感染力的孢子化卵囊，这些卵囊被鸽啄食后即可重复感染。

【症状】 患病肉鸽出现羽毛蓬乱，精神沉郁，闭眼缩脖，个别有扭头瘫痪等神经症状，食欲下降，饮水增加，消瘦无力，腹泻，排绿色或暗红色带臭粪便；个别病鸽排带血粪便，肛周羽毛沾大量粪便；病鸽后期站立不稳，卧地死亡。

【病理变化】 剖检的死鸽见十二指肠变粗，是正常的 2～3 倍，呈暗红色，剪开可见肠壁增厚，质地坚硬，肠黏膜出血，肠内容物为红褐色粥状，或是混有血液的黄白色干酪样坏死物；脾脏肿大，呈针尖大小的出血点；其他脏器病变不明显。

【实验室诊断】 取病鸽的小块粪便或病变处肠黏膜刮取物或肠管内的干酪样坏死物，涂于载玻片上，加 1～2 滴生理盐水稀释，加盖玻片，显微镜下观察，可发现大量成簇的大裂殖体或者有圆形或卵圆形、有双层光滑外壁、内含 4 个孢子的卵。

【治疗】 食欲废绝病鸽，可用青霉素 G 钾，每只每次 10 万 U 灌服，每日 2 次，连用 3d；大群饮水，上午新霉素 0.3g/L 水，下午磺胺氯吡嗪钠 0.3g/L 水，混饮，连用 4d；也可以采用球痢灵或 0.025% 氨丙啉混合拌料，连喂 4d。

【预防】 本病主要通过消化道感染，在阴暗潮湿、卫生不良且积存多量粪便的鸽舍多发，故需加强日常饲养管理；5～7d 清理一次粪便；定期对鸽舍用 20% 生石灰水消毒处理；控制鸽舍的湿度；保持舍内通风透气，不要过于拥挤；饲槽、水槽等用具用 5% 漂白粉定期消毒；日粮中必须含有足量的维生素 A、维生素 K₃ 和复合维生素 B。

（三）鹌鹑球虫病

【流行特点】 本病主要经口感染，已感染的鹌鹑排泄的卵囊为感染源。鹌鹑舍内常年保持 15～20℃，饲养箱中的温度适合球虫的发育，且鹌鹑球虫卵囊内生阶段天数短，第 4 天即可排泄新的球虫卵囊，因此粪便中含大量球虫卵囊，导致鹌鹑感染的机会增加。

【临床症状】 病鹑精神委靡，呈嗜眠状态，食欲减退或停食，羽毛蓬乱，孤居一隅，站立不稳，可视黏膜苍白，血便，肛周可见污染的血样粪便。由于肠道炎症影响饲料的吸收，病鹑增重迟缓。

【治疗】 饲料中及时添加抗球虫药物，如 0.1% 磺胺二甲基嘧啶、磺胺间甲氧嘧啶等。

【预防】 饲料中添加 0.1% 的磺胺类抗球虫药，4～5 日龄开始连用 5d；25～30 日龄再连用 5d；以后每个月用 3～5d 用于预防本病。

（四）珍珠鸡球虫病

【流行特点】 珍珠鸡在雨季或潮湿的地方饲养易患球虫病。雏鸡和中雏鸡发生小肠球虫病较多，特别是在没有明显血便的情况下容易疏忽，易造成大批死亡。

【症状】 珍珠鸡感染球虫后，全身衰弱，精神委顿，主要表现为下痢。

【治疗】 每千克饲料中用克球粉 0.5g 拌料饲喂。

【预防】 注意环境卫生，每 1～2d 清除粪便一次，将粪便堆放于舍外或放入粪池内进行生物处理；保持舍内干燥；做好经常性消毒工作，用 20% 生石灰可杀灭球虫卵囊；避免饲料、饮水被粪便污染；分群饲养，最好小群或单栏饲养。

（五）火鸡球虫

火鸡球虫病主要危害火雏鸡，以 3～6 周龄火雏鸡死亡率最高，近年来该病有增加趋势。

【临床症状】 病火鸡厌食，饮欲增加，精神不振，嗜眠，腹泻，运动失调，常突然死亡。母火鸡感染本病使产蛋率下降，公火鸡感染本病则性欲降低，对配偶不感兴趣。

【病理变化】 常见肺、小肠、肝和脾肿大，有时虫体阻塞循环而造成病火鸡死亡。

【诊断】 检查血片中的配子体和组织切片裂殖体进行诊断。

【治疗】 在混料中掺入 0.02%～0.024% 氨丙啉或 0.025% 磺胺喹沙林或 0.03% 磺胺氯吡嗪等对球虫病进行治疗均有效果。

【预防】 饲料中混入盐霉素、马杜拉霉素等对预防本病有良好效果。使用驱虫剂或用纱窗等阻止昆虫进入火鸡舍，对预防本病的发生具有重要意义。

（六）雉鸡球虫病

【症状】 急性病雉精神委顿，羽毛松乱，减食喜饮，拉稀粪，呈水样，内有血丝，有时含大量血液，病程 2～3 周，短的一周内死亡。人工感染时死亡率达 41%～85%。慢性病例则常拉稀，生长发育停滞，一般死亡率不高，可从其粪便中排出大量卵囊，污染环境、饲料和饮水等。

【病理变化】　剖检变化主要在肠道，盲肠壁增厚发炎，黏膜上常有较小的白色卵囊结节，十二指肠和小肠黏膜卡他性炎症，黏液增多，有时充满肠腔。急性死亡者可在肠腔内发现有多量的出血，内容物呈红色，肠壁出血性炎症。

【治疗】　一旦发病，应及时在饲料中添加抗球虫药物如磺胺类、氨丙啉等。

【预防】　可用复方氨丙啉、克球粉交替拌料喂服，同时在饲料中添加适量的多种维生素，并对育雏舍和运动场进行全面清扫消毒。在饲养过程中应特别注意，尤其是育雏期间由育雏舍转向地面散养时，或梅雨季节环境湿度较大时，须预先在饲料中添加一些抗球虫药予以预防；发病后应及时治疗，并加强饲养管理，减少病禽死亡损失。

第二节　组织滴虫病

组织滴虫病是由火鸡组织滴虫寄生于禽类的盲肠和肝脏引起的疾病，又名盲肠肝炎或黑头病，以排淡黄、黄色或黄绿色粪便，肝坏死和盲肠溃疡为特征，是火鸡和雏鸡的一种原虫病，也发生于野雉、珍珠鸡、孔雀和鹌鹑等禽类。

【病原】　病原是火鸡组织滴虫（*histomonas meleagridis*），为多形性虫体，大小不一，近圆形或变形虫形，伪足钝圆。盲肠腔中虫体的直径为5～10μm，长一根鞭毛，虫体内有一小盾和一个短的轴柱；在肠和肝组织中的虫体无边毛，初侵入者8～17μm，生长后可达12～21μm；陈旧病变中的虫体仅4～11μm，存在于吞噬细胞中。该病原致病力受宿主的品种、年龄、营养状况、肠道菌群的组成等因素的影响。虽然禽类都可感染本病，但火鸡易感，不同品种的鸡对本病的敏感性存在差异，一般本地土鸡发病率低。

【流行病学】　组织滴虫自然宿主很多，火鸡最易感，尤其是3～12周龄的雏火鸡，死亡率可达100%。野鸡、鹌鹑、孔雀、珍珠鸡、锦鸡、家鸭和鸵鸟等均可感染组织滴虫，但症状较轻。火鸡组织滴虫感染禽类后，多与肠道细菌协同作用而致病，单一感染时多不显致病性。死亡率常在感染后第17d达高峰，第4周末下降。火鸡饲养在高污染区的发病率较高，人工感染死亡率可达90%；鸡死亡率较低，蛋鸡常作为其隐性宿主，可散播该病。

【症状】　滴虫病潜伏期为7～12d。病火鸡精神委顿，食欲不振，缩头，羽毛松乱；随病情发展，患病火鸡精神沉郁，呆立一隅，行走如踩高跷步态。疾病末期，病禽鸡冠、肉髯因淤血发黑，故名黑头病。最急性病例常见粪便带血或完全血便；慢性病例，排淡黄色或淡绿色粪便，一般表现消瘦，火鸡体重减轻，鸡很少呈现临床症状。感染组织滴虫后，引起病禽白细胞总数增加，主要是异嗜细胞增多，但在恢复期单核细胞和嗜酸性粒细胞显著增加，淋巴细胞、嗜碱性粒细胞和红细胞总数不变。

【病理变化】　病变主要在盲肠和肝脏。盲肠的一侧或两侧肠壁增厚，表面覆盖有黄色或黄灰色渗出物，常发生干酪化充塞盲肠腔，呈多层的栓子样；严重时引起盲肠穿孔，继发腹膜炎。肝脏出现颜色各异、不整圆形稍有凹陷的溃疡灶，通常呈黄灰色或是淡绿色，溃疡灶的大小不等，一般为1～2cm的环形病灶，也可能相互融合成大片的溃疡区。

【诊断】　根据典型症状（排出淡黄色或淡绿色粪便），病理剖检和粪便检查进行诊断。刮取盲肠黏膜或肝脏组织，镜下发现虫体，即可确诊。

【防治】

（1）由于组织滴虫的主要传播方式是通过盲肠体内的异刺线虫虫卵为媒介，因此减少和杀灭异刺线虫虫卵是有效预防组织滴虫病的措施。利用阳光照射和干燥可最大限度地杀灭异刺线虫卵。成禽应定期驱除异刺线虫。

（2）火鸡和鸡隔离饲养，成年禽和幼禽单独饲养。

（3）药物治疗可选用痢特灵、甲硝唑和洛硝哒唑等药物治疗和预防。

第三节　绦　虫　病

一、毛皮动物绦虫病
（taeniasis of fur-bearing animals）

绦虫病（taeniasis）是毛皮动物常见的寄生虫病，绦虫成虫对毛皮动物的健康危害很大，它们的幼虫期，大多以其他动物或人为中间宿主，严重危害动物和人类健康。

【病原与流行病学】　寄生于毛皮动物体内的绦虫种类很多，其中最常见的为复孔绦虫（Dipylidium caninum）。绦虫是背腹扁平，左右对称，呈白色或乳白色、不透明的带状虫体，大多分节，极少不分节，但其内部结构为纵列的多套生殖器官。毛皮动物体内的各种绦虫，寄生寿命较长，可延续数年之久，同时其孕卵体节有自行爬出肛门的特性，以致极易散布虫卵，不但毛皮动物整群之间能互相污染，同时还污染环境；当人们逗玩毛皮动物时，即有可能感染绦虫蚴；未加注意而用感染绦虫蚴病的毛皮动物脏器、含绦虫蚴的鱼类等喂毛皮动物后，常造成毛皮动物绦虫病的流行。绦虫卵对外界环境的抵抗力较强，在潮湿的地方可生活很长时间，只有在日光直射或热的苛性钠、石炭酸等的作用下才能被杀死。

【症状】　毛皮动物绦虫寄生于毛皮动物的肠管内，以其小钩和吸盘损伤宿主肠黏膜，引起炎症；虫体吸取营养，使宿主生长发育发生障碍；虫体聚集成团，可堵塞肠腔甚至引起肠破裂；虫体分泌毒素作用于血液和神经系统，引起强烈兴奋（假性狂犬病），呈癫痫样发作。轻度感染时，可不呈现临床症状；重症感染时，主要呈现呕吐，慢性肠卡他，食欲反常（贪食、异嗜），消瘦，易激动或精神沉郁；患病毛皮动物自体内排出孕节时，孕节常附着在肛门周围，使肛门发痒，因而在地面上摩擦刺激肛门，使肛门发炎，疼痛；有的呈现假性狂犬病症状，或发生痉挛，或四肢麻痹。本病多呈慢性经过，死亡病例较少。剖检死亡病例可见肠内有长短不一的绦虫。毛皮动物生产中，还可见大量排出体外的虫体。

【诊断】　用饱和盐水浮集法检查粪便内的虫卵或卵囊（卵袋）；日常注意观察毛皮动物的体况，一般患绦虫病的毛皮动物在其肛门口常夹着尚未落地的绦虫孕节或在排粪时排出较短的链体，链体呈白色，最小的如米粒，最大的链体节片长达 9mm 左右。找到虫卵或发现绦虫孕片即可确诊；此外，病死动物剖检时，若在肠道内发现虫体，即可确诊。

【治疗】　可选用下列药物进行治疗：

1. **氯硝柳胺（贝螺杀、灭绦灵）**　剂量 170～230mg/kg 体重，一次性口服，服药前禁食 12h，此药具有高效杀虫作用。

2. **吡喹酮**　口服剂量 6～12mg/kg 体重；亦可按 3～7mg/kg 体重皮下注射。

3. **抗蠕敏**　25mg/kg 体重口服，具有高效杀虫作用。

4. **盐酸丁萘脒**　30～70mg/kg 体重，一次性口服，服药前禁食 12h，服药后 3h 方可喂食，本品为一种广谱抗绦虫药。

5. **氯硝柳胺哌嗪**　130mg/kg 体重，一次性口服。

6. 氢溴酸槟榔素　患病毛皮动物禁食 16～20h 后，按 1.8～2.5mg/kg 体重的剂量，夹在小块食物中喂服，为了防止呕吐，应预先（给药前 15～20min）给予稀碘酊液（水 10mL，碘酊 2 滴）10mL，然后投药。对于有呕吐症状的毛皮动物，为防止服药后呕吐出来，可将上述内服药改为直肠内灌入，剂量稍微增大一些，同样可达到驱虫目的。

7. 硫双二氯酚（别丁）　剂量为 120mL/kg 体重，口服，隔天一次，共服 10～15 次。此药药性缓和，但不能杀死头节，今已少用。

【预防】　对毛皮动物，一年进行四次预防性驱虫（每季度一次）。毛皮动物育种繁殖场，驱虫工作应在交配前 3～4 周内进行。不用肉类联合加工厂的废弃物，特别是未经无害处理（高温煮热）的非正常肉食品喂毛皮动物。裂头绦虫病流行地区所捕的鱼虾不要给毛皮动物生食。应用倍硫磷药物杀灭毛皮动物笼舍和毛皮动物身上的蚤和毛虱。大力防鼠灭鼠，严禁犬进出毛皮动物养殖场、仓库、屠宰场及饲料加工场所。驱虫时，一定要把毛皮动物关在一定范围内，以便收集排出的虫体和粪便，彻底销毁，防止散布病原。

二、珍禽绦虫病
（special birds taeniasis）

珍禽绦虫病主要病原是赖利绦虫和剑带绦虫。

【病原】　赖利绦虫病（raillietinosis）是由赖利属（*Raillietina*）绦虫寄生于禽类的小肠内所引起的一种绦虫病。其主要致病种有：四角赖利绦虫（*R. tetragona*），主要寄生于鸡、火鸡、珍珠鸡、孔雀、鹌鹑、鸽的小肠内，中间宿主为家蝇和蚂蚁；棘沟赖利绦虫（*R. echinobothrida*），主要寄生于火鸡、野鸡、雏鸡及鸡的小肠内，中间宿主为蚂蚁；轮赖利绦虫（*R. cesticillus*），主要寄生于珍珠鸡、火鸡及鸡的小肠内，中间宿主为甲虫、食粪甲虫及家蝇；珍珠鸡赖利绦虫（*R. magninumida*），主要寄生于珍珠鸡、火鸡及鸡的小肠内，中间宿主为甲虫；乔治赖利绦虫（*R. georgiensis*），主要寄生于火鸡及野火鸡的小肠内，中间宿主是小褐色蚂蚁；兰氏赖利绦虫（*R. ransomi*），主要寄生于鸡、火鸡、野火鸡、鸭的小肠内；威廉赖利绦虫（*R. williamsi*），主要寄生于火鸡、野火鸡及鸟的小肠内。

剑带绦虫病是由膜壳科（Hymenolepididae）剑带绦虫属（*Drepanidotaenia*）的矛形剑带绦虫（*Drepanidotaenia lanceolata*）寄生于鹅、鸭小肠内所引起。本病分布于全球，多呈地方性流行，幼禽发病最严重。

【病原与流行病学】　家禽绦虫生活史表明，完成其发育周期需中间宿主参与。中间宿主常为甲虫、蝇类、蚯蚓及甲壳纲无脊椎动物。因禽鸟种类、栖息地、食物和生活习性不同，所需中间宿主种类也不同。陆栖禽（如鸡、火鸡、珍珠鸡等）绦虫的中间宿主多属营陆生生活的无脊椎动物，如蚯蚓、家蝇、蚂蚁、蚱蜢和多种甲虫及蜗牛等软体动物。侵袭大雁、鸭和鹅之类水禽绦虫的中间宿主则多为水生无脊椎动物，如剑水蚤等甲壳类动物。

充当禽鸟类中间宿主的无脊椎动物吞食禽鸟排出的绦虫卵和含卵体节后，在消化道里孵化出胚胎或幼虫，钻通肠壁，进入体腔，发育成前部膨大后部伸长成附属器的似囊尾蚴。似囊尾蚴是绦虫在无脊椎动物中间宿主体内的特殊发育形态，也是最原始的幼虫型。

禽鸟随食物和饮水吞食含似囊尾蚴的中间宿主而遭受感染。包藏在中间宿主体内的似囊尾蚴在消化液的作用下逸出，翻转头节，吸附于肠壁上，而后从颈节开始生产新的体节，约经 3 周发育为成熟的绦虫。

【临床症状】　　禽鸟类绦虫感染所引起的临床症状，主要取决于绦虫感染量、饲料和宿主的年龄。轻度感染一般不呈现临床症状，严重感染时呈现以消化道为主要表现的症状。病禽初期表现食欲降低，精神不振，可视黏膜苍白，消化不良，拉稀，粪便稀薄呈绿色，后变淡灰色或灰白色，有臭味，便中混有白色、长短不一的绦虫节片。水禽不愿下水，消瘦，生长发育受阻；后期病情加重，精神沉郁，不食，渴欲显著增加；翅下垂，羽毛松乱不洁，缩颈打瞌睡，贫血，走路摇晃，运动失调；有的突然倒地后站不起来，多次发作后即可死亡；有的头麻痹，肢体强直，痉挛抽搐，歪颈仰头，两脚作划水动作，向后坐或倒向一侧挣扎而亡。

【病理变化】　　病禽贫血，肌肉发白，脏器黏膜出血，心肌瘫软无力，个别有白斑；肝脏略肿大，胆囊充盈，胆汁稀呈淡绿色；小肠外观有的凹凸不平，手摸内容物有硬感；剪开胃和肠管，肠腔内可发现虫体，虫体多时阻塞肠管；肠黏膜发炎，充血，出血，有米粒大结节状溃疡，有的肠壁变薄，肠膜脱落，有散在灰黄色结节，肠内容物稀臭。

【诊断】　　根据当地家禽绦虫病的流行病学资料和已出现的临床症状可初步诊断。确诊须在病禽的粪便中查到虫卵或孕卵节片。而严重感染绦虫的病例有时难以查出虫卵和节片。此外，病理剖检在肠道内发现虫体可确诊该病。

【治疗】　　对珍禽绦虫病治疗效果比较好的药物有：

1. 氢溴酸槟榔素　　按 3mg/kg 体重，配成 0.1% 水溶液口服。给药前宜绝食 16～20h，一般于投药后 15～25min 排出绦虫。

2. 槟榔、石榴皮合剂　　槟榔与石榴皮各 100g，加水至 1000mL，煮沸 1h 至 800mL。雏禽每只 2mL。

3. 硫双二氯酚　　按 120～125mg/kg 体重，一次性口服。

4. 氯硝柳胺　　按 60～150mg/kg 体重，一次性口服。

5. 吡唑酮　　按 10mg/kg 体重，一次性口服。

6. 丙硫苯咪唑　　按 15mg/kg 体重，一次性口服。

【预防】

（1）防止禽鸟类动物吞食各种类型的中间宿主是预防禽鸟绦虫病的措施之一；其次是对环境消毒，防止中间宿主如昆虫、蜗牛、蛞蝓等无脊椎动物的存在。

（2）珍禽的粪便是中间宿主的感染源，经常清除和处理粪便是防止中间宿主吃到绦虫卵和绦虫节片的重要措施；也可采用粪便自然发酵处理法。

三、鹿 绦 虫 病
（ deer monieziosis ）

【病原】　　莫尼茨绦虫病（monieziosis）在鹿科动物中分布较广。从鹿体发现的莫尼茨绦虫（*Moniezia*）有：比利氏莫尼茨绦虫（*M. baeri*）、扩展莫尼茨绦虫（*M. expansa*）、贝尼莫尼茨绦虫（*M. benedeni*），其中以 *M. baeri* 感染最严重。患鹿体内莫尼茨绦虫成虫的虫卵随鹿粪便排出体外，被中间宿主地螨吞食，虫卵在地螨体内寄生发育 50d 至 6 个月以上，变成侵袭性似囊尾蚴，终末宿主鹿等反刍动物吞食含有似囊尾蚴的地螨后被感染。似囊尾蚴在鹿体内吸附在肠壁上，约经 2 个月发育为成虫并排出孕节片。

【流行病学】　　莫尼茨绦虫为世界性分布，在我国的东北、西北流行广泛；在华北、华东、中南及西南各地也经常发生；农区不严重。动物感染莫尼茨绦虫是由于吞食了含似囊尾蚴的地螨。地螨在富含腐殖质的林区，潮湿的牧地及草原上数量较多，而在开阔的荒地及耕种的熟地上数量较少；性喜温暖与潮湿，在早晚或阴雨天气时，经常爬至草叶上；干燥或日晒时便钻入土中。在20℃，相对湿度100%时，六钩蚴在地螨体内发育为成熟似囊尾蚴的时间需47～109d；成螨在牧地上可存活14～19个月，故被污染的牧地可保持感染力达近两年之久。地螨体内的似囊尾蚴可随地螨越冬，所以动物在初春放牧一开始，即可遭受感染。

寄生于鹿小肠内的成虫，其孕卵节片脱落后，随粪便排出体外，在外界环境中（或在鹿肠道内）被破坏，放出虫卵。每个节片中含1万～2万个虫卵。带六钩蚴的虫卵被土壤螨吞食后，在其体内发育变为侵袭性的似囊尾蚴。含有似囊尾蚴的土壤螨同牧草一起被鹿吞吃而引起鹿群感染。似囊尾蚴进入肠道发育为成虫，*M. expansa*需37～40d，贝氏莫尼茨绦虫需50d。

【症状】 本病主要侵害1.5～3个月的仔鹿，成年鹿一般为带虫者，症状不明显。仔鹿感染后，表现出精神不振，食欲减退，渴欲增加，发育不良，贫血，腹部疼痛和臌气，还发生下痢，有时便秘，粪便中混有绦虫的孕卵节片。有时虫体聚集成团，发生肠梗阻而死；有的病鹿出现神经症状，如痉挛、肌肉抽搐和回旋运动；末期病鹿卧地不起，头向后仰，口吐白沫，精神极度萎顿，反应迟钝甚至消失，终至死亡。

【病理变化】 尸体消瘦，黏膜苍白，贫血；胸腹腔渗出液增多；肠有时发生阻塞或扭转，肠系膜淋巴结、肠黏膜、脾增生，肠黏膜出血，肠内有绦虫；有时大脑出血。

【诊断】 本病症状不典型，只能作为参考，必须用饱和盐水漂浮法作粪便中的虫卵检查才能确诊。

【治疗】 对本病治疗的常用药物有以下几种：

1. 硫双二氯酚 按30～50mg/kg体重，配成悬浮液，一次口服。
2. 氯硝柳胺（灭绦灵） 按50mg/kg体重，配成悬浮液，一次口服。
3. 羟溴柳胺 按65mg/kg体重，一次口服。
4. 吡喹酮 按100mg/kg体重，一次口服。
5. 丙硫苯咪唑 按10～20mg/kg体重，一次口服。
6. 苯硫咪唑 按5mg/kg体重，配成悬浮液灌服。
7. 1%硫酸铜溶液 按2～3mg/kg体重，灌服后给予泻剂硫酸钠，可加速绦虫排出。

【预防】 消灭病原及其传播媒介地螨。消灭病原的主要方法是进行预防性驱虫。对当年出生的仔鹿在放牧季节开始都应进行驱虫，最好进行两次成虫前期的驱虫；根据中间宿主地螨怕强光、怕干旱、喜湿的生态特性，实行科学放牧，避免在早晨有露水或在低洼潮湿草地放牧；加强粪便管理，粪便必须经生物发酵后才能应用。

第四节 线 虫 病

一、毛皮动物蛔虫病
（ascariasis of fur-bearing animals）

蛔虫病（ascariasis）是毛皮动物生产中常见的寄生虫病。毛皮动物蛔虫病是由犬蛔虫和狮蛔虫寄生于毛皮动物的小肠和胃内引起的，主要危害幼兽，影响幼兽的生长和发育，严重感染时也可导致患兽死亡，1～3个月的幼兽最易感染。

【病原与流行病学】　　毛皮动物弓首蛔虫和猫弓首蛔虫同属于异尖科（Anisakidae）的弓首属（*Toxocara*），通称犬蛔虫和猫蛔虫。狮弓蛔虫属于蛔科（Ascaridae）的弓首属（*Toxascaris*），通称狮蛔虫。毛皮动物弓首蛔虫（*Toxocara canis*）寄生于毛皮动物和犬科动物的小肠中，是毛皮动物常见的一种寄生线虫。虫体浅黄色、头端有三片唇，缺口腔，食道简单，食道与肠管连接处有一个小胃，虫体有狭长的颈翼膜，皮肤向腹面弯曲。雄虫体长 50～100mm，尾端弯曲，有尾翼膜，尾尖有圆锥状突起物，交合刺两根，长0.75～0.95mm；雌虫体长 90～180mm，尾端直，阴门开口于虫体前半部。虫卵呈亚球形，卵壳厚，表面麻点状，大小为（68～85）μm×（64～72）μm。

毛皮动物蛔虫的虫卵随粪便排出体外，在适宜条件下，约经 5d 发育为感染性虫卵。经口感染后至肠内孵出幼虫，幼虫进入肠壁血管而随血行到肺，沿支气管、气管而到口腔，再次被下咽到小肠内发育为成虫。有一部分幼虫移行到肺以后，经毛细血管而进入体循环，随血流被带到其他脏器和组织内形成包囊，并在其内生长，但不能发育至成熟期。如被其他肉食兽吞食，仍可发育成为成虫。毛皮动物蛔虫还可经胎盘感染给胎儿，幼虫存在于胎血内，当仔兽出生 2d 后，幼虫经肠壁血管钻入肠腔内，并发育成为成虫。

蛔虫生活史简单，繁殖力强，虫卵对外界因素有很强的抵抗力，所以蛔虫病流行甚广。毛皮动物常因采食了被蛔虫卵污染的食物或饮水而得病。

【症状】　　患病毛皮动物主要表现为消瘦、贫血、呕吐、异嗜，长期食欲不振，先下痢而后便秘，有的出现癫痫样痉挛；幼兽腹部膨大，发育缓慢；有时呕吐物中或粪便中带虫，有时蛔虫呈团状堵塞肠管或进入胆囊堵塞胆总管。

在感染早期，患病动物有轻微咳嗽，食欲减退，感染严重时会出现呼吸困难；幼兽腹围膨大，发育不良，贫血，消瘦，被毛粗糙，皮肤松弛；有的表现异嗜症。

【病理变化】　　成虫寄生时刺激肠道，引起卡他性肠炎和黏膜出血。当宿主发热、怀孕、饥饿或饲料成分改变等因素发生时，虫体可能窜入胃、胆管或胰管。严重感染时，常在肠内集结成团，造成肠阻塞或肠扭转、套叠，甚至肠破裂。幼虫移行时损伤肠壁、肺毛细血管和肺泡壁，引起肠炎或肺炎。蛔虫代谢产物对宿主有毒害作用，能引起造血器官和神经系统中毒和过敏反应。

【诊断】　　幼兽感染蛔虫严重时，其呕吐物和粪便中常排出蛔虫，即可确诊；还可进行粪便虫卵检查确诊，常采用直接涂片法和饱和盐水浮集法；如感染强度大，直接涂片法就可发现虫卵。

【治疗】　　对毛皮动物蛔虫病可应用下列药物驱虫：

1. 南瓜子　　带皮、整粒、生吃。一般成年毛皮动物使用 10～30 粒，幼兽 6～8 粒即可。

2. 驱蛔灵（枸橼酸哌哔嗪）　　按 100mg/kg 体重，一次性口服，对成虫有效；按200mg/kg 体重口服，则可驱除 1～2 周龄幼兽体内的未成熟虫体。

3. 左旋咪唑　　按 10mg/kg 体重，一次性口服。

4. 噻苯咪唑　　按 50mg/kg 体重，一次性口服。猫不用。

5. 丙硫苯咪唑（抗蠕敏）　　按 10mg/kg 体重，一次性口服，每天一次，连服 3d。

上述药品均一次投服，在投药前，一般应禁食 10～12h，投药后不须再投服泻剂，在必要时可在两周后重复用药。要注意交替用药，防止动物产生耐药性和抗药性。

【预防】　　毛皮动物舍粪便应每天清扫，笼具应经常用火焰或开水浇烫，以杀死虫卵。

定期检查与驱虫，幼兽每月检查一次，成年兽每 3 个月检查一次，一旦发现病例立即驱虫。

二、珍禽蛔虫病
（special birds ascariasis）

珍禽蛔虫病的病原体属禽蛔科（Ascaridiidae）禽蛔属（*Ascaridia*）的鸡蛔虫（*Ascaridia galli*），主要寄生于禽的小肠内。本病原体遍及全国各地，在鸽子、柴鸡、珍珠鸡、孔雀等珍禽均有报道，是一种常见寄生虫病。在地面大群饲养的情况下，常感染严重，影响雏鸡的生长发育，甚至引起其大批死亡，造成严重损失。

【病原及流行病学】　鸡蛔虫是寄生于禽体内最大的一种线虫，黄白色，头端有 3 片唇。雄虫长 2.6～7cm，尾端有明显的足翼和尾乳突，有一个具有厚角质边缘的圆形或椭圆形的肛前吸盘，交合刺近于等长；雌虫长 6.5～11cm，阴门开口于虫体中部。虫卵呈椭圆形，大小为（70～90）μm×（47～51）μm，壳厚而光滑，深灰色，新排出时内含单个胚细胞。本病感染途径主要是食入蛔虫感染性虫卵污染的饲料、饮水。各龄期禽类均能感染，3～4 月龄以内珍禽易受感染，病情较重；一年龄以上珍禽常为带虫者，成为传染来源。

饲养条件与易感性有很大关系。饲喂全价饲料和富含维生素 A、B 的饲料的珍禽发病较少。温度适宜，阴雨潮湿，鸡蛔虫病发病率增高；鸡群管理粗放，卫生条件差，易发生本病，尤其是地面放养珍禽。

【临床症状】　幼禽患病表现为食欲减退，生长迟缓，呆立少动，消瘦虚弱，黏膜苍白、羽毛松乱，两翅下垂，胸骨突出，下痢和便秘交替，有时粪便中有带血的黏液，以后逐渐消瘦而死亡。成年鸡一般为轻度感染，严重感染的表现为下痢，日渐消瘦和贫血。剖检病变部位主要在十二指肠，整个肠管均有病变，肠黏膜发炎、出血，肠壁上有颗粒状化脓灶或结节。

【诊断】

1. 虫卵检查　取病禽粪便直接涂片法或饱和盐水浮集法，检出鸡蛔虫卵即可确诊。

2. 剖检　死亡的病例剖检时，在小肠中发现虫体和相应的病变即可确诊。

3. 治疗性诊断　用驱虫药进行驱虫诊断，如发现排出蛔虫即可确诊。

【治疗】

1. 左旋咪唑片剂　内服，按 38～48mg/kg 体重。

2. 中药治疗

（1）烟草切碎，文火炒焦研碎，按 2% 比例拌入饲料，2 次 /d，连喂 3～7d。

（2）槟榔子 125g，南瓜子、石榴皮各 75g，研成粉末，按 2% 比例拌入饲料，用前病鸡停食空腹喂给，2 次 /d，连用 2～3d。

（3）鲜苦楝树根皮 25g，水煎去渣，加红糖适量，按 2% 拌入饲料，空腹喂给，1 次 /d，连用 2～3d。

【预防】　做好禽舍内外的清洁卫生工作，经常清除粪及残余饲料，小面积地面可以用开水处理，料槽等用具经常清洗并且用开水消毒。

流行区域养殖的珍禽，每年应 2 次定期驱虫，雏禽孵化后约 2 个月驱虫 1 次，当年秋末第 2 次驱虫；成年珍禽分别在春、秋季驱虫。驱虫后的粪便严格处理，集中烧毁或深埋。蛔虫卵在 50℃以上很快死亡，粪便经堆积发酵可杀死虫卵，蛔虫卵在阴湿地方可生存 6 个月。

三、鹿 线 虫 病
（deer ascariasis）

（一）类圆线虫病

【病原】　　类圆线虫（*strongyloides*）虫体纤细，长4～5mm。虫卵小，椭圆形，淡灰色。寄生于小肠内的类圆线虫为雌虫，属单性生殖，虫卵不需受精也能发育。雌虫产含幼虫的虫卵，随粪便排出体外，在外界适宜条件下，卵内幼虫即可孵出杆型幼虫。杆型幼虫有直接发育和间接发育两种形式。直接发育速度快，杆型幼虫经2～3d即可变成感染性丝状幼虫；间接发育时，杆型幼虫经两次蜕皮发育为雄虫和雌虫，雌雄交配后，雌虫产出含有幼虫的卵，卵孵出第二代杆型幼虫后，经蜕皮发育成为感染性的丝状幼虫。丝状幼虫常经皮肤侵入鹿体内，进入淋巴管、血管，随血循环到达肺毛细血管，穿过血管进入小支气管、气管。鹿咳嗽时，幼虫随痰被吞咽，经喉、胃入小肠寄生。丝状幼虫经口感染时，进入胃后，经黏膜穿入血管到达肺，然后循同样途径至小肠内寄生，在小肠内经一周发育为寄生性雌虫。

【症状】　　病鹿皮肤现湿疹，有痒感。支气管发炎时，伴咳嗽，体温升高。肠炎时，可出现持续性腹泻，成虫寄生时可致肠黏膜出血，甚至坏死；可由于失水过多致酸中毒，严重时有神经症状。患鹿逐渐消瘦，精神委顿，呆立不动，有时呕吐，病程长者因极度衰弱而死。

【病理变化】　　湿疹的皮下组织及肌肉有点状出血，肺有溢血点，支气管发炎，小肠卡他性炎，肠黏膜充血或出血，有的肠黏膜发生坏死与溃疡，后部肠管中有黏膜样血性粪便。刮取小肠黏膜压片镜检可检出虫体。

【诊断】　　根据症状、剖检和粪检发现虫卵即可确诊。

【治疗】　　可用龙胆紫，每头0.3～0.5g，溶于水后口服；还可用噻苯唑，30～50mg/kg体重，一次口服。为了防止失水造成的酸中毒，可静脉注射葡萄糖生理盐水及5%碳酸；也可使用丙硫咪唑按10～15mg/kg体重，一次性内服；驱虫净按20～25mg/kg体重，拌料喂服。

【预防】　　要保持圈舍及运动场的卫生，鹿粪应进行堆积发酵处理；要加强鹿（特别是仔鹿）的饲养管理，提高机体抵抗力。

（二）毛首线虫病

毛首线虫病又称鞭虫病，是由毛首科（Trichocepalidae）毛首属（*Trichuris*）的毛首线虫寄生于鹿的大肠所引起。

【病原】　　虫体呈乳白色，前端细长呈丝状，后部为体部、短粗，整个虫体形似放羊的鞭子，故称鞭虫。虫卵呈腰鼓状，黄褐色，两端有塞状结构，壳厚、光滑，卵内含有未发育的卵细胞。

【流行病学】　　成虫寄生在鹿大肠，雌雄交配产卵，虫卵随粪便排出体外，在适宜条件下，经15～20d发育成感染性虫卵，鹿食入感染性虫卵后幼虫在鹿的小肠内逸出。幼虫自肠腺窝侵入肠黏膜，摄取营养进行发育，经10d左右回到肠腔，然后移行至大肠发育为成虫。

【症状】　　轻度感染无明显症状，重度感染时可引起肠卡他。临床上出现下痢，粪便中带黏液和血液，消瘦，贫血，幼鹿发育障碍，甚至死亡。

【病理变化】　　鞭虫以其细长的前端插入肠黏膜，夺取宿主营养并分泌有毒产物，由于局部组织的损伤和毒素作用，可致肠壁炎症、细胞增生和肠壁增厚。

【诊断】　根据症状，粪检发现特征性的虫卵以及死后剖检确诊。

【预防】　定期驱虫，定期清扫粪便，定期消毒。

【治疗】

1. 羟嘧啶　按 5～10mg/kg 体重口服。

2. 左咪唑　按 4～10mg/kg 体重口服。

3. 丙硫咪唑　按 5～20mg/kg 体重口服。

第五节　弓 形 虫 病

弓形虫病（toxoplasmosis）是由龚地弓形虫（*Toxoplasma gondii*）引起的人兽共患寄生虫病。

【病原及流行病学】　*T. gondii* 流行于世界各地，但有株型的差异。弓形虫为细胞内寄生虫，因发育阶段不同而形态各异。猫是弓形虫的终末宿主（也是中间宿主），已知有 200 余种动物，包括哺乳类、鸟类、爬行类、鱼类和人类都可以作为它的中间宿主。

弓形虫的卵囊和包囊有较强的抵抗力。卵囊在外界可存活 100d，在潮湿土地上存活 1 年以上，但不耐高温，75℃即可杀死卵囊。包囊对低温有一定抵抗力，–14℃ 24h 才能使之失活，在 50℃ 30min 才可将其杀死。滋养体不耐低温，经过 1 次冻融即可使虫体失活。

弓形虫病广泛流行于世界各国的多种动物中间。水貂、银黑狐和北极狐等毛皮动物因饲喂了被猫粪便污染的食物，或含有弓形虫速殖子，或包囊的中间宿主的肉、内脏、渗出物、分泌物和乳汁而被感染。速殖子还可以通过皮肤、黏膜而感染，也可通过胎盘感染胎儿。

本病没有严格的季节性，以秋冬和早春发病率最高，可能与寒冷、妊娠等导致机体抵抗力下降有关。此外，温暖、潮湿地区感染率较高。水貂弓形虫阳性率为 10%～50%，银黑狐和北极狐为 10%～20%。我国近年来调查发现，各种动物对弓形虫的感染率有逐年上升的趋势。

弓形虫后天感染可侵害任何年龄和性别的毛皮动物。先天感染可通过母体胎盘，发生于妊娠的任何时期。当妊娠初期感染时，可导致胎儿吸收、流产和难产；当妊娠后期感染时，可产出体弱胎儿，在仔兽哺乳期发生急性弓形虫病。

【临床症状】　潜伏期一般 7～10d，也有的长达数月。急性经过的动物 2～4 周内死亡；慢性经过者可持续数月转为带虫免疫状态。

1. 狐的症状　食欲减退或废绝，呼吸困难，由鼻孔及眼内流出黏液，腹泻带血，肢体麻痹或不全麻痹，骨骼肌痉挛，心律失常，体温高达 41～42℃，呕吐，似犬瘟热；死前表现兴奋，在笼内转圈惨叫；妊娠狐可导致流产，胎儿被吸收，妊娠中断，死胎，难产等。公狐则不能正常配种，偶见恢复正常，但不久又呈现神经紊乱，最终死亡。

2. 水貂的症状　主要特征是中枢神经系统紊乱。急性期表现不安，眼球突出，急速奔跑，反复出入小室（产箱），尾向背伸展，有的上下颌动作不协调，采食缓慢且困难，不在固定地点排便，发生结膜炎、鼻炎，常在抽搐中倒地。沉郁型表现精神不振，拒食，运动失调，呼吸困难；有的病貂呆立，用鼻子支在笼壁上，驱赶时转圈，搔扒笼具，失去方向感。公兽患病不能正常发情，不能正常交配，偶然发现严重患兽康复不久又因神经症状而死亡。母兽患病常产仔在笼壁上，仔兽常出现体躯变形，多数头盖骨增大，在出生后 4～5d

死亡。水貂患本病死亡率很高，尤其仔兽死亡率高达 90%～100%。

【病理变化】

1. 急性型　　外观消瘦、贫血；肝脏肿胀、质脆；肺脏呈间质性肺炎变化，肺泡隔增宽，细胞增生，肺泡腔中有数量不等的细胞；在巨噬细胞内有多量虫体；胃肠道黏膜充血、出血。

2. 慢性型　　内脏器官贫血、水肿，如肺脏肿胀、水肿，肠贫血、水肿，肾脏苍白、水肿，脑膜下有轻度充血性变化。

【诊断】　　根据临床症状、流行病学和非特异性病理变化只能初步诊断，确诊必须依靠实验室检查。

1. 弓形虫分离　　由于弓形虫为专性细胞内寄生，用普通人工培养基是不能增殖的。为此必须接种于小白鼠或鸡胚等进行组织培养分离。其中以小白鼠接种最为适用，此法简单易行，便于推广应用。操作方法：将病理材料（肺、淋巴结、肝、脾或慢性病例的脑及肌肉组织）用 1mL 含有 1000U 青霉素和 0.5mg 链霉素的生理盐水作稀释，各以 0.5mL 接种于 5～10 只小鼠的腹腔内。如小鼠于接种后 2 周内发病，采取腹水或腹腔洗涤液显微镜下检查到典型弓形虫虫体，则为阳性。若初代接种小白鼠不发病，可于 1 个月后剖杀，检查脑内有无包囊，包囊检查阴性，可在采血同时做血清学检查，只有血清学检查也呈阴性时，方可判定为阴性。

2. 弓形虫检查　　将病理材料切成数毫米小块，用滤纸除去多余水分，放载玻片上，使其均匀散开并迅速干燥。标本用甲醛固定 10min，以姬姆萨液染色 40～60min 后干燥，镜检，可发现半月牙形的弓形虫。

3. 血清学检查　　主要有色素试验、补体结合反应、血细胞凝集反应及荧光抗体法等。其中色素试验由于抗体出现早、持续时间长、特异性高，适合各种宿主检查，故采用较广泛。

【鉴别诊断】　　本病常与狐的犬瘟热相混同，也易与水貂的犬瘟热、病毒性肠炎、阿留申病、脑病和布鲁菌病混淆。所以必须进行实验室检查加以鉴别。此外，本病常与犬瘟热、副伤寒、阿留申病混合感染。

【治疗】　　目前对治疗毛皮动物弓形虫病尚缺乏经验。有资料介绍氯嘧啶（杀原生生物药）和磺胺二甲基嘧啶（20mg/kg 体重，肌内注射，2 次 /1d，连用 3～4d）并用，治疗本病效果显著；也可用磺胺苯砜，剂量为每日 5mg/kg 体重。为促进患兽食欲，可辅以 B 族维生素和维生素 C。在治疗发病动物个体的同时，必须对全场动物群体进行预防性投药，常用磺胺对甲氧嘧啶 20g 或磺胺间甲氧嘧啶 20g，三甲氧苄啶 5g，多维素 10g，维生素 C10g，葡萄糖 1000g，小苏打 100g，混合拌湿料 50kg，2 次 /d，连喂 5～6d。

【预防】　　预防本病应严防猫进入养殖场，尽量防止猫粪对饲料和饮水的污染；饲喂毛皮动物的鱼、肉及动物内脏均应煮熟后饲喂；对患有弓形虫病及可疑的毛皮动物进行隔离和治疗；死亡尸体及被迫屠宰的胴体要烧毁或消毒后深埋；取皮、解剖、助产及捕捉用具要进行煮沸消毒，或以 1.5%～2% 氯亚明、5% 来苏儿溶液消毒。

（韩春杨　王金纪　王　永　牛瑞燕）

第六节　螨　病

螨病是由螨类寄生于犬、猫、兔、狐、貂、貉等皮毛动物体表而引起的慢性寄生性皮肤病，以剧痒、湿疹性皮炎、脱毛，患部逐渐向周围扩散和具有高度传染性为特征，能侵袭动物皮毛，引起动物疾病及降低皮毛品质。在特种动物中以疥螨和鹿蠕形螨最为重要。

一、疥 螨 病
（scabies）

疥螨病通常是指由疥螨科疥螨属的疥螨（*Sarcoptes scabiei*）寄生于人和哺乳动物皮肤表皮内，引起疥疮（又称疥癣、癞病）的一种顽固性、接触性、传染性皮肤病，其以剧痒、结痂、脱毛和皮肤增厚为特征。在特种动物中，常见的疥螨病包括兔疥癣和耳螨。

（一）兔疥癣

兔疥癣（rabbit acariasis）是由疥螨和痒螨等螨虫寄生于兔耳廓、脚趾、吻部等体表部位引起的慢性接触性皮肤传染病，表现为剧痒、脱毛和结痂，严重者甚至患部化脓溃烂，进而消瘦、虚弱，继发败血症而死亡。本病具有高度的传染性，常迅速传播整个兔群，尤其在冬季笼舍阴暗潮湿时蔓延更快，发病率可达 40% 以上。

【病原】

1. 兔疥螨（*Sarcoptes cuniculi*）　雌虫大小为（0.3～0.4）mm×（0.28～0.38）mm，雄虫为（0.18～0.27）mm×（0.15～0.2）mm，呈圆形，背面粗糙，口器短似蹄铁形；腿短粗，腿末端吸盘呈钟形，雌虫第三和第四对腿无吸盘，雄虫第三对腿无吸盘。卵呈椭圆形，有透明卵壳。兔疥螨寄生于兔皮肤，螨在表皮掘隧道并在其中繁殖，雌虫在隧道内产卵，孵化的幼虫经一期或二期若虫发育，分别蜕化为雄虫或雌虫。

2. 兔耳痒螨（*Psoroptes cuniculi*）　虫体长 0.5～0.8mm，呈长椭圆形。口器长而似圆锥形，腿细长，腿末端吸盘呈喇叭状，雌虫第二对腿无吸盘，雄虫第四对腿无吸盘。一般寄生于耳道和外耳道的皮肤表面。

【流行病学】

（1）兔疥螨主要感染家兔，对其他动物一般为一过性感染。感染途径主要通过患兔与健康兔的直接接触或者健康兔接触了被疥螨污染的饲草、用具、工作人员等方式传播。家兔疥螨病具有冬春季节发病率较高，长期流行等特点。

（2）兔痒螨一般寄生于温度较高的部位，对外界抵抗力主要受温度和相对湿度的影响，不同发育阶段的虫体存活时间有差异。在相同条件下，成螨比若螨的存活时间长，在适宜条件下，兔痒螨最长存活时间可达 80d。该病呈世界性分布，家兔的流行尤为广泛，其他动物也可感染痒螨，但宿主特异性强，相互间不易交叉感染，痒螨的传播方式与疥螨相似。

【症状】

（1）兔疥螨寄生时，发病开始于嘴、鼻周围和脚爪部。患部奇痒，兔用爪搔嘴，用嘴舐爪，用爪抓鼻，周围脱毛。以后患部形成结节、溃疡和痂皮，乃至变硬。随后向周围发展，病兔全身发痒、不安、迅速消瘦，严重时全身感染衰竭死亡。

（2）兔耳痒螨感染时，引起外耳道炎，表现摇头、拍耳、用前肢抓耳，耳道充满黄色痂皮，耳下垂；有时扩展到中耳、内耳并达脑，引起癫痫发作等神经症状，迅即死亡。

【病理变化】

（1）兔疥螨病理变化主要表现在皮肤患部脱毛，出现丘疹或水泡，逐渐形成灰白色痂皮。

（2）兔耳痒螨主要是以耳道内充满黄色痂皮为病理特征。随着病情的发展，患部皮肤逐渐增厚，失去弹性而形成皱褶。

【诊断】　　根据侵害皮肤、耳部的特征性症状可作出诊断。病原学诊断时，可刮取患部深部病料，用 10% 氢氧化钾溶液处理 3～5min，取悬液在显微镜下检查虫体，进行鉴定。

【鉴别诊断】　　本病在临床症状上与皮霉病和营养性脱毛症相似，应注意鉴别。如病兔在身体的腹部、背部、腿部、脚趾、吻部等各个部位均可见到脱毛、结痂的病变，结痂结实坚硬，用手不能轻易剥落，结痂刮取物显微镜检查未见螨虫，但能见到真菌的分生孢子；用阿维菌素等药物治疗无效，为皮霉病。如病兔大腿外侧、肩胛两侧及头部出现毛根部仅存 1cm 毛茬，且不长新毛的剪刀样痕迹，表明该病为营养性脱毛症。

【治疗】

（1）兔疥螨治疗时，将患部及其周围的被毛剪去，除掉痂皮和污物，用温肥皂水或 0.1%～0.2% 的高锰酸钾或 2% 的来苏儿溶液彻底刷洗患部后，再用清水冲洗，擦干后用药物进行涂擦，可用 1%～2% 敌百虫溶液涂擦患部，1 周后重复一次。

（2）在治疗兔耳痒螨时，将碘甘油剂或硫磺油剂滴入耳内，每天一次，连用 3d，或者按 0.2～0.4mg/kg 体重皮下注射伊维菌素或阿维菌素，可获得良效；也可用双甲脒或百部酊配合伊维菌素或阿维菌素进行治疗。

【预防】　　一旦发生本病，病兔应隔离治疗，病死兔及污染物垫草应进行深埋或焚烧，防止成为新的传染源；对笼具、兔舍进行杀虫，可用敌百虫或螨净配制成 1% 的水溶液后用喷雾器带兔消毒，每 15d 对兔笼、用具、底板彻底消毒 1 次，以杜绝疥癣病的发生。

对全群的兔用阿维菌素粉拌料喂服进行预防性杀虫，按 0.2mg/kg 体重，隔 7d 再投药一次，以后每隔 3 个月进行一次预防性杀虫。

（二）犬耳螨病

犬耳螨病（canine ear mites disease）由犬耳螨寄生于犬、猫、兔、狐、貂等外耳道内，靠刺破皮肤吸吮淋巴液及食表皮鳞屑为主，因对局部剧烈刺激，使局部皮肤增厚，产生红褐色的痂皮，导致犬发生外耳炎，本病以炎症、渗出物、痂皮形成，乃至脑膜炎为主要临床特征。

【病原】　　犬耳螨（*Otodectes canis*）雌虫长 0.32～0.5mm，雄虫长 0.2～0.42mm。虫体呈椭圆形，头部有口器，腹面有 4 对 5 节的腿，雌虫前两对腿有吸盘，雄虫四对腿都有吸盘，体后端有切迹并长有几根刚毛。卵呈椭圆形，长 0.18～0.2mm，最宽 0.08～0.09mm。卵在寄生部位适宜条件下孵化出幼虫，幼虫经几次蜕皮发育成成虫。犬耳螨寄生生活在宿主耳和耳道皮肤表面。

【流行病学】　　本病多发于冬、春和秋末，主要通过健康犬与病犬直接接触或通过被耳痒螨及其虫卵污染的犬舍、用具间接接触引起感染，也可通过饲养人员或兽医人员的手和衣服传播；耳螨在猫和犬间的传染性很高，任何年龄的犬和猫都可能被感染，以幼兽居多，猫比犬更易被感染。

【症状和病理变化】　　临床上主要表现为耳道发炎、充血，耳道内有多量红褐色或灰白色分泌物，耳局部有少量脱毛、皮炎伴轻微抓痕，外耳道耳垢较多，有许多红褐色痂皮及渗出物堆积于耳廓中部且有腥臭味。有的病例耳壳内侧潮红、糜烂，体表散布拇指盖大血痂并形成脱毛区。病犬经常出现摇头，用前爪使劲搔抓耳部，有时还用嘴向颈后上方咬，有咬耳欲望，平时还有摩擦患耳的习惯；有时用头磨蹭地面或笼壁；熟睡时还不时有抖耳现象，食欲下降；一般体温正常，无明显变化。用耳镜检查可见白色或肉色的螨虫在运动。当耳螨钻进内耳后，损伤鼓膜，严重者并发脑膜炎，出现痉挛等神经症状。

【诊断】　根据侵害耳部的特征性症状可作出诊断。病原学诊断时，可刮取耳部深部病料，用 10% 氢氧化钾溶液处理 3～5min，取悬液在显微镜下检查虫体并鉴定，即可确证。

【治疗】　将预热到 30～35℃的抗螨药 1.0～1.5mL 滴入耳腔内，并仔细按摩耳基部，能杀死耳螨。为防止新孵出的耳螨再次感染，可用刺激性的矿物油或耳垢助溶剂清洁耳道后，滴入鱼藤酮或肽酸二甲酯等杀螨剂，每隔 2d 处理一次，连用 4 次，可杀灭新孵出的耳螨。注意如果耳螨混合细菌感染，应联合抗菌药物治疗。

【预防】　饲养场分区饲养不同动物，不能将犬、猫等混养；所有箱笼、器具要彻底消毒；定期使用抗螨药杀虫，间隔 5～7d 进行 2 次。种兽在隔离下进行耳螨检查，杜绝螨虫传入。

二、鹿蠕形螨病
（deer demodicidosis）

本病是由蠕形螨科（Demodicidae）蠕形螨属（Demodex）寄生虫侵袭鹿体的皮脂腺和毛囊引起的一种寄生虫病，又称脂螨病或毛囊虫病，是一种人兽共患病。

【病原】　蠕形螨（Demodex odocoilei）虫体狭长，长 0.22～0.30mm，宽 0.04～0.045mm，形若蠕虫，有颚体、足体、末体三部分。颚体有呈蹄铁形口器；足体有四对短而粗的脚；末体较长，表面有明显的环形皮纹。虫卵呈椭圆形或近似纺锤形，其纵径 0.07～0.09mm，横径约 0.03mm，鹿蠕形螨的全部发育过程均在鹿体内进行。

蠕形螨发育分卵、幼虫、若虫和成虫四个阶段。健鹿由接触患鹿或污染虫体的用具和环境而感染。幼鹿较成鹿更易感染，短毛鹿比长毛鹿易感；鹿在脱毛季节、拥挤、混有病鹿时极易发生全群感染。蠕形螨大都先侵袭皮肤毛囊上部，而后寄生于毛囊底部，能生活在皮肤组织和淋巴结中，部分在此繁殖，雌虫则在侵袭部位产卵。虫体对外界有一定抵抗力，在干燥环境下能存活数小时，在湿润的环境下能存活数日之久。

【流行病学】　本病为接触性传染病，由于接触患鹿或被虫体污染的器具、圈舍而被感染，幼鹿比成年鹿更易感；在鹿脱毛的季节或被毛稀疏的情况下，更易暴发本病，此外，体质差的鹿和饲养密度大的鹿群也容易感染本病。

【症状和病理变化】　鹿发生本病，根据侵袭程度和宿主机体状况不同，分为以下三种病变症状。

1. 结节型病变　多见于鹿的面部、颈侧部及股部的皮肤上，患部出现许多豆粒大至指甲盖大的结节，切开时，见有黄白色内容物，此型病变为病初发阶段。

2. 鳞屑型病变　多见于鹿颈侧及股部皮肤上，为疾病发展的表现。患部皮肤结节增多、充血，局部皮肤渐增厚，无弹性，表面凹凸不平，出现许多皱纹，被覆大量糠皮样黏性鳞屑，污秽不洁。

3. 脓疱型病变　由于化脓菌混合感染的结果，鹿精神不好，食欲减退，眼结膜渐呈粉白色。蠕形螨在鹿体上大量繁殖，患部皮肤出现许多皱纹和皱襞，颜面部皮肤见许多黑色或褐色皱襞，如化脓性微生物伴随侵入毛囊时，患部便发生大小不一如同砂粒的脓疱性结节，有的融合一起，形成大脓疱，周围出现发炎带，其中流出淋巴液，干后形成痂皮黏附于皮上。

一般病鹿无痛觉和痒觉，但四肢上部、肘后及膝襞部位皮肤上发生严重感染的病鹿，表现出运步强拘。病情严重的亚急性脓疱型病鹿，发育迟缓，公鹿脱盘延迟，仅生乏氧性的病态性茸，或不长茸；病鹿多为进行性营养不良性贫血或中毒死亡。

【诊断】　切开皮肤上结节或脓疱，刮取内容物，涂片镜检。若发现蠕形螨卵、幼虫、若虫和成虫即可确诊。在疾病落屑型经过时，刮取患部皮肤深层皮屑，浸入 10% 氢氧化钠溶液中，加温至沸腾，然后用低倍镜暗光检查，发现病原体便可确诊。

【治疗】　用 14% 碘酊涂擦患部皮肤、皮下蜂窝组织淋巴结，或 0.2～0.4mg/kg 体重注射伊维菌素或阿维菌素，每周一次，共 3～4 次。严重病例除局部杀螨外应配合抗生素治疗。

【预防】　加强鹿舍清洁卫生，定期用氢氧化钠溶液或新鲜石灰乳消毒。对病鹿舍围墙，用火焰喷灯杀螨；病鹿应隔离饲养，并固定喂饮等用具；对亚急性病重的病鹿要及时淘汰，以防疾病扩散。

第七节　吸　虫　病

一、肝片形吸虫病
（fascioliasis）

肝片吸虫病是由肝片形吸虫（*Fasciola hepatica*）寄生在哺乳动物胆管内的一种常见寄生虫病，人亦可感染，能引起肝炎和胆管炎，并伴有全身性中毒现象和营养障碍，危害相当严重，可引起幼龄哺乳动物的大批死亡。在其慢性病程中，动物瘦弱，发育障碍，毛、肉产量减少且质量下降，可造成严重的经济损失。

【病原】　肝片形吸虫背腹扁平，外观呈树叶状，活时为棕红色，固定后变为灰白色。大小为（21～41）mm×（9～14）mm，体表被有小的皮棘，棘尖锐利。虫体前端有一呈三角形的锥状突，在其底部有 1 对"肩"，肩部以后逐渐变窄。口吸盘呈圆形，直径约 1.0mm，位于锥状突的前端。腹吸盘较口吸盘稍大，位于其稍后方。生殖孔位于口、腹吸盘之间。消化系统由口吸盘底部的口孔开始，下接咽和食道及两条具有盲端的肠管，肠管有许多外侧枝，内侧枝少短。虫卵为（133～157）μm×（74～91）μm，呈长卵圆形，黄色或黄褐色，前端较窄，后端较钝，常有小粗隆。卵盖不明量，卵壳薄而光滑，半透明，分两层。卵内充满卵黄细胞和一个胚细胞。

【生活史】　片形吸虫的发育需要淡水螺作为中间宿主。肝片形吸虫主要中间宿主为小土窝螺，还有斯氏萝卜螺。大片形吸虫主要中间宿主为耳萝卜螺，不少地区证实小土窝螺也可作其中间宿主。成虫寄生于动物肝脏胆管内，产出虫卵随胆汁入肠腔，经粪便排出体外。虫卵在 25～26℃、氧气和水分及光线条件下，经 11～12d 孵出毛蚴，毛蚴游动于水中，遇到适宜中间宿主如淡水螺，即钻入其体内。毛蚴在外界环境中，常只能生存 6～36h，如遇不到适宜中间宿主则渐次死亡。毛蚴在螺体内，经无性繁殖发育为胞蚴、雷蚴和尾蚴几个发育阶段。其发育期长短与外界温度、湿度与营养条件有关，如温度适宜，在 22～28℃时需经 35～38d，从螺体溢出尾蚴；条件不适宜，则发育为两代雷蚴，在螺体发育的时间更长。

侵入螺体内一个毛蚴，经无性繁殖，最后可产生数百个尾蚴。尾蚴游动于水中，经 3～5min 便脱掉尾部，以其成囊细胞分泌的分泌物将体部覆盖，黏附于水生植物的茎叶上或浮游于水中而成囊蚴，动物吞食含囊蚴的水或草而遭感染。囊蚴于动物的十二指肠脱囊而出，童虫穿过肠壁进入腹腔，后经肝包膜钻入肝脏。在肝实质中的童虫，经移行后到达胆管，发育为成虫。成虫以红细胞为养料，在动物体内可存活3~5年。

【流行病学】　　肝片形吸虫系世界性分布，是我国分布最广泛、危害最严重的寄生虫之一，遍及全国全境，但多呈地区性流行。大片形吸虫主要分布于热带或亚热带地区，在我国多见于南方诸省、区。肝片形吸虫的宿主范围较广，主要寄生于鹿、骆驼、驴、兔，一些野生动物亦可感染，但较少见，人也有感染的报道，实验动物以大鼠最易感染。患畜和携带者不断地向外界排出大量虫卵，污染环境，成为本病的感染源。

动物长时间在狭小而潮湿的牧地上放牧时最易遭受严重感染。舍饲动物也可因用从低洼、潮湿牧地割来的牧草而受感染。温度、水和淡水螺是片形吸虫病流行的重要因素。肝片形吸虫病的发生和流行及其季节动态与该地区地理、气候条件有密切关系。含毛蚴的虫卵在新鲜水和光线刺激下可大量孵出毛蚴。尾蚴在27~29℃及新鲜水的刺激下从螺体内可大量溢出。

本病在多雨年份，特别在久旱逢雨的温暖季节可促使其暴发流行。动物的感染，在我国北方地区多发生在气候温暖、雨量较多的夏、秋季节；而在南方地区，由于雨水充沛、温暖季节较长，因而感染季节也较长，不仅在夏、秋季节，而且在冬季也可感染。

【病理变化和症状】　　轻度感染常无症状，感染数量多的动物和幼畜可表现症状。肝片形吸虫致病作用和病理变化常依其发育阶段而有不同表现，并和感染数量有关。当一次感染大量囊蚴时，童虫在向肝实质内移行过程中，可机械地损伤和破坏肠壁、肝包膜和肝实质及微血管，引起炎症和出血，此时肝脏肿大，肝包膜上有纤维素沉积，出血，肝实质内有暗红色虫道，虫道内有凝血块和幼小的虫体。本病导致急性肝炎和内出血，腹腔中有带血色的液体和腹膜炎变化，是本病急性死亡的原因。

虫体进入胆管后，由于虫体长期的机械性刺激和代谢产物的毒性作用，引起慢性胆管炎、慢性肝炎和贫血现象。早期肝脏肿大，以后萎缩硬化，小叶间结缔组织增生。虫体寄生多时，引起胆管扩张，增厚，变粗甚至堵塞；胆汁停滞而引起黄疸；胆管如绳索样凸出于肝脏表面，胆管内壁有盐类（磷酸钙和磷酸镁）沉积，使内膜粗糙，胆囊肿大。虫体的代谢产物可扰乱中枢神经系统，使其体温升高，贫血，全身性中毒。虫体侵害血管时，使管壁通透性增高，易于渗出，从而发生稀血症和水肿。肝片形吸虫以食血为主，可成为慢性病例营养障碍、贫血和消瘦的原因之一。此外，童虫移行时从肠道带进微生物，如诺维梭菌（*Clostridium novyi*），引起传染性坏死性肝炎，使病势加剧。

【诊断】　　根据临床症状，流行病学资料、粪便检查和死后剖检等进行综合判定。粪便检查可用反复水洗沉淀法或尼龙绢袋集卵法，只见少数虫卵而无症状出现，只能视为"带虫现象"。急性病例时，在粪便中找不到虫卵，此时可用皮内变态反应、间接血凝试验或酶联免疫吸附试验等免疫学方法进行诊断；也可用血浆酶含量检测法诊断。在急性病例时，由于童虫损伤肝实质细胞，使谷氨酸脱氢酶（GDH）升高；慢性病例时，成虫损伤胆管上皮细胞，使γ-谷氨酰转肽酶（γ-GT）上升，持续时间可长达9个月之久。死后剖检，急性病例可在腹腔和肝实质中发现童虫及幼小虫体；慢性病则可在胆管内检获成虫。

【治疗】　　治疗肝片形吸虫病的药物较多，各地可根据药源和具体情况加以选用。主要有硝氯酚、丙硫咪唑、三氯苯唑、硫双二氯酚、碘醚柳胺、氯氰碘柳胺钠等。

【预防】　　应根据流行病学特点，采取综合防治措施。

1. 定期驱虫　　驱虫的时间和次数可根据流行区的具体情况而定。在我国北方地区，每年应进行两次驱虫：一次在冬季，另一次在春季；南方因终年放牧，每年可进行 3 次驱虫。急性病例可随时驱虫。在同一牧地放牧的动物最好同时驱虫，尽量减少感染源。动物粪便，特别是驱虫后的粪便应堆积发酵产热而杀灭虫卵。

2. 消灭中间宿主　　消灭淡水螺是预防片形吸虫病的重要措施，可结合农田建设，牧场改良，填平无用的低洼水潭等，改变螺的滋生条件；还可用化学药物灭螺，如 1 ∶ 50000 硫酸铜及 20% 氯水均可达到灭螺效果，如牧地面积不大，亦可饲养家鸭灭螺。

3. 加强饲养卫生管理　　选择在干燥处放牧；动物的饮水最好用自来水、井水或流动的河水，保持水源清洁，以防感染，从流行区运来的牧草须经处理后，再饲喂舍饲的动物。

二、珍禽棘口吸虫病
（ echinostomiasis of birds ）

珍禽棘口吸虫病是由棘口吸虫感染孔雀、丹顶鹤、白腹秧鸡、鸽等珍禽大小肠而引起的一类疾病，感染珍禽的棘口吸虫主要包括：卷棘口吸虫、宫川棘口吸虫、曲领棘口吸虫、日本棘隙线虫、似锥低颈线虫等。

【病原】

1. 卷棘口吸虫（ E. revolutum ）　　寄生于珍禽的直、盲肠中，偶见于小肠。虫体呈长叶形，大小为（7.6～12.6）mm×（1.26～1.60）mm，体表被有小棘，具有头棘 37 枚，其中腹角棘各 5 枚，口吸盘小于腹吸盘。睾丸呈椭圆形，边缘光滑，前后排列，位于卵巢后方；卵巢呈圆形或扁圆形，位于虫体中央或中央稍前；子宫弯曲在卵巢的前方，内充满虫卵；卵黄腺发达，分布在腹吸盘后方的两侧，伸达虫体后端，在睾丸后方不向体中央扩展。

2. 宫川棘口吸虫（ E. miyagawai ）　　主要寄生于珍禽大小肠中，也寄生于犬和人的肠道中；与卷棘口吸虫的形态结构极其相似，主要区别在于睾丸分叶，卵黄腺于后睾丸后方向体中央扩展汇合，幼虫对扁卷螺更易感染，成虫不仅寄生于禽，还在哺乳动物体内寄生。

3. 曲领棘口吸虫（ E. recurvatum ）　　寄生于珍禽十二指肠中，也发现于犬、人及鼠类体内，常与宫川棘口吸虫混合感染。虫体小，仅有（2.5～5.0）mm ×（0.4～0.7）mm；体前端向腹面弯曲；头领发达，有头棘 45 枚，其中腹角棘各 5 枚；睾丸呈长圆形或稍分叶，前后排列，二睾丸密切相接；卵巢呈球形，位于虫体中央；卵黄腺在后睾丸后方向虫体中央汇合；子宫短，内含少数虫卵，虫卵为椭圆形，淡黄色，大小为（81～91）μm×（52～64）μm。

4. 日本棘隙线虫（ E. japonicus ）　　寄生于珍禽、犬、猫、狐及人小肠中。虫体小，呈长椭圆形，大小为（0.81～1.09）mm×（0.24～0.32）mm；头领发达，呈肾形，有头棘 24 枚，大小为（30～33）μm×（5～7）μm，排成一列；身体前有体棘，呈鳞片状，靠前方最明显，腹吸盘向后稀疏；前咽和食道长，腹吸盘发达，约为口吸盘的 2 倍；睾丸呈横卵圆形，前后相接排列，位于虫体后 1/3 处中央；卵巢呈圆形，位于前睾丸与腹吸盘之间体中线右侧；子宫短，盘曲，内含几个虫卵；虫卵为卵圆形，金黄色，大小为（72～80）μm×（50～57）μm。

5. 似锥低颈线虫（ H.conoideum ）　　寄生于珍禽小肠中，虫体肥厚，头端圆钝，腹吸盘处最宽，腹吸盘向后逐渐狭小，圆锥状，大小为（7.37～11.0）mm×（1.10～1.58）mm；头领呈半圆形，有头棘 49 枚，其中腹角棘各 5 枚，密集；口、腹吸盘接近，腹吸盘比口吸盘大约 5 倍；食道极短；睾丸呈腊肠状，前后排列，位于虫体中横线后；卵巢类圆形，位于睾丸前；体表棘自头领后开始分布至卵巢处，呈鳞片状排列，睾丸后体表光滑无棘；卵黄腺始于腹吸盘后方，沿体两侧在肠管外侧向后直到体末端，不互相汇合。子宫发达，内含大量虫卵，虫卵为卵圆形，淡黄色，有卵盖，另一端增厚，大小为（90~106）μm×（54~72）μm。

【生活史】　棘口吸虫类的发育一般需要两个中间宿主：第一中间宿主为淡水螺类，第二中间宿主有淡水螺类、蛙类及淡水鱼。虫卵随终末宿主粪便排至体外，在30℃左右的适宜温度下，于水中经7~10d孵出毛蚴。毛蚴在水中游动，遇到适宜的淡水螺类，即钻入其体内，脱掉纤毛，发育为胞蚴，进而发育成母雷蚴、子雷蚴及尾蚴。在外界温度适宜的条件下，幼虫在螺体内经32~50d的发育变为尾蚴，后自螺体溢出，游动于水中，遇到第二中间宿主淡水螺类、蝌蚪与鱼类，即侵入其体内变为囊蚴。终末宿主吞食含囊蚴的第二中间宿主而受感染。囊蚴在畜禽体内经20d左右发育为成虫。本病具有明显的季节性，夏季是本病主要的暴发季节，多是动物误食含有囊蚴的生鱼、蝌蚪及贝类或水草而感染。

【症状和病理变化】　少量寄生时危害并不严重，雏禽严重感染时可引起精神沉郁，食欲不振，消化不良，下痢，粪便中混有黏液，有时可排出虫体；禽体贫血，消瘦，发育停滞，最后因衰竭而死亡；剖检所见：肠壁发炎，点状出血，肠内容物充满黏液，有许多虫体附在肠黏膜上。

【诊断】　尸检发现虫体或生前粪便检查检获虫卵即可做出诊断。

【治疗】　硫双二氯酚（150~200mg/kg体重）、氯硝柳胺（50~60mg/kg体重）、丙硫咪唑（80mg/kg体重）、吡喹酮（10~20mg/kg体重）等拌料饲喂。

【预防】　在流行区，对患禽应有计划进行驱虫，驱出的虫体和排出的粪便应严加处理，从禽舍中清扫出来的粪便应堆积发酵，杀灭虫卵；改良土壤，施用化学药物消灭中间宿主；勿以浮萍或水草等作饲料，因螺类常夹杂在水草中，不要以生鱼或蝌蚪及贝类等饲喂畜禽，以防感染。

三、东方次睾吸虫病
（metorchis orientalis disease）

东方次睾吸虫病是由后睾科的东方次睾吸虫（*Metorchis orientalis*），寄生于犬、猫、禽类及人的肝脏胆管或胆囊内而引起的一种寄生虫病，全国大部分省市均有报道。

【病原】　虫体呈叶状，大小为（2.4~4.7）mm×（0.5~1.2）mm；体表被有小棘；口吸盘位于虫体前端，腹吸盘位于虫体前1/4的中央；睾丸大，稍分叶，前后排列于虫体的后端；生殖孔位于腹吸盘的前方；卵巢椭圆形，位于睾丸的前方，受精囊位于前睾丸的前方，卵巢的右侧，卵黄腺分布于虫体两侧，始于肠分叉的稍后方，终止于前睾丸的前缘；子宫弯曲，在卵巢的前方，伸达腹吸盘上方，后端止于前睾丸的前缘，内充满着虫卵，虫卵呈浅黄色，椭圆形，大小为（28~31）μm×（12~15）μm，有卵盖，内含毛蚴。

【生活史】　东方次睾吸虫可感染犬、猫及禽类等动物，可在全球范围流行，尤其是附近水域中含有大量纹沼螺的地区，可暴发本病。东方次睾吸虫在其生活史上有两个中间宿主供其生长发育，第一中间宿主为纹沼螺，东方次睾吸虫在纹沼螺体内发育为尾蚴后从阳性螺肛孔逸出，尾蚴接触到第二中间宿主淡水鱼，即吸附、钻入其体内形成囊蚴。终末宿主因食入含活囊蚴的淡水鱼，囊蚴在宿主体内发育为成虫而被感染，在感染后16~21d可在粪便中检测到虫卵。

【症状和病理变化】　肝脏肿大，脂肪变性或有坏死结节，胆管增生变粗；胆囊肿大，囊壁增厚，胆汁变质或消失，可在胆汁中见到蠕动的鲜红色舌状虫体，精神委顿，食欲不振，羽毛粗乱，两腿无力，消瘦，贫血，下痢，粪便呈水样，多因衰竭死亡。轻度感染时不表现临床症状，严重感染时不仅影响珍禽产蛋，而且死亡率也较高。

【诊断】　根据临床症状及尸检发现虫体或生前粪便检查检获虫卵即可做出诊断。

【鉴别诊断】　由于东方次睾吸虫与华支睾吸虫囊蚴外部形态、宿主和生活史、成虫寄生部位、终末宿主产生的临床症状和病理变化极其相似，故临床中很难区分。华支睾吸虫仅感染哺乳动物，而东方次睾吸虫可感染多种动物。目前，可设计特异性引物使用 PCR 法对两虫进行区分。

【治疗】　吡喹酮、丙硫咪唑，口服，疗效良好。

【预防】　对患禽进行全面治疗，以防粪便中的虫卵污染池塘和沟渠，粪便应经堆积发酵生物热处理；流行区的珍禽应避免到水边放牧，勿以淡水鱼类饲喂。

四、珍禽毛毕吸虫病
（ trichobilharzia disease of birds ）

毛毕吸虫病是由毛毕属（ *Trichobilharzia* ）的各种吸虫，寄生于家鸭和其他驯养水禽、野禽门静脉和肠系膜静脉内，引起的病禽以消瘦、发育迟缓、肠黏膜炎为主要特征的疾病，本病呈世界范围分布。毛毕吸虫的尾蚴侵入人体皮肤时，不能发育为成虫，但能引起尾蚴性皮炎。

【病原】　感染珍禽的毛毕吸虫主要是包氏毛毕吸虫（ *Trichobilharzia paoi* ），雄虫大小为（5.21～8.23）mm ×（0.078～0.095）mm，具有口、腹吸盘，上有小刺；抱雌沟简单，沟边缘有小刺；睾丸呈球形，有 70～90 个，单行纵列，始于抱雌沟后，直到虫体后端；雄茎囊位于腹吸盘后，居于抱雌沟与腹吸盘之间。雌虫较雄虫纤细，大小为（3.39～4.89）mm×（0.08～0.12）mm；卵巢位于腹吸盘后，呈 3～4 个螺旋状扭曲；子宫极短，介于卵巢与腹吸盘之间，仅含一个虫卵；卵黄腺呈颗粒状，布满虫体，从受精囊后延至虫体后端；虫卵呈纺锤形，其一端有一小钩，大小为（23.6～31.6）μm×（6.8～11.2）μm，内含毛蚴。

【生活史】　本病主要感染鸭等水禽，患禽游水时，虫卵随粪便排至体外，在水中不久即孵出毛蚴。毛蚴遇到适宜的中间宿主椎实螺类，即侵入螺体内经母胞蚴、子胞蚴和尾蚴阶段的发育，最后成熟的尾蚴离开螺体，游于水中，遇到鸭或其他水禽时，经皮肤，随血循环到达门静脉和肠系膜静脉内发育为成虫。毛蚴钻入螺体至尾蚴离开共需 2～4 周；从尾蚴侵入鸭皮肤，到血管内发育为成虫，共需 3 周。包氏毛毕吸虫的中间宿主，在福建和广东等地证实为折叠萝卜螺、斯氏萝卜螺和小土窝螺，大量繁殖于池塘、灌溉沟及路边水沟中。

【症状和病理变化】　虫体在珍禽的门静脉和肠系膜静脉内寄生并产卵，卵堆集在肠壁的微血管内，并以其一端伸向肠腔而穿过肠黏膜，引起肠黏膜发炎。严重感染时，肝、胰、肾、肠壁和肺均能发现虫体和虫卵。肠壁有虫卵小结节，影响肠的吸收功能，临床表现为消瘦，发育受阻等症状。

【诊断】　粪便检查时检获虫卵和尸检发现大量虫体即可做出诊断。

【治疗】　可用吡喹酮、丙硫咪唑口服治疗。

【预防】　患禽粪便应堆积发酵无害化处理后再作肥料；应结合农业生产施用农药或

化肥，如用氨水、氯化铵等杀灭淡水螺；在流行区应避免到水沟放牧，以防传染此病。

第八节　鳖累枝虫病

鳖累枝虫病（turtle epistyles disease），也叫鳖龟缘毛类纤毛虫病、固着类纤毛虫病、钟虫病或聚缩虫病等，是由原生动物中的累枝虫、单缩虫、聚缩虫和钟形虫等引起的寄生性疾病，鳖背腹甲、四肢、颈部出现一簇簇土黄色群毛状物，严重时全身呈白色为其主要临床特征。

【病原】　累枝虫（*Epistylis*）属原生动物门缘毛亚纲（Peritricha）缘毛目（Peritrichida）固着亚目（Sessilina）钟形虫属（*Vorticella*），是一种营固着生活的纤毛虫，常寄生于鳖的四肢、背颈部甚至头部。每年 5～10 月，水温在 22～28℃时，是该病流行的高峰期。

【症状和病理变化】　病原附生在鳖体表各处，最初固着在四肢窝部和脖颈处，严重感染时，背甲、腹甲、裙边、四肢等都有寄生，肉眼可见病鳖体表一层灰白色或白色的毛状物，在泥沙中呈灰褐色，因池水呈绿色，虫体的细胞质和柄也随之变为绿色。病鳖皮肤发红，动物不安、减食、体瘦，活动缓慢，最后患部溃烂，严重者可引起死亡。

【诊断】　刮取絮状物制成压片，显微镜下检测到虫体即可确诊。

【治疗】　在治疗上，患兽用 20mg/L 高锰酸钾溶液或 8mg/L 硫酸铜液浸洗 30min，每天一次，连洗 1 周；也可用 50mg/L 新洁尔灭液药浴 30min；也可用硫酸铜、硫酸亚铁合剂（5∶2）2g/m³ 全池泼洒，次日减半，连续 2d，然后用 5～10g/m³ 土霉素全池泼洒。

【预防】　在预防上，首先要做好日常的清池、消毒和饲养管理工作。池水要经砂滤，幼体、亲体都要经药浴消毒后放养，多投喂新鲜饲料，且要单次少量投放饲料以防其残留变质。

（蒋　平）

第六章 普通病

第一节 呼吸系统疾病

一、感冒
（common cold）

感冒是以发热和上呼吸道黏膜炎症为主的急性全身性疾病。各种特种动物均可发病，常见于仔兽，早春、晚秋气候剧变时和寒冷的冬季多发。

【病因】

1. 饲养管理不当　饲养条件差，仔兽床、小室内污秽不洁，空气质量差，垫草过少或过于潮湿，保暖防寒措施不当，通风不良等。

2. 寒冷袭击　在春初、秋末或冬季，或气候骤变，或突然遭受暴风雪、贼风和冷雨浇淋等侵袭。

3. 机体的抵抗力减弱　如长途运输、营养不良和其他疾病时，可促发本病。

【症状】　动物突然发病，病鹿、狐、貉、貂体温升高 $1\sim2$ ℃，精神沉郁，头低耳耷，食欲减退，流泪，结膜充血；脉搏增数，呼吸加快，肺泡音粗厉，心音增强，心跳加快；开始流浆液性鼻液，以后变稠，伴喷嚏或咳嗽。如治疗不及时可继发支气管炎和支气管肺炎等。

【诊断】　根据临床症状以及病史，该病不难诊断。

【治疗】　治疗用复方氨基比林注射液或 30% 安乃近注射液等，仔鹿 $1\sim2mL$，狐、貉 $0.5\sim1\ mL$，貂 0.5mL。联用抗菌药物以防继发感染，可用青霉素或氨苄青霉素、磺胺类药物，肌内注射；配合使用祛痰止咳药、健胃药等对症治疗。

【预防】　加强饲养管理，减少应激，增强机体的抵抗力，改善圈笼卫生，定期消毒，防止潮湿，防寒保暖，尤其避免风雪袭击和寒夜露宿等；发病时加强护理，注意保暖，多饮温热水，并保证饮水清洁，饲喂易消化食物。

二、卡他性鼻炎
（rhinitis）

卡他性鼻炎是由于多种原因所致的鼻腔黏膜的急性表层炎症，临床上以鼻黏膜充血、肿胀，吸气性呼吸困难，流鼻液，打喷嚏为特征。本病多发生在秋末、冬季和春初，尤其幼弱的动物易发，可分为原发性和继发性两种。

【病因】　原发性卡他性鼻炎主要是鼻黏膜受寒冷、化学性、机械性因素刺激而引起。

1. 寒冷刺激　由于气候剧变，冷空气刺激鼻黏膜而引起，为主要发病原因。

2. 化学因素　主要由于有害气体、化学毒气，如氨气、甲醛、硫化氢、二氧化硫、氯化氢、烟熏以及某些环境污染物等直接刺激鼻黏膜所致。

3. 机械因素　常因粗暴的鼻腔检查，吸入粉尘、植物芒刺、昆虫、花粉及霉菌孢子等直接刺激鼻黏膜所致。

继发性卡他性鼻炎，常伴随其他疾病而发生，如犬瘟热、副流感、感冒、鼻疽等。

【症状】　发病初期，鼻黏膜充血，干燥，数天后水肿，带有光泽，流出浆液性或脓性鼻液，频发喷嚏，摆头，并以前肢摩擦鼻端。病程 1～7d，症状逐渐减轻，最后完全自愈。

【诊断】　依据病因，结合临床症状等可作初步诊断。

【治疗】　一般不用治疗，除掉病因即可自愈，重症则需要治疗。常采用 1%～2% 碳酸氢钠溶液、2%～3% 硼酸溶液、0.1% 高锰酸钾溶液或用收敛药溶液清洗鼻腔；也可将青霉素 80 万～160 万 U，用生理盐水 30～40mL 稀释后，加入 2% 普鲁卡因 10mL，混匀后两侧鼻腔均匀喷射。对体温升高、全身症状明显的病例，应及时用抗生素或磺胺类药物治疗。

【预防】　防止受寒感冒和刺激因素刺激是预防原发性卡他性鼻炎的关键。

三、肺　充　血
（pulmonary congestion）

肺充血是肺毛细血管内血液过度充满，分为主动性充血和被动性充血。主动性充血是流入肺内的血流量增多，流出量正常；被动性充血是肺的血液流出量减少，而流入量正常或增加。该病主要发生在高温炎热的季节。在长时间肺充血的基础上，由于肺内血液量的异常增多，致使血液中的浆液性成分渗漏至肺泡、细支气管及肺间质内，会引起肺水肿。

【病因】

1. 经济动物的主动性肺充血　主要见于长时间运输，因过度拥挤和闷热而发病。由于饲养管理不良，夏季兽舍通风不良，过度闷热，动物吸入大量热空气，导致该病发生。同时吸入烟雾或刺激性气体发生过敏反应时，可使血管弛缓，血液流入量增多，从而致病。

2. 经济动物的被动性肺充血　主要发生于代偿机能减退引起的心脏疾病，如心肌炎、心脏扩张及传染病和各种中毒性疾病引起的心脏衰竭。此外，心包炎时，心包内大量的渗出液影响了心脏的舒张，引起肺静脉回流受阻；长期卧地不起的动物，或胃肠臌气时，胸腔内负压减低和大静脉管受压迫，肺内血液流出发生困难，均能引起淤血性肺充血。

【症状】　动物突然发病，惊恐不安，呈进行性呼吸困难。初期动物呼吸加快而迫促，很快出现明显的呼吸困难，头颈伸直，鼻孔高度开张，甚至张口呼吸，胸部和腹部表现明显的起伏动作。严重的病兽，两前肢叉开站立，肘突外展，头下垂；呼吸频率超过正常的 4～5 倍，听诊肺泡呼吸音粗厉；眼球突出，可视黏膜潮红或发绀，静脉怒张；脉搏加快，听诊第二心音增强，体温升高；病兽可因窒息而突然死亡。如果疾病未能及时控制，发展到后期，出现肺水肿时，两侧鼻孔流出多量浅黄色或白色，甚至粉红色的细小泡沫状鼻液。X 线检查，肺野阴影普遍加重，但无病灶性阴影，肺门血管纹理显著。

【诊断】　根据过度劳累、吸入烟尘或刺激性气体的病史，结合呼吸困难、鼻孔流细小泡沫状鼻液及 X 线检查，即可诊断。

【治疗】　治疗原则为保持病兽安静，减轻心脏负荷，制止液体渗出，缓解呼吸困难。

1. 保持安静　将病兽安置在清洁、干燥、凉爽的环境中，避免运动和外界因素刺激。对极度呼吸困难的病兽，可颈静脉放血进行急救；若及时输氧，缓解呼吸困难，效果会更好。

2. 制止渗出　可静脉注射 10% 氯化钙溶液，鹿 50～100mL，狐狸、貂、貉 10～25mL，每日 2 次，病情较严重时，可以结合糖皮质激素联合应用。

3. 对症治疗 对患有心脏疾病的，应用强心剂（如樟脑磺酸钠）加强心脏机能，对不安的病兽选用镇静剂（如丙泊酚）。

【预防】 加强饲养管理，保持环境清洁卫生，避免刺激性气体和其他不良因素的影响；在炎热的季节减少运动，注意防暑；长途运输的动物，应避免过度拥挤，并注意通风，供给充足的清洁饮水；对卧地不起的动物，应多垫褥草，并注意每日多次翻身；患心脏病的动物，应及时治疗，以免心脏功能衰竭而发生肺充血。

四、小叶性肺炎
（lobular pneumonia）

小叶性肺炎，又称支气管肺炎（bronchopneumonia）或卡他性肺炎（catarrhal pneumonia），是病原微生物感染引起的以细支气管为中心的单个或数个肺小叶的炎症。幼畜和老龄动物发生较多，多见于早春和晚秋季节。

【病因】 引起支气管肺炎的病因很多，主要有以下几方面。

1. 由感冒或支气管炎继发 小叶性肺炎常由感冒或支气管炎发展而成。故凡能引起感冒、支气管炎的因素都可诱发小叶性肺炎，如感冒，饲养不当，某些营养物质缺乏，长途运输，物理、化学因素，过度劳役等。这些因素使机体抵抗力降低，特别是呼吸道防御机能减弱，引起呼吸道黏膜上的常在菌大量繁殖及外源性病原微生物入侵并成为致病菌，进而致病。

2. 血源性感染 主要是病原微生物经血流至肺脏，先引起间质的炎症，而后波及支气管壁，进入支气管腔，即经由支气管周围炎、支气管炎，最后发展为支气管肺炎。血源性感染也可先引起肺泡间隔的炎症，然后侵入肺泡腔，再通过肺泡管、细支气管和肺泡孔发展为支气管肺炎。常见于一些化脓性疾病，如子宫内膜炎、乳房炎等。

3. 由传染性疾病继发 小叶性肺炎可继发或并发于许多传染病和寄生虫病的过程中，如流行性感冒、传染性支气管炎、结核病、犬瘟热、副伤寒、肺线虫病等。

【症状】 病初，动物呈急性支气管炎的症状，表现干而短的疼痛咳嗽，逐渐变为湿而长的咳嗽，疼痛减轻或消失，并有分泌物被咳出；体温升高 $1.5 \sim 2℃$，呈弛张热型；脉搏频率随体温升高而增加，呼吸频率增加，严重者出现呼吸困难；流少量浆液性、黏液性或脓性鼻液；精神沉郁，食欲减退或废绝，可视黏膜潮红或发绀。

【病理变化】 支气管肺炎主要发生于尖叶、心叶和膈叶前下部，病变为一侧性或两侧性。发炎的肺小叶肿大呈灰红色或灰黄色，切面出现许多散在的实质病灶，大小不一，形状不规则；支气管内能挤压出黏液性或脓性渗出物，支气管黏膜充血、肿胀，严重者病灶互相融合，可波及整个大叶，形成融合性支气管肺炎。

【诊断】 根据咳嗽、弛张热型、叩诊浊音、听诊捻发音和啰音等典型症状，结合 X 线检查和血液学核左移的变化，即可诊断。

1. 临床诊断 胸部叩诊，当病灶位于肺的表面时，可发现一个或多个局灶性的小浊音区；小叶炎症融合后，形成融合性支气管肺炎（confluent bronchopneumonia），肺泡及细支气管内充满渗出物时，出现大片浊音区；病灶较深时，则浊音不明显。听诊病灶部，肺泡呼吸音减弱或消失，出现捻发音和支气管呼吸音，并可常听到干啰音或湿啰音；病灶周围的健康肺组织，肺泡呼吸音增强。各小叶炎症融合后，肺泡呼吸音消失，有时出现支气管呼吸音。

2. 血液学检查 白细胞总数增多，嗜中性粒细胞比例增大，核左移。

3. X线检查　表现斑片状或斑点状的渗出性阴影，大小和形状不规则，密度不均匀，边缘模糊不清，可沿肺纹理分布，肺纹理增粗。

【治疗】　治疗原则为加强护理、抗菌消炎、祛痰止咳、制止渗出和促进渗出物吸收及对症治疗。

1. 加强护理　首先应将病兽置于光线充足、空气清新、通风良好且温暖的畜舍内，供给营养丰富、易消化的饲草料和清洁饮水。

2. 抗菌消炎　临床上主要应用抗生素和磺胺类药物进行治疗，用药途径及剂量视病情轻重及有无并发症而定。常用的抗生素为青霉素、链霉素，对青霉素过敏者，可用红霉素、林可霉素；也可选用多西环素等广谱抗生素。有条件的可在治疗前取鼻分泌物作细菌的药敏试验，以便对症用药。肺炎链球菌对青霉素敏感，一般青霉素和链霉素联合应用。对于耐青霉素的肺炎链球菌感染，可选用氟喹诺酮类抗生素，如恩诺沙星。对支气管炎症状明显的病兽，可将青霉素、链霉素、1%～2%的普鲁卡因注射液，气管注射，连用2～4次。病情严重者可用头孢菌素，如头孢噻吩钠、头孢唑啉钠等，肌内或静脉注射。抗菌药物疗程一般为5～7d，或在退热后3d停药。

3. 祛痰止咳　咳嗽频繁，分泌物黏稠时，可选用溶解性祛痰剂；剧烈频繁的咳嗽，无痰干咳时，可选用镇痛止咳剂。

4. 制止渗出　可静脉注射10%氯化钙溶液，剂量为鹿50～100mL，每日1次。促进渗出物吸收可用10%樟脑磺酸钠溶液10～20mL，10%水杨酸钠溶液100～150mL和40%乌洛托品溶液30～50mL，鹿一次静脉注射。

5. 对症疗法　体温过高时，可用解热药，常用复方氨基比林或柴胡注射液，剂量为鹿2～4mL，狐、貉0.5～1mL，貂0.5mL，肌内或皮下注射。呼吸困难严重者，有条件的可输入氧气。对体温过高、出汗过多引起脱水者，应适当补液，纠正水、电解质和酸碱平衡紊乱，输液量不宜过多，速度不宜过快，以免发生心力衰竭和肺水肿。对病情危重、全身毒血症严重的病兽，可短期（3～5d）静脉注射氢化可的松或地塞米松等糖皮质类激素。

【预防】　加强饲养管理，避免淋雨受寒、过度劳役等诱发因素；供给全价日粮，健全完善的免疫接种制度；减少应激因素的刺激，增强机体的抗病能力。

五、大叶性肺炎
（lobar pneumonia）

大叶性肺炎是以支气管和肺泡内纤维蛋白渗出为特征的急性炎症，又称纤维素性肺炎（fibrinous pneumonia）或格鲁布性肺炎（croupous pneumonia）。病变起始于局部肺泡，并迅速波及整个肺叶，甚至多个肺叶。临床上以稽留热型、铁锈色鼻液、定型经过和肺部出现广泛性浊音区为特征。

【病因】　本病主要由病原微生物引起，但真正的病因仍不十分清楚。传染性因素和非传染性因素都可引起发病。研究表明，巴氏杆菌可引起鹿、水貂、狐狸和貉发病。此外，肺炎克雷伯菌、金黄色葡萄球菌、绿脓杆菌、大肠埃希菌、坏死杆菌、沙门菌、霉形体属、Ⅲ型副流感病毒、溶血性链球菌等在本病的发生中也起重要作用。

受寒感冒，饲养管理不当，长途运输，吸入刺激性气体，自体感染，变态反应，使用免疫抑制剂等均可导致呼吸道黏膜的防御机能降低，成为本病的诱因。

【症状】 发生持续性高热，体温迅速升高，呈稽留热型，6～9d 后渐退或骤退至常温；脉搏加快，一般初期体温升高 1℃，随后继续升高 2～3℃；呼吸迫促，频率增加，严重时呈混合性呼吸困难，鼻孔开张，呼出气体温度较高；结膜初期潮红，后期发绀。疾病初期，有浆液性、黏液性或黏液脓性鼻液，在肝变期鼻孔中流出铁锈色或黄红色的鼻液，主要是渗出物中的红细胞被巨噬细胞吞噬，崩解后形成含铁血黄素混入鼻液。病兽精神沉郁，食欲减退或废绝，反刍停止，泌乳降低，有时因呼吸困难而采取站立姿势，并发出呻吟或磨牙。

【病理变化】 一般只侵害单侧肺，有时可能是两侧肺，多见于左肺尖叶、心叶和膈叶。在未使用抗生素治疗的情况下，病变常表现典型的自然发病过程，一般分为以下四个时期：

1. 充血水肿期 发病后 1～2d。肺毛细血管扩张充血，肺泡和支气管内积有大量的白细胞和红细胞。剖检变化为病变肺叶肿大，重量增加，呈暗红色，挤压时有淡红色泡沫状液体流出，切面平滑，有带血的液体流出。

2. 红色肝变期 发病后 3～4d。随着炎性渗出，大量红细胞、纤维蛋白及脱落的上皮细胞，充满于肺泡及细支气管，并自行凝结。肺泡被红色的纤维蛋白充满，质地坚实如肝样，称为红色肝变期。剖检发现肺叶肿大，呈暗红色，病变肺叶质实，切面稍干燥，呈粗糙颗粒状，近似肝脏，故有"红色肝变"之称。

3. 灰色肝变期 发病后 5～6d。由于充血程度减轻，白细胞渗入，聚集在肺泡内的纤维蛋白性渗出物开始脂肪变性，加之肺的不同部位病变发生不同步，因此肺叶切面为斑纹状，呈大理石外观。剖检发现肺叶仍肿胀，质实，切面干燥，颗粒状，由于充血消退，红细胞大量溶解消失，实变区颜色由暗红色逐渐变为灰白色，投入水中可完全下沉。

在肝变期，由于大量的毒素和炎性分解产物被吸收，动物呈现高热稽留。由于渗出的红细胞被巨噬细胞吞噬，将血红蛋白分解并转变为含铁血红素，出现铁锈色鼻液。

4. 溶解吸收期 发病后 1 周左右。当疾病得到合理及时的治疗，或机体抵抗力逐渐增强时，肺泡内积存的纤维蛋白可经嗜中性粒细胞崩解后释放出来的蛋白溶解酶液化，分解为可溶性的蛋白和更简单的分解产物，而被吸收或排出。

【诊断】 根据稽留热型、铁锈色鼻液、不同时期肺部叩诊和听诊的变化，即可初步诊断。X 线检查肺部有大片浓密阴影，有助于诊断。

1. 胸部叩诊 随着病程出现规律性的叩诊音：充血渗出期，因肺脏毛细血管充血，叩诊呈半浊音；肝变期，细支气管和肺泡内充满炎性渗出物，肺泡内空气逐渐减少，叩诊呈大片半浊音或浊音，可持续 3～5d；溶解期，凝固的渗出物逐渐被溶解、吸收和排出，重新呈半浊音；随着疾病的痊愈，叩诊音恢复正常。

鹿的浊音区，常在肩前叩诊区。大叶性肺炎继发肺气肿时，叩诊边缘呈过清音，肺界向后下方扩大。

2. 肺部听诊 因疾病发展过程中病变的不同而有一定差异：充血渗出期，由于支气管黏膜充血肿胀，肺泡呼吸音增强，并出现干啰音，以后随肺泡腔内浆液渗出，听诊可闻湿啰音或捻发音，肺泡呼吸音减弱，当肺泡内充满渗出物时，肺泡呼吸音消失；肝变期，肺组织实变，出现支气管呼吸音；溶解期，渗出物逐渐溶解、液化和排出，支气管呼吸音逐渐消失，出现湿啰音或捻发音；最后随疾病的痊愈，呼吸音恢复正常。

3. 血液学检查 白细胞总数显著增加，中性粒细胞比例增加，呈核左移，淋巴细胞比例减少，嗜酸性粒细胞和单核细胞缺乏。严重的病例，白细胞减少。

4. X线检查　充血期仅见肺纹理增重；肝变期发现肺脏有大片均匀的浓密阴影；溶解期表现散在不均匀的片状阴影，2～3周后，阴影完全消散。

本病应与小叶性肺炎和胸膜炎相鉴别：

（1）小叶性肺炎多为弛张热型，肺部叩诊出现大小不等的浊音区，X线检查表现斑片状或斑点状的渗出性阴影。

（2）胸膜炎热型不定，听诊有胸膜摩擦音。当有大量渗出液时，叩诊呈水平浊音，听诊呼吸音和心音均减弱，胸腔穿刺有大量液体流出。传染性胸膜肺炎有高度传染性。

【治疗】　原则为加强护理，抗菌消炎，控制继发感染，制止渗出和促进炎性产物吸收。

1. 加强护理　将病兽置于通风良好，清洁卫生的环境中，供给优质易消化的饲草料。

2. 抗菌消炎　选用土霉素或多西环素，剂量为每日 10～20mg/kg 体重，溶于 5% 葡萄糖溶液 250～500mL 中，分 2 次静脉注射；也可静脉注射氢化可的松或地塞米松，降低机体对各种刺激的反应，控制炎症发展。

3. 制止渗出　静脉注射 10% 氯化钙或葡萄糖酸钙溶液。

4. 促进吸收　鹿可用 10% 樟脑磺酸钠溶液 10～20mL，10% 水杨酸钠溶液 100～150mL 和 40% 乌洛托品溶液 30～50mL，一次静脉注射。

5. 对症治疗　动物体温过高可用解热镇痛药，如复方氨基比林、安痛定注射液等；剧烈咳嗽时，可选用祛痰止咳药；严重的呼吸困难可输入氧气；心力衰竭时用强心剂。

6. 中药治疗　清瘟败毒散。

六、坏疽性肺炎
（gangrenous pneumonia）

坏疽性肺炎是由于误咽异物（水、饲料、呕吐物、药物）或腐败细菌侵入肺所致肺组织坏死和分解形成的，又称吸入性肺炎或异物性肺炎，特征为呼吸极度困难，鼻孔流出脓性、腐败性、恶臭的鼻液，肺部现明显啰音。各种动物均可发生，经济动物多发生于成年公鹿和麝。

【病因】　引起坏疽性肺炎的发病原因主要有：

1. 动物抢食　动物大群饲养时因抢食，随饲料吃下异物造成瘤胃穿孔，并损伤心包及肺，使肺继发感染，遂引起化脓性肺炎、肺坏疽或抢食时误咽至呼吸道所致，再如鹿配种期，公鹿由于激烈角斗导致大量出汗，这时如仓促大量饮水，可能误咽而引发本病。

2. 动物灌药方法不当　如灌药时速度太快，动物头位过高、舌头伸出、咳嗽及挣扎鸣叫等，均可使动物不能及时吞咽，而将药物吸入呼吸道而发病。偶尔见于因胃管误入气管，将药液直接灌入肺脏而发病。

3. 继发于其他疾病　常见于各种肺炎、肺结核、肺脓肿及坏死杆菌病等。

【症状】　动物体温升高到 40 ℃以上，且呈弛张热型，脉搏加快；鼻镜干燥，精神沉郁，两耳下垂，不注意外围事物，食欲减退或废绝，嗳气，反刍停止；呼吸频率增加，呼气和吸气时全身震动，如果肺脏的坏疽病灶与呼吸道相通，呼出气有腐败恶臭味；鼻孔流出脓性、腐败性恶臭的鼻液，呈灰红色或淡绿色，动物在咳嗽或低头时，常大量流出，偶尔在鼻液或咳出物中见到吸入的异物，如食物残渣等。

【诊断】　根据病史，结合呼出气有臭味，鼻孔流出脓性、腐败、恶臭鼻液，叩诊和听诊音的性质，同时依据 X线检查，即可确诊。

1. 胸部叩诊 初期肺的浸润面积较大时，呈半浊音或浊音，形成空洞时呈鼓音。

2. 胸部听诊 初期肺浸润时有支气管呼吸音和水泡音；若空洞与支气管沟通，有空瓮性呼吸音。

3. X 线检查 因吸入异物性质差异和病程长短不同而有区别，一般可见浸润部阴影。初期吸入的异物沿支气管扩散，在肺门区呈沿肺纹理分布的小叶性渗出性阴影。随病变发展，在肺野下部小片状模糊阴影发生融合，呈团块状或弥漫性阴影，密度不均匀。当肺组织腐败崩解，形成空洞，可见蜂窝状或多发性虫蚀状阴影，较大的空洞呈环带状的空壁。

【治疗】 治疗原则为迅速排出异物，抗菌消炎，制止肺组织腐败、分解并对症治疗。

1. 排出异物 保持动物安静，置病兽于前低后高位置，便于异物向外咳出。可用 2% 盐酸毛果芸香碱皮下或肌内注射，使气管分泌物增加；同时反复注射兴奋呼吸中枢药物（如樟脑制剂），促使异物迅速排出。

2. 抗菌消炎 动物吸入异物，立即用抗菌药物治疗。常用的有青霉素、链霉素、氨苄青霉素、土霉素、10% 磺胺嘧啶钠溶液等，病情严重者可用第一代或第二代头孢菌素。

3. 制止肺组织腐败、分解，防止自体中毒 静脉注射樟脑乙醇葡萄糖液（0.4% 樟脑磺酸钠溶液、30% 乙醇溶液，5% 葡萄糖注射液，0.7% 氯化钠注射液），鹿、麝每次 40～50mL，每日 1 次。

4. 对症治疗 解热镇痛、强心补液、调节酸碱和电解质平衡、补充能量、输入氧气等。

【预防】 本病发展很快，死亡率较高，因此本病的预防显得非常重要。加强饲养管理，注意饲料清洁，防止异物损伤内脏继发感染；配种期运动场水槽要加盖，防止公鹿角斗后立即大量饮水；经常实行鹿圈、饲槽、水槽及用具的清洁和消毒；麻醉后没有完全苏醒及吞咽机能有障碍的鹿、麝，不要经口强制性投药；对原发病应及时治疗，防止继发坏疽性肺炎。

第二节 消化系统疾病

一、口　腔　炎
（stomatitis）

口腔炎指口颊、舌边、上颚、齿龈等处发生溃疡，周围红肿热痛，溃面有糜烂。中医认为由脾胃积热，心火上炎，虚火上浮而致。各种动物均可发生，但由于蛇类特殊的生物学特性，发病率可高达 50%。多种蛇类，特别是有毒蛇，如五步蛇、银环蛇、眼镜蛇等均有发生。

【病因】 口腔黏膜因在挤蛇毒或刮拔毒牙时受损，有的是在吞食有爪的动物时也常会划损口腔而发生本病。经冬眠后体质虚弱的蛇，或是梅雨天，或空气干燥、蛇体缺水时，或冬眠时蛇窝的湿度高，可导致此病的发病率较高。

【症状】 病蛇两颌潮红、肿胀，口腔内可见溃烂并有脓性分泌物。病蛇头部昂起，口微张不能闭合，食物吃进又吐出，不能吞咽（图 6-2-1），最后因不能进食、水而死。

【治疗】 用消毒药棉缠于竹签头上，抹净其口腔内的脓性分泌物，再用雷佛奴尔溶液冲洗其口腔，然后用龙胆紫药水涂患处，每天 1～2 次；也可用冰硼散等药物撒于患处，每天 2～3 次，直至口腔内再无脓性分泌物为止，一般 10d 左右即能痊愈。中草药以金银花 10g、车前草 20g、龙胆草 10g 煎水洗口腔，每天 2～3 次，也有一定疗效。

【预防】 取蛇毒时，捉头部并挤压毒囊，不要用力过大，以免损伤蛇口腔；投喂有爪

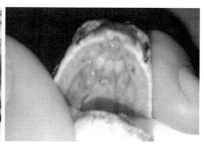

图 6-2-1 蛇患有口腔炎出现口腔黏膜潮红
蛇口腔炎导致口腔不能闭合、口腔有大量黏液

动物时，最好先去掉利爪；清除致病的传染因素，若窝内湿度过高，应将窝内打扫干净，并曝晒消毒，窝应透风，降低湿度；若蛇已结束冬眠，将蛇移于日光下受阳光照射，然后清洁窝土、垫草，保持干爽清洁，以清除可能的病原菌，然后将蛇放回蛇窝。

二、胃 肠 炎
（enterogastrtis）

胃肠炎是胃肠表层黏膜及深层组织的重毒性炎症。临床上很多胃炎和肠炎常相伴发生，故合称胃肠炎。鹿（幼鹿较成年鹿易发）、麝、狐、貉、貂等多种经济动物均可发病。

【病因】 饲养管理不当，饲喂腐败饲料或不洁饮水，饲料调制与饲喂方法不当；兽舍阴暗潮湿，卫生条件差，气候骤变，车船运输，过度紧张，动物机体处于应激状态时易受到致病因素侵害，致使胃肠炎发生，也可继发于急性胃肠卡他、肠变位、幼畜消化不良、瘤胃臌胀、化脓性子宫内膜炎、炭疽、毛皮动物犬瘟热、副伤寒、传染性肠毒血症等疾病。

【症状】 鹿胃肠炎病程短，常突然发病，表现食欲废绝，精神沉郁，离群呆立，垂耳，被毛逆立粗乱，皮肤弹性降低，鼻镜干燥，体温40℃以上，反刍停止。病畜有不同程度腹痛和肌肉震颤，腹部蜷缩；触诊敏感，听诊胃肠音初期增强，后期减弱，可视黏膜潮红、充血或发绀。病初便秘，粪便干硬、色深暗，并混有多量灰白色黏液，甚至粪球全被黏液包住，成团排出；随后尚见有血液、伪膜及坏死组织并有恶臭；后期转为下痢，排出稠状、恶臭污秽的粪便，完全拒食，饮欲增加，精神极度疲惫，眼窝凹陷，常回顾腹部。如病程稍长，炎症蔓延到直肠，可出现里急后重病症，排便时弓背、举尾，最后体温下降，多因衰弱、脱水而死。

毛皮动物胃肠炎发生猛烈，并伴有大量腹泻。粪便混有血液和黏液，呈煤焦油状，后期恶臭。病兽全身症状明显，精神极度萎靡，喜卧于小室内，不到笼子外运动，强行运动则步态不稳，体躯摇摆；体温升高，鼻镜干燥，眼球塌陷，被毛粗乱，拒食；后期腹痛剧烈，后躯麻痹，出现神经症状（惊厥、痉挛、昏睡），贫血或可视黏膜发绀，渴欲增强，体温降至常温以下，昏迷而死。

【诊断】 根据饲养及饲料特点以及全身症状可进行诊断。流行病学调查，血、粪、尿的化验，可对单纯性胃肠炎和传染病、寄生虫病的继发性胃肠炎等进行鉴别诊断。怀疑中毒时，应检查饲料和其他可疑物质。

【治疗】 治疗原则为去除病因，抗菌消炎，清理胃肠，防腐止酵，保护胃肠黏膜，维护心脏机能，解除中毒，预防脱水，加强护理，增强动物抵抗力和对症治疗。

1. 抗菌消炎 对于病鹿一般可以采取以下具体措施：灌服 0.1% 的高锰酸钾溶液 1000mL；内服氟哌酸（10mg/kg 体重）或呋喃唑酮（8~12mg/kg 体重），磺胺脒 10~15g，泻痢停等药物；也可肌内注射庆大霉素（1500~3000U/kg 体重）或环丙沙星（2~5mg/kg 体重）等抗菌药物，每日 2 次。对于毛皮动物，可以用新霉素 0.01~0.1g，呋喃唑酮（30mg/kg 体重）或土霉素 0.05~0.1g，加复合维生素 B 0.1g，每日两次内服，也可内服氟哌酸、泻痢停等药物；也可庆大霉素 2 万~4 万 U 肌内注射，每日 2 次。

2. 清理胃肠 在肠音弱、粪干、色暗或排粪弛缓，有大量黏液，气味腥臭者，为促进胃肠内容物排出，减轻自体中毒，应采取缓泻。常用液体石蜡（或植物油）250~500mL，鱼石脂 10~30g，乙醇 50mL，内服；也可以用硫酸钠（或人工盐 150~400g）100~300g，鱼石脂 10~30g，乙醇 50mL，常水适量，内服。在用泻剂时，要注意防止剧泻。

当病兽粪稀如水，泄泻不止，腥臭味不大，不带黏液时，应止泻。可用药用炭加适量常水，内服；或者用鞣酸蛋白，碳酸氢钠，加水适量，内服。

3. 扩充血容量，纠正酸中毒 对于病鹿，常用 5% 葡萄糖氯化钠液或复方氯化钠静脉输液，一次静脉滴注 250~500mL，也可配合葡萄糖酸钙、维生素 C 等；对于酸中毒者，可用 5% 碳酸氢钠水溶液 100~200mL 或 40% 乌洛托品 100~150mL；对于毛皮动物，可皮下多点注射 20% 葡萄糖溶液 10~20mL，樟脑油 0.5~1mL，生理盐水 10~80mL，每天 1~2 次。

4. 对症治疗 对肠道出血者，应用止血敏、维生素 K 肌内注射。

5. 加强护理 搞好兽舍卫生。当病兽未吃食物时，可灌炒面糊或小米汤、麸皮大米粥；开始采食时，应给予易消化的饲草、饲料和清洁饮水，然后逐渐转为正常饲养。

【预防】 注意饲料与饮水的质量和清洁卫生，不用霉败饲料喂动物，不让动物采食有毒物质和有刺激、腐蚀的化学物质；防止各种应激因素的刺激；改进饲养方法，建立和健全合理的饲养管理制度，建立专门的饲料调配室和兽医卫生检查室，加强饲养管理人员的科学饲养管理水平，提高饲养管理人员的专业水平，以搞好饲养管理工作。

三、仔兽消化不良
（dyspepsia of young animals）

仔兽消化不良是哺乳期仔兽胃肠消化机能障碍的统称。其特征主要是明显的消化机能障碍和不同程度的腹泻，也称幼兽腹泻（diarrhea of young animals）。

仔兽消化不良，根据临床症状和疾病经过，分为单纯性消化不良（食饵性消化不良）和中毒性消化不良两种。单纯性消化不良（食饵性消化不良），主要表现为消化与营养的急性障碍和轻微的全身症状；中毒性消化不良，主要呈现严重的消化障碍、明显的自体中毒和重度的全身症状。该病一般不具有传染性，但具有群发性的特点。

【病因】 本病的病因很多，但对妊娠母兽和仔兽饲养管理不当为主要病因。

1. 母兽饲养管理不当 妊娠期母兽营养不全价，造成初乳品质不良是发生该病的主要原因。妊娠母兽的营养不良，特别是在妊娠后期，饲料中营养物质不足，尤其是蛋白质、矿物质和维生素缺乏，可使母兽的营养代谢过程紊乱，影响胎儿的正常发育，使出生的胎儿体质弱小、抵抗力低下，极易罹患本病。哺乳母兽饲养不良，母兽初乳中蛋白质（白蛋白、球蛋白），脂肪含量低，维生素、溶菌酶以及其他物质缺少；产仔后经数小时才开始分泌初乳，并经 1~2d 后即停止分泌，这样新生幼兽只能吃到量少、质差的初乳，从初乳中得不到足够的免疫球蛋白以及促进胃肠蠕动的营养物质（如 B 族维生素和维生素 C），则易引起消化不良。当饲料中营养物质不足以及管理不当时，导致母兽患乳房炎和其他慢性疾病，母乳中通常含有各种病理产物和病原微生物，幼兽食后，极易发生消化不良。

2. 仔兽饲养、管理不当 仔兽护理不当，也是本病发生的重要因素。仔兽舍条件差、环境卫生不良、通风不良、阴暗潮湿、保温不好，加上乳头、哺乳器具等均能成为仔兽消化不良的诱因。当护理疏忽，新生仔兽不能及时吃到初乳或哺乳的量不够，不仅使仔兽没有获得足够的免疫球蛋白，而且会造成仔兽因饥饿而舔食污物，致使肠道内乳酸菌的活力受到限制，导致乳酸缺乏，肠内腐败菌大量繁殖，从而破坏乳汁的正常消化和吸收。人工哺乳的不定时、不定量、乳温过高或过低、使用配制不当的代乳品以及哺乳期仔兽补饲不当，均可妨碍消化腺的正常机能活动，抑制或兴奋胃肠分泌和蠕动机能，而引起仔兽消化机能紊乱。

中毒性消化不良的病因，多是由于对单纯性消化不良的治疗不当或治疗不及时，导致肠内容物发酵、腐败，所产生的有毒物质被肠黏膜吸收或微生物及其毒素作用，引起自体中毒。

【症状】

1. 单纯性消化不良 仔兽精神不振，喜卧，食欲减退或废绝，脉搏、呼吸无大变化，体温一般正常或偏低。幼鹿或幼麝表现精神不振，食欲减退，咀嚼缓慢；排粪迟滞，出现便秘或腹泻，粪便中常有未消化的饲料，臭味刺鼻；口臭，舌红苔黄；肠音高朗，并有轻度臌气，有的肚腹胀满，重者腹痛不安；心音增强，心率加快，呼吸加快；皮肤干皱，弹性降低，被毛蓬乱并失去光泽，眼窝凹陷；严重时，站立不稳，全身战栗。幼小毛皮动物则表现为发育滞后，被毛蓬松并失去光泽；头大体瘦，肋骨裸露，腹部膨胀，叫声异常；粪便为液状，呈灰黄色或灰褐色，含有气泡，肛门沾染稀便；口腔恶臭，舌苔灰色，口腔黏膜色泽变淡。

2. 中毒性消化不良 仔兽精神沉郁，目光痴呆，食欲废绝，全身无力，躺卧于地；体温升高，对刺激反应减弱，全身震颤，有时出现短时间的痉挛；腹泻，频排水样稀粪，粪内含有大量黏液和血液，并呈恶臭或腐败臭气味。持续腹泻时，则肛门松弛，排粪失禁；皮肤弹性降低，眼窝凹陷；心音减弱，心率增快，呼吸浅快；病至后期，体温多突然下降，四肢及耳尖、鼻端厥冷，终至昏迷而死亡。粪便中有机酸及氨含量变化：单纯性消化不良时，粪便内由于含有大量低级脂肪酸，故呈酸性反应。中毒性消化不良时，由于肠道内腐败菌的作用致使腐败过程加剧，粪便内氨的含量显著增加，呈现碱性。

【诊断】 根据病史和临床症状及肠道微生物检查，必要时进行粪便和血液的实验室诊断，可以确诊。同时幼兽消化不良，通常不具有传染性，但具有群发性的特点。临床上，幼畜消化不良应与由特异性病原体引起的腹泻进行鉴别。在幼鹿，应该与仔鹿下痢相鉴别；在毛皮动物，应该与细小病毒感染、犬瘟热、传染性肠炎相鉴别。

【治疗】 以除去病因、清肠止酵、调整胃肠机能、抑菌消炎、加强护理为主要原则。

首先除去病因，加强护理，改善仔兽舍卫生环境，保证仔兽生活在干燥、清洁、通风良好的仔兽舍内。同时加强母兽的饲养管理，给予全价饲料，特别是保证饲料中的蛋白质、维生素和矿物质含量，同时保证乳房的卫生。

为缓解胃肠道刺激作用，可行饥饿疗法。绝食（禁乳）8~12h，但应供给充足温水或盐酸水溶液（氯化钠 5g，33% 盐酸 1mL，凉开水 1L），幼鹿 100mL，每日 3 次，毛皮兽酌减。

为排除胃肠内容物，对腹泻不甚严重的仔兽进行缓泻，可应用油类或盐类泻剂。

为促进消化可给予人工胃液（胃蛋白酶 10g，稀盐酸 1mL，加适量的维生素 B 或 C，常水 1L）或胃蛋白酶。

抑菌消炎可选用庆大霉素、新霉素、诺氟沙星等抗生素，或磺胺类药物或呋喃类药物。

为制止肠内发酵、腐败过程，可选用乳酸、鱼石脂、克辽林等防腐制酵药物。

当腹泻不止时，可选用明矾、鞣酸蛋白、次硝酸铋、思密达等药物。此外注意补充水和电解质，调整酸碱平衡；也可以应用中药，可选用白苦汤、白龙散、黄金汤等。

【预防】 加强母兽的饲养管理，特别是妊娠后期。加强对仔兽的护理，同时注意卫生。

1. 加强对母兽的饲养管理 首先保证母兽获得充足的营养物质，特别是在妊娠后期，应增喂富含蛋白质、脂肪、矿物质及维生素的优质饲料。其次改善母兽的卫生条件，对哺乳母兽应保持乳房的清洁，并给以适当的舍外运动。

2. 加强对仔兽的护理 首先保证新生仔兽能尽早地吃到初乳，最好能在出生后 1h 内吃到初乳，其量应在生后 6h 内吃到不低于 5% 体重重量的高质初乳。对体质孱弱的仔兽，初乳应采取少量多次人工饮喂的方式供给。母乳不足或质量不佳时，可采取人工哺乳，人工哺乳应定时、定量，且应保持适宜的温度。幼畜的饲具，必须经常洗刷干净，定期消毒。

3. 加强母兽、仔兽的疾病防治工作 定期进行防疫、检疫及驱虫工作，对于疾病做到早发现，早治疗，保证母兽、仔兽的健康。

四、瘤 胃 积 食
（impaction of rumen）

瘤胃积食又称急性瘤胃扩张，是由于鹿或麝突然大量采食了难以消化的粗纤维饲料或容易膨胀的草料引起瘤胃扩张，导致瘤胃容积急剧增大、内容物停滞和阻塞、瘤胃运动和消化机能障碍，形成脱水和毒血症的一种严重疾病。

【病因】 主要见于贪食大量的青草，或因饥饿采食了大量的豆秸、花生秧、地瓜秧等，且饮水不足，难以消化；也有因过食玉米、大豆、大麦等谷物类精料后，又大量饮水，饲料膨胀所致。长期圈养鹿或麝，运动不足、突然更换适口性好的饲料、采食过多以及放牧转为舍饲均易发生本病；饲养管理不当和卫生条件不好，鹿或麝受到各种不利因素的刺激，产生应激反应，也能引起瘤胃积食；长途运输，机体抵抗力降低，患有前胃弛缓，瓣胃阻塞及胃肠道疾病时，均可继发或诱发鹿或麝瘤胃积食。

【症状】 常在饱食后数小时内发病。患鹿或麝的腹围明显增大，食欲下降或拒食，精神沉郁、嗳气、反刍减少；频频弓背、举尾，起卧不安，回顾腹部或后肢踢腹；鼻镜干燥，呼吸浅表，可视黏膜发绀；排粪量减少，粪块干硬呈饼样；左肷窝部触诊，瘤胃内容物坚硬或呈生面团状，按压留痕，恢复较慢；叩诊瘤胃区呈浊音；听诊瘤胃蠕动音减弱至消失。瘤胃积食严重时，腹压升高，膈向前移，可压迫肺，使胸腔容积缩小与肺活量下降，影响呼吸和血液循环，造成动物呼吸困难，窒息而死亡。

【诊断】 根据采食大量饲料后发病的病史和典型的临床症状，不难确诊。但须与前胃弛缓、急性瘤胃臌胀、创伤性网胃炎、皱胃阻塞、皱胃变位、肠套叠等疾病进行鉴别。

【治疗】 本病的治疗原则是增强瘤胃蠕动能力，清理胃肠，消食化积，防止脱水和自体中毒，以及对症治疗。

病程较轻时，采用饥饿疗法，配合瘤胃按摩，每次 5～10min，每隔 30min 一次，可促进恢复。

清理胃肠，消食化积，可用硫酸镁（或硫酸钠）100~200g，液体石蜡（或植物油）200~500mL，鱼石脂10~15g，酒精30~50mL，水3000~5000mL，灌服。应用泻剂后，可用毛果芸香碱，新斯的明等皮下注射，以兴奋瘤胃；也可用10%的氯化钠溶液100mL静脉注射，配合10%氯化钙100mL，10%樟脑磺酸钠10~30mL，混合静脉注射，以改善中枢神经系统调节功能，增强心脏活动，促进胃肠蠕动和反刍。

对于病程较长的病例，为防止脱水，宜用5%葡萄糖生理盐水注射液1000~1500mL，10%樟脑磺酸钠注射液10~30mL，维生素C注射液10~15mL，静脉注射，每日2次。严重者，可先用胃导管将胃内容物导出，用1%食盐水洗涤瘤胃。药物治疗无效时，及时实施瘤胃切开术取出内容物，取出其内容物后，采取健康鹿或麝的瘤胃液3~6L进行接种。

【预防】 本病的预防，在于加强日常饲养管理，防止动物偷食大量精料，防止突然变换饲料或过食，并尽量避免外界不良因素的影响和刺激，养成有规律的饲养习惯。

五、瘤 胃 臌 气
（ ruminal tympany ）

瘤胃臌气是由于患鹿采食了大量易发酵产气的饲料，在瘤胃微生物的作用下，异常发酵，产生大量气体，引起瘤胃体积急剧扩大，从而造成消化机能障碍和呼吸异常的疾病。成年鹿和仔鹿都能发生，其中仔鹿发病更急，病死率更高。

【病因】

1. 原发性瘤胃臌胀 多发生于水草旺盛的夏季。多由饲料突然改换，如较长时间饲喂干草，突然喂给青草，或由舍饲转为放牧所致。鹿一次过多采食易发酵产气的饲草，如浸泡过久的黄豆、豆饼、豆渣等，或饲喂了经霜打、冰冻、霉败的饲料或饲料处理不当，如谷物类饲料研磨过细而引起气体产生过多，同时矿物质不足，钙、磷比例失调等，都可致病。

2. 继发性瘤胃臌气 多由于食道阻塞、前胃弛缓、瓣胃阻塞、瘤胃异物等，使胃内气体产生过多而不能正常排出。根据瘤胃臌胀中气体的种类，可分为泡沫性瘤胃臌气和非泡沫性瘤胃臌气。

1. 泡沫性瘤胃臌气 主要是由于鹿采食了大量含蛋白质、皂苷、果胶等物质的豆科牧草，生成稳定的泡沫所致。

2. 非泡沫性瘤胃臌气 又称游离气体性瘤胃臌气主要是鹿采食了易产生一般性气体的牧草，或采食堆积发热的青草、品质不良的青贮饲料，或储存不当的饲料等而引起。

【症状】 患鹿采食后数小时，腹围突然增大，尤以左腹为甚；采食、反刍、嗳气完全停止。患鹿起卧不安，弓背、举尾；左肷窝部瘤胃严重臌胀，严重者突起或高出脊背；触诊腹壁紧张并有弹性，以拳压迫不留痕迹；叩诊时瘤胃呈高朗的鼓音或金属音；听诊瘤胃蠕动音病初增强，以后逐渐减弱或消失；呼吸频率随病恶化而不断增加，可达60~100次/min，常张口伸舌，呈气喘状态。心跳增速，120~150次/min；体表静脉怒张，可视黏膜发绀，眼球突出；体温一般正常或稍高；常于几个小时内窒息死亡。

慢性瘤胃臌气常为继发性，病程缓慢，常间歇性反复发作，瘤胃中等臌胀，前胃机能降低，食欲、反刍减退，饮水采食慢而少，逐渐消瘦，生产性能降低，哺乳鹿泌乳量显著减少。

【诊断】 依据采食大量易发酵性饲料后发病的病史和腹部臌胀，左肷窝凸出，血液循环障碍，呼吸极度困难等临床症状，较易诊断。

【治疗】　本病发生较快，抢救贵在及时，治疗的原则着重于排除气体，防止酵解，理气消胀，健胃消导，强心补液，恢复瘤胃正常蠕动机能等。

瘤胃臌气的初期，将病兽立于斜坡上，保持前高后低姿势，不断牵引其舌或在木棒上涂煤油或菜油后给病兽衔在口内，同时按摩瘤胃，促进气体排出。同时应用松节油 20～30mL、鱼石脂 10～20g、乙醇 30～50mL 等水溶液灌服，或者内服 8% 氧化镁溶液或生石灰水，起到止酵消胀的作用。泡沫性臌气时，以灭沫消胀为目的，宜内服表面活性药物，如二甲基硅油（鹿 2～3g），消胀片（鹿 100 片 / 次）。依据临床经验，无论哪种臌气，首先灌服石蜡油 800～1000mL，可收到良好效果。

当臌气严重，呼吸困难，有窒息危险时，应立即用套管针进行瘤胃穿刺放气。放气时宜间断放气，以免腹压急剧下降而致脑贫血。放气后用 0.25% 的普鲁卡因 50～100mL、酒精 30～50mL 或青霉素 200 万～500 万 U，注入瘤胃，效果更好。在治疗过程中，还可皮下注射毛果芸香碱或新斯的明，以促进瘤胃蠕动。同时，增强全身机能状态，及时强心补液，可收到良好的治疗效果。对于药物治疗效果不显著时，应立即实施瘤胃切开术，取出其内容物后，采取健康鹿的瘤胃液 3～6L 进行接种。

【预防】　本病的预防要着重搞好饲养管理。注意饲料的保存与调制，防止饲料霉败；谷物饲料不宜粉碎过细；由舍饲转为放牧或改喂青绿饲料时，要有适应期，并且要限制放牧时间及采食量，防止一次过量采食；不可饥饱无常，更不宜骤然改变饲料；避免饲喂发酵、发霉的饲料，夏天浸泡豆饼不要泡得过早；粉渣、酒糟、甘薯、胡萝卜等更不宜突然多喂，饲喂后也不能立即饮水；不到雨后或有露水、下霜的草地上放牧。

（李 林 董 婧）

第三节　心血管系统疾病

一、创伤性心包炎
（traumatic pericarditis）

创伤性心包炎是由于坚硬而锐利的金属异物穿透心包而引起的一种急性、亚急性或慢性化脓、腐败性炎症过程，包括心包壁层和脏层的炎症，常伴发横膈膜炎、胸膜炎及腹膜炎，有时伤及肝脏、脾脏、肺脏及心脏。多种经济动物都能发生本病，但鹿最为常见。

【病因】　创伤性心包炎主要是由网胃内的细长硬金属异物刺伤心包引起，常常是创伤性网胃 - 腹膜炎的主要并发症。鹿误食混入饲料中的各种金属丝、铁钉、缝针、别针、发针以及其他尖锐异物，异物随同饲料进入瘤胃。由于瘤胃体积很大，不易损伤瘤胃壁，但进入网胃后，因网胃的体积小，肌肉收缩力强，可能刺伤或穿透网胃壁，进而刺入包裹心脏的心包膜。附着在金属异物上的细菌侵入心包，引起心包膜及心外膜的化脓性炎症。本病多在妊娠末期和分娩期发病，原因在于随着胎儿的迅速发育，由于妊娠子宫的膨大或因阵痛而使腹压升高，将整个胃推向前方（横膈膜方向）所致。

【症状】　创伤性心包炎的症状分为两个阶段，第一阶段为网胃 - 腹膜炎症状，第二阶段为心包炎症状。病初表现典型的前胃弛缓症状，精神沉郁，食欲减退或消失，反刍缓慢或停止，鼻镜干燥，磨牙呻吟，瘤胃蠕动减少或消失，内容物黏硬或松软，病程缠绵，久治不愈。随着病情发展，病鹿行动姿势出现异常，站立时肘头外展，喜站在前高后低的地方，不愿卧地，卧地时表现小心异常，且以后腿先着地，起立时则前肢先起来，有的病鹿在起卧时还发出呻吟声；运步时，步态僵硬，愿走软路不愿走硬路，愿上坡不愿下坡；网胃触诊检查，疼痛不安，呻吟，眼神惊慌，体温初期多升高至40～41℃，后降至正常；心跳快，听诊心音低沉，病初出现摩擦音，后期心音遥远，出现心包拍水音；叩诊时心浊音区明显扩大，上界可达肩端水平线；后期颈静脉怒张，胸前、颌下出现水肿。

【病理变化】　病鹿胸前、颌下部皮下呈胶冻样水肿，胸腔内积有多量茶褐色液体；心包、膈和胸膜有不同程度的粘连；心包腔增大，内有腐臭的、含有纤维蛋白块的灰色液体；在心包浆膜表面和心外膜上附着纤维素样物质。慢性病例，心包明显增厚，呈絮状、菜花状；腹腔内含有茶褐色腹水；网胃与膈肌由结缔组织增生而粘连，有的甚至在网胃、膈肌与心包之间形成瘘管，瘘管内有污灰色的腐臭脓液。

【诊断】　根据临床症状和病史可作出初步诊断，血液检查可见白细胞总数和嗜中性白细胞数均升高，必要时可以借助 X 线进行透视或摄影检查。

【鉴别诊断】　本病与创伤性网胃炎有相似之处，特别是初期阶段，更难区别，故应注意鉴别。创伤性网胃炎是创伤性心包炎的前驱阶段，创伤性心包炎是创伤性网胃炎的继续发展和恶化。其区别是：创伤性网胃炎尚未侵害到心包，故临床上无心脏的摩擦音、拍水音，也无颈静脉的怒张和颌下、胸前的皮下水肿。

【治疗】　早期手术摘除异物，但对创伤性网胃心包炎，由心包取出异物，效果不理想，常采取保守疗法，即让病鹿保持前高后低的站立姿势，全身应用抗生素和磺胺类制剂，控制炎症发展。可采用消毒防腐液（如 0.1% 雷佛奴尔溶液）穿刺冲洗心包，冲洗后心包腔注入 0.25% 普鲁卡因青霉素溶液；也可根据病鹿不同症状灌服缓泻剂、止酵剂、强心健胃剂等。

【预防】　必须严格防止饲料中混有金属异物；建立清洁的饲料供应基地；饲养鹿只的地区，应控制铁丝和铁钉的使用，对铁丝断端要随时清理；如果能给 18 月龄左右的鹿投放磁棒，使其在网胃中吸附金属清除危害，可取得良好的效果。

二、心　肌　炎
（myocarditis）

心肌炎是伴发心肌兴奋性增强，收缩力减弱，心脏肌肉发生炎症的一种疾病。本病单独发生较少，多继发于各种传染病、寄生虫病、脓毒败血症、中毒病、风湿症、贫血等疾病的经过中。本病临床上按炎症性质分为化脓性和非化脓性；按侵害部位分为实质性和间质性；按病程分为急性和慢性；按病因又可分为原发性和继发性两种。

【病因】　急性心肌炎通常继发或并发于某些传染病、寄生虫病、脓毒败血症和中毒病，如传染性胸膜肺炎、口蹄疫、布鲁菌病、结核病，毛皮动物还见于细小病毒病、犬瘟热、流感等。此外，风湿病经过中，往往并发心肌炎；某些药物，如磺胺类药物及青霉素的变态反应，也可诱发本病。

【症状】　病初大多数病兽表现发热，精神沉郁，食欲减退或废绝，脉搏紧张，充实，随着病情发展，心跳与脉搏很不相称，心跳强盛而脉搏甚微。病情严重时，心脏出现明显期前收缩，心律不齐。病兽稍微活动，即可使心搏动明显加快，即使活动停止，仍可持续较长时间。这种心机能反应现象，往往是确诊本病的依据之一。当心力衰竭时，表现为脉搏增速和交替脉；在心代偿能力丧失时，表现黏膜发绀，呼吸高度困难，体表静脉怒张，颌下、胸前皮下和四肢末端水肿等症状。重症病兽，精神高度沉郁，食欲废绝，全身虚弱无力，战栗，运步踉跄，终因心力衰竭而死亡。

【诊断】　根据病史和临床症状进行综合分析可作出初步诊断。临床特征为心肌收缩次数增加、心动过速，出现血液循环障碍。心功能试验也是诊断本病的一种方法：在安静状态下测定病兽脉搏次数，随后令其步行运动 5min 再数其脉搏次数。在心肌炎时，虽停止运动后，甚至 2～3min 以后，脉搏仍可继续加快，须经较长时间才能恢复至原来的脉搏次数；心肌炎后期，心脏扩张而出现收缩期性杂音，节律不齐，血压降低和心率过速，并出现血液循环障碍的症状，以上均可作为本病的诊断依据。

【鉴别诊断】　应注意急性心肌炎与心包炎和心内膜炎的区别，心包炎多伴发心包拍水音和摩擦音，心内膜炎多呈现各种心内杂音。

【治疗】　治疗原则是减少心脏负担，增加心肌营养，提高心肌收缩机能，治疗原发病。

首先对病兽进行良好的护理，保持其安静，避免过度兴奋，安排合理的休息，避免过度的运动；多次少量地饲喂易消化而富有营养和维生素的饲料，并限制过多饮水。同时注意对原发病的治疗，可用磺胺类药物、抗生素和血清及疫苗等特异性疗法。药物治疗宜在正确判断病情基础上进行。对急性心肌炎初期，不宜用强心剂，以免心脏神经感受器过度兴奋，导致心脏迅速陷于衰弱。早期可在心区施行冷敷。病程发展至心衰时，为维持心脏活动和改善血液循环，可用 10% 樟脑磺酸钠溶液 3～5mL 进行皮下注射，每 6h 重复 1 次；也可在用 0.3% 硝酸士的宁注射液（鹿、麝 2～5mL，皮下注射）基础上，用 0.1% 肾上腺素注射液 1～2mL，皮下注射或混于 100～200mL 的 5%～20% 葡萄糖溶液中缓慢静脉注射。不能用洋地黄类强心剂，因其可以延缓传导性和增强心肌兴奋性，导致心力过早衰竭而死亡。同时可静脉注射 ATP 5～10mg，辅酶 A 15～25U，细胞色素 C 15～30mg，增强心肌代谢。

当黏膜发绀和高度呼吸困难时，可进行输氧，剂量为 15～25L，吸入速度为 0.5～1L/min。对尿少而水肿明显的病兽，以利尿消肿为目的，可内服利尿素 1～2g 或用 10% 汞撒利注射液 3～5mL，静脉注射。为了增强心肌营养，还可静脉注射 25% 葡萄糖溶液，视病兽具体情况而决定注射次数和疗程。

【预防】　平时要加强对动物的饲养管理和运动，给予足够的关心和注意，使其增强抵抗力，防止发病和根治其原发病。当动物基本痊愈后，仍要加强护理，慎重地逐渐使患兽运动，以防疾病复发或动物突然死亡。

三、心内膜炎
（endocarditis）

心内膜炎是指心内膜及其瓣膜的炎症，临床上以血液循环障碍、发热和心内器质性杂音为特征。按其病理特征分疣状心内膜炎和溃疡性心内膜炎两种；按其起因分为原发性和继发性心内膜炎；按其病程分为急性和慢性心内膜炎。本病发生于各种动物。

【病因】

1. 原发性心内膜炎　多数是由各种致病性细菌（化脓杆菌、链球菌、巴氏杆菌、结核杆菌等）及其毒素侵入血液而引起的感染。各种致病性细菌沿血液转移到心内膜毛细血管，发生炎性变化，心内膜炎过程及其增殖性病变的程度，应视细菌种类、致病性和性质而定。

2. 急性心内膜炎　多继发或并发于流感、鹿创伤性网胃腹膜炎、传染性胸膜肺炎、咽炎、脓毒败血症、化脓性子宫内膜炎和脐带炎等，也可由心肌炎、心包炎等蔓延所致。

此外，新陈代谢异常、维生素缺乏、感冒、过劳也易诱发本病。

【症状】　病兽精神沉郁或嗜眠，表现为持续或间歇性发热，眼半闭，头下垂，虚弱无力，易于疲劳，步履蹒跚，食欲大减。重型心内膜炎者体温达 40.5～41℃，心搏动亢进，可达 80～110 次 /min，节律不齐。听诊后期第一心音微弱、混浊，第二心音几乎消失，有时第一和第二心音合为一个心音。疣状心内膜炎的病兽听诊时可听到伴随一、二心音发出的心内性器质性杂音。溃疡性心内膜炎的病兽心内膜杂音不固定，脉数增多，脉搏微弱，甚至不感于手，脉律不齐，发生缺脉。主动脉瓣被侵害的病兽常呈现跳脉。病变严重时，心机能障碍严重，血液循环障碍，可视黏膜发绀，静脉淤血，颈静脉搏动，呼吸困难及胸腹皮下水肿。由于溃疡性心内膜炎常因栓子转移而感染其他组织器官，除可视黏膜出血外，肝、肺及其他器官发生转移病灶，引起化脓性肺炎、化脓性关节炎、脑膜脑炎及血尿等。

血液检查：中性粒细胞增多和核左移，患兽血液培养能分离出病原菌，血清球蛋白升高。

【诊断】　根据病史和血液循环障碍、心动过速、发热和心内器质性杂音等可以作出初步诊断。疣状心内膜炎时心杂音较稳定，多与风湿症有关；溃疡性心内膜炎杂音出现快，变化多。由于本病与急性心肌炎、心包炎、败血症、脑膜脑炎等容易混淆，临床上应注意鉴别。

【治疗】　防止病兽兴奋或过度运动，给予富有营养、易消化的优质饲料，饮水量不宜过多。在积极治疗原发病的同时，病初期宜用大剂量抗生素和磺胺类药物。体温过高时，可用解热药。为维持心脏机能，可用强心剂，如洋地黄、毒毛旋花子苷 K 等；必要时可用 25% 葡萄糖溶液 100mL 或 10% 氯化钠溶液 50～60mL 静脉注射，每日 1～2 次。心区冷敷可抑制心活动加剧和预防栓塞发生。

（刘建柱　刘永夏）

第四节　泌尿生殖系统疾病

一、湿　腹　症
（wet abdomen）

湿腹症又称尿湿症（urinary wet），是指水貂腹部被毛被尿液浸湿、皮肤发炎甚至糜烂，被毛脱落的一种疾病，其临床特征为频频排尿，阴茎尿道肿胀、敏感，尿道口红肿。水貂、貉、狐等毛皮兽多发，其他动物很少发生；生长速度快的育成狐及哺乳期母狐也易患此病。在我国，湿腹症主要是 40～60 日龄的幼貂群多发，公貂发病率可达 40%，常呈窝发。

【病因】　湿腹症的发生主要与以下几方面因素有关：

1. 感染性因素　主要见于链球菌、葡萄球菌、绿脓杆菌、变形杆菌等，或邻近器官组织炎症蔓延至尿道而发病。

2. 饲养管理不当　日粮中脂肪含量过高的动物性饲料，尤其含糖量较低，脂肪氧化不全，分解的中间产物过多等可导致本病发生；饲料腐败或氧化变性，日粮中维生素 A、E，胆碱等物质缺乏或不足，可促发本病；饲料中磷和钾的比例失调，钾与脂肪形成不易溶解的皂剂，并随尿液排出体外的过程中，覆盖在皮肤上浸湿皮肤而发炎，导致被毛变成黄色甚至脱落。

3. 遗传和环境因素　某些品系和彩色貂对本病有高度易感性，且动物的年龄、性别及周围的环境卫生也与本病有关。

4. 脊髓损伤　脊髓损伤的动物会引起排尿失禁，导致尿湿症发生。

【症状】　发病初期，患病貂小便失禁，常表现频频排尿，会阴部及两后肢内侧被毛浸湿，使被毛粘连成片；后期逐渐呈现营养不良，可视黏膜苍白，不随意排尿，淋漓尿，且尿液发黏，有浓的腥臭味；尿道口周围被毛缠结，或仅局部被毛浸润 2～5d 后，被毛逐渐变干燥，尿液透明；病程较长时，皮肤会表现红肿、脓疱、溃疡甚至糜烂，被毛脱落甚至皮肤变厚；后肢站立不稳、战栗、瘫痪等。继发于黄脂肪病的患貂可出现贫血，食欲减退，精神沉郁。临床上，公兽比母兽发病率高，常表现包皮炎，包皮高度水肿，排尿口闭锁，尿液潴留在包皮囊内，患兽表现疼痛性尿淋漓，尿液断续状排出。重症病貂可见黏液性或脓性分泌物不断从尿道口流出，全身被毛黏湿，小室内潮湿有腥味；尿液混浊，其中含有黏液、血液或脓液，镜检可见大量的血液有形成分，膀胱上皮细胞及球菌、杆菌，最终可能继发化脓性腹膜炎而死亡。触诊可见阴茎肿胀，敏感，导尿管不易插入。

【病理变化】

1. 尿湿局部和泌尿器官　患貂会阴部被毛湿润、黏结、硬固，多处被毛脱落，脱毛部的皮肤肥厚、变硬，或出现坏死、溃疡；肾脏肿大，肾包膜肥厚苍白，常与皮质层黏着不易剥离，表面可能出现斑点和出血，肾盂扩张且含有污秽脓汁及血样液体；输尿管肥厚，常伴发化脓性膀胱炎。

2. 其他脏器　肺脏不同程度的出血和肺炎病灶；肝脏呈土黄色、质脆；脾脏轻度肿胀，偶见坏死灶；肠系膜淋巴结肿胀，表面有出血点；胃肠黏膜脱落，肠壁变薄，胃内容物似小豆粥状；心肌变性如煮肉状。

【诊断】　根据病史，结合患貂尿频，不随意性排尿的临床表现，可作出初步诊断。实验室检查可采集新鲜的尿液、脓疱和坏死性溃疡物等进行细菌的接种培养，或采集死亡貂的肾脏、肝脏、脾脏、心血管和膀胱等组织进行直接涂片，或于蛋白胨肉汤培养后做细菌学检查，可确诊本病。多数病例的病料分离培养中，可分离到部分球菌、大肠埃希菌和绿脓杆菌等，或出现不同时期的不同的微生物区系。

【鉴别诊断】　湿腹症在临床上应与尿结石相鉴别（表 6-4-1）：

表 6-4-1　湿腹症与尿石症的鉴别诊断

类别	发病年龄	发病貂性别	尿液酸碱性	膀胱 X 线摄片	被毛皮肤变化
湿腹症	40～60 日龄幼貂	公貂	酸性	无明显异常	黏湿，皮肤红肿
尿结石	成年	成年貂和母貂	碱性	可见结石样物	或带有结石结晶

【治疗】　临床上以防止病因作用、对症治疗为原则。大群动物发病时，需立即更换饲料，日粮中增加乳、蛋、酵母和鱼肝油的供应；严重病例可用双氧水或高锰酸钾溶液清洁尿湿部位，投给乌洛托品或氯化铵解毒利尿。采用 0.05% 高锰酸钾溶液、0.02% 呋喃西林溶液、1%～3% 硼酸溶液或 0.5% 鞣酸溶液等冲洗尿道，每日 2 次；或选用青霉素 G 钠 3 万～5 万 U/kg 体重，或链霉素 10 万～20 万 U，1～2mL 维生素 B_1；或土霉素 10 万 U，维生

素 E3～5mL，分别肌内注射，连用 2～3d。尿液碱性时，改用樟脑酸乌洛托品，每次 0.5g 内服，每日 2 次。

【预防】 积极改善饲养管理，给予患貂容易消化的、富含维生素的日粮饲料，增加饲料中糖的含量，并减少脂肪的摄入量，并给予清洁、充足的饮水。同时，可在日粮中添加毛皮动物专用生物酸化剂，能有效地防止尿湿症的发生。

二、尿 结 石
（urinary calculus）

尿结石又称尿石症，是指矿物质代谢障碍导致尿路中盐类结晶的凝聚物形成结石，引起尿路完全阻塞或不完全阻塞的疾病。临床上表现为排尿困难，尿频，呈点滴状或淋漓状排出。毛皮动物中，水貂多发，多见于断奶后的公幼貂，成貂偶发，其他经济动物较少发病。

【病因及发病机理】 引起尿石症的因素主要有营养因素和泌尿器官疾病。

1. 营养因素 长期给水貂饲喂含矿物质过多尤其富含钙质的饮水和饲料，钙磷比例失调；饲料中维生素 A 缺乏，维生素 D 过多；机体内体液理化状态被破坏，水貂长期饮水不足，尿液浓缩，使尿路中盐浓度过高，均可促使尿石症形成。尿液长期或周期性潴留，导致尿液中尿素分解形成氨，使尿液碱化，结合尿液中有机物质增加，也可形成尿结石。

2. 泌尿器官疾病 肾和尿路发生感染时，尿中细菌和炎性产物积聚，可成为盐类结晶的核心，尤其是肾脏的炎症，使尿中晶体和胶体的正常溶解与平衡状态破坏，导致盐类晶体易于沉淀而形成结石。结石于阻塞部位刺激黏膜，引起黏膜损伤、炎症和出血发生，局部敏感性增高，致使尿路平滑肌发生痉挛性收缩，引起腹痛。尿路不完全阻塞时，可见少量尿液呈点滴状排出；完全阻塞时，膀胱内尿液潴留，后期可导致膀胱破裂。

【症状】 水貂的尿结石多发生于炎热潮湿的 6～8 月，营养良好的幼貂突然发病，尤其是公貂。病貂表现精神不安，后肢叉开行走，尿液呈点滴状流出，有时可见血尿；尿道口及腹部被毛湿润，腹部增大。触摸耻骨前缘可摸到胀满的膀胱，压之敏感，可感触到细碎结石颗粒；膀胱破裂时，可触摸到空虚的膀胱，冲击式触诊有拍水音，腹腔穿刺可见大量淡黄色或红色的液体流出，有尿臭味，往往混有沙粒样物质，后期可因腹膜炎或尿毒症而死亡。慢性病例仅见患兽步态不稳，后肢麻痹。

【病理变化】 剖检时，可见肾脏肿大，被膜下有斑点状出血，肾盂扩张，充满黏稠的尿液并有出血现象。肾脏、膀胱以及公貂的膀胱增大至鸡蛋样，浆膜紫红色且有出血现象，里面充满混浊的黏液和血样尿液。尿道内有大小不等的结石或结晶颗粒，结石周围组织常有炎症变化或出血、溃疡灶。

【诊断】 临床上可根据病貂的排尿姿势和排尿量的异常作出初步诊断，同时可实验室检查尿液结晶成分的含量和尿液的化学反应，并结合 X 线摄片对膀胱和尿道结石的显影进一步确诊结石的形态和部位。完全性尿道阻塞时，根据患兽排尿障碍、触诊膀胱内有尿石或结晶物，以及后期膀胱破裂，腹腔液增加等症状，必要时结合尿道探诊来确诊本病。

【治疗】 临床上，可在早期应用乌洛托品 0.2g，氨苯磺胺 0.1～0.2g，萨罗 0.2～0.3g，碳酸氢钠 0.2～0.3g，内服，对较小的尿结石和尿结晶有效。严重时，可使用利尿剂（双氢克尿噻或速尿），将尿液进行稀释，并冲淡尿液晶体的浓度；对于完全阻塞性尿结石或急性病例，可实施尿道切开术、膀胱切开术，将尿结石直接取出，彻底冲洗膀胱和尿道。

【预防】　　加强饲养管理，日粮中减少富含钙质的物质，将饲料调制成 pH 为 6.0 的酸性饲料，水貂 4 月龄始可按饲料日粮的 0.8% 来加喂 75% 的磷酸，或分窝后投服 20% 的氯化铵溶液，1～2mL/d·只，连喂 3～5d，停药 3～5d，如此反复投药 1 个月，可防止草酸盐和磷酸盐形成过多。饲料中可试着混饲食醋，增加日粮中肉类、脂肪、牛奶和蔬菜的比例，避免饲料中钙、磷过量，并注意保证有足够的维生素 A（2000U/d·只）和充足的饮水。对圈养动物，应适当补充食盐，或在日粮中添加氯化铵或磷酸盐制剂；同时，应慎重使用磺胺类药物，避免对肾脏造成损伤，导致结石形成。

三、乳　腺　炎
（mastitis）

乳腺炎是指一个乳腺或多个乳腺外伤，受细菌感染或乳汁滞留引起的乳腺组织和乳头炎症变化的一种急性、慢性炎症，临床上以乳房肿痛、有硬结，拒绝哺乳为特征。各种动物均可发病，经济动物中兔和毛皮兽较多发生，是哺乳期母貂的常见病。临床上急性乳腺炎也称为败血性乳房炎，多发生在泌乳期；慢性乳腺炎则多发生在断奶后。

【病因】　　引起乳腺炎的原因较为复杂，主要包括母兽本身、仔兽咬伤以及环境因素引起的乳腺炎。妊娠后期母兽过肥，乳腺被大量脂肪包围，乳汁分泌受阻瘀滞；仔兽咬伤乳头后引起细菌感染或血源性感染；母兽生产的仔兽死亡，由于乳汁不能排出、母兽乳汁分泌旺盛、仔兽吮奶能力不强或乳腺管被阻塞等原因，导致乳汁堆积于乳腺中发酵酸败；外界环境卫生不良，细菌侵入等均可引起乳腺炎的发生。

【症状】　　临床上，根据炎症的病程不同可分为急性和慢性乳腺炎。

1. 急性乳腺炎　　常表现为乳头及乳腺周围红肿，触摸有热感和硬块。患病母貂徘徊不安，不愿进入笼舍，乳头破溃后拒绝给仔貂哺乳，甚至将仔貂叼出笼舍外。随病情发展，患兽食欲减退或废绝。仔细检查乳头，可见乳头被咬伤或是被刺伤，并有感染化脓；乳腺破溃可流出黄红色脓汁；有的病貂，所有乳腺均肿胀，触之硬固敏感，且无乳汁流出。

2. 慢性乳腺炎　　临床上常伴有多个脓肿或乳房坏疽，其乳汁中含有絮状物或干酪块，乳汁稀薄。病貂食欲降低，逐渐消瘦，乳汁分泌减少且乳汁质量降低，患兽精神沉郁，脉搏与呼吸增数，体温升高；仔兽腹泻，或咬伤母兽乳头而转为急性乳腺炎。

【诊断】　　根据病例资料分析可能存在的病因，临床上根据母兽骚动不安、仔兽尖叫或被母兽叼出，结合检查乳腺组织的红肿和敏感，并将乳汁进行实验室检查等可提供确诊乳腺炎的依据。乳汁的检查内容主要包括：pH、血色素和氯化物含量、酶活性和溶菌酶效价、细胞数、细菌数和乳电阻等。

【治疗】　　母兽在产前或产后，必要时可注射催乳素（垂体后叶素）；对患兽初期实行乳房冷敷，后期结合乳房按摩和热敷疗法能取得较好的治疗效果。乳腺炎初期，应尽量挤出乳汁，患部用湿毛巾冷敷，并涂以鱼石脂软膏或氧化锌软膏；乳腺局部化脓时，可使用 0.1% 雷佛奴尔清洗，乳房基部使用普鲁卡因和链霉素进行封闭，或肌内注射青霉素；已经形成脓肿的乳腺，必须实行外科手术切开术，然后用药液进行彻底冲洗。食欲废绝的患兽，可静脉注射 5% 葡萄糖溶液 100～200mL，配合维生素 C 1.0～2.0mL 使用。

【预防】　　加强水貂运动和休憩场地的清洁卫生，及时清除尖锐异物。产前、产后适当减少精料和多汁饲料，尤其妊娠期要遵循"营养水平前低后高，母乳期更高"的原则，防止母兽过肥或偏瘦，乳汁过多或过稠。产仔后，应认真检查仔貂的数目和哺乳情况，仔貂数量过多或母貂泌乳量过少时，可将部分仔貂由其他母貂代养，以防多仔貂争抢时损伤乳头。

四、难　产
（dystocia）

难产是指怀孕母兽本身或胎儿异常，羊水流出后，胎儿长时间不能顺利通过产道产出体外的疾病。各种经济动物均可发生，其中圈舍饲养的动物发病较高。

【病因】　引起难产的原因很多，常见有：

1. 饲养管理不当　对妊娠母兽饲喂过于营养丰富的饲料，导致胎儿发育过大、过快；母貂体况过肥，导致产力不足而发生难产。

2. 母貂过早配种　影响动物正常的性成熟和体成熟，致子宫颈、骨盆腔狭窄而难产。

3. 分娩力不足　常见的有阵缩及努责微弱，努责过强及破水过早。在分娩前期，由于孕兽内分泌平衡失调，如雌激素、前列腺素或垂体后叶催产素的分泌不足，或孕酮量过多及子宫肌对上述激素的反应减弱；妊娠期间营养不良、体质乏弱、老龄、运动不足、肥胖、全身性疾病、布鲁菌病、子宫内膜炎引起的肌纤维变性、胎儿过大或胎水过多使子宫肌纤维过度伸张、腹壁疝、腹膜炎以及子宫和周围脏器粘连等，都可以使产力减弱而发生难产。

4. 生殖器官疾病　常见子宫颈狭窄、骨盆变形、软产道肿瘤、子宫扭转、阴门狭窄等。

5. 胎儿异常　多指胎势、胎位、胎向的异常。正常胎势是两前腿伸直，头颈也伸直，并且放在两前腿的上面；倒生时两后腿伸直；常见的胎势异常有一肢或两肢弯曲，头颈弯曲。正常胎位是胎儿伏卧在子宫内，背部在上，靠近母体背部和荐部，称为背荐位（上位）。常见胎位异常有背耻位（或下位）和背髂位（或侧位）。正常胎向是胎儿纵轴与母体纵轴互相平行，称为纵向；常见胎向异常有横向和纵向。胎儿移位的难产在临床上更为多见。

6. 应激因素　由于经济动物驯化程度较低，对外界刺激非常敏感，在分娩过程中，一旦受到惊扰、噪音，甚至是饲养人员服装颜色的改变以及陌生人参观等，都可能导致产程紊乱，使胎势、胎位发生改变而发生难产。

【症状】　难产在临床上的表现多种多样，但是多数难产母兽均已超过预产期，而胎儿不能产出母体外，母兽早期极度不安，后期高度抑郁，是各种难产的共同临床症状。

1. 母兽生产时出现子宫颈及骨盆狭窄　可见阵缩、努责强烈，但不见胎儿排出。产道检查时，子宫颈口开张不充分，甚至触及不到胎儿；骨盆狭窄时，胎儿个体并不过大，只是盆腔狭小或骨盆变形、骨赘突出于骨盆腔。

2. 子宫扭转　可见母兽分娩时剧烈跳跃，精神状态十分紧张，频频努责但不见胎儿排出，阴道检查可触到胎膜而不见胎儿。妊娠后期子宫扭转时，可见母兽腹痛不安，拒食，呼吸和心跳加快；阴道检查可见阴道腔呈漏斗状，越往前越狭窄，其前部黏膜形成粗大皱褶。同时，根据阴道皱褶方向及子宫阔韧带状态，可判定子宫扭转方向。

3. 胎儿过大　通常其胎势、胎向、胎位及母兽软、硬产道均无异常，只是胎儿个体发育较一般个体大。分娩时，母兽阵缩及努责强烈，但胎儿仅充塞于产道间不能顺利排出。这种难产多发生于单胎妊娠动物，多胎毛皮动物中会因个别胎儿发育较大而难产。

4. 双胎或多胎妊娠　两个胎儿身体某一部分同时挤入产道而致难产，通常一个是正生一个倒生。多见于一胎头及其两前肢和另一胎儿两后肢，或一胎头及其一前肢和另一胎儿两后肢，或一胎头和另一胎儿两后肢等。诊断时必须排除胎儿畸形和胎向异常等情况。

5. 胎儿头颈侧转　从阴门伸出一长一短两前肢，胎头转向伸出较短肢的一侧。产道内检查胎儿时，向前可触及侧转的颈部。鹿颈部较长，侧转程度严重时不易摸到胎头；侧转较轻者偶可摸到胎头。头颈下弯时，在阴门外仅能看到两前肢，胎头于两前肢间弯于胸前或胸上，因下弯程度不同，可摸到颈部、枕部或额部。头颈后仰时，触诊胎儿可摸到气管轮。

6. 肢蹄姿势异常　两前肢姿势异常时，一侧腕关节前置，从产道内伸出一前肢；两侧腕关节前置时，产道内不见两前肢。触诊时可在产道或骨盆腔入口处摸到一个或两个屈曲的腕关节及正常胎头。后肢姿势异常时，一侧跗关节前置，从产道内伸出一蹄底朝上的后肢，触诊可摸到充塞于产道内的胎儿后躯、尾、肛门和一屈曲的跗关节。两侧跗关节前置时，阴门外不见胎儿后肢伸出，触诊时易摸到充塞于骨盆入口处的胎儿臀部及两个屈曲跗关节。

胎向异常：横向时，检查可发现胎儿横卧于子宫内；竖向时，胎儿呈犬坐姿势于子宫内。

7. 娩力不足　原发性阵缩和努责微弱时，分娩预兆不明显，持续时间短，分娩期较长。大型动物经产道检查，可发现子宫颈黏液塞已软化，但扩张不充分，也可摸到胎囊及胎儿，有时胎囊、胎儿已进入产道，可是长时间不见胎儿排出。继发性阵缩和努责微弱，可见刚进入产道时，阵缩努责正常，经产道检查可发现胎儿异常（过大）或产道狭窄。

【诊断】　病史调查，要了解难产病例的产期、年龄和胎次，了解母兽出现不安和努责开始的时间、频率及强弱；了解胎儿是否已经排出，胎膜及胎儿是否露出以及露出部分的情况。对于多胎动物，了解两胎儿娩出相隔时间的长短、努责的强弱，已经产出胎儿的数量和胎衣排出的情况。临床症状观察，可了解母兽的精神状态，乳房是否胀满以及能否挤出初乳，毛皮动物是否拔毛做窝，阴道是否松软、润滑程度，子宫颈的松软以及扩张程度，骨盆腔的大小及软硬产道有无异常等。结合母兽在产下1~2只幼兽后，又狂躁不安地努责，又未能再产下幼兽，以及阴道直肠检查，可确定难产。

【治疗】　难产助产可尽可能救活仔兽、保全母兽的生命并保持其再繁殖的能力。鉴别胎儿是否成活，一般先保定母兽，触诊胎儿，若胎儿能在母体内动，有时触及口腔时，胎儿还有吸奶动作；触及肛门时，胎儿肛门括约肌能收缩，说明胎儿成活。此时应将胎儿送回子宫并充分排除子宫内残留的羊水，以防胎儿窒息；或将母体前躯垫高，使残留子宫内的羊水流出后进行助产准备。对母兽采取镇静、局麻或全身麻醉措施进行保定（母鹿多采取驻立保定法，或横卧保定法；小动物多采取药物镇静）。临床用于解救难产的助产方法主要有牵引术、矫正术、截胎术、剖腹产术和剖腹助产术等，要根据具体情况选择适宜的助产方法。

1. 胎儿过大　要先充分润滑母兽产道，正生时可用两条助产绳分别拴在胎儿两前肢的球节上方，然后术者用手或助产绳拉下颌的同时，助手配合交替拉两前肢，使胎儿最宽阔的部分（左、右肩胛和髋结节）呈斜向通过母兽的骨盆腔狭窄部；倒生时则需交替拉两后肢。胎儿已经死亡时，则可用锐钩钩住下颌骨体分叉处、眼眶或坐骨弓，协助拉出，如确有困难，可采取截胎术或剖腹取胎术。

2. 双胎难产　先将胎儿两前肢系部拴上助产绳，再沿其颈基部向前尽可能摸到胎头，用手握住嘴巴或掐住口角或扣住眼窝，将胎儿拉入骨盆腔内。如拉入困难，可把两前肢推入子宫内，随母鹿努责时再将胎头拉入骨盆腔，同时由助手配合协同拉出前肢。胎头是胎儿身体中最粗的部分，胎头一旦进入骨盆腔，助产就较易成功，此时需用手保护母兽会阴部，防止会阴撕裂。胎头拉出外阴后，可稍停留片刻，除去胎儿口鼻内黏液。胎儿臀部通过骨盆腔时，术者应握住胎儿两前肢，切不可牵拉胎儿颈部或胸腰部，防止其肝、肾等脏器损伤。

3. 前肢姿势异常 可用手推胎儿肩颈部，使其退回子宫，然后手握异常肢，全力高举并推入，手趁势下滑转握蹄底高举并后拉，常可拉直该肢。体型较大的母鹿，也可用产科梃抵住异常肢肩颈部之间，由助手向前推动胎儿，同时，术者手握掌部全力高举并推进，然后将手移至蹄底，高举后拉；也可用产科绳系于异常肢前部，术者手握掌部向上向前推举的同时，助手拉绳即可拉正。必要时可锯断屈曲的腕关节部，去除断肢下部，将胎儿拉出。

4. 后肢姿势异常 侧位正生者两前肢分别系以助产绳，再充分润滑产道，术者手拉下颌，两助手分别牵拉两条绳子，拉上侧肢者向胎儿腹侧拉，多用力；拉下侧肢者向胎儿背侧拉，少用力，使胎儿通过产道扭转上位而拉出。下位时，先用助产绳拴好胎儿头部及两前肢，再将胎儿推入子宫，以手将胎儿向右侧翻转，与此同时，助手向右后方用力牵拉左前肢，使胎儿翻转成侧胎位，再按侧胎位助产。

5. 胎向异常 横向胎向一般拉胎头和前肢，使其先成为侧位，然后再按侧位胎儿进行矫正、拉出；竖向胎向则需将臀部和后肢推回耻骨前缘下，送入子宫内，然后按正生顺产拉头及两前肢，或下胎位进行矫正后拉出。必要时，可采取胎儿截断术分别取出。

6. 母体娩力不足 胎儿无异常，且子宫颈口已开张，只是娩力不足则可肌内或皮下注射催产素，水貂 0.5mL，狐和貉 1mL，鹿 2mL，也可使用垂体后叶素，鹿等大型动物可采取牵引术。因难产而继发的阵缩及努责微弱者，按难产进行助产时一般不用药物催产。子宫扭转一经确诊，应立即进行剖腹手术，并使子宫复位。子宫无水肿、坏死时，可经产道取出胎儿；已坏死的，应切除坏死的子宫角，或与胎儿一起除去整个子宫。

7. 子宫颈及骨盆狭窄 母兽阵缩、努责较强烈，但胎囊仍未露出阴门口，可肌内注射乙烯雌酚，鹿 10～20mg；或用手轻微地反复刺激子宫颈口或涂芦荟软膏，或灌注 30℃的肥皂液，效果较好；或试行牵引术。上述方法无效时，应立即施行剖腹取胎术。对骨盆变形或有骨赘的母鹿，应予以淘汰。

助产后胎儿的抢救护理：难产时，或难产助产时，胎儿可能会出现羊水灌入鼻腔和口腔的现象，因此，助产出的胎儿必须抓着两后肢使胎儿悬空，同时用干布、纱布或毛巾及时清理鼻腔和口腔流出的黏液，同时，有节律地压与松配合对胸部进行相似的人工呼吸，使灌入呼吸道的羊水几乎排出，然后对胎儿进行保暖，母兽哺乳或人工哺乳。

【预防】

1. 加强母兽妊娠期的饲养管理 生产前后要给予容易消化且营养丰富的适口性饲料，做好防暑和防冻工作。母兽分娩前后要保持其生活环境安静，减少应激因素。

2. 适时配种 在母兽体成熟后避免与大体型动物进行交配，且要保证母兽怀孕前后体质增强。母鹿的适宜配种年龄是 28 月龄以上，最佳的育种年龄是 4～7 岁。过早配种易造成受孕后母鹿生殖系统发育不全，致产道狭窄而发生难产的可能。

3. 适当运动 在怀孕后期要进行适度的运动，在提高母鹿高效地利用营养物质的同时，更能够利于胎儿在娩出时调整和矫正自身的胎势，避免难产。

五、流 产
（abortion）

流产指母兽妊娠期间排出未发育成熟的胚胎，或妊娠中断及胚胎在母兽子宫体内腐败而排出的病理现象。流产可发生在妊娠期各个阶段，以妊娠早期流产最常见，表现为妊娠完全或部分消散，被母体吸收，这种流产也称隐性流产；妊娠中期的流产，表现为从生殖器官内流出死亡的或各系统形成不健全的胎儿；妊娠末期（即临产前）的流产，其预兆及过程与分娩相似，产出不足月（日）的胎儿，又称早产。各种动物均可发生，其中毛皮动物较为多见。

【病因】　　饲养管理不当是导致流产发生的主要病因：长期饲喂营养不良的饲料；饲料发生霉败变质；动物性饲料冷藏过久；钙、钴、铁、锰等矿物质不足，胎儿的发育受到影响，出生时活力降低；维生素 A 缺乏时，子宫黏膜上皮细胞发生退行性变质，失去分泌作用，胎盘机能发生障碍，胎儿不能继续发育。生殖系统疾病也能引起流产，如子宫内膜炎、子宫扭转、卵巢机能障碍等。传染性流产，主要见于沙门菌病、布鲁菌病、阴道加德纳杆菌病等。寄生虫性流产，如毛滴虫病、血吸虫病等。医源性流产，主要见于全身麻醉，大量放血、手术，服用大量泻药或驱虫剂、利尿剂，注射某些可引起子宫收缩的药物及注射疫苗等。肝、肾脂肪变性等慢性疾病，也可引起流产。机械性因素所致流产，主要见于粗暴地捕捉、不合理的妊娠检查。应激性因素所致流产，多见于突然惊扰、噪声及机动车轰鸣声等。

【症状】　　由于流产的发生时期、原因及母兽反应能力的不同，流产的病理过程及其所引起的胎儿变化和临床症状也有不同，归纳起来主要有以下几种：

1. 早期流产　　早期流产临床上多称为隐性流产，毛皮动物多发。有的母兽体内全部胎儿死亡或被吸收；有的部分被吸收，而其余胎儿仍可正常发育并产出，表现为母兽产仔下降。母兽发生早期流产时，仅见数天内食欲减退或废绝，母兽阴户外及其四周体表皮毛，沾有血液或血水，兽舍内有血液凝固或血迹；或母兽排出油亮黑色的"粪便"。个别母兽，若没有将流产的胚胎吃掉，则可见到流产出的小胚胎。

2. 妊娠后期排出不足月胎儿　　母兽有疼痛表现，流产后见到胎儿才发现母兽异常表现。早产胎儿距分娩时间很近，有吮乳反射且能救活者，必须设法保暖，进行人工哺乳和精心护理。鹿可能出现此类流产而引发难产。

3. 妊娠末期排出死胎　　此为流产中较为常见的一种，临床上常伴发难产，鹿多见。流产胎儿未排出时，可根据乳腺增大，能挤出初乳，看不到胎动引起的腹壁颤动，阴道检查发现子宫颈口微开张，子宫颈黏液塞发生溶解等症状进行综合判定。多胎妊娠的动物，常在正常分娩的胎儿中夹有死胎；单胎动物，可见子宫内有死亡胎儿的骨骼组织以及乳白色脓液。毛皮动物妊娠晚期流产，发现有早产胎儿，母兽阴道排出多量脓性分泌物。银黑狐或北极狐发生不全隐性流产时，触诊子宫可摸到比相应胚胎小得多的硬固、无波动的死亡胚胎。

4. 死胎停滞　　胎儿死亡后，由于子宫阵缩微弱或多胎妊娠部分胎儿死亡后，子宫颈口未开张，致使胎儿长期滞留于子宫内，亦称延期流产。临床上主要有以下几种情况：

（1）胎儿干尸化：指胎儿死亡后未排出体外，由于其组织中水分或胎水（单胎妊娠时）被吸收，胎儿呈棕黑色如干尸状。这是由于子宫颈口未开张，细菌未侵入胎儿体内，也未经血液循环进入子宫，胎儿不发生腐败分解。单胎妊娠时，一般是怀孕期满后数周，才将胎儿排出体外；银黑狐和北极狐发生不全隐性流产时，触诊子宫可摸到比相应胎儿小得多的干尸胎儿（硬固、无波动），这种干尸化胎儿，到妊娠末期，随正常发育的胎儿一同娩出。

（2）胎儿浸溶：指妊娠中断后，死亡的软组织被分解，变为液体流出，而骨骼留在子宫内。此时患兽常表现出败血症或腹膜炎症状，病程迁延时，则消瘦，常努责排出褐色黏稠液体，或混有碎骨片，最后排出脓液。对胎儿浸溶的预后判定必须谨慎，患兽常因全身感染中毒而死亡，即使能保全性命的，也常因慢性脓性子宫炎、子宫与周围组织粘连而导致不孕。

（3）胎儿腐败分解：指胎儿死亡后未能排出，腐败菌侵入胎儿使其迅速腐败分解，产生硫化氢、氨、二氧化碳、氢、氮等分解产物，使胎儿皮下、肌间、胸腹腔积聚大量气体，特别是炎热季节，这种病例过程发展更为迅速。由于胎儿体积胀大，轮廓异常，也称之为气肿胎儿。如能触诊胎儿，可发觉被毛脱落，皮下有捻发音。直肠检查可感知子宫壁紧张，胎儿膨胀。母兽精神高度沉郁，多有腹痛症状，容易发生毒血症和败血症。

【诊断】 主要根据妊娠母兽腹围变化的临床表现、直肠检查，结合腹部触诊可作出初步诊断，必要时可实施超声波检查。母兽阴户和后躯部有污秽不洁的恶露、笼舍内有凝固的血块或血迹，以及发育程度不同的死亡胚胎等，均可作为流产确诊的依据。

【治疗】

1. 对于一般性早期流产 临床上可采取保胎措施：一次肌内注射 1% 黄体酮 0.3～0.5mL，维生素 E 注射液 1～3mL，每天 1 次，连用 2d。

2. 如胎儿已死亡且未排出子宫外 应及时采取相应的助产方法。首先要松弛肌肉、扩张子宫颈，徒手排出子宫内死亡的胎儿和炎性分泌物；胎儿干尸化、母兽子宫颈已经开张时，可向子宫内灌入大量微温的 0.1% 高锰酸钾溶液，然后试行拉出干尸化胎儿；子宫颈尚未开张时，可肌内注射乙烯雌酚 5～10mL（鹿等大动物），然后再进行人工诱导进行分娩；小动物发生的部分干尸无需处理，可随分娩排出。

3. 对于习惯性流产的母兽 在预测流产日期前，可肌内注射 1% 的黄体酮，水貂 0.1～0.2mL，狐 0.3～0.5mL，鹿 2.0～3.0mL，在妊娠期日粮中加入适量的复合维生素；必要时，毛皮动物可使用氯丙嗪等镇静剂 4～10mg，内服。

【预防】 预防流产的发生，应根据具体情况，做好妊娠母兽的饲养管理工作。加强饲养管理，保护养殖场的安静，防止意外惊动引起的应激反应；消毒母兽的外阴部及笼舍，在整个妊娠期饲料要保持恒定，新鲜全价，营养丰富且易消化。

六、胎 衣 不 下
（retained placentas）

胎衣不下指母兽产出胎儿后，胎衣在正常时间内不能排出，亦称胎衣滞留。胎衣是胎膜的俗称。临床上，鹿等草食动物和毛皮兽分娩后 8～12h 内仍不能排出胎衣时，称胎衣不下。

【病因】 产后胎衣不下的原因很多，主要和产后子宫阵缩无力、胎盘炎症及构造有关。

1. 产后子宫收缩无力 饲料单纯，钙盐缺乏，维生素不足，体况消瘦或过肥，运动不足等均可导致子宫弛缓，胎儿过大或胎儿过多，胎水过多，均可使子宫过度扩张，继发产后阵缩微弱，容易发生胎衣不下。难产、流产、子宫扭转均能在产出或取出胎儿以后因子宫收缩力不够而引起胎衣不下。难产与子宫肌疲劳、收缩无力有关；流产与胎盘尚未及时发生变性及雌激素不足、孕酮含量高有直接关系。

2. 胎盘炎症 妊娠期间子宫被感染如李氏杆菌、沙门菌、胎儿弧菌、生殖道支原体、霉菌、毛滴虫、弓形虫或病毒等，发生子宫内膜炎及胎盘炎，由于结缔组织增生，使胎儿胎盘和母体胎盘发生粘连，产后胎衣不易脱离。鹿患布鲁菌病时，流产或正常分娩后，常发生胎衣不下，有的滞留可长达 20d 之久。

3. 胎盘的特殊组织构造 鹿、羊胎盘属于上皮绒毛膜与结缔组织绒毛膜混合型，胎儿胎盘与母体胎盘联系比较紧密，临床常发生胎儿胎盘与母体胎盘发生粘连的情况，这是胎衣不下多见于其他经济动物的主要原因。解剖学上，犬、貂、狐、貉等为上皮绒毛膜胎盘动物，临床上较少发生胎衣不下。

【症状】

1. 鹿胎衣不下　　经阴门垂下带状或束状胎衣，有的可达膝关节或跗关节，时间长者，呈污秽暗褐色，表面常附有沙土、粪便，脱垂胎衣很快腐败，散发腐臭气味。胎衣已经腐败的，常从阴门流出污秽的暗红色液体，母鹿精神高度沉郁，鼻镜干燥，体温升高，食欲减退甚至废绝，反刍无力甚至停止，泌乳量降低，有的母鹿不愿给仔鹿授乳。严重者可见弓背，腹壁紧缩，不断努责，由产道流出大量化脓性渗出物和腐败物。个别病例可致子宫脱出。

2. 毛皮动物胎衣不下　　患兽拒食，萎靡不振，不与仔兽栖住一起，常从阴道内流出污秽、恶臭的排泄物；腹壁触诊，子宫肥厚，缺乏张力，如松弛的条索状。病程延长时，可能发生脓毒败血症。

【诊断】　　根据产后母兽排出胎衣碎片组织，异臭味等，较易诊断。但鹿的胎衣不下时，应注意查明是否与布鲁菌病有关。

【鉴别诊断】　　胎衣不下常并发子宫内膜炎或同时发生子宫颈炎、阴道炎等疾病，临床上应注意鉴别。

【治疗】

1. 毛皮动物在发病初期　　可施行腹壁按摩和促进子宫收缩的药物进行治疗，常皮下注射垂体后叶激素或催产素，狐、貉 1mL，水貂 0.5mL；也可肌内注射麦角固醇，狐 0.5mL，貂 0.1～0.2mL；或静脉注射葡萄糖酸钙。病的中、后期时（指胎衣腐烂），可进行子宫冲洗，然后吸出，最后向子宫内投入金霉素或四环素胶囊；也可向子宫内注入多黏菌素或温的高锰酸钾（或雷夫努尔）溶液。

2. 鹿胎衣不下初期（胎衣未发生腐烂）　　可实施手术剥离胎衣，但应注意：使用药物无效，子宫颈口尚能通过手臂时可试行剥离；剥离时容易剥的就坚持剥，否则不可强剥，以免损伤母体子宫引起感染；体温升高者，不宜采取剥离，说明子宫已有炎症，剥离可使炎症扩散而使病情加重；胎衣尽可能全部剥尽，否则后果不良。剥离后可用 0.1% 高锰酸钾溶液冲洗子宫，最后再投入土霉素 0.5g。实践中，子宫常不经冲洗，直接投入金霉素胶囊；另外也可皮下注射催产素，鹿 2～3mL；静脉注射 10% 氯化钠溶液 150～200mL；在胎盘和子宫内膜间注入适量的浓盐水，均有利于胎衣的排出。对胎衣已发生腐烂的，主要采取子宫冲洗法。

3. 对全身症状重剧的病例　　应采取抗菌消炎和对症疗法。

【预防】　　应适当增加适口性好、营养物较为丰富的饲料，增强机体抵抗力。

七、子　宫　脱
（prolapse of the uterus）

子宫脱是指子宫的一部分或全部翻转脱出于阴门外。各种动物均可发生，多发生在分娩之后，或产后数小时内。

【病因】　　胎儿过大，助产时拉力过猛；分娩后母兽腹痛，长时间用力努责；双胎母鹿、胎水过多等使子宫过度扩张而弛缓；妊娠期饲养不良，运动不足，瘦弱或经产老龄母鹿，子宫弛缓无力；胎衣不下时强行剥离等均可导致本病发生。母鹿直肠炎，有时可继发子宫脱出。

【症状】　阴门外可见到堆积鲜红色肉状物，一般是孕角脱出。若两侧子宫角全部脱出时，可看到大小两个囊状物，其末端凹陷。子宫黏膜表面上有母体胎盘，时间较久者，脱出的子宫易发生淤血、水肿，表面出血、损伤，甚至感染、坏死，并附有异物。母兽多表现不安，频频努责，精神沉郁，食欲减退甚至废绝，最终因继发大量出血和败血症而死亡。

【诊断】　根据动物子宫脱出的典型临床表现，结合直肠检查即可作出准确诊断。

【鉴别诊断】　临床上需要与直肠脱进行鉴别诊断，子宫黏膜呈现典型的紫红色，且表面有很多横褶，且是从阴门脱出者为子宫脱。

【治疗】　对发生子宫脱的病例，应立即行整复和固定：将患兽采取横卧或站立姿势（小动物可倒立）进行保定，必要时可实施镇静。先用大块创布或干净塑料布将脱出子宫托起，用 0.1% 高锰酸钾等防腐消毒液清洗脱出的子宫、外阴及尾根部，除去各种粘污物及附着的胎膜。如有出血、创口，应先彻底止血，并除去坏死组织，缝合伤口。整复时，使脱出的子宫与阴门口保持同高度或稍高于阴门口，术者以手掌或拳头顶住子宫凹陷处，趁母兽不努责时小心向阴道内推送，使之复位；也可向子宫内灌注适量生理盐水，借助水压使子宫复原。整复也可从子宫体或子宫基部开始，用两手从阴门两侧交替向阴道内推送，助手随时压住已推入部分，脱出子宫送入阴道后，再按上述方法将其推入腹腔，使之复位。为防止整复的子宫再次脱出，对阴门口应荷包缝合或结节缝合。临床上可见子宫脱多次复发的病例。

【预防】　为防止母兽子宫脱出，应注意消除能引起腹内压增高、腹肌过度紧张的各种因素。对母兽直肠炎要认真防治，妊娠期切忌酸败饲料。难产助产时，不得用力过猛，注意润滑产道。

八、子宫内膜炎
（endometritis）

子宫内膜炎是指子宫黏膜急性或慢性的炎症。急性子宫内膜炎多发于生产后，患兽全身症状明显；慢性子宫内膜炎多发生在空怀期，不表现全身症状，是引起临床不孕的主要原因之一。鹿、犬、兔和毛皮动物以及青年或成年种狐、种貉多发。

【病因】　主要病因有以下几个方面：

（1）交配过程中，由阴道或子宫带进异物或感染物而发病。

（2）母兽外阴不洁，助产时消毒不严密，人工授精时器械消毒不彻底，使子宫受感染而发病。常见的病原微生物有大肠埃希菌、链球菌、葡萄球菌、棒状杆菌、变形杆菌、布鲁菌、支原体、滴虫及胎儿弧菌等。

（3）患兽发生难产、胎衣不下、子宫脱、子宫复旧不全、流产或死胎停滞时，均能导致子宫黏膜受到损伤，被病菌感染或胎儿腐败产生有毒物质而发生炎症。

（4）圈舍卫生不良，产箱内粪和尿不能及时清理，母兽卧地时阴道被感染，均可致病。

【症状】　按炎症性质不同，子宫内膜炎可分为黏液性、黏液脓性及化脓性子宫内膜炎；按炎症的过程不同，子宫内膜炎又可分为急性和慢性子宫内膜炎。

1. 急性子宫内膜炎　通常发生在母鹿流产后或产后胎衣不下，多为黏液性或黏液脓性。患兽精神不振，食欲减退甚至废绝。种狐交配后 7～15d，体温升高，脉搏增数，弓腰努责，做排尿姿势，从生殖道内常排出灰黄或灰绿色、混浊，且含有絮状物的分泌物或脓性分泌物或略带粉红色的分泌物，卧地时增多；严重时，母鹿阴道内流出大量带有脓血的黄褐色分泌物，并污染整个外阴部周围的被毛，阴道检查可见子宫颈外口充血、肿胀，稍开张，沾有分泌物。鹿直肠检查时，子宫角增大，疼痛，呈面团样硬度，有时有波动，子宫收缩减弱或消失。毛皮动物产后 2～4d 出现拒食，精神极度不安，鼻镜干燥，哺乳的仔兽虚弱，发育滞后，常发生腹泻。腹壁触诊时，可感知子宫粗大、敏感，呈捏粉状，常从阴道内排出黏液性或黏液脓性分泌物，有时混有血液；严重病例，可见死亡胎儿的碎组织和脓液，常并发脓毒败血症而引起动物死亡。

2. 慢性子宫内膜炎　　临床上，黏液性子宫内膜炎主要表现为母兽发情周期不正常，或发情周期正常而屡配不孕，趴卧或发情时从生殖道内流出较多量混浊的絮状物的黏液，子宫颈外口肿胀、充血；直肠检查或腹壁触诊时，一侧或两侧子宫角粗大子宫壁增厚，有时可感到局部的软硬、厚薄不均匀。脓性子宫内膜炎则表现为母兽发情无规律，或持续发情，甚至不发情；母鹿趴卧时，排出较多量污秽的脓性分泌物，或黄白色、灰白色脓汁；阴道检查时子宫颈外口充血、肿胀，有时有溃疡；直肠检查时，子宫角增大，出现柔软、硬固和波动，子宫收缩反应减弱或消失。当脓性分泌物积聚于子宫内不能排出时，称为子宫积脓；患鹿常有精神不振，食欲减退并日渐消瘦，体温有时增高，或伴发瘤胃迟缓。

【诊断】　　根据病史、临床表现、直肠检查或腹壁触诊时，母兽外阴部排出胎儿或胎衣等腐败碎片组织和脓液等可作出初步诊断。早期炎症分泌物的检查，需保定后检查并确定是从子宫排出后方可确诊。急性子宫内膜炎在临床上常随病程延长而多转变为慢性子宫内膜炎。

【治疗】　　临床上以增强机体抵抗力，净化子宫，恢复子宫机能和抗菌消炎为治疗原则。给予全价饲料，保证蛋白质和维生素的供应；增强机体抵抗力，鹿可施行放牧或增加运动。

1. 子宫内的局部处理　　鹿等大型动物，常可先徒手扩张子宫颈后取出残留的胎衣或胎儿，再进行消毒液冲洗子宫体。

2. 子宫冲洗法　　为了排出子宫内的炎性渗出物，常用 0.1% 高锰酸钾溶液、0.02% 新洁尔灭溶液、0.1% 雷佛奴尔溶液或生理盐水等冲洗子宫；冲洗时，应注入小剂量反复冲洗，直至冲洗液透明为止；在充分排出冲洗液之后，应向子宫内投入抗生素类药物。如果母兽全身症状较为明显，则不应冲洗子宫，以免感染扩散，只能用抗生素药物注入法，再配合全身治疗。此方法适用于慢性子宫内膜炎，每次注入冲洗液，鹿 50mL，毛皮动物 5～10mL 为宜，过多则会继发子宫弛缓。配种前冲洗时，应选用生理盐水或 1%～2% 碳酸氢钠生理盐水，在排出冲洗液之后，注入适量抗生素水溶液，此法可在配种后 24h 应用。

3. 药液注入法　　冲洗子宫后或不冲洗子宫，向子宫内注入抗菌消炎剂。

（1）水剂：青霉素 80 万 U、链霉素 100 万 U，加蒸馏水 20～40mL，每日或隔日 1 次。

（2）呋喃唑酮 0.2g，尿素（化学纯）12g，注射用水 20～30mL，混合注入子宫内，隔日 1 次，连用 3 次。

4. 激素疗法　　给患兽注射雌激素制剂，不仅可诱导发情、子宫颈开张、有利于渗出物的排出，而且可引起子宫充血、腺体分泌增加，改善生殖器官机能，有利于子宫内膜炎的消散。使用催产素时，鹿 10～20U，犬 10U，每日 3～4 次，连用 2～3d；每 3d 注射雌二醇 8～10mg，对有渗出物蓄积的病例，注射后 4～6h 再注射催产素 10～20U；另外，PGF2 及其类似物对产后子宫内膜炎也有较好的疗效。

5. 全身疗法　　鹿可肌内注射青霉素 160 万 U、链霉素 100 万 U，1 日 2 次，连用数日。

久病体弱者可考虑静脉注射钙制剂 100～150mL，以促进子宫收缩。毛皮动物，可皮下或静脉注射 10%～20% 葡萄糖溶液 20～30mL，或葡萄糖酸钙 1～3mL；也可静脉注射广谱抗生素。

【预防】 加强养殖场的卫生管理，保持圈舍卫生，定期消毒；配种前和助产时要对笼舍用喷灯火焰消毒；助产时对产前母兽加强观察和护理，一旦确诊为死胎者要及时进行助产；助产后要对母兽及时注射抗生素，以控制感染。

（周变华　王宏伟）

第五节　神经性疾病

一、中　暑
（heat illness）

中暑是动物在温度高、湿度大以及无风的环境条件下，由于机体过热而引起的以体温调节中枢功能障碍、汗腺功能衰竭和水电解质丧失过多为临床特征的综合征。依据发病机制和临床表现不同，通常将中暑分为热射病、日射病、热痉挛和热衰竭。热射病是指在潮湿闷热、空气不流通的环境中，动物新陈代谢旺盛，产热多，散热少，体内积热，引起严重的中枢神经系统功能紊乱的疾病。日射病是指在炎热季节，日光直接照射动物头部，特别是延髓或头盖部受烈日照射过久，引起脑膜充血和脑实质急性病变，导致中枢神经系统机能严重障碍的现象。热痉挛是指动物在干热环境条件下使役，排汗过度，随汗液排出大量氯化钠而发生肌肉痉挛现象。热衰竭是指在气温高或强热辐射环境下，由于热引起外周血管扩张和大量失水造成循环血量减少，引起颅内暂时性供血不足而发生昏厥的疾病，亦称热晕厥或热虚脱。本病发生在炎热的夏季，笼养的水貂、狐和貉等毛皮动物多发，犬也可发生，病情发展迅速，救治不及时，可引起动物大批死亡。

【病因】 盛夏炎热，阳光直射头部；动物进行长途车、船、飞机运输，或于笼舍内，环境温度高、潮湿、空气不流通，导致动物体温散发不出去。气温高，气压低，通风差，机体吸热过多而散热减少，是中暑发生的外因；使役过重，奔跑过快，活动剧烈，代谢旺盛，产热过多，散热不足，是中暑发生的内因；体质肥胖、幼龄和老年动物对热的耐受能力低，缺乏耐热锻炼，饮水不足，食盐摄入不足，卫生不良是中暑发生的诱因。

【症状】 毛皮动物通常发病迅速，可导致动物的突然死亡。

1. 热痉挛 一般病兽体温升高并不明显，神志清醒，全身出汗、精神不安、渴欲增强；四肢肌肉群游走性痉挛，肌肉痉挛时发生剧烈疼痛。

2. 热衰竭 早期时动物呼吸窘迫，肺换气过度，呼吸加快，心跳过速，黏膜充血，排汗增加，血压降低，皮肤湿冷，身体极度虚弱。呕吐，腹泻；严重期时可视黏膜苍白，呼吸变弱甚至暂停，动物陷入昏迷。

3. 热射病 动物常突然发病，体温急剧上升，可达到 43℃，甚至更高，皮温增高，直肠内温度灼手，大汗淋漓；动物在潮湿闷热的环境中使役或运动，突然站立不动或倒地张口喘气，口鼻喷出粉红色泡沫。动物前期心跳加快，脉搏疾速，眼结膜充血，瞳孔放大或缩小；后期病兽意识丧失，呈昏迷状态，呼吸变浅加快，脉搏弱不感手，第一心音微弱，第二心音消失，结膜发绀，血液黏稠，口吐白沫；濒死前体温下降，最终因呼吸麻痹而死亡。

4. 日射病 常突然发病，病初病兽精神沉郁，四肢无力，步态不稳，共济失调，突然倒地，四肢作游泳样滑动。随着病情进一步发展，体温略升高，呼吸中枢、血管运动中枢机能紊乱，甚至出现麻痹症状；心力衰竭，静脉怒张，脉搏微弱，呼吸加快并节律不齐，结膜发绀，瞳孔放大，皮肤干燥；皮肤、角膜、肛门反射减退或消失，腱反射亢进，常发生剧烈痉挛而迅速死亡，或因呼吸麻痹而死亡。水貂和狐日射病多发于夏日中午12时至下午2~3时，兽棚遮光不完善或没有避光设备的兽群中，突然发病，表现精神沉郁，步样摇摆及晕厥状态，有的发生呕吐，头部震颤，呼吸困难，全身痉挛尖叫，最后在昏迷状态下死亡。

5. 麝鼠中暑 体温可升到40℃，腹围膨大，随时休克死亡。病鼠表现身体过热，脑部充血，呼吸、循环系统发生障碍；口腔、鼻腔和眼结膜充血，呼吸急促，心跳加快，停食。病情严重者，黏膜发绀，呼吸困难，从鼻和口中流出血色液体，伸腿俯卧，四肢呈现间歇性震颤或抽搐，有时突然倒地，发生全身性痉挛甚至死亡。妊娠后期的母鼠对本病最易感。

【病理变化】 主要是脑及脑膜的血管高度充血，甚至出现出血；脑脊液增多，脑组织水肿；肺出血和肺水肿；胸膜、心包膜，以及肠黏膜，都具有淤血斑和浆液性炎症，血液暗红色且凝固不良，肝脏、肾脏、心脏和骨骼肌发生变性；尸僵及尸体腐败迅速发生。

【诊断】 根据发病季节和时间，所处的环境，结合临床症状，可以确诊。

（1）炎热夏季，动物长时间曝晒，或环境通风不畅，湿度大，温度高，排汗多等。

（2）临床表现体温高，一般伴随脑炎症状，呼吸和循环衰竭，大量出汗或皮肤干热，静脉怒张。

【鉴别诊断】 注意中暑与急性心力衰竭、肺充血及水肿、脑充血等疾病相区别。

1. 急性心力衰竭 特征为可视黏膜发绀、体表静脉怒张和心搏动亢进，体温不高，可与中暑相区别。

2. 肺充血和水肿 表现为高度呼吸困难、黏膜发绀、流泡沫状鼻液，具有中枢神经系统症状，可与中暑相区别。

3. 脑充血 与中暑的症状非常相似，但不具有高温、高湿的环境因素和大量出汗的表现，体表静脉也不明显，可与中暑相区别。

【治疗】 及早抢救和采取措施可减少发病和死亡。本病的治疗原则是加强护理、消除病因；降低体温、防止脑水肿和对症治疗。可以采取以下措施。

1. 加强护理、消除病因 迅速将病兽安置在温度低，阳光少，通风好的地方；减少应激，保持安静，注意补充饮水（最好是0.9%氯化钠溶液）。

2. 降低体温 这是本病关键的治疗措施，依照就近的原则采取一切可行的降温措施。体温恢复正常时应停止降温，以免动物虚脱。降温的方法有如下几种。

（1）物理降温法。

1）冷水浴：用干净的冷水对病兽进行全身淋浴，尤其是头部，达到快速降温的目的；然后可用乙醇对动物全身进行擦洗，乙醇挥发时会带走部分热量，促进散热，并且可促进水分迅速挥发，既能快速降温，又能有效防止风湿病的发生。

2）冰袋降温：把冰袋放置在病兽的头颈部以达到快速降温的目的。

3）冷水灌肠：用1%的冰冷盐水对病兽进行灌肠，可以达到迅速降低体内温度的目的，依照动物的体态控制水量。

（2）药物降温法：肌内注射氯丙嗪降温，也可混在生理盐水中静脉注射。氯丙嗪可抑制丘脑下部体温调节中枢，解除保温作用；扩张外周血管，加强散热作用；降低代谢和耗氧量，减轻乏氧性损害，缓解肌肉痉挛。但氯丙嗪会引起血压下降，心率加快，昏迷病兽慎用。

3. 防止脑水肿 发生中暑时，由于脑血管充血，很容易继发脑水肿，因此应注意防止脑水肿，控制神经功能障碍。

（1）放血疗法：在发病初期，对卧地不起，呼吸急促但神志清醒的病兽可进行颈静脉放血，后期由于大量出汗，水分丧失严重，血液浓度及循环血量不足，不宜进行。放血量因动物而定，放血后补以等量的生理盐水或复方盐水、糖盐水。

（2）输液：可使用较凉的生理盐水、复方盐水或糖盐水，在静脉补充体液的同时，还可以降低体温，补液的量根据脱水的情况而定。

（3）注射钙制剂：静脉注射 5% 氯化钙或葡萄糖酸钙溶液，可增加毛细血管的致密性，减少渗出，以控制脑水肿，但使用钙制剂时应严防露出血管外。

（4）注射脱水剂：静脉注射 20% 甘露醇或 25% 山梨醇溶液，1～2g/kg 体重，在 30min 内注射完毕，可增加血液渗透压，利于血液中水分的保持，以降低颅内压，有效防止脑水肿。

（5）血容量扩充剂：静脉注射 10% 低分子右旋糖酐溶液，通过提高血液胶体渗透压，可扩充血液容量，改善微循环，防止弥漫性血管内凝血和抗血栓形成及利尿。

4. 对症治疗

（1）对狂暴不安的患兽，可使用水合氯醛灌肠，亦可用安溴注射液，氯丙嗪等。

（2）当动物心功能较差时，要进行强心，可使用 20% 苯甲酸钠咖啡因（安钠咖），静脉、肌内或皮下注射。

（3）当动物出现急性心力衰竭，循环虚脱时，可使用 0.1% 肾上腺素溶液静脉注射，以增加血压，改善循环，用于急救。

（4）当动物出现高度呼吸困难时，可使用 25% 尼可刹米溶液，皮下或静脉注射；5% 硫酸苯异丙胺溶液，皮下注射，以兴奋呼吸中枢。

（5）防止酸中毒，用 5% 碳酸氢钠溶液静脉注射，中和体内糖酵解的中间产物——乳酸。

【预防】

（1）改善饲养环境，降低动物舍内温度，保持适当密度，供应充足饮水并补喂食盐。

（2）注意动物舍内通风，保持空气清新和凉爽，防止潮湿闷热。进入盛夏，养殖场内中午应喷水降温防暑；在饲料中加入小苏打和维生素 C，剂量每 100kg 饲料中加入小苏打 200g、维生素 C 20g，可提高毛皮动物抗热应激的能力。

（3）动物应避免中午阳光直射，放牧动物应早晚放牧，并注意观察动物群体，多补充饮水，防止动物群体中暑。

（4）长途运输群体动物，要有专人押运，应在早晚进行，并做好通风工作，沿途应供应充足的饮水，有条件的可在饮水中加入 1% 食盐或抗应激维生素。

二、脑 膜 炎
（meningoencephalitis）

脑膜炎是脑膜及脑实质的炎症，并伴有严重脑机能障碍的疾病。脑膜及脑实质主要受到传染性或中毒性等因素的侵害，起初，软脑膜及整个蛛网膜下腔发生炎性变化，继而通过血液和淋巴途径侵害到脑，引起脑实质的炎症；或者脑膜与脑实质同时发生炎症。本病以高热、脑膜刺激症状、一般脑症状及局灶性脑病为特征，原发病例较少，以继发病例多见。水貂、狐狸、兔、犬、猫时有发生。

【病因】　动物脑膜炎的发生主要由传染性因素和中毒性因素引起，同时也与邻近器官炎症的蔓延和自体抵抗能力有关。

1. 传染性因素　多种引起脑膜炎的传染性疾病，如狂犬病、新城疫、犬瘟热、传染性脑脊髓炎、疱疹病毒感染、慢病毒感染、乙型脑炎、结核、李氏杆菌、链球菌感染、葡萄球菌病、沙门菌病、巴士杆菌病、大肠埃希菌病、化脓性棒状杆菌病等，这些疾病往往发生脑膜和脑实质的感染，出现脑膜炎。

2. 中毒性因素　主要见于重金属毒物如铅，类金属毒物如砷，化学物质如食盐，生物毒素如黄曲霉素等发生中毒，自体中毒时也可导致脑膜炎的发生。

3. 寄生虫性因素　在脑组织受到一些寄生虫的侵袭，如马蝇蛆，牛、羊脑包虫，普通圆线虫，脑脊髓丝虫等，亦可导致脑膜炎的发生。

4. 邻近器官炎症的蔓延　脑膜炎也常继发于脑部邻近炎症的蔓延，如颅骨外伤、中耳炎、化脓性鼻炎、额窦炎、腮腺炎、龋齿、鼻窦炎、踢伤等发生感染性炎症时经蔓延或转移至脑部而发生脑膜炎。

5. 诱发性因素　当饲养管理不当、受寒、感冒、过劳、卫生条件差、中暑、脑震荡、长途运输、饲料霉变、使役过当时，动物的机体抵抗力降低或脑组织局部抵抗力降低，诱发条件性致病菌发育繁殖，毒力增强，经血液、淋巴侵入脑部而引起脑膜炎，是本病的诱因。

【症状】　通常突然发病，病情发展得比较急速，临床症状由于炎症的部位、性质、程度的不同，以及颅内压增高的情况等，表现得极为错综复杂，大体上可分为脑膜刺激症状、一般脑症状和灶性脑症状。脑膜炎时伴有血液学变化。

1. 脑膜刺激症状　以脑膜炎为主，常伴发前数段脊髓膜炎症，背神经受到刺激，颈、背部敏感。轻微刺激或触摸该处，有强烈的疼痛反应，肌肉强直痉挛。

2. 一般脑症状　主要表现为抑制和兴奋。病初出现沉郁，茫然呆立，步态不稳等。经数小时后出现兴奋症状，如在笼内乱跑，仰脖吼叫，猛力前冲，头顶到笼壁上，圆圈运动，盲目徘徊等，兴奋长短不一；有的沉郁与兴奋交替发作。

3. 灶性脑症状　与炎性病变在脑组织中的位置有密切的关系。大脑受损时，动物表现行为和性情的改变，步态不稳，转圈，甚至口吐白沫，癫痫样痉挛；脑干受损时，表现精神沉郁，头偏斜，共济失调，四肢无力，眼球震颤；炎症侵害小脑时，出现共济失调，肌肉颤抖，眼球震颤，姿势异常。炎症波及呼吸中枢时，出现呼吸困难。

4. 血液学变化　初期血沉正常或稍快，中性粒细胞增多，核左移，嗜酸性粒细胞消失，淋巴细胞减少；康复时嗜酸性粒细胞与淋巴细胞恢复正常，血沉缓慢趋于正常。脊髓穿刺时，可流出混浊的脑脊液，其中蛋白质和细胞含量增高。

5. 经济动物　水貂、狐狸、兔、犬、猫等经济动物脑膜炎症状相似。兔感染发病后，体温升高到40℃以上，不吃食，精神差，流黏液性鼻液；头颈偏向一侧，呈弯曲状态，作转圈运动，最后倒地头后仰，发病后3d内死亡。怀孕母兔感染发病后，不吃食，精神差，阴道流出红色或暗红色液体，以后发生流产。有的病兔还表现斜颈和运动失调等神经症状。

【病理变化】　本病主要病理变化：软脑膜小血管充血、淤血，软脑膜轻度水肿、部分具有小出血点。蛛网膜下隙和脑室内脑脊液增多、混浊、含有蛋白质絮状物。脉络丛充血、脑灰质与白质充血并散在小出血点。病毒性和中毒性脑膜炎时脑组织与脑膜血管周围有淋巴细胞浸润的现象。慢性脑膜炎时软脑膜肥厚，呈乳白色，并与大脑皮质紧密连接，脑实质软化灶周围有星状胶质细胞浸润。

【诊断】　根据症状和病史可做出初步诊断。脑脊液检验对诊断本病意义非常重要。由于颅内压升高，脊髓穿刺时脑脊液浑浊，容易流出。细菌性脑膜炎时，脑脊液中蛋白质含量和白细胞数目显著增加；粒细胞性脑膜炎时，脑脊液中蛋白质含量、白细胞数目增加，并见大量的单核细胞；化脓性脑膜炎时，脑脊液中除中性粒细胞增多外，还可见到病原微生物。

【鉴别诊断】　根据意识障碍迅速发展，兴奋和沉郁交替发生，明显的运动和感觉机能障碍等，一般不难诊断，但应与以下疾病鉴别。

1. 中暑　多发生在炎热的天气，可能由于重度使役，通风不良，运输不当造成，仅呈一般脑症状，缺乏局部脑症状，体温显著升高，脉搏快速，呼吸急促，体表静脉怒张，治疗迅速得当，能迅速恢复。

2. 脑挫伤及脑震荡　主要由于颅部遭受暴力作用引起，并伴随不同程度的昏迷状态，本病罕见兴奋症状，常伴发一定的局部脑症状。

【治疗】　治疗原则为加强护理、降低颅内压、抗菌消炎、对症治疗。首先将患兽置于黑暗、安静的环境中，尽可能减少刺激；给予易于消化、营养丰富的流质或半流质食物；为降低颅内压、防止脑水肿，可静脉注射20%葡萄糖、20%甘露醇或25%山梨醇。对细菌性感染者，应早期选用易通过血-脑屏障的抗菌药物，如头孢菌素、磺胺、氯霉素、氨苄青霉素等。对病毒性感染没有直接有效的药物。对免疫引起的脑膜炎，皮质类固醇类药物有较好的疗效。颗粒性脑膜炎可使用皮质类固醇药物和放疗药物合并治疗。当有高度兴奋，狂躁不安时，可使用镇静剂，如苯巴比妥或氯丙嗪1mg/kg体重，肌内注射；当心脏衰弱时，可用樟脑、安钠咖等强心剂。

【预防】　注意防疫卫生，防止传染性与中毒性因素的侵害；定期驱虫，防止寄生虫引起的感染；注意饲料的保存，避免霉变的发生；对于有可能诱发脑膜炎的一些传染病和中毒病，要采取隔离消毒措施，隔离观察和治疗，避免传播。

（马泽芳　崔　凯）

第六节　外 科 疾 病

一、脓　　肿
（abscess）

脓肿是急性感染过程中，机体任何组织或器官内形成的外有脓肿膜包裹，内有脓汁潴留的局限性脓腔。在脓腔四周是完整的脓壁，其内部积聚有脓液。它是致病菌感染后所引起的局限性炎症。如果脓汁潴留发生在解剖腔内（胸膜腔、喉囊、关节腔、鼻窦）则称之为蓄脓，如胸膜腔蓄脓、关节蓄脓、上颌窦蓄脓等。本病在各种经济动物体上均可发生。

【病因】　脓肿多由感染引起，主要分为三类。

（1）第一类是由致病菌引发的感染。一些致病菌如葡萄球菌、化脓性链球菌、大肠埃希菌、绿脓杆菌和腐败菌，当这些致病菌侵入受损伤的皮肤或黏膜时将会引发感染。需要注意的是，由于动物种类不同，对于同一致病菌的感受性也会有所差异。

（2）第二类是在静脉注射的过程中引发的感染。在注射水合氯醛、氯化钙、高渗盐水及砷制剂的过程中，若发生误注或漏注的情况将会诱发脓肿；若不严格遵守无菌操作规程也可造成注射部位产生脓肿，此时发生的脓肿通常为局限型。

（3）第三类是当致病菌由原发病灶经血液或淋巴转移至某一新的组织或器官时，可形成转移性脓肿。

【症状】 脓肿分为浅在性脓肿与深在性脓肿。

1. 浅在性脓肿 该脓肿以红、肿、热、痛及波动感为特征。初期局部肿胀无明显界限，触诊坚实有疼痛反应。随着病情发展，脓肿界限逐渐清晰成局限性，最后形成坚实的分界线，中央形成局限性球形肿块，逐渐软化，有波动感，肿块破溃后可流出大量脓汁。

2. 深在性脓肿 由于所处部位较深，加之被覆有较厚的组织，局部增温不易触及，临床上通常不表现出明显症状。常出现皮肤及皮下结缔组织炎性水肿，触诊时有疼痛反应并常有指压痕，动物通常表现轻度发热、食欲不佳等症状。如较大的深在性脓肿未能及时治疗，脓肿膜可发生坏死，最后在脓液的压力下可穿破皮肤自行破溃，也可向深部发展，压迫或侵入邻近的组织或器官，引起感染扩散而呈现较明显的全身症状，严重时还可能引起败血症。

3. 鹿脓肿 脓肿最常见于四肢、腹部、颈部、面部等处，大小不一。浅在性脓肿发生于皮下、筋膜下及表层肌肉组织内。浅表性热脓肿初期局部肿胀无明显界限，触诊坚实，热痛明显；以后肿胀的界限逐渐清晰，并由于炎性细胞死亡，组织坏死、溶解、液化而形成脓汁，肿胀部位中央逐渐软化并出现波动，自溃排出脓汁。浅表性寒性脓肿有明显的局限性肿胀和波动感，但无热无痛；深在性脓肿发生于深层肌肉、肌间、骨膜及内脏器官，因部位较深，局部肿胀界限不明显，常于肿胀部位皮下出现炎性水肿，触诊时有疼痛反应并有指压痕。

【诊断】 对于浅在性脓肿的诊断较为简单，仅从红、肿、热、痛等症状就可做出初步诊断。深在性脓肿的诊断则需要借助诊断穿刺和超声波等技术进行检查。运用这些手段在确诊脓肿是否存在的同时也可确定脓肿的部位和大小。要想进一步确定引起脓肿的为何种病原菌则需要根据脓汁的性状并结合细菌学检查方可做出准确的诊断。

【治疗】

（1）体表初期脓肿的治疗主要考虑以下几点：消炎、止痛及促进炎症产物消散、吸收。

（2）当局部肿胀正处于急性炎性细胞浸润阶段可局部涂擦樟脑软膏，或用冷疗法（如复方醋酸铅溶液冷敷，鱼石脂酒精、栀子酒精冷敷），以抑制炎症渗出并止痛。当炎性渗出停止后，可用温热疗法、短波透热疗法、超短波疗法以促进炎症产物的消散吸收。局部治疗的同时，可根据病兽的情况配合应用抗生素、磺胺类药物并采用对症疗法。

（3）当局部炎症产物已无消散吸收的可能时，局部可用鱼石脂软膏、鱼石脂樟脑软膏、超短波疗法、温热疗法等以促进脓肿的成熟。待局部出现明显的波动时，应立即进行手术治疗。手术切口应选择在脓肿的下部，有利于脓汁的流出。手术的过程中切忌破坏对侧的脓肿膜，以免扩大感染，脓汁排出要彻底，但不能用力挤压脓肿壁；然后用3%的过氧化氢溶液或0.1%的高锰酸钾溶液、生理盐水反复清洗脓腔，最后使用纱布吸出里面的残留液体；缝合过程按常规手术进行。

【预防】 首先要做好消毒清洁工作，避免动物的体表受伤，保持其皮肤光洁，发现伤口及时处理，做到早观察，早发现，早治疗，疾病很快便会好转且不会影响以后的生长发育。

二、脱 臼
(dislocation)

脱臼是指关节骨间关节面因受外力作用失去正常的对合关系，也称作关节脱位。脱臼常突然发生，有的间歇发生，多因外伤所致，也见于某些先天性关节疾病。本病多发于动物的膝关节、肩关节、肘关节、指（趾）关节。按病因可将关节脱位分为先天性脱位、外伤性脱位、病理性脱位、习惯性脱位；按程度可分为完全脱位、不全脱位、单纯脱位、复杂脱位。

【病因】

1. 主要原因 外力作用是造成脱臼的主要原因，包括直接外力和间接外力，其中以间接外力作用为主，如蹬空、关节强烈伸曲、肌肉不协调的收缩等；直接外力是第二位的因素，使关节活动处于超生理范围的状态下，关节韧带和关节囊受到破坏，使关节脱位，严重时引发关节骨或软骨的损伤。

2. 次要原因 少数情况是先天性因素所致，由于胚胎异常或胎内某关节的负荷关系，引起关节囊扩大；多数情况下不发生破裂，但易造成关节囊内脱位，导致轻度的运动障碍。

3. 其他原因 另外一些病理性原因也可造成脱臼的发生，在病理因素的作用下关节与附属器官出现病理性异常，加上外力作用引发脱臼。

【症状】 脱臼的共同症状包括关节变形、异常固定、关节肿胀、肢势改变和机能障碍。

1. 关节变形 正常的解剖学结构发生改变，关节部出现隆起与凹陷。

2. 异常固定 因关节错位，致使与此关节有关的肌肉和韧带受异常牵拉，最后被固定在异常位置。

3. 关节肿胀 严重的外伤使得关节发生异常变化，关节周围组织受到破坏，继发的出血、血肿及比较剧烈的局部急性炎症反应引起关节肿胀。

4. 肢势改变 脱位关节下方肢势改变，如内收、外展、屈伸或伸展等。

5. 机能障碍 由于关节骨端变位和疼痛，导致运动时患肢发生程度不同的运动障碍，甚至不能运动。

【诊断】 关节全脱位者，根据临床症状和X线检查可做出诊断，但不完全脱位的诊断较困难，后者最好通过拍摄不同状态（如负重、刺激负重或屈伸关节）X线片加以诊断。

【治疗】 脱臼的治疗分为保守疗法与手术疗法两种，二者的原则均为整复、固定与功能锻炼等。整复是使关节的骨端回到正常的位置，整复越早越好，久拖的病例若出现炎症反应会影响整复效果。为了减少肌肉、韧带的张力和疼痛，整复应当在麻醉状态下实施，此法复位效果较好。整复的方法有按、揣、揉、拉和抬。在大动物关节脱位的整复时，常用绳子将患肢拉开，然后按照正常解剖学位置使脱位的关节骨端复位；当复位时会有一种声响，此后，关节恢复正常形态。

为了防止复发，固定是必要的。整复后，下肢关节可用石膏或者夹板绷带固定，经过3~4周后去掉绷带，牵遛运动让病兽恢复。在固定期间用热疗法效果更好。由于上肢关节不便用绷带固定，可以采用5%的灭菌盐水或者自家血向脱位关节的皮下做数点注射（总量不超过20mL），引发周围组织炎症性肿胀，因组织紧张而起到生物绷带的作用。

在实施整复时，一只手应当按在被整复的关节处，可以较好地掌握关节骨的位置和用力的方向，整复后应当拍 X 线检查。对于一般措施无效的病例，可以进行手术治疗。根据不同的关节脱位，使用不同的手术径路。根据脱位的性质，选择髓内针、钢针和钢丝等进行内固定，如有韧带断裂的情况应将其缝合固定。常配合外固定以加强内固定。

【预防】　防止本病发生首先是减少动物出现过多的剧烈运动，其次防止关节疾病的发生，饲养者应善于观察，对动物异常运动状态及时做出正确判断，这有利于脱臼的早期治疗。

三、骨　折
（fractures）

骨折是由于外力的作用，使骨骼的完整性（不完全骨折）及连续性（完全骨折）受到破坏，同时周围的软组织受到不同程度的损伤，一般以血肿为主。各种动物均可发生骨折。

【病因】　骨折分为外伤性骨折与病理性骨折。

1. 外伤性骨折　主要是受强烈外力作用而使骨发生不同程度的损伤，包括直接暴力、间接暴力、肌肉牵拉力、持续劳损力等。直接暴力如打击伤、枪伤、压伤等；间接暴力则可使骨折发生在远离外来暴力作用的部位；肌肉牵拉力引发的多为撕脱性、螺旋性或横断性骨折。

2. 病理性骨折　多见于骨质疾病的骨折，如骨髓炎、佝偻病、骨软病、衰老、缺钙疾病及氟中毒等，这些处于病理状态下的骨骼，疏松脆弱，应力抵抗降低，有时在较小外力的作用下也可发生骨折。

【症状】　主要表现有肢体变形，患肢呈弯曲、缩短、延长等姿势；异常活动，改变正常活动姿势；骨折两断端相互触碰，可听到骨摩擦音，但有时听不到；重者断端可任意摆动。由于血管的破裂及炎性水肿而发生局部肿胀、增粗；疼痛使患兽不安，避让，患肢悬空，不愿活动，功能障碍。

轻度骨折一般全身症状不明显。严重的骨折伴有内出血、肢体肿胀或者内脏损伤时，可并发急性大失血和休克等一系列综合症状；闭合性骨折于损伤 2~3d 后，因组织破坏后分解产物和血肿的吸收，可引起轻度体温上升。骨折部若继发细菌感染时，体温升高，局部疼痛加剧，食欲减退。

骨折时的合并症状有：皮肤损伤、肌肉损伤、血管破裂、神经损伤、感染、脂肪栓塞、皮下气肿、发热等。严重骨折伴有内出血，内脏损伤时，可并发失血或休克症状。

麝鼠在长骨骨折时，如果是开放性骨折，可发现骨的断端暴露，创伤内含有血块、碎骨片、异物等；皮肤、肌肉和软组织发生损伤。如果皮肤保持完好，软组织损伤较轻，只有一定程度的肿胀，属于闭锁性骨折。在脊椎骨折时，由于脊髓受到机械性损伤，常造成后躯麻痹，皮肤感觉消失；如骨髓完全断裂，那么肛门和膀胱机能都失去控制，麝鼠不能自控排粪排尿，致使会阴部被粪尿污染，膀胱充满尿液，发生尿毒症，此时病鼠在圈舍内躺卧不起；如果骨髓轻度损伤，各种机能还可以恢复。

【诊断】　根据发病症状和发病史，一般不难诊断。通过临床表现，一般可对骨折做出初步诊断，必要时可进行 X 线检查、直肠检查、骨折传导音的检查等。

【治疗】　依据骨折损伤程度及动物的价值，决定治疗方法或放弃治疗。必要时可采取外固定或内固定治疗。外固定包括夹板固定、石膏固定和牵引固定。常用的夹板固定是将动物躺卧，患肢在上，先将断端整复，对齐固定住，再用绷带缠绕几道，外垫少许棉花，在左右前后用 2~4 块夹板固定，外用绷带或铁丝固定，约 1 个月，即可拆除，大部分都能恢复原有功能。对价值较大的经济动物，如种兽的完全性骨折可实施内固定手术如髓内针固定等。皮肤损伤应外科处理，并配合消炎、止痛、止血等药物。若为病理性骨折，应积极治疗原发病，注意饲料的成分配比，加强饲养管理。

【预防】　　每日应使动物进行适当运动，适度运动一方面可强化骨骼强度，另一方面也可以保持肌肉与韧带的张力，但坚决防止剧烈运动的发生，这可能会加大发生骨折的可能性。

四、包　皮　炎
（posthitis）

包皮炎是包皮的炎症，通常和龟头炎伴发，形成龟头包皮炎。各种雄性动物都能发病。

【病因】

1. 急性包皮炎　　主要因包皮或龟头部遭受机械性损伤而引起。损伤多发生在交配、采精过程中，或在包皮口进入异物后。管理条件或卫生条件较差的情况下，腹下壁、包皮口常为粪尿、垫草、泥沙等沾污，一旦遭受损伤，包皮内已积留的尿液和包皮垢以及原来隐伏于包皮腔内的假单胞菌、棒状杆菌、葡萄球菌、链球菌等，就可侵入而发生急性感染。

2. 慢性包皮炎　　常因尿液和包皮垢的分解产物长期刺激黏膜而引起，或由附近炎症蔓延而来。此外，某些传染性病原体也可引起包皮、阴茎黏膜的炎症。对于患有包茎的动物，更容易发生本病。

【症状】　　病初没有明显症状，不易发觉。随病情发展，即出现排尿频繁，局部增温等症状。触诊时有痛感，可见包皮内黏膜发炎、溃疡、肿胀。若不及时治疗，病情便会恶化，出现化脓与坏死。约在伤后 3 周可逐渐形成包皮内脓肿，大小不定，呈球形，触诊柔软有波动。脓肿破溃后从包皮口向外流出具有腐败气味的脓液。排尿时常呈点滴淋漓状，有时可见有血液和脓样分泌物流出，有的则因包皮组织增生，形成肿瘤。在病程后期，患兽精神沉郁，食欲减退，排尿和运动困难，最后导致尿道化脓性栓塞，终因尿毒症或膀胱破裂而死亡。

鹿包皮炎：包皮前端呈现轻度的热痛性肿胀，包皮口处逐渐下坠，越长越大，呈游离状，龟头体积增大，出现溃疡，糜烂，流大量黏性脓性分泌物，随着病程延长，下垂的包皮增生、增大，龟头端粗大，呈倒置手电筒状。病鹿排尿痛苦、困难，尿流变细或呈滴状流出。

【诊断】　　结合临床症状与实验室诊断可对本病做出正确判断。

【治疗】

1. 一般处理　　多采用局部治疗。以 0.1% 高锰酸钾溶液或双氧水洗涤患部，彻底除去坏死组织或异物，涂布磺胺软膏，2～3d 治疗 1 次。患部洗涤处置后，也可涂上注射用青霉素 G 钠粉 80 万 U，然后按每公斤体重 2000～4000U 肌内注射青霉素，每 2～3d 注射 1 次。

2. 局部肿胀严重者　　为了改善局部血液循环，宜配合温敷、红外线照射等温热疗法。包皮内脓肿在穿刺确诊后，应及时拉出阴茎，通过内包皮黏膜切开排脓，不宜通过皮肤切口排脓，否则容易引起继发感染。由于龟头包皮部比较敏感，在治疗中禁用刺激性的药物和疗法，否则将会加重炎症的发展，若是用温热疗法，也应严格控制温度。若出现全身症状且食欲减退，除上述治疗外，还应在精料中增加健胃剂等综合疗法。

【预防】　　首先要做好厩舍的清洁工作，定期清扫舍内粪便，防止积水和泥泞，保持动物体表清洁。特别是配种期要注意清洁卫生，避免生殖器官的污染与创伤，以避免本病发生。

五、脐 带 炎
（omphalitis）

脐带炎指新生仔兽脐血管及周围组织的炎症。

【病因】　人工助产断脐时，所留脐带断端过长，消毒不严格，致使新生仔兽在活动过程中造成了脐带下垂和感染。

【症状】　发病初期仅见新生仔兽食欲降低，腹泻，消化不良。随病程延长，精神沉郁，体温升高至40～41℃，常不愿行走。脐带肿胀，触诊疼痛，质度坚硬；脐带端湿润，呈污红色，炎症扩展周围组织，引起蜂窝织炎和脓肿；挤压脐带排出灰白色脓汁，具有恶臭味。因断端封闭而挤不出脓汁时，只见脐孔周围形成脓肿，病灶周围界限清楚。

【诊断】　脐带与组织肿胀，触诊质地坚实，患兽有疼痛反应；脐带断端湿润，用手挤压可挤出污秽脓汁，恶臭，有的因脐带断端封闭而挤不出脓汁，但见脐孔周围形成脓肿。

【治疗】

1. 局部治疗　清除坏死组织，并涂以碘酊，分点或环状青霉素普鲁卡因封闭。已化脓或局部坏死严重者，先用3%双氧水冲洗，再用0.2%～0.5%雷夫诺尔液反复冲洗，最后涂上抗菌药。局部形成脓肿者，涂以鱼石脂，成熟后切开排脓冲洗。

2. 全身治疗　为防止炎症扩散或已有全身感染症状，应全身给予抗生素和对症处理。

【预防】　接产时脐带断端宜短些，一般不做脐带结扎，要用碘酊经常消毒，促进干燥脱落。若发现脐带、脐孔处潮湿应及早处理。加强断脐后新生仔兽的护理工作，保持良好的卫生环境，运动场所和圈舍清扫干净，定期消毒，保持空气的干燥、清新。

六、风 湿 病
（rheumatism）

风湿病是动物在风、寒、湿等侵袭下，肌肉、肌腱、关节等部位表现疼痛的一种疾病，以胶原纤维发生纤维素样变性为特征。本病具有突然发作、反复出现，并呈转移性疼痛的特点。通常认为风湿病是一种全身变态反应性疾病，常侵害肌肉、关节等部位。

【病因】　风湿病的病因迄今尚未完全阐明。目前一般认为与溶血性链球菌感染有关。溶血性链球菌感染所引起的病理过程有两种：一种为化脓性感染，另一种为感染后的变态反应性疾病。变态反应性疾病是引起风湿病的主要原因，机体被溶血性链球菌感染后便会形成相应的抗体。溶血性链球菌可以侵入抵抗力较低的机体而发生再感染，抗原与抗体在结缔组织中结合导致了无菌性炎症的发生。

【症状】　风湿病可按病程分为急性型和慢性型两种。急性风湿病常出现比较明显的全身症状，一般经过数日即可好转，但再次受冷时，又可复发，病变部位有时就有转移性，触诊患部肌肉有疼痛感，紧张而坚实。慢性风湿病病程拖延较长，患病的组织或器官缺乏急性经过的典型症状，热痛不明显。由于运动量减少，患部肌肉可发生萎缩，皮肤活动性降低。

按发生组织不同又可分为肌肉组织风湿病与关节风湿病。肌肉风湿病常发生于活动性较大的肌群，急性经过时可出现浆液性或纤维素性炎症，且炎性渗出物积聚于肌肉结缔组织中。慢性经过时则出现慢性间质性肌炎。因患病肌肉疼痛，动物常出现非正常的运动姿势。关节风湿病常发生于活动性较大的关节。其特征为急性期出现风湿性关节炎症状，关节囊及周围组织水肿，滑液中有时出现纤维蛋白及颗粒细胞。患病关节外形粗大，触诊温热、疼痛、肿胀。运步时出现跛行且跛行可随运动量的增加而减轻或消失。病兽精神沉郁、食欲减退、体温升高，呼吸及脉搏数均有所增加，有时可听到心内性杂音；当转为慢性经过时则呈慢性关节炎，关节滑膜及周围组织增生、肥厚，关节肿大且轮廓不清，动物活动范围大大减少。

另外，心脏风湿病主要表现为心内膜炎，听诊第一心音及第二心音增强，有时出现期外收缩性杂音。

鹿肌肉风湿：因患病肌肉疼痛，病鹿表现运动不协调、四肢强硬、举步发直、无力，行走摇摆、步小。站立时拱背，严重时站立困难，长期卧地不起，强迫行走时走几步突然跌倒。多数肌群发生急性风湿性肌炎时可出现全身症状，病鹿精神沉郁，食欲减退，体温升高，脉搏和呼吸增数，当转为慢性经过时，全身症状不明显。

【诊断】 风湿病尚缺乏特异性诊断方法，临床上主要根据病史和临床表现加以诊断；另外还可通过对血清中溶血性链球菌的各种抗体与血清非特异性生化成分的测定进行诊断。

【治疗】 风湿病的治疗要点是：消除病因、加强护理、祛风除湿、解热镇痛、消除炎症，改善饲养管理方式以增强患兽的抗病能力。

【预防】 在风湿病多发的冬春季节，经常保持动物体及饲养场所的清洁卫生，尤其是冬季厩舍内不应有粪尿堆积；另外要做好防寒工作，避免动物受寒感冒。对溶血性链球菌引起的急性上呼吸道感染，如急性咽炎、喉炎、扁桃体炎、鼻卡他等疾病应及时治疗；饲料搭配要合理，饲料中要含有足够的蛋白质、矿物质、微量元素和维生素。

七、角 膜 炎
（keratitis）

角膜炎是指角膜因受微生物、外伤、化学及物理性因素影响而发生的炎症。某些全身免疫反应、中毒、营养不良、邻近组织的病变亦可引起角膜炎。角膜炎可分为外伤性、表层性、深层性（实质性）及化脓性角膜炎数种。

【病因】 角膜炎多由于外伤（如鞭梢打击、笼头压迫、尖锐物体刺激）或异物误入眼内（如碎玻璃、碎铁片等）而引起；角膜暴露、细菌感染、营养障碍、邻近组织病变的蔓延等也可诱发本病；某些传染病（如腺疫、犬传染性肺炎）和浑睛虫病能并发角膜炎。

【症状】 角膜炎的共同症状是羞明、流泪、疼痛、眼睑闭合、角膜混浊、角膜缺损或溃疡。轻度的角膜炎常不容易直接发现，只有在阳光斜照下可见到角膜表面粗糙不平。

外伤性角膜炎常可找到伤痕，透明的表面变为淡蓝色或蓝褐色。由于致伤物体的种类和力量不同，外伤性角膜炎可出现角膜浅创、深创或贯通创。角膜内如有铁片存留时，于其周围可见带铁锈色的晕环。

由于化学物质所引起的热伤，轻度的仅见角膜上皮被破坏，形成银灰色混浊；深层受伤时则出现溃疡；重剧时发生坏疽，呈明显的灰白色。

角膜面上形成不透明的白色瘢痕时叫作角膜混浊或角膜翳。角膜浑浊是角膜水肿和细胞浸润的结果（如多形核白细胞、单核细胞和浆细胞等），致使角膜表层或深层变暗而浑浊。浑浊可能为局限性或弥散性，也有呈点状或线状的，角膜混浊一般呈乳白色或橙黄色。

【诊断】 结合临床症状及眼科检查即可做出相应诊断。

【治疗】 为了促进角膜混浊的吸收，可向患眼吹入等份的甘汞和乳糖（白糖也可以），用 40% 葡萄糖溶液或自家血点眼，也可用自家血眼睑皮下注射或用 1%～2% 黄降汞眼膏涂于患眼内。每天静脉内注射 5% 碘化钾溶液 20～40mL 或每天内服碘化钾 5～10g，连用 5～7d；疼痛剧烈时，可用 10% 颠茄软膏或 5% 狄奥宁软膏涂于患眼内。

角膜穿孔时，应严密消毒防止感染。对新发的虹膜脱出病例，可将虹膜还纳展平；脱出久的病例，可用灭菌的虹膜剪剪去脱出部，涂黄降汞软膏，装眼绷带。若不能控制感染，就应行眼球摘除术。

三七液煮沸灭菌待冷却后点眼，对角膜后创伤愈合起促进作用，且能使角膜混浊减退。青霉素、普鲁卡因、氢化可的松等球结膜下或患眼上、下眼睑皮下注射，对小动物外伤性角膜炎引起的角膜翳效果良好。中成药如拨云散、光明子散、明目散等对慢性角膜炎有一定疗效。症候性、传染病性角膜炎，应注意治疗原发病。另外自家血疗法对本病也有一定疗效。

【预防】　尽量避免阳光直射动物的眼睛，避免灰尘、蝇的侵袭。做好动物饲养场所的清洁工作，定期对动物眼部进行检查。

八、结　膜　炎
（ conjunctivitis ）

结膜炎是指眼结膜受外界刺激和感染而引起的炎症，是最常见的一种眼病，有卡他性、化脓性、滤泡性、伪膜性及水泡性结膜炎等型。各种动物都可发生。

【病因】　结膜对各种刺激非常敏感，常由于外来的或内在的轻微刺激而引起炎症，常见的有下列原因。

1. 机械性因素　如结膜外伤，各种异物（如灰尘、谷物芒刺、干草碎末、植物种子、花粉、烟灰、被毛、昆虫等）落入结膜囊内或粘在结膜面上，牛泪管吸吮线虫出现于结膜囊或第三眼睑内（不但呈机械性刺激，而且还呈化学作用），眼睑位置改变（如内翻、外翻、睫毛倒生等）以及笼头不合适等。

2. 化学性因素　如石灰粉、熏烟、厩舍空气内有大量氨以及各种化学药品（包括已分解或过期的眼科药）或农药误入眼内。

3. 温热性因素　如热伤。

4. 光学性因素　眼睛未加保护，遭受夏季日光的长期直射、紫外线或 X 线照射等。

5. 传染性因素　多种微生物经常潜伏在结膜囊内，正常情况下，由于结膜面无损伤、泪液溶菌酶的作用以及泪液的冲洗作用，不可能在结膜囊内发育，但当结膜的完整性遭到破坏时易引起感染而发病。

6. 免疫介导性因素　如过敏、嗜酸粒细胞性结膜炎等。

7. 继发性因素　继发于邻近组织的疾病（如上颌窦炎、泪囊炎、角膜炎等），重剧消化器官疾病及多种传染病（如流行性感冒、犬瘟热等）常并发所谓症候性结膜炎。

【症状】　结膜炎的共同症状是羞明、流泪、结膜充血、结膜浮肿、眼睑痉挛、渗出及白细胞浸润。

1. 卡他性结膜炎　该病是临床上最常见的病型，结膜潮红、肿胀、充血，流浆液、黏液或黏液脓性分泌物。卡他性结膜炎可分为急性和慢性两型。

（1）急性型：轻度时结膜及穹隆部稍肿胀，呈鲜红色，分泌物少，初似水，继则变为黏液性。重度时，眼睑肿胀、热痛、羞明、充血明显，甚至见出血斑。炎症可波及球结膜，分泌物量多，初稀薄，渐次变为黏液脓性，并积蓄在结膜囊内或附于内眼角。有时角膜面也见轻微的混浊，若炎症侵及结膜下时，则结膜高度肿胀，疼痛剧烈。

（2）慢性型：常由急性转来，症状往往不明显，羞明很轻或见不到；充血轻微，结膜呈暗赤色、黄红色或黄色。经久病例，结膜变厚呈丝绒状，有少量分泌物。

2. 化脓性结膜炎　　因感染化脓菌或在某种传染病（特别是犬瘟热）经过中发生，也可以是卡他性结膜炎的并发症。一般症状都较重，常由眼内流出多量纯脓性分泌物，时间越久则越浓，因而上、下眼睑常被粘在一起。化脓性结膜炎常波及角膜而形成溃疡，且常带传染性。

兔结膜炎：病兔的一眼或双眼均可患病，初期眼结膜充血、肿胀、流泪，2～3d 后，角膜发生不同程度的混浊，分泌物增加，引起眼睑闭合，继而双眼糜烂、溃疡、眼球化脓。

【诊断】　　结合临床症状及眼科检查即可做出相应诊断。

【治疗】

1. 除去病因　　应设法将病因除去。若是症候性结膜炎，则应以治疗原发病为主。若环境不良应设法改善环境。

2. 遮断光线　　将患兽放在暗厩内或装眼绷带。当分泌物量多时，以不装眼绷带为宜。

3. 清洗患眼　　用 3% 硼酸溶液清洗患眼。

4. 对症疗法

（1）急性卡他性结膜炎：充血显著时，初期冷敷；分泌物变为黏液时，则改为温敷，再用 0.5%～1% 硝酸银溶液点眼（每日 1～2 次）。用药后经 30min，就可将结膜表层的细菌杀灭，同时还能在结膜表面上形成一层很薄的膜，从而对结膜面呈现保护作用。但用过本品后 10min 要用生理盐水冲洗，避免过剩的硝酸银分解刺激，且可预防银沉着。若分泌物已见减少或将趋于吸收过程时，可用收敛药，其中以 0.5%～2% 硫酸锌溶液（每日 2～3 次）较好。此外，还可用 2%～5% 蛋白银溶液、0.5%～1% 明矾溶液或 2% 黄降汞眼膏，也可用 10%～30% 板蓝根溶液点眼。

（2）球结膜内注射青霉素和氢化可的松：用 0.5% 盐酸普鲁卡因溶液 2～3mL 溶解青霉素（5～10）×10^{4}U，再加入氢化可的松 2mL（10mg），球结膜内注射，1 日或隔日 1 次；或以 0.5% 盐酸普鲁卡因溶液 2～4mL 溶解氨苄青霉素 10×10^{4}U，再加入地塞米松磷酸钠注射液 1mL（5mg）上下眼睑皮下各注射 0.5～1mL。

（3）慢性结膜炎：其治疗以刺激温敷为主。局部可用较浓的硫酸锌或硝酸银溶液，或用硫酸铜棒轻擦上下眼睑，擦后立即用硼酸水冲洗，然后再进行温敷；也可用 2% 黄降汞眼膏涂于结膜囊内；中药川连 1.5g，枯矾 6g，防风 9g，煎后过滤，洗眼效果良好。

（4）病毒性结膜炎：可用 0.1% 无环鸟苷、0.1% 碘苷（疱疹净）或 4% 吗啉胍等眼药水，每小时滴眼 1 次，病情较轻者可自愈；为防止混合感染，可加用抗生素眼药水。

自家血疗法对本病有一定治疗效果。某些病例可能与机体全身营养或维生素缺乏有关，因此应改善病兽的营养并给以维生素。

【预防】　　保持厩舍和运动场的清洁卫生；注意通风换气与光线，防止风尘的侵袭；严禁在厩舍里调制饲料和刷拭兽体；治疗眼病时，要特别注意药品的浓度和有无变质情况。

九、血　　肿
（hematoma）

血肿是由于各种外力作用，导致血管破裂，溢出的血液分离周围组织，形成充满血液的腔洞。

【病因】　软组织若发生非开放性损伤容易诱发血肿，除此之外骨折、刺创、火器创也可形成血肿。血肿常发生于动物的耳部、颈部、胸前和腹部等的皮下、筋膜下、肌间、骨膜下及浆膜下。根据损伤的血管不同，血肿分为动脉性血肿、静脉性血肿和混合性血肿。

【症状】　发生血肿后，组织迅速肿胀膨大，肿胀部位有明显波动感，触之饱满有弹性。4～5d 后肿胀周围坚实，有捻发音，中央部有波动，局部增温，穿刺时可排出血液；有时可见局部淋巴结肿大和体温升高等全身症状。血肿感染可形成脓肿，需特别注意。

【病理变化】　血肿形成的速度较快，其大小决定于受伤血管的种类、粗细和周围组织性状，一般均呈局限性肿胀，且能自然止血。较大的动脉断裂时，血液沿筋膜下或肌间浸润，形成弥散性血肿；较小的血肿，由于血液凝固而缩小，其血清部分被组织吸收，凝血块在蛋白分解酶的作用下软化、溶解和被组织逐渐吸收。其后由于周围肉芽组织的新生，使血肿腔结缔组织化。较大的血肿周围，可形成较厚的结缔组织囊壁，其中央仍储存未凝的血液，时间较久则变为褐色，甚至无色。

【诊断】　常根据临床症状如肿胀、触诊有弹性等特点，结合穿刺检验内容物，对本病做出正确诊断。

【治疗】　治疗重点应从制止溢血、防止感染和排除积血着手，可于患部涂碘酊，装压迫绷带，经 4～5d 后，可穿刺或切开血肿，排除积血或血凝块和挫灭组织；如发现继续出血，可行结扎止血，清理创腔后再行缝合创口或开放疗法。

【预防】　预防此类疾病首先是要做好消毒清洁工作，避免动物的体表受伤，保持其皮肤光洁，发现伤口及时处理，防止病症进一步恶化。

十、疝
（hernia）

疝是腹部的内脏从异常扩大的自然孔道或病理性破裂孔脱至皮下或其他解剖腔的一种常见病。各种动物均可发生。

【病因】　本病的发生有的是遗传因素造成，有的是动物之间相互撕咬或外力作用导致腹壁异常收缩，引起腹肌和腹膜破裂，而保留皮肤的完整性；另外某些解剖孔扩大、膈肌发育不全、机械性外伤、腹压增大、阉割不当等也易引发本病。

【症状】　先天性外疝，如脐疝、腹股沟疝、会阴疝等的发病都有其固定的解剖部位。可复性疝一般不引起动物任何全身性障碍，而只是在局部突然呈现一处或多处隆起，隆起物呈圆形或半圆形，球状或半球状，触诊柔软。当改变动物体位或用力挤压时，隆起部可能消失，可触摸到疝孔。当病兽强烈努责或腹腔内压增高或吼叫挣扎时，隆起会变得更大，表明疝内容物随时有增减的变化。外伤性腹壁疝随着腹壁组织受伤的程度而异，在破裂口的四周往往有不同程度的炎性渗出和肿胀，严重的逐步向下向前蔓延，压之有水肿指痕，很容易发展形成粘连疝。嵌闭性疝则突然出现剧烈的疝痛，局部肿胀增大、变硬、紧张，排粪、排尿受到影响，严重的二便不通或发生继发性臌气。

1. 脐疝　出现大小不等的局限性球形突起，触摸柔软，无热、无痛。犬、猫的脐疝大多偏小，疝孔直径一般不超过 2～3cm，疝内容物多为镰刀韧带，有时是网膜或小肠。较大的脐疝，也可有部分肝、脾脱入疝囊。脐疝多具可复性，将动物直立或仰卧保定后压挤疝囊，容易将疝内容物还纳入腹腔，此时即可触及扩大的脐孔。患有脐疝的动物一般无其他临床症状，精神、食欲、排便均正常。

2. 腹股沟阴囊疝　常为一侧发生，临床表现患侧阴囊明显增大，皮肤紧张，触之柔软有弹性，无热、无痛。提起动物两后肢并压挤增大的阴囊，疝内容物容易进入腹腔，阴囊随即缩小，但患侧阴囊皮肤与健侧相比，显得十分松弛。病程较久时，因肠壁或肠系膜等与阴囊总鞘膜发生粘连，即呈不复性阴囊疝，但一般并无全身症状。嵌闭性腹股沟阴囊疝发生较少，一旦发生肠管嵌闭，局部显著肿胀，皮肤紧张，疼痛剧烈，动物迅即出现食欲废绝，体温升高等全身反应。如不及时修复，很快因嵌闭肠管发生坏死，动物中毒性休克而死亡。

3. 伤性腹壁疝　腹壁外伤造成腹肌、腹膜破裂而导致腹腔内脏器脱至腹壁皮下，称为外伤性腹壁疝。常在腹侧壁或腹底壁出现一个局限性柔软的扁平或半球形突起，突起部皮肤上常有擦伤或挫伤痕迹。在疝发生早期，局部出现炎性肿胀，触之温热疼痛，用力压迫突起部，疝内容物可还纳入腹腔，同时可摸到皮下的破裂孔。随着炎性肿胀消退和病程延长，触诊突起部无热、无痛，疝囊柔软有弹性，疝孔光滑，疝内容物大多可复，但常与疝孔周围腹膜、腹肌或皮下纤维组织发生粘连，很少有嵌闭现象。

4. 会阴疝　临床特征是在肛门侧方或下侧方出现局限性圆形或椭圆形突起，大多数患犬的疝内容物是直肠，触摸突起部柔软有弹性，无热、无痛。用手指作直肠检查时发现，直肠扩张且积有多量粪便，并呈向外侧偏移状。当疝内容物为膀胱或前列腺时，触摸手感质地稍硬，按压时患犬有疼痛反应。若用力向前推压疝囊见动物排尿，或于突起部穿刺见多量淡黄色透明液体流出，表明疝内容物是膀胱。少数患犬的疝内容物为腹膜后脂肪组织，其疝一般较小，触之柔软。

5. 膈疝　与进入胸腔内腹腔内容物的多少及其在膈裂孔处有无嵌闭有密切关系。若进入胸腔的腹腔脏器少，且对心肺压迫影响不大，或在膈裂孔处不发生嵌闭，一般不表现明显症状，许多先天性膈疝与小的外伤性膈疝即是如此。若进入胸腔内的腹腔脏器较多，便对心、肺产生压迫，动物呼吸极度困难，头颈伸直，张口呼吸，可视黏膜发绀，常因缺氧窒息而死亡；若进入胸腔的腹腔脏器在膈裂孔处发生嵌闭，即可引起明显的腹痛反应，动物头颈伸展，腹部卷缩，不愿卧地，行走谨慎或保持犬坐姿势，同时精神沉郁，食欲废绝。当嵌闭的脏器因血液循环障碍发生坏死后，动物即转入中毒性休克或死亡。

【诊断】

1. 脐疝　很容易诊断。当脐部出现局限性突起，压挤突起部明显缩小，并触摸到脐孔，即可确诊。但若疝内容物与脐孔缘发生粘连，难以压回腹腔时，应注意与脐部脓肿鉴别。脐部脓肿也表现为局限性肿胀，触之热痛、坚实或有波动感，一般不表现精神、食欲、排便等异常变化，脐部穿刺排出脓液，与脐疝显然不同。

2. 可复性腹股沟阴囊疝　容易诊断。倒提动物两后肢并压挤增大的一侧阴囊，体积随之缩小；恢复正常体位后，患侧阴囊再次增大，即可确诊。本病应注意与睾丸炎、睾丸肿瘤进行鉴别，睾丸炎或睾丸肿瘤均表现为阴囊一侧或两侧增大，但触诊患侧阴囊为睾丸自身肿大，阴囊内无其他实质性内容物，而且急性睾丸炎有热痛表现，与阴囊疝不难区别。

3. 腹壁疝诊断 依据病史与腹壁出现局限性柔软突起，结合触诊摸到疝孔，即可确诊。当疝孔小且疝内容物与疝孔缘及皮下结缔组织发生粘连而不可复时，往往难以摸到疝孔，此时应注意与腹壁脓肿、血肿或淋巴外渗等进行鉴别。腹壁疝无论其内容物可复或不可复，触诊疝囊大多柔软有弹性，此外听诊可能听到肠蠕动音，而脓肿早期触诊有坚实感，局部热痛反应强烈。触诊成熟的脓肿、血肿与淋巴外渗均呈含有液体的波动感，穿刺后分别排出脓液、血液或淋巴液，肿胀随之缩小或消失，并不存在疝孔，与腹壁疝性质完全不同。

4. 会阴疝 本病患部相对固定，触摸突起部大多柔软可复、无炎性反应，动物排粪或排尿困难，依据这些特点即可作出初步诊断。结合直肠指检或对突起部进行穿刺等检查结果，容易确诊本病。

5. 膈疝 依据动物有外伤病史并表现明显的呼吸困难，而体温正常且无肺炎特点，听诊心音低沉、肺界缩小或胸部有肠音等，即可作初步诊断。X线摄片可显示膈疝的典型影响：心膈角消失，膈线中断，心膈区内出现胃或肠段充气的影像，或心脏轮廓部分完全消失。

【治疗】 治疗方法分为保守疗法与手术疗法。

1. 保守疗法 即利用纱布绷带或复绷带、强刺激等促使局部炎性增生闭合疝口。目前认为最佳的保守疗法是皮下包埋锁口缝合法，此法简单、易行、可靠。方法是缝针带缝线绕疝孔皮下一周，还纳内容物，然后拉紧缝线，闭合疝孔打结。

2. 手术疗法 较为严重的病例适用于手术疗法。术前禁食，按常规无菌技术进行手术。动物全身麻醉或局部浸润麻醉后，仰卧或半仰卧保定，切口在疝囊底部。仔细切开疝囊壁，以防伤及疝囊内的脏器。认真检查疝内容物有无粘连和坏死。有粘连者仔细剥离粘连的肠管，若有肠管坏死，需行肠部分切除术；若无粘连和坏死，可将疝内容物直接还纳腹腔内，然后缝合疝轮。

【预防】 避免动物发生剧烈运动，保持其腹内压及胸内压处于正常状态；对于机械性外伤要及时处理，准确做出判断，避免疝的形成。

十一、直 肠 脱
（rectal prolapse）

直肠脱指直肠末端黏膜或部分直肠由肛门向外翻转脱出，不能自行缩回的一种病理状态。严重病例可在发生直肠脱的同时并发肠套叠或直肠疝。各种动物均易发病，幼龄者易发。

【病因】 直肠脱可看成是全身性疾病的局部表现，它的发生多是由于各种综合因素联合作用的结果，其直接原因是直肠韧带松弛，直肠黏膜下层组织和肛门括约肌松弛与机能不全。若动物饲养失调、劳役过度、营养缺乏以及发育不良均可导致直肠脱的发生。经产的动物由于直肠周围组织松弛，对直肠的支持固定功能不全，发生直肠脱的可能性大大增加。饲料搭配不当加之饮水不足所导致的便秘可继发直肠脱垂。慢性咳嗽、阴道脱垂、不麻醉进行去势易引起强烈努责，使腹内压持续增加诱发本病；另外，灌肠所使用的刺激性药物若造成直肠炎症也可使动物出现直肠脱垂的情况。

【症状】 直肠脱根据其脱出程度可分为两类：直肠黏膜性脱垂和直肠壁全层脱垂。直肠在病兽卧地或排粪后部分脱出，即直肠部分性或黏膜性脱垂，习惯上称为脱肛。若脱出时间较长，则黏膜发炎，黏膜下层水肿，失去自行复原的能力，在肛门处可见淡红或暗红色的圆球形肿胀，病兽排便障碍，水肿更加严重；同时因受外界的污染，表面污秽不洁，沾有泥土和草屑等，甚至发生黏膜出血、糜烂、坏死和继发性损伤。此时，病兽常伴有体温升高、食欲减退、精神沉郁等全身症状。

【诊断】 依据临床症状易做出诊断。但注意判断是否并发套叠。单纯性直肠脱时，圆筒状肿胀脱出向下弯曲下垂。伴有肠套叠脱出时，脱出的肠管由于后肠系膜的牵引，而使脱出的圆筒状肿胀向上弯曲。腹部触诊可触及一段坚实、无弹性的香肠状肠管。另外，消化道钡餐 X 线造影，有助于对肠套叠确诊。

【治疗】 应尽早整复、固定，控制引起腹压增大或努责的因素。

1. 整复 整复方法取决于组织脱垂的程度以及是否有水肿和撕裂伤等。如组织脱垂时间不长，且为不完全脱垂，可用 0.25% 温热的高锰酸钾或 1% 明矾溶液清洗患部，然后用清洁纱布包裹并将其逐渐送入肛门。对于直肠脱出时间过长、因肠壁淤血和水肿严重而整复困难的病例，可在针刺肠壁后再用消毒纱布兜住肠管，撒上适量明矾粉末揉擦，挤出水肿液，使肠管皱缩，用温生理盐水冲洗后，涂以抗生素软膏，然后从肠腔口开始，小心地将脱出的肠管向内翻入肛门内。为了保证顺利的整复，对小动物可将两后肢提起，大动物可使后驱稍高，并对病兽施行荐尾硬膜外腔麻醉或后海穴阴部神经与直肠后神经传导麻醉，以减轻疼痛和挣扎。整复后在肛门外进行温敷，以防止肠管再脱出。

2. 固定 确认直肠完全复位后，可选择粗细适宜的缝线，距肛门孔 1～3cm 处，做一肛门周围的荷包缝合，收紧缝合线保留 1～2 指（小动物）或 2～3 指（大动物），打成活结，并根据具体情况调整肛门口的大小，经 7～10d 病兽不再努责时，拆除缝合线。对于反复发生的单纯性直肠脱，在整复后可注射药物诱导直肠周围结缔组织增生，借以固定直肠。其方法是在距肛门孔 2～3cm 处，肛门上方和左、右两侧直肠旁组织内分点注射 95% 乙醇 2～5mL（犬）或 10% 明矾溶液 5～10mL，另加 2% 盐酸普鲁卡因溶液 2～5mL。注射针头沿直肠侧直前方刺入 3～10cm。为了使进针方向与直肠平行，避免针头远离直肠或刺破直肠，在进针时应将食指插入直肠内引导进针，操作时边进针边用食指触知针尖位置并随时纠正角度。若效果仍不理想，可打开腹腔进行直肠骨盆腔侧壁固定术。

对于肠套叠引起的直肠脱，在整复脱出肠管后，再打开腹腔进行肠套叠整复术。

3. 直肠部分截除术 对于肠管脱出过多、整复困难、脱出直肠发生坏死、穿孔或有肠套叠而不能复位的病例，需采取直肠部分截除术。

（1）直肠部分切除术：在充分清洗消毒脱出肠管的基础上，用两根灭菌的大号兽用新针或细编织针，紧贴肛门外交叉刺穿脱出的肠管将其固定，在固定针后方约 2cm 处，将直肠环形横切。充分止血后（注意位于肠管背侧痔动脉的止血），用细丝线对肠管两层断端的浆膜和肌层分别做结节缝合，内外两层黏膜层采用单纯连续缝合法，最后用 0.25% 高锰酸钾或 3%～4% 硼酸溶液冲洗，并涂抗生素软膏。

（2）黏膜下层切除术：适用于单纯性直肠脱。在距肛门周缘 1cm 处，环形切开并达黏膜下层，向下剥离，翻转黏膜层，将其剪除，然后对顶端黏膜边缘与肛门周缘黏膜边缘用肠线做结节缝合，还纳脱出直肠，肛门口周围做荷包缝合。

4. 护理 饲喂柔软饲料，多饮温水，根据病情给予镇痛、消炎等对症疗法，用普鲁卡因溶液封闭盆腔器官，有助于整复后直肠功能的恢复。

【预防】 首先应消除病因，例如，积极治疗便秘、下痢、咳嗽，改善饲养管理，合理配料，防止过度饱食，以及消除其他可导致便秘或增高腹内压的因素，都是预防发病和提高治愈率的重要措施。

十二、肿　瘤
（tumour）

肿瘤是动物机体中正常组织细胞，在不同的始动与促进因素长期作用下，产生的细胞增生与异常分化而形成的病理性新生物。它与受累组织的生理需要无关，无规律生长，丧失正常细胞功能，破坏原器官结构，有的转移到其他部位，危及生命。肿瘤组织还具有特殊的代谢过程，比正常的组织增殖快，耗损动物体大量的营养，同时还产生某些有害物质损害机体，特别是恶性肿瘤对机体影响很大，后期多数导致恶病质。肿瘤是机体整体性疾病的一种局部表现。它的生长有赖于机体的血液供应，并且受机体的营养和神经状态的影响。

【病因】　肿瘤的病因迄今尚未完全清楚，根据大量实验研究和临床观察初步认为与外界环境因素有关，其中主要是化学因素，其次是病毒和放射线。另外，免疫状态、内分泌系统、遗传因子等也会影响肿瘤的发生。

【症状】　肿瘤症状决定于其性质、发生组织、部位和发展程度。肿瘤早期多无明显临床症状，但如果发生在特定的组织器官上，可能有明显症状出现。

1. 局部症状

（1）肿块（瘤体）：发生于体表或浅在的肿瘤，肿块是主要症状，常伴有相关静脉扩张、增粗。肿块硬度、可动性和有无包膜则因肿瘤种类而不同。位于深在或内脏器官时，不易触及，但可表现功能异常。肿瘤块的生长速度，一般良性的慢，恶性的快且可发生相应转移灶。

（2）疼痛：肿块膨胀生长、破溃感染时，使神经受刺激或压迫，可有不同程度的疼痛。

（3）溃疡：体表、消化道的肿瘤，若生长过快，引起供血不足继发坏死或因感染常导致溃疡；恶性肿瘤、呈菜花状瘤，肿块表面常有溃疡，并有恶臭和血性分泌物。

（4）出血：体表的肿瘤易损伤，破溃，出血；消化道肿瘤，可能呕血或便血；泌尿系统肿瘤，可能出现血尿。

（5）功能障碍：肠道肿瘤可致肠梗阻，引起肠管运动机能和分泌机能紊乱等；如乳头状瘤发生于上部食管，可引起吞咽困难。

2. 全身症状　良性和早期恶性肿瘤，一般无明显全身症状，或有贫血、低热、消瘦、无力等非特异性的全身症状。如肿瘤影响营养摄入或并发出血与感染时，可出现明显的全身症状。恶病质是恶性肿瘤晚期全身衰竭的主要表现，肿瘤发生部位不同则恶病质出现迟早各异。有些部位的肿瘤可能出现相应的功能亢进或低下，继发全身性改变，如颅内肿瘤可引起颅内压增高和定位症状等。

【诊断】　首先要对患兽的病史进行调查，有无渐进性消瘦或其他全身性症状，全身检查要注意全身症状，局部检查必须注意肿瘤发生的部位、范围，分析肿瘤组织的来源和性质。同时要结合影像学检查确定肿瘤具体位置及为诊断有无肿瘤及其性质提供依据。

【鉴别诊断】　病理组织学检查对于鉴别真性肿瘤和瘤样变、肿瘤的阳性和恶性，确定肿瘤的组织学类型与分化程度，以及恶性肿瘤的扩散与转移等起着决定性的作用；并可为临床制定治疗方案和判断预后等提供重要依据；另外还可通过细胞学检查法等作出进一步诊断。

【治疗】　良性肿瘤的治疗原则是手术切除。但手术时间的选择，应根据肿瘤的种类、大小、位置、症状和有无并发症而有所不同。恶性肿瘤的治疗如能及早发现与诊断则可望获得临床治愈。治疗的过程中可结合放射、激光、化学免疫等疗法。

【预防】

（1）施行科学的饲养管理方法，保证动物获得丰富的营养物质（尤其是蛋白质与维生素）和卫生条件良好的生活环境，以增强体质和调动机体的内外屏障机能，抗御肿瘤的侵害。

（2）对已知的各种致癌因素，应尽可能加以消除，避免动物与之频繁接触。

（3）避免兽群误食亚硝胺类化合物。

（4）及时隔离和处理患有肿瘤的动物，也是一种必要的抗肿瘤措施。

（5）广泛利用抗肿瘤品种培育健康兽群是一项具有长远意义预防肿瘤的措施。

（宋金祥）

第七节　其他普通病

一、啄　癖
（pecking）

啄癖即啄肛、啄羽、啄趾等恶癖，是禽类养殖过程中一个不容忽视的问题。其中啄肛危害最大，常将肛门周围及泄殖腔啄得血肉模糊，甚至将后半段肠管啄出吞食。如果啄羽是偶尔地、个别地发生，问题不大，但严重时啄掉大量羽毛，尤其是尾羽常被啄光，露出皮肤，就会进一步引起啄皮、啄肉、啄肛。同时，禽类吞进大量羽毛，也易造成嗉囊堵塞而死亡。无论养殖何种禽类，一旦发生啄癖，如不及时处理，就会造成极大的经济损失。

【病因】

1. 管理方面的原因　成年禽产蛋箱太少、太简陋或光线较强，产蛋时不能很好地休息，或由于其他原因的骚扰而过早出箱，日久造成脱肛，当它的同类见到脱出的红色黏膜，就会去啄；另外一种情况是产蛋箱过大，光线较强，几只禽同时产蛋，当一只先产蛋时，肛门肌肉松弛，泄殖腔外露，其他禽类则去啄，啄破流血，出箱后继续被啄。饲养密度过大，舍内和运动场地拥挤，也是导致啄癖发生的重要原因。潮湿闷热，禽只不能舒适地睡眠休息，烦躁不安。个别禽只发生外伤，其他同类出于对伤口的好奇，啄上一口，尝到血肉的味道后，便越啄越厉害，发展成啄癖。

2. 饲料营养方面的原因　日粮中缺乏钙、磷或比例失调；锌、硒、锰、铜、碘等微量元素缺乏或比例不当；硫含量缺乏；食盐不足，均可导致啄趾、啄肛、啄羽等恶癖。

3. 其他原因　禽在4周龄时绒羽换幼羽，换羽过程中，皮肤发痒，自啄羽毛会诱发群体啄羽行为。刚开产的鸡血液中所含雌激素和孕酮含量高，雄激素增长，都是促使啄癖倾向增强的因素。禽饲料供应充足，无需觅食，缺乏运动，尤其是心理压抑，如欲求愿望得不到满足，活动受限制，没有沙浴等，使禽处于一种无聊状态，导致鸡发生互啄，形成啄癖。

【症状】　表现为程度不同的啄羽、啄肛、啄趾、啄蛋、啄肉。

【诊断】　本病在出现临床症状后即可做出判断。多种因素可造成啄癖症的发生，因此在诊断中应注意综合分析和判断，找出发病原因，必要时要亲临现场进行观察。

【治疗】　发生啄癖时可用一些青饲料如瓜菜、青草，放置在适当高处以转移禽只的注意力。适量提高饲料中食盐含量，但最高不可超过 2%。

【预防】

1. 合理搭配日粮 日粮中的氨基酸与维生素的比例为：蛋氨酸＞0.7%、色氨酸＞0.2%、赖氨酸＞1.0%、亮氨酸＞1.4%、胱氨酸＞0.35%，每千克饲料中维生素 B_2 2.60mg、维生素 B_6 3.05mg、维生素 A 1200U、维生素 D_3 110U 等。如果因营养性因素诱发的啄癖，可暂时调整日粮组合，如在饲料中增加蛋氨酸含量，也可使饲料中食盐含量增加到 0.5%～0.7%，连续饲喂 3～5d，但要保证给予充足的饮水。

2. 微量元素缺乏 若缺乏微量元素铜、铁、锌、锰、硒等，可用相应的硫酸铜、硫酸亚铁、硫酸锌、硫酸锰、亚硒酸钠等补充；常量元素钙、磷不足或不平衡时，可用骨粉、磷酸氢钙、贝壳或石粉进行补充和平衡。

3. 缺乏盐 可在饲料中加入适量的氯化钠。如果啄癖发生，则可用 1% 的氯化钠饮水 2～3d，饲料中氯化钠用量达 3% 左右，而后迅速降为 0.5% 左右以治疗缺盐引起的恶癖。如日粮中鱼粉用量较高，可适当减少食盐用量。

4. 断喙 鸡在适当时间进行断喙，如有必要可采用二次断喙法，同时饲料中添加维生素 C 和维生素 K 防止应激，这样可有效防止啄癖的发生。

5. 定时驱虫 包括内外寄生虫的驱除，以免发生啄癖后难以治疗。

6. 啄癖 如果发生啄癖时，立即将被啄的禽隔开饲养，伤口上涂抹一层机油、煤油等具有难闻气味的物质，防止此禽再被啄，也防止该禽群发生互啄。

7. 改善饲养管理环境 禽舍通风良好，饲养密度适中；温度适宜，天热时降温，光线不能太强，最好将门窗玻璃和灯泡涂上红色、蓝色等，这些都可有效防止啄癖发生。

8. 恶癖 为改变已形成的恶癖，可在笼内临时放入有颜色的乒乓球或在舍内系上芭蕉叶等物质，使禽啄之无味或让其分散注意力，改变已形成的恶癖。

二、黄脂肪病
（yellow fat disease）

黄脂肪病又称脂肪组织炎（steatitis），是一种营养代谢性疾病。此病以全身脂肪组织黄染、出血性肝小叶坏死为特征，是水貂的一种危害较大的常见病，其他经济动物较少发生。

本病多发生于温和季节，尤以夏季发病率较高，这与鱼类等动物性饲料在此期间容易腐败变质有关。当年育成貂的发病率要比老龄貂高，黑色标准貂发病比彩色貂为多。

【病因】 黄脂肪病的发病原因主要为：

1. 硒和维生素 E 缺乏 这是导致貂黄脂病的主要原因。硒是动物体内谷胱甘肽过氧化物酶的必要成分，而谷胱甘肽过氧化物酶的功能是破坏过氧化物（自由基），使其成为无害的羟基化合物。

2. 饲料中不饱和脂肪酸含量过高 这种情况时，生物膜中不饱和脂肪酸含量升高，易受到自由基攻击，导致本病发生，常见于饲料中鱼油、动物油脂含量过高及油脂发生酸败。

3. 饲料中蛋氨酸缺乏 导致巯基键合成受阻，谷胱甘肽过氧化物酶的合成受到影响，活性降低，抗自由基损伤的能力降低。

4. 与遗传因素有关 黑色标准貂的发病率较彩色貂要高。

5. 与黄曲霉毒素有关 黄曲霉毒素中毒可影响肝脏的脂肪代谢。

【症状】 本病的经过与动物性饲料脂肪酸败程度、食入量及维生素 E 和硒补给量等有关，通常在喂给酸败饲料后 10～15d 即会陆续发病，多数为慢性经过，育成貂多发。

急性型病例多为肥胖的育成貂，主要表现下痢，粪便初呈灰褐色，后为煤焦油样，精神萎靡，食欲废绝，可视黏膜黄染，阵发性痉挛，有的后躯麻痹，触摸腹股沟部有硬实的脂肪块，不久即死亡。

慢性病例表现精神沉郁，喜卧厌站，不愿活动，初期采食量降低，后期拒绝采食，逐渐消瘦，有的可视黏膜黄染；病后期腹泻，粪便呈黑褐色，后躯麻痹，多数转归死亡，病程 1～2 周。妊娠期病例引起胎儿死亡吸收、死产或流产，间或产下弱仔。成貂病例恢复后往往出现性欲减退，繁殖力低下，出现空怀，最终导致生产性能下降。

【病理变化】 尸僵不明显，被毛松乱，可视黏膜黄染；脂肪组织普遍呈黄色或黄褐色，硬度增加；肝脏肿大呈土黄色，质脆，切面干燥无光泽，当弥漫性肝脂肪变性时，肝块漂浮于水内；胆囊膨满，胆汁黏稠呈黑绿色；肾脏肿大，呈灰黄色。有的病例胃底部黏膜表层有淡褐色的溃疡。严重病例出现心脏扩张，心肌色淡，有明显的纹理区，少数心肌呈煮熟样。病理组织学变化，肝和肾可见到不同程度的脂肪变性，肝细胞增大，在肝小叶中心肝细胞内及小叶周围见有大量小滴状脂肪滴。心肌表现不同程度的颗粒变性和脂肪变性。脂肪细胞坏死，脂肪细胞间有多量滴状和无结构的黄褐色物质，具有蜡样性质。

【诊断】 根据本病症状及病理变化可做出初步诊断，确诊还要进行相关营养成分分析。

【治疗】 当发生本病时，首先应更换饲料，给予新鲜优质的肉、鱼、肝等全价饲料，并补给足量的维生素类，同时给病貂皮下或肌内注射 0.1% 亚硒酸钠溶液，0.1～0.2mg/kg 体重，维生素 E 5～10mg；也可按每只貂每次投给 30～40mg 氯化胆碱，效果也很好。为预防继发性细菌感染，可每次肌内注射 10% 磺胺嘧啶钠 1mL。

三、香 囊 炎
（capsulitis）

香囊炎是指麝的香囊由于机械性或病理性损伤而发生的炎症反应。

【病因】 主要是在取香时没有按规程操作，香囊没有消毒或操作用力过猛，致使贮香囊表面组织毛细血管破裂感染细菌而发生炎症，发病后影响麝香产量，严重者停止泌香。

【症状】 贮香囊的皮肤表面发炎，轻则出血，严重的半个贮香囊呈紫红色，甚至完全糜烂、化脓；若不及时治疗，病情恶化可形成脓性溃疡，致使香囊萎缩，泌香机能消失。

【诊断】 根据发病特点、症状，可做出准确的诊断。

【治疗】 首先将炎症部位清洗干净，然后涂抹抗生素药膏如磺胺药膏、红霉素软膏等。

【预防】 采香时首先要保定确实，防止麝在采集麝香过程中不安和骚动，从而意外地造成香囊损伤。将贮香囊外部清洗消毒，挤压香囊时动作要轻，并柔和地反复揉挤香囊，使香液慢慢排出，严禁用力挤压，也可用牛角匙轻轻刮取香膏，每次取香后应涂以润滑油，遇有充血发炎现象可涂抹磺胺类或抗生素软膏，待炎症消除后再取香，炎症未消除前应暂停取香。

四、卵黄性腹膜炎
（peritonitis）

卵黄性腹膜炎指禽类由多种病因造成的卵黄掉入腹腔而发生的腹膜炎症。

【病因】

1. 生理性因素 一是在排卵的时候，卵黄未落入输卵管的喇叭口内，而是直接落入腹腔内进而发生腐败变质，引起腹膜发炎，见于开产过早，输卵管发育不全和排卵时出现惊吓、应激等；二是当发生难产或肛门脱垂时，输卵管破裂，卵黄内容物流入腹腔引起腹膜发炎。

2. 传染性因素 由大肠埃希菌感染引起。由于育成、育雏时患病或禽舍环境污染，病菌侵害母禽的泄殖腔、输卵管而引起发病，多发生于气温高、湿度大的季节以及禽舍环境卫生不良的情况下。

【症状】 不同品种的禽类临床症状不同，在诊断中应注意综合分析和判断。

1. 鸵鸟 精神沉郁，食欲不振，病初食欲减退，逐渐停食，卧地不起，体温升高至43℃。

2. 信鸽 病初精神沉郁，食欲不振，逐渐停食，随病程延续，母鸽瘦弱、胸骨明显突出、脚爪干燥。

3. 鹅 病鹅精神沉郁，羽毛紊乱，迈步缓慢，食欲减退，拉白色稀便，粪便中有黏性蛋白状物或黄色碎片，并污染肛门周围羽毛，严重者食欲废绝，卧地不动。

4. 雉 病雉腹部膨大，触压有波动感；下痢，排白色夹杂少许绿色的粪便；缩头，闭眼，翅下垂，食欲不振，精神沉郁，羽毛蓬乱无光泽；最后食欲废绝，四肢麻痹，运动失调而死亡。

5. 褐马鸡 园养的褐马鸡病初表现为精神不振，羽毛蓬乱，食欲减少，停止产卵；患病后期拉白色或黄白色稀便，肛门周围羽毛沾有白色或黄白色稀便；张口喘气，不愿走动，呆立一隅。

【病理变化】

1. 鸽 剖检见肝脏肿大，呈古铜色，表面有少量纤维素性渗出物；腹腔内有较多的卵黄碎片，有腐败臭味；输卵管膨大，黏膜充血，内有腐败的凝固蛋白；肠管发生粘连，肠管变细，肠腔内有少量淡黄色稀粪，肠道黏膜轻度出血；肌胃内空虚，无食物及沙粒，角质呈墨绿色；肺、脾脏、肾脏未见明显肉眼病变。

2. 雉 腹腔内均有大量腥臭腹水；卵巢有未成熟卵泡和成熟破落于腹腔的卵泡膜残迹；腹肌和肠系膜脂肪层很厚；输卵管、腹膜及其他脏器有出血性炎症；喉头有出血点；盲肠、十二指肠黏膜有点状出血，尤以盲肠最为明显；心包内有透明的琥珀样液体。

3. 火鸡 主要是腹腔内充满变性的卵黄，有的腹腔中蓄积有棕黄色的混浊、浓稠的液体，腹膜发炎且变得没有光泽，有的腹膜松弛、粘连。

【诊断】 根据本病的症状及病理变化可做出初步诊断，确诊还要进行相关实验室检测如触片检查、细菌分离培养、生化反应、病菌的血清型鉴定等。

【治疗】 将病禽与健康禽隔离，以杜绝传染源；对禽群每天进行清粪和环境消毒，可选用季铵盐类消毒药，以防发生本病的传播；给病禽服用喹诺酮类、四环素类等药物进行治疗，如有条件，可做药敏试验，选取敏感性药物。

【预防】 由于卵黄性腹膜炎发病初期症状不明显，很容易被忽视和误诊，待发现特殊的临床症状时，已来不及治疗，患禽很快就会死亡，故而死亡率较高。所以，本病要以防为主，平时注意加强饲养管理，保持禽舍清洁卫生，提高禽类的自身抵抗力。特别是在产卵季节，要保持禽舍环境安静；平时还要减少对禽类的应激因素，使禽类有一个良好的生活环境，以有效降低本病的发病率。

五、蝎子拖尾病
（scorpion trailing disease）

蝎子拖尾病又称半身不遂症（hemiplegia），是由于长期饲喂脂肪含量较高的饲料，使蝎子体内大量沉积脂肪所致，此病也称为肥胖病。

【病因】　本病发生于夏末、秋初空气潮湿期。由于长期饲喂脂肪含量较高的饲料，使蝎子体内脂肪大量蓄积、营养过剩而引起。此外，栖息场所过于潮湿，也易诱发此病。

【症状】　病蝎躯体光泽明亮，肢节隆大，肢体功能减退或丧失，后腹部（尾部）下拖，活动缓慢、艰难或伏地不动，口器呈红色，似有液状脂溶性黏液泌出，一般发病5～10d后病蝎开始死亡，但有的病程可延续几个月。

【诊断】　根据发病特点、症状，可以做出准确的判断。

【治疗】　若早期发现并及时更换饲料种类，症状可自行缓解。一旦发病，要停止投喂肉类饲料，改喂果品或菜叶等植物性饲料，药物治疗可用大黄苏打片3g、炒麦麸500g、水60g，拌匀饲喂直至病蝎病愈为止，也可采取绝食3～5d进行治疗。

【预防】　不喂或少喂脂肪含量高的饲料，尤其是肥腻的肉类供应量宜少，并且要注意调节环境湿度。蝎子生活的最适宜温度为20～28℃，相对湿度控制在60%～75%，产期蝎需32～39℃的温度，初生仔蝎在32℃左右。做到以上几点基本上可杜绝本病的发生。

六、蝎子枯尾病
（scorpion dry tail disease）

枯尾病又称青枯病。

【病因】　主要是由于气候因素导致养殖环境干燥、饲料含水量低和饮水供给不足所致。

【症状】　发病初期，病蝎爬行缓慢，腹部扁平，肢体干燥无光，后腹部末端（尾梢处）出现黄色干枯、萎缩现象，逐渐向前腹部延伸，当后腹部近端（尾根处）出现干枯萎缩时，病蝎开始死亡；另外，在发病初期，由于个体间相互争夺水分，常引起严重的互相残杀现象。

【诊断】　本病要注意和拖尾病的鉴别诊断。从颜色外观上即可做出正确的判断。患枯尾病的蝎子尾部发黄，拖尾病的蝎子尾部下垂，口器呈红色。

【治疗】　一旦发病，应每隔2d补喂1次果品或西红柿、西瓜皮等含水量高的植物性饲料，必要时适当增加饲养室和活动场地的洒水次数。病蝎在得到水分补充后，症状即自然缓解，一般不需采用药物治疗。

【预防】　在气候干燥季节，应注意调节饲料含水量和活动场地的湿度，适当增添供水器具。在养蝎室内投放的饲料、饮水要保持新鲜，宜用食盘和水盘盛放，不要将饲料直接撒入活动场地和栖息垛上，以免霉变。

七、蝎子腹胀病
（scorpion abdominal distension disease）

腹胀病又称为大肚子病，常发生于早春和秋季阴雨连绵时期。

【病因】　主要是由于大气温度偏低，蝎舍温度过低，致使蝎子消化不良而引起。此病多发生在早春气温偏低和秋季阴雨低温时期。

【症状】　病蝎初期食欲减退，随病程的延长食欲完全丧失，蝎子前腹部肿大隆起，行动迟缓，对外界反应迟钝，在蝎舍一处俯卧不动。蝎子发病后如不及时治疗常在 10～15d 死亡。此外，雌蝎一旦发病，即使治疗及时恢复健康，也会造成体内孵化终止和不孕。

【诊断】　本病的发生有明显的季节性，结合临床症状即可做出正确判断。

【治疗】　将病蝎挑出、隔离并进行重点治疗；提高蝎舍温度，使舍温保持在 20～28℃；病蝎可用土霉素 0.25g、干酵母 0.6g、钙片 1g，共研细末，拌匀在 400g 饲料中，连喂 10d，并酌情增加其饮水量。

【预防】　在早春和秋季低温时期注意保温，必要时可使用柴火、炉火或电热炉等加温方法，将温度调节在蝎子生活的最适宜温度，即可预防此病的发生。

八、蝎子白尾病
（scorpion white tail disease）

蝎子白尾病又称为便秘病（constipation），是养蝎过程中常见的一种疾病。

【病因】　主要是由于在人工饲养条件下，食物品种单一或质量不高，蝎子消化不良，代谢产物蓄积肠道，不能及时排出，从而导致肛门常被粪便堵塞而发病。有时蝎窝土壤过于干燥，湿度低于 5% 时也易引发此病。

【症状】　蝎子发病初期食欲减退，精神沉郁，灵敏性降低，触之不动或轻微行动。由于粪便排泄不畅，肛门处首先变白，并逐渐向前发展，变白的腹节失去活动能力；后期当病情发展到后腹部第一节时，蝎子食欲完全废绝并丧失了活动能力，24～48h 就会死亡。病蝎死后躯体干瘪，药用价值大大降低。

【诊断】　依据临床表现即可进行诊断。

【治疗】　蝎子肛门变白时，首先检查饲料成分和其含水量，酌情增加含水量，并在饲料中添加健胃消食药如干酵母等，用量为 1g/kg 饲料；同时检查蝎舍土壤湿度，保证不低于 5%。

【预防】　主要是改善蝎子的饲料成分，力求高质量和多样化。如果是饲喂混合性饲料，应适当增加饲料中的水分含量，并同时供足饮水；另外，还应经常保持土壤适宜的湿度。

九、蜈蚣脱壳病
（centipede shell disease）

蜈蚣脱壳病是一种以脱壳为主要特征的疾病。

【病因】　本病主要是由于蜈蚣栖息场所过于潮湿，空气湿度大和蜈蚣饲养管理不善，饲料营养不全（特别是矿物质缺乏），使脱壳期延长，或真菌在躯体内寄生而引起。

【症状】　初期蜈蚣表现极度不安，来回爬动或几条蜈蚣绞咬在一起；后期蜈蚣表现为无力，行动迟缓，不食不饮至最后死亡。

【诊断】　根据蜈蚣的表现和饲养管理情况进行诊断。

【治疗】　注意改善养殖环境，发现发病蜈蚣立即隔离，及时清除死蜈蚣。对病蜈蚣可用土霉素 0.25g、干酵母 0.6g、钙片 1g，共研细末，拌匀在 400g 饲料中，连喂 10d。

【预防】　加强饲养管理，密切注意蜈蚣栖息场所的湿度，相对湿度控制在 60%～

75%；同时要保证饲料全价，微量元素和矿物质含量充足。

十、蜈蚣肠炎
（centipede enteritis）

蜈蚣肠炎是蜈蚣养殖过程中一种迅速发病、迅速死亡的常见急性疾病。

【病因】 由于温度偏低或饲喂腐烂变质饲料而引起。

【症状】 早期蜈蚣头部呈紫红色，行动缓慢，毒钩全张，不食或少食，逐渐消瘦，病后 5~7d 大批死亡。

【治疗】 药物治疗可用磺胺脒 0.5g、氯霉素 0.5g，分别拌入 300g 饲料中，隔次交替饲喂；同时要调整温度达 20℃以上，并禁喂腐烂变质饲料。

【预防】 加强饲养管理，密切注意蜈蚣栖息场所的温度，蜈蚣生活的最适宜温度为 20~28℃，产期蜈蚣需 32~39℃的温度，初生仔蜈蚣需 32℃左右。保证饲料的全价和不霉变，腐烂变质的饲料严禁使用。

十一、蚯蚓瘫痪
（earthworm paralysis）

蚯蚓瘫痪是指在较短时间内蚯蚓摄入过多有毒成分，机体全部或局部急速瘫痪，从而迅速中毒死亡的一种疾病。

【病因】 主要原因是饲料中含有有毒成分或毒气，在给蚯蚓饲喂这样的饲料后，蚯蚓被动吸收了有害成分，从而导致了机体中毒，进而表现为全部瘫痪或局部急速瘫痪。

【症状与诊断】 当蚯蚓突然在短时间内出现大量的死亡，而且是在新添饲料或改变饲料后，结合临床症状就可判断为本病。

【治疗】 应迅速减薄料床，排除有毒饲料，疏松料床，加入蚯蚓粪吸附毒气，让蚯蚓潜到底层休整以期慢慢适应。如症状还未减轻，就要进行饲料分析，更换饲料。

【预防】 确保饲料的安全是预防的关键，这里说的安全，一是指饲料要安全无有毒成分；二是指饲料要营养全价，满足蚯蚓的正常营养需要。

十二、蚯蚓枯焦
（earthworm withered）

蚯蚓枯焦是指在蚯蚓养殖过程中由于加料不当而形成的蛋白质中毒。

【病因】 饲喂了高蛋白质的饲料，导致蚯蚓营养过剩，引起蛋白质中毒。

【症状】 蚯蚓体出现局部枯焦，一端萎缩或另一端肿胀而死亡；未死的蚯蚓拒食，有战栗、惧怕感，明显出现消瘦。

【诊断】 根据临床症状做出初步诊断，然后分析饲料成分，最终确诊。

【治疗】 立即清理不适合的饲料，加喷清水，疏松料床以解毒。

【预防】 确保饲料的安全是预防本病的关键，这里说的安全，一是指饲料要安全无有毒成分；二是指饲料要营养全价，满足蚯蚓的正常营养需要。

十三、蚯蚓胃酸过多症
（earthworm hyperacidity）

蚯蚓胃酸过多症是指蚯蚓采食了含有大量的淀粉、碳水化合物的饲料，或饲料含盐分过高，经细菌作用后引起酸化，从而导致蚯蚓胃酸过多。

【病因】　饲料中含有大量的淀粉、碳水化合物，或含盐分过高，经细菌的发酵作用后，产生大量的酸，从而引起蚯蚓胃酸过多症状。

【症状】　蚯蚓全身出现痉挛状结节，环带红肿，身体变粗短，分泌黏液增多，在养殖床转圈爬行或钻到床底不吃不动，最后全身变白而亡，有的蚯蚓死前还出现体节断裂现象。

【诊断】　根据临床症状做出初步诊断，然后分析饲料成分，最终确诊。

【治疗】　掀开覆盖物，让蚓床通气，喷洒苏打水、石膏粉进行中和。

【预防】　确保饲料的营养成分和合理搭配，定期对饲料进行营养成分分析，保证饲料质量。

十四、蚯 蚓 水 肿
（earthworm edema）

蚯蚓水肿是指由多种原因造成的以蚯蚓身体水肿、胀大为特征的疾病。

【病因】　蚓床湿度太大或饲料 pH 过高，超过了蚯蚓的耐受程度。

【症状】　蚯蚓身体水肿、胀大、发亮，拼命往外爬，背孔冒出体液，滞食而死。严重者甚至引起蚓茧破裂，或使新产下的蚓茧两头不能收口而染菌霉烂。

【诊断】　根据蚓床的湿度、饲料的 pH 及临床症状就可做出准确的诊断。

【治疗】　碰到这种情况则要开沟沥水，将爬到表层的蚯蚓清理到另外的池里，在原饲料中加过磷酸钙粉或醋渣、酒糟等中和酸碱度，以降低饲料的 pH。

【预防】　保持蚓床的适宜湿度和合适的饲料 pH 是预防本病的关键，平常要注意对蚓床进行定期的检查和饲料 pH 的检测。

（付志新）

第七章 特种动物营养代谢病

第一节 维生素及微量元素缺乏症

一、维生素 A 缺乏症
（vitamin A deficiency）

维生素 A 缺乏症是由维生素 A 或其前体胡萝卜素缺乏或不足所致的一种营养代谢疾病。临床上以生长缓慢、上皮角化、夜盲症、繁殖机能障碍以及机体免疫力低下等为特征。本病常见于狐、貂、猫等幼龄动物或妊娠和哺乳期母兽，其他动物亦可发生，马极少发生。

维生素 A 完全依靠外源供给，其仅存在于动物源性饲料中，鱼肝和鱼油是其丰富来源。维生素 A 原（胡萝卜素，carotene）存在于各种植物性青绿饲料中，包括发酵的青绿饲料在内，特别是青干草、胡萝卜、南瓜和黄玉米。维生素 A 原在体内能转变成维生素 A。

【病因】 维生素 A 缺乏的原因主要归纳为以下 3 种：

1. 原发性因素 是指饲料中维生素 A 或胡萝卜素长期缺乏或不足。饲料加工、贮存不当，如有氧条件下长时间高温处理或烈日曝晒，以及存放过久、陈旧变质，其中胡萝卜素均受到破坏，如黄玉米储存 6 个月后，约 60% 胡萝卜素被破坏；颗粒料在加工过程中可使胡萝卜素丧失 32% 以上。干旱年或冬季缺乏青绿饲料，动物长期得不到维生素 A 补充，易引发该病。

2. 继发性因素 动物机体对维生素 A 或胡萝卜素的吸收、转化、贮存、利用发生障碍。动物罹患胃肠道或肝脏疾病致维生素 A 的吸收障碍，胡萝卜素的转化受阻，储存能力下降。饲料中缺乏脂肪，会影响维生素 A 或胡萝卜素在肠中的溶解和吸收。蛋白质缺乏，会使肠黏膜的酶类失去活性，影响运输维生素 A 的载体蛋白形成。此外，矿物质（无机磷）、维生素（维生素 C 和维生素 E）、微量元素（钴和锰）缺乏或不足，都能影响体内胡萝卜素的转化和维生素 A 的储存。

3. 饲养管理因素 饲养条件不良，如动物圈舍污秽不洁、寒冷、潮湿、通风不良、过度拥挤，以及阳光照射不足等因素都可诱导发病。

【症状】 各种经济动物均可发生，但临床表现不完全相同，一般在维生素 A 缺乏或不足 1~2 个月后出现症状。

1. 鸭、鸽 病鸭喙和脚蹼颜色变淡，眼睛肿胀，流泪，上下眼睑粘连，流出浑浊渗出液或豆腐渣样分泌物；严重者眼球下陷，半失明或失明。

2. 狐、貉 维生素 A 缺乏 2~3 个月才出现临床症状。起初表现神经失调，抽搐，头向后仰，步态不稳，失去平衡而倒地；对外界刺激敏感，微小刺激能导致患兽笼内转圈；幼兽常出现腹泻和肺炎，换齿延迟，生长缓慢；母兽配种和妊娠期维生素 A 缺乏时，表现性周期紊乱，发情推迟；怀孕初期发生胚胎吸收，产子期出现死胎和弱子；公兽表现性欲降低，睾丸缩小。

3. 貂 水貂除神经症状外，干眼病尤其明显，眼、消化道和呼吸道黏膜上皮角化。

仔貂常见眼畸形或缩小；患貂繁育功能障碍，母貂不孕，繁殖力降低。

维生素 A 缺乏引起患兽抗病力低下。由于黏膜上皮角化，腺体萎缩，极易继发鼻炎、支气管炎、肺炎、胃肠炎等疾病，或因抵抗力下降而继发感染某些传染病。

【病理变化】　患兽结膜涂片中角化上皮细胞数量显著增多，胃肠道黏膜出血，甚至出现胃溃疡；肾呈灰白色，肾小管和输尿管内有多量尿酸盐沉着，心包、肝和脾的表面也有尿酸盐沉着；禽类剖检可见消化道、呼吸道黏膜肿胀和坏死，鼻腔、口腔、咽喉部及嗉囊等黏膜有散在白色小脓疱；母狐发生卵泡变性，公狐曲细精管上皮变性。

【诊断】　根据饲料情况和临床特征作为初步诊断。确诊需参考病理损害特征、血浆和肝脏中维生素 A 及胡萝卜素水平、脑脊液变化和治疗效果（给予新鲜鱼肝油进行治疗）。

【鉴别诊断】　维生素 A 缺乏症与低镁血症性搐搦、脑灰质软化、D 型产气荚膜梭菌引起的肠毒血症、伪狂犬病，以及其他中毒病有相似之处，临床上难以区别。最终确诊须通过实验室方法。

【治疗】　对患维生素 A 缺乏症的动物，首先应查明病因，积极治疗原发病，同时改善饲养管理条件，加强护理；其次要调整日粮组成，增补以富含维生素 A 和胡萝卜素的饲料，优质青草或干草、胡萝卜、青贮料、黄玉米，也可补给鱼肝油。治疗量是需要量的 5～10 倍。银黑狐和北极狐每天每只口服 15 000U；患貂每天每只口服 3000～5000U。

【预防】　保持饲料日粮的全价性。日粮中应有足量的青绿饲料、优质干草、胡萝卜和块根类及黄玉米，必要时应给予鱼肝油或维生素 A 添加剂。饲料不宜储存过久，以免胡萝卜素破坏而降低维生素 A 效应，也不宜过早地将维生素 A 掺入饲料中做储备饲料，以免氧化破坏。各种毛皮动物，每天维生素 A 的最适量为每公斤体重 250 单位以上，在日粮中适量添加维生素 E 和维生素 C，孕兽和泌乳母兽还应增加 50% 维生素 A 的供应量。

二、维生素 D 缺乏症
（vitamin D deficiency）

维生素 D 缺乏症又称佝偻病，是幼兽或幼禽在生长期由于维生素 D 及钙、磷缺乏或饲料中钙、磷比例失调引起的一种骨营养不良性代谢病，特征是生长骨的钙化作用不足，并伴有持久性软骨肥大与骨骺增大。临床特征是患病动物消化紊乱，异嗜癖，跛行及骨骼变形。幼兽与妊娠母兽对矿物质的缺乏最敏感。

各种饲料中的钙、磷含量差异很大，而在母乳中钙、磷含量的变化则不是很大的，所以该病常发于刚断乳之后一个阶段的幼龄动物。

【病因】　佝偻病主要由下列几个因素引起。

1. 维生素 D 缺乏　维生素 D 摄取绝对量减少或继发于其他因素等，最典型的例子是胡萝卜素的过量摄入。

2. 钙、磷摄入不足或吸收障碍　饲料中钙、磷摄入绝对量不足，或动物处于生长发育、妊娠、泌乳等时期，因需要量增加而摄入相对不足引起的钙、磷负平衡；钙、磷比例不平衡导致钙、磷代谢障碍，使哺乳幼兽和青年动物对维生素 D 的缺乏极为敏感。

3. 缺乏阳光照射　太阳晒干的干草含有麦角固醇，以及皮肤内的 7-脱氢胆固醇，它们在紫外线照射下，可转变为维生素 D_2 和维生素 D_3。

4. 其他因素　包括其他影响吸收的因素，如年龄、机体的健康状况，有机日粮（蛋白质、脂类）缺乏或草酸、植酸过剩，其他矿物质（如锌、铜、钼、铁、氟等）缺乏或过剩等。

【症状】　动物早期呈现食欲减退，消化不良，精神沉郁，然后出现异嗜癖。

病兽经常卧地，不愿起立和运动，低头，拱背，站立时前肢腕关节屈曲，步态僵硬；肋骨和软骨结合部肿胀明显，呈串珠状；严重时躺卧不起，发育停滞，消瘦，下颌骨增厚和变软，出牙期延长，齿形不规则，齿质钙化不足（凸凹不平，有色素），常排列不整齐，齿面易磨损，不平整，严重的甚至口腔不能闭合，舌突出，流涎，摄食困难；间或伴有咳嗽、腹泻、呼吸困难。

2～3月龄幼貂常前肢弯曲、塌腰、关节粗大，甚至停止生长，出现消化性腹泻。鸭、鹅等禽肋胸骨呈"S"状弯曲。幼犬前肢变形，四肢萎软无力。发病幼狐两前肢肘外向呈O形。病貉四肢骨弯曲，关节肿大，头容积变大，腹部增大下垂，常以肘关节做支点移行。

【病理变化】　典型的病理变化是肋骨后弯，和脊椎连接处呈串珠状。X线检查发现骨质密度降低，骨的末端凹而扁（正常骨则凸起而等平）。用硝酸银染色，显示胫骨或股骨的骨骺端钙化不良。腿骨组织切片呈缺钙和骨样组织增生现象。

【诊断】　根据动物的年龄，饲养管理条件，发病动物的临床表现和病理变化可以做出诊断。检测血清钙、磷水平及碱性磷酸酶同工酶（AKP）活性的变化，血清无机磷水平低于正常水平，血清钙水平多在后期降低；X线检查发现，骨质密度降低，长骨末端呈现"羊毛状"或"蛾蚀状"外观等可以确诊。本病须与幼驹骺炎、小火鸡锌缺乏等鉴别诊断。

【治疗】　该病治疗原则是及时补充维生素D，防止骨骼畸形。有效的治疗药物是维生素D制剂，如鱼肝油、浓缩维生素D油等。幼狐和幼貂每天鱼肝油剂量分别为1500～2000U和500～1000U。维生素D_2的植物油溶液（骨化醇），各种幼兽预防量均为20～30U/kg体重，治疗量为其10～20倍，持续两周，后转为预防量；同时每天在饲料中拌入鱼粉或鲜碎骨，仔貂4～10g，还可补充蛋黄及乳酪。动物出现急性发作抽搐时，可肌内注射维丁胶性钙1～2mL/次，增加光照。

【预防】　本病的发生，既可由于饲料中钙、磷比例不平衡，也可由于维生素D缺乏引起，且很多情况下，维生素D缺乏起着重要作用，因此防治佝偻病的关键是保证机体能获得充足的维生素D。为了提高带仔母乳的质量，日粮中应按维生素D的需要量给予合理的补充，应给予骨粉、鱼粉、磷酸钙等饲料补充物；还应保证日粮中钙、磷平衡，钙、磷比例应控制在1.2∶1～2∶1，并保证能在冬季舍饲期得到足够的日光照射。断乳分窝后，在幼貂的日粮中应供给鱼肝油（维生素D 20～30U），骨粉（0.5～1.0g）或新鲜碎骨（10～20g）。幼鹿多喂青绿多汁饲料，青贮饲料，上等干草等，并补给骨粉及蛋壳粉等。

三、硒、维生素E缺乏症
（selenium and vitamin E deficiency）

硒和维生素E缺乏症主要是由于体内硒和维生素E缺乏或不足，而引起骨骼肌、心肌和肝脏组织变性、坏死为特征的疾病，又称白肌病。本病发生于各种动物，育成期水貂、仔狐、仔貉和幼犬易发。本病在世界多数国家和地区均有发生，尤以缺硒地带为甚。在我国有一条从东北经华北至西南的缺硒带，青海、宁夏、甘肃、山东、江苏等地均属贫硒地区。

【病因】　该病的病因与维生素E、硒缺乏密切相关。当饲料硒含量低于0.05mg/kg以下，或饲料加工贮存不当，其中的氧化酶破坏维生素E时，就出现硒和维生素E缺乏症。

1. 硒缺乏 饲料中的硒来源于土壤硒，当土壤硒低于 0.5mg/kg 时即认为是贫硒土壤。土壤低硒是硒缺乏症的根本原因，低硒饲料是致病的直接原因，水土食物链则是基本途径。用含硒低于 0.04mg/kg 的饲料饲喂动物即可引起发病和死亡。同时土壤或体内的锌、银、铜、铝、锡、汞、砷、铁都是硒的拮抗元素，日粮中添加过量也可诱发本病。

2. 维生素 E 缺乏 青绿饲料和各种植物的胚乳中含有丰富的维生素 E，但若收割、加工、贮存不当，可遭受大量破坏。饲料中含有大量不饱和脂肪酸，可促进维生素 E 的氧化。例如，鱼粉、猪油、亚麻油、豆油等作为添加剂掺入日粮中，当不饱和脂肪酸酸败时，可产生过氧化物，促进维生素 E 氧化，或生长动物、妊娠母兽对维生素 E 的需要量增加，都将导致维生素 E 不足而发生本病。

3. 含硫氨基酸缺乏 含硫氨基酸是合成谷胱甘肽过氧化物酶的组分，缺乏时可导致谷胱甘肽过氧化物酶的活性降低，导致脂类过氧化作用加剧。

【症状】 硒和维生素 E 缺乏的共同症状包括：骨骼肌疾病所致的姿势异常及运动功能障碍；顽固性腹泻或下痢为主的消化功能紊乱；心肌病造成的心率加快、心律不齐及心功能不全；神经机能紊乱，兴奋、抑郁、痉挛、抽搐、昏迷等；繁殖机能障碍，如公兽精液不良，母兽受胎率低下甚至不孕，孕兽流产、早产、死胎，产后胎衣不下，泌乳母兽产乳量减少，禽类产蛋量下降，蛋的孵化率低下。不同兽禽及不同年龄的个体，各有其特征性的临床表现，皮毛动物常因为缺乏硒和维生素 E 而出现黄脂病。

1. 貂 急性者未见任何症状突然死亡。病貂主要表现为运动障碍，两前肢或两后肢不灵活，四肢疲软，步态蹒跚，呈蛙行或爬行状态；严重者心力衰竭，四肢麻痹而死；母貂不孕、流产；公貂睾丸发育不良。

2. 鹿 幼鹿运动不灵活，站立时四肢叉开，脊背弯曲，肌肉僵硬，步态蹒跚，多数跛行；呼吸困难，后期心跳加快，卧地不起，出现角弓反张，严重者因高度呼吸困难而死；少数病例还出现视力减退或失明。

3. 貉 急性型发病急，病程短，多数病例无明显症状突然死亡；慢性病例食欲减退，鼻镜干燥；病貉喜卧，不愿运动，运动时步态强拘，后肢不灵活，重者不能站立，呈犬坐姿态，甚至爬行，还发出嚎叫声；有的出现呼吸困难，心率增加，排灰白或黄白色稀便。

4. 狐狸 病狐突然死亡，口腔黏膜苍白，被毛蓬乱，身体潮湿。

【病理变化】 以渗出性素质，肌组织的变质性病变，肝营养不良，胰腺体积小及外分泌部分的变性坏死，淋巴器官发育受阻及淋巴组织变性、坏死为基本特征。患病动物肌肉营养不良，色淡似煮肉样，肉质脆软；心肌扩张变薄，心肌呈灰白或黄白色条纹（虎斑心）；肝脏肿大发脆，呈灰黄色，称槟榔肝；肾充血、肿大，有大小不等的出血点无序分布在肾实质中；患病动物有出血性肠炎和肠系膜淋巴结出血，全身脂肪黄染；病貂子宫壁水肿、破裂。

【诊断】 根据基本症状群（幼龄、群发性），结合临床症状（运动障碍、心脏衰竭、渗出性素质、神经机能紊乱），特征性病理变化（骨骼肌、心肌、肝脏、胃肠道、生殖器官见有典型的营养不良病变），参考病史及流行病学特点，可以确诊。对幼龄发病动物不明原因的群发性、顽固性、反复发作的腹泻，应进行补硒治疗性诊断。

亚临床期或非典型轻症病例，确诊需进行实验室检验。血浆谷丙氨酸转氨酶活力显著增高，血浆谷胱甘肽过氧化物酶活性降低。当肝组织硒含量低于 2mg/kg，血硒含量低于 0.05mg/kg，饲料硒含量低于 0.05mg/kg，土壤硒含量低于 0.5mg/kg 时，可诊断为硒缺乏症。

【治疗】 治疗原则为改善饲养管理，补充硒和维生素 E，防治继续感染。用 0.1% 亚硒酸钠溶液治疗效果明显。仔鹿肌内注射 4mL/d，连续 2d；仔貉肌内注射 0.5mL，成年貉为仔貉的 2～3 倍。将维生素 E 和硒拌入饲料中饲喂也可以有良好效果。在治疗水貂黄脂病中，为了防止继续感染，可应用抗菌素和磺胺类药物。

【预防】 在低硒地带饲养的兽禽或饲用由低硒地区运入的饲粮、饲料时，必须补硒。硒的添加剂量为 0.1～0.3mg/kg 饲料。在日粮中应有足量的青绿饲料，北方的冬季可以补给优质青干草、麦芽等；同时应根据需要使用微量元素添加剂，以避免生物拮抗作用。

四、维生素 C 缺乏症
（vitamin C deficiency）

维生素 C 亦称抗坏血酸（ascorbic acid），广泛存在于青绿植物性饲料中。维生素 C 缺乏症又称红爪病，主要是由于体内抗坏血酸缺乏或不足所引起的一种以皮肤、内脏器官出血、贫血，齿龈溃疡、坏死和关节肿胀为主要特征的营养代谢病。本病多发生于生长期的幼龄兽禽，以动物性饲料为主的皮毛动物，特别是在妊娠期的动物。

【病因】

1. 饲料中维生素 C 缺乏 长期饲喂维生素 C 含量不足的饲料，或因保存和加工不当导致的维生素 C 受破坏，如煮熟的粉料、阳光曝晒的干草、高温加工的饲料以及因储存过久而霉变的草料。

2. 母兽体内维生素 C 不足 母兽由于妊娠应激反应，出现减食、厌食，或短时间拒食，体内维生素 C 不足，导致胎儿维生素 C 缺乏症，出生后 1 周内发生红爪病。母乳中维生素 C 含量不足或缺乏，仔兽自身合成维生素 C 的能力低下，引起仔兽维生素 C 缺乏。

3. 各种疾病引起维生素 C 吸收障碍或消耗高 动物患胃肠或肝脏疾病，使维生素 C 吸收、合成、利用障碍，或患肺炎、慢性传染病或中毒病，体内维生素 C 大量消耗，引起维生素 C 相对缺乏。

【症状】 该病多发于仔兽初生阶段，四肢水肿为新生仔兽的主要特征。病初，患仔关节变粗，趾垫肿胀，患部皮肤充血、潮红。随病势发展，趾间形成溃疡或龟裂，甚至蔓延到腹部和肩部，行走困难，尖叫，乱爬，头向后仰，似打哈欠。患病仔兽吸吮无力，导致母兽患乳房炎，乳房胀满疼痛而躁动不安，拖拉仔兽，甚至咬死仔兽。仔兽生长发育不良，出现贫血。成兽生产性能降低，机体抵抗力低下，易继发感染肺炎、胃肠炎和一些传染病。

【病理变化】 仔兽脚爪水肿、充血、出血；胸部、腹部和肩部皮下水肿，胶样浸润，广泛斑状出血；齿龈出血、肿胀；胃肠黏膜、肺、肝、肾弥漫性出血，心脏、脾脏出血。

【诊断】 本病一般可根据饲养管理情况，临床症状（出血性素质），病理解剖学变化（皮肤、黏膜、肌肉、内脏器官出血，齿龈肿胀、溃疡、坏死）以及实验室化验（血、尿、乳中维生素 C 含量低下）结果，进行综合分析，建立诊断。

【鉴别诊断】 肢体肿痛应与化脓性关节炎、骨髓炎、蜂窝组织炎、深部脓肿等鉴别；出血症状应与其他出血性疾病相鉴别。

【治疗】 动物发病时，应查明病因，改善饲养管理，并调整日粮组成，给予富含维生素 C 的青绿饲料，如新鲜青草、苜蓿、三叶草、块根类以及松柏针叶或其浸出液。对发病的仔兽投给 3%～5% 的维生素 C 溶液，每只每次 1.0mL，口服可用滴管喂给，每天 2 次，直至水肿消失为止。维生素 C 溶液要当天配制，当天使用。

对口腔溃疡或坏死者，在补充维生素 C 的同时，可用 0.1% 高锰酸钾溶液、庆大霉素溶液或其他抗菌药液冲洗患部，并涂抹碘甘油或抗生素药膏。将患病仔狐的母狐乳挤出，预防母狐患乳房炎。对仔貉脚爪有渗出、龟裂的患部涂碘甘油，防止继发感染。

【预防】 为预防本病，需提供给母兽全价的配合饲料，补饲富含维生素 C 的青绿饲料。保证日粮中含足量的维生素 C，A、B_1、B_2 等。为防止新生仔兽发病，在妊娠期特别是中、后期要绝对保证饲料新鲜，并要给予足量的新鲜蔬菜或补充维生素 C 制剂。

五、维生素 B_1 缺乏症
（ vitamin B_1 deficiency ）

维生素 B_1 又称硫胺素，酵母是其丰富来源，也广泛存在于植物外皮、茎叶和根中。维生素 B_1 缺乏症是由于体内硫胺素缺乏或不足所引起的一种以神经机能障碍为主要特征的营养代谢病。本病多见于貂、貉、狐、犬、猫、鸭、鹅等，其特征主要是被毛暗淡松乱，角弓反张，四肢痉挛，瘫痪。

【病因】 皮毛动物饲养过程中由于多种原因都可能引起维生素 B_1 的缺乏。

1. 原发性缺乏 主要由于长期饲喂缺乏维生素 B_1 的饲料。如日粮组成中青绿饲料、禾本科谷物、发酵饲料以及蛋白性饲料缺乏或不足，饲料储存时间过久、储存条件不当或发生霉变，饲料蒸煮时间太长等造成维生素 B_1 损失。仔兽在初生数周内，如得不到富含维生素 B_1 的饲料和乳汁，很容易引起原发性缺乏。

2. 条件性缺乏 体内存有妨碍或破坏硫胺素合成且阻碍其吸收和利用的因素。生鱼和软体动物含有的硫胺素酶使维生素 B_1 受到破坏；消化机能障碍会影响维生素 B_1 的吸收和利用；长期大量应用能抑制体内细菌生长的抗生素，抗寄生虫药物等而造成维生素 B_1 缺乏。吡啶硫胺素、氨丙啉是维生素 B_1 的拮抗物，饲料中此类物质添加过多会引起维生素 B_1 缺乏。

【症状】 动物缺乏维生素 B_1 时一般经过 15～40d 表现出临床症状，最初动物食欲减退，随后步态不稳、抽搐痉挛，数天内衰竭而亡。

1. 水貂 发病水貂食欲减退或废绝，精神萎靡，被毛蓬松无光，站立不稳，后肢或四肢瘫痪，角弓反张，头颈向后，反转后四肢痉挛；有的出现呕吐，呕吐物为黄绿色黏液。

2. 貉 病貉被毛暗淡发黏，精神高度沉郁，嗜眠；仔貉吮乳能力弱或无吮乳能力，后肢麻痹，出现阵发性抽搐，全身无力虚弱。

3. 鹿 病鹿主要表现为无目的转圈、乱奔，站立不稳，倒地抽搐；严重时呈强直性痉挛，最终昏迷死亡。

4. 鸭、鹅 雏鸭、鹅缺乏维生素 B_1，一般 1 周左右开始出现症状。患禽食欲下降，生长发育受阻，羽毛松乱，无光泽，精神不振。随着病程的发展，患禽两脚无力，腹泻，行动不稳，失去平衡感，有时出现侧倒或仰卧，两腿呈划水状前后摆动；头颈常偏向一侧或扭转，无目的转圈奔跑，最后抽搐而亡。成年鸭、鹅症状不明显，产蛋量下降，孵化率降低。

5. 狐 病狐厌食，被毛粗乱，步态不稳，多发性神经炎，心机障碍。妊娠后期母狐死亡率高。

6. 犬、猫 食欲不振、呕吐、脱水，伴发多发性神经炎，心脏衰竭，惊厥，共济失调，麻痹，虚脱甚至死亡。

【病理变化】　　血凝不良，肝脏土黄色，质脆；心肌迟缓，心脏扩大，多数病例伴有表面出血点；脑膜有散在的对称性出血点。

【诊断】　　通常根据饲养管理情况，临床症状和病理解剖学变化（心肌弛缓、肌肉萎缩、大脑典型坏死病灶等）进行初诊。确诊需要检测到血浆和尿液中丙酮酸、乳酸含量增高，尿液和血液中硫胺素和辅羧酶含量降低；治疗性试验也可验证诊断。

【鉴别诊断】　　多发性神经炎出现的共济失调、抽搐等症状要与伪狂犬病、乙型脑炎、脊髓灰质炎等相鉴别。

【治疗】　　兽禽发病时，重点是查明并清除病因，改善饲养管理，提供富含维生素 B_1 的全价饲料，添加优质青草、发芽谷物、麸皮、米糠或饲用酵母等。治疗用维生素 B_1 制剂，貉每天口服 5～10mg，仔貉用量减半；貂每天口服 1～2mg，狐 2～3mg，犬、猫 3～5mg；鸭、鹅每天 10～20mg/kg 饲料，持续 10～15d。重症病例可肌内注射维生素 B_1，貂 0.25mg，狐 0.5mg，成年鸭、鹅 5 mg，雏鸭、鹅 1～3mg，同时配合应用其他 B 族维生素来增强疗效。为了控制继发感染，也可考虑应用抗菌药物进行辅助治疗。

【预防】　　为预防发病，应注意保持日粮组成的全价性，供给富含维生素 B_1 的新鲜饲料。禁喂腐败变质、长期贮存的饲料，避免长时间蒸煮、烘烤。食肉类动物应有一定比例的谷物类和青绿类饲料。淡水鱼和软体动物应煮熟后饲喂，并添加维生素 B_1，貂每天 0.2mg，狐 0.4mg。常补给酵母粉以补充食肉类动物的维生素 B_1。

六、维生素 B_2 缺乏症
（vitamin B_2 deficiency）

维生素 B_2 又称核黄素，广泛分布于动植物性饲料中（其中酵母和糠麸类含量最高）。维生素 B_2 缺乏症是由于体内核黄素缺乏或不足所引起的一种以生长缓慢、口炎、皮炎、角膜炎、肢麻痹（禽）为主要特征的营养代谢病。本病多发于禽类、仔貉、仔狐、幼貂等，偶见于反刍动物。

【病因】

1. 原发性缺乏　　通常发生于长期饲喂维生素 B_2 贫乏的日粮的动物；或饲料的调制和保存不当造成维生素 B_2 受到破坏（过度煮熟以及用碱处理的饲料）；幼兽饲喂核黄素含量不足的母乳。

2. 条件性缺乏　　维生素 B_2 在机体中的合成、吸收和利用受阻。如长期、大量地使用抗生素或其他抑菌药物，造成维生素 B_2 内源性生物合成受阻；动物患胃肠、肝、胰疾病时，维生素 B_2 的吸收、转化、利用发生障碍；妊娠或哺乳母兽，体内代谢过于旺盛或幼龄动物生长发育过于快速，维生素 B_2 的消耗增多，需要量增加；高脂肪和低蛋白质饲料以及环境温度过低可增加维生素 B_2 的消耗量。

【症状】　　病兽初期一般呈现精神不振、食欲减退、生长发育缓慢、体重低下。皮肤增厚、脱屑、发炎，被毛粗糙，局部脱毛乃至秃毛。眼流泪、结膜炎、角膜炎、口唇发炎。随后出现神经症状，共济失调、痉挛、麻痹，瘫痪以及消化不良、呕吐、腹泻、脱水、心脏衰弱，最后死亡。妊娠母兽出现流产、早产或弱仔等。

仔貉出现脂溢性皮炎：绒毛呈灰白色或出生后无毛，被毛黏似水样，生长迟缓。仔狐口腔起疱、溃疡。禽类生长缓慢，消瘦，但食欲良好，1～2 周内出现皮肤干而粗糙，趾爪向内卷曲，甚至以跗关节着地而爬行，孵化率低下。貂类表现为皮炎、被毛脱色和生长缓慢，色素沉着破坏，肌肉痉挛无力。

【病理变化】　内脏器官没有明显变化。皮肤增厚、粗糙，角膜和晶状体混浊，坐骨神经增粗。

【诊断】　主要根据饲养管理情况、临床症状、病理变化进行诊断。同时治疗性试验可验证诊断。测定红细胞谷胱甘肽还原酶活性系数是目前评价核黄素营养状况的一个灵敏指标。

【鉴别诊断】　应注意与湿疹、神经性皮炎，以及维生素 A、B_1 缺乏症的区别。

【治疗】　兽禽发病时，重点查明并清除病因，改善饲养管理，调整日粮组成，增加富含核黄素的饲料，如全乳、脱脂乳、肉粉、鱼粉、苜蓿、三叶草及酵母等。临床主要应用维生素 B_2 制剂治疗，皮下或肌内注射维生素 B_2 注射液，0.2～0.4mg/kg 体重，疗程为 7～10d。

【预防】　为预防本病，饲养过程中应注意保持日粮组成的全价性，供给富含维生素 B_2 的饲料。注意青绿饲料，谷类籽实，酵母以及奶制品等的补给，必要时可补给复合维生素 B 饲料添加剂。注意饲料的加工和保存方法，饲料不能加碱处理，不宜过度蒸煮或曝晒，防止腐败变质。妊娠和哺乳期母兽每 418.68kJ 日粮中补给维生素 B_2 2.5mg 才能满足需要。禽类按照 10～20mg/kg 饲料添加维生素 B_2。

（杜改梅）

七、维生素 B_6 缺乏症
（vitamin B_6 deficiency）

维生素 B_6 缺乏症是由于缺乏维生素 B_6 时常伴有其他水溶性维生素（尤其是维生素 B 族）缺乏，以皮炎、舌炎、唇炎和口腔炎、食欲下降、骨短粗和神经症状为特征的营养代谢病。维生素 B_6 又称吡哆醇，是特种珍禽体内的重要辅酶，禽类自身不能合成，须从饲料中摄取。

【病因】　维生素 B_6 是多种酶所必需的，尤其是参与氨基酸的作用和脱羧作用的酶类，色氨酸的代谢中的关键酶需要维生素 B_6 作为辅助因子，维生素 B_6 缺乏时则使整个代谢途径受到限制。维生素 B_6 在生物组织内以吡哆醇、吡哆醛和吡哆胺 3 种形式存在，在体内吡哆醛与吡哆胺可相互转化，鹿、貂、貉、狐等动物肠道内细菌可合成一部分维生素 B_6，所以一般不会发生维生素 B_6 缺乏。引起缺乏的原因与药量增加、生物利用或代谢干扰，如怀孕、高温环境等。本病多在狐繁殖期发生，当维生素 B_6 不足时，公狐出现无精子，而母狐引起空怀或胎儿死亡，仔狐生长发育迟缓。据报道，禽类饲喂高水平蛋白质（31%）可导致维生素 B_6 缺乏；而健康公狐尿结石与维生素 B_6 缺乏有关。

【症状】

1. **珍禽**　维生素 B_6 缺乏的雏禽表现为食欲下降、生长发育不良、骨短粗病和特征性的神经症，行走时趾部呈现急反射运动，患禽痉挛，常伴有痉挛性抽搐直到死亡为止。雏禽抽搐时会无目的乱跑，拍打翅膀并侧身倒地或完全仰翻在地，同时腿和头快速抽搐。成年珍禽，缺乏维生素 B_6 可使产蛋率显著下降，孵化率降低，耗料量减少，体重减轻，乃至死亡。

2. **狐**　患病狐食欲减退，上皮细胞角化，发生棘皮症者后肢出现麻痹，小细胞性低色素贫血症。妊娠母狐空怀率增高，产出的仔狐死亡率增高。公狐性机能消失，无性或无性反射，无精子。公狐睾丸明显缩小，睾丸内变性，检查无精子。仔狐表现生长发育迟缓。

3. 犬 幼犬眼睑、鼻、口唇周围、耳根后部、面部等易发生瘙痒性红斑样皮炎或脂溢性皮炎，有的口腔、舌和口角发炎。痉挛发作、消瘦、贫血。

【诊断】 根据病史、临床症状可初步诊断。实验室检查血浆、血红细胞或尿中维生素B_6水平及其代谢产物（4-吡哆酸）可确诊。

【鉴别诊断】 维生素B_6缺乏症应注意与其他病因导致的皮炎、舌炎、口腔炎、抑郁、头晕、生长不良、周围神经病变和癫痫发作，以及其他神经系统症状相鉴别。珍禽发生维生素B_6缺乏症，与脑软化症（维生素E缺乏）的区别在于患病雏禽发作时运动更为激烈，并且导致完全衰竭，通常会死亡。

【治疗】 积极治疗原发病，及时用维生素B_6制剂进行治疗。珍禽饲料中补充维生素B_6，每1kg饲料10~20mg，即可治愈。仔狐发情期用1.2mg，每日一次，被毛生长期用0.6mg，可拌在饲料中给予。对于痉挛严重的犬，可肌内注射盐酸吡哆醇10~30mg，之后每天口服2~3次，每日1~5mg，连用10d。

【预防】 珍禽在饲喂高蛋白饲粮时，应注意添加维生素B_6。仔狐日粮中维生素B_6的量每100g干物质中不少于0.9mg。

八、维生素 B_{12} 缺乏症
（ vitamin B_{12} deficiency ）

维生素B_{12}缺乏症是一种由于维生素B_{12}摄入不足或者吸收障碍引起的以巨幼细胞性贫血和神经损伤为主的营养代谢病。该病起病隐匿，但严重情况下可导致中枢神经系统不可逆性损伤。维生素B_{12}是唯一含有金属元素钴的维生素，所以又称为钴胺素。它是动物体内代谢的必需营养物质，缺乏后则引起营养代谢紊乱、贫血等病症。

【病因】

1. 摄入不足 维生素B_{12}参与机体蛋白质代谢活动，调节造血功能，保护肝脏。不足时蛋白质积累不足，生长受阻。骨髓中造血的正常过程被破坏，发生贫血。肝功能和消化功能障碍。维生素B_{12}主要存在于肉、蛋、奶类食品中，食用酵母中含量尤为丰富。仔兽缺乏动物类饲料，可造成缺乏症发生。饲料中缺乏维生素B_{12}，成年狐经36周，幼狐经15周便出现缺乏症。除供给量不足可引起维生素B_{12}缺乏症外，在某些缺钴地区，植物中缺乏维生素B_{12}，胃肠道微生物也因缺钴而不能合成维生素B_{12}；患有胃炎，胃幽门部形成的氨基酸多肽酶分泌不足，未能促使维生素B_{12}进入黏膜的细胞以被吸收；由于维生素B_{12}仅在回肠中被吸收，当局限性回肠炎、肠炎时，也可造成维生素B_{12}吸收不良。饲料中过量的蛋白质能增加机体对维生素B_{12}的需要量，还需看饲料中胆碱、蛋氨酸、泛酸和叶酸水平以及体内维生素C的代谢作用而定。

2. 吸收异常 维生素B_{12}参与碳基酶的代谢，是生物合成核酸和蛋白质的必需因素，它促进红细胞的发育和成熟。这与叶酸的作用是相互关联的。当体内维生素B_{12}缺乏时，引起脱氧核糖核酸合成异常，从而出现巨幼红细胞性贫血；动物离体和活体实验都证明，维生素B_{12}有促进蛋白质合成的能力。当动物缺乏维生素B_{12}时，血浆蛋白含量下降，肝脏中的脱氢酶、细胞色素氧化酶、转甲基酶、核糖核酸酶等酶的活性也减弱。维生素B_{12}又是胆碱合成中不可缺少的，而胆碱是磷脂构成成分，磷脂在肝脏参与脂蛋白的生成和脂肪的运

出中起重要作用。维生素 B_{12} 还是甲基丙二酰辅酶 A 异构酶的辅酶，在糖和丙酸代谢中起重要作用。

【症状】 各种动物均可出现维生素 B_{12} 缺乏症，临床易表现为食欲不振、消化不良，唇、舌及牙龈发白，牙龈出血，恶性贫血，舌、口腔及消化道黏膜发炎，仔兽嗜睡。

1. 珍禽 发育缓慢、贫血，成禽产蛋量下降等。若同时饲料中出现缺少作为甲基来源的胆碱、蛋氨酸则可出现骨短粗病。这时增加维生素 B_{12} 可预防骨短粗病，因为维生素 B_{12} 对甲基的合成能起作用。成年母禽发生维生素 B_{12} 缺乏症时，其蛋内维生素 B_{12} 则不足，于是蛋被孵化到第 16～18d 时就可出现胚胎死亡率的高峰。

2. 狐 表现为血液生成机能障碍性贫血，可视黏膜苍白，食欲废绝，消瘦，衰弱。如在妊娠期发生，仔狐死亡率高，母狐食仔现象增加。

3. 犬 维生素 B_{12} 缺乏时，临床上主要表现为恶性贫血，肝功能和消化功能障碍。患病犬长期食欲不振，异嗜，生长停滞，营养不良，肌肉萎缩，心跳、呼吸次数增加，可视黏膜苍白，喜卧懒动，运动不协调，抗病能力下降，皮炎等。

【病理变化】 特征性的病变是禽胚生长缓慢，禽胚体型缩小，皮肤呈弥漫性水肿，肌肉萎缩，心脏扩大并形态异常，甲状腺肿大，肝脏脂肪变性、卵黄囊、心脏和肺脏等胚胎内脏均有广泛出血。有的还呈现骨短粗病等病理变化。狐实质器官萎缩、变小，肝脏边缘变薄，肝脂肪变性。犬、水貂肝脏脂肪变性。

【诊断】 根据维生素 B_{12} 缺乏史、临床表现和实验室检查而确诊。血清维生素 B_{12} 水平低于正常水平可诊断为维生素 B_{12} 缺乏。尿中维生素 B_{12} 排泄量减少。血象和骨髓象示大细胞正色素性贫血。血浆中的同型半胱氨酸和甲基丙二酸水平在诊断维生素 B_{12} 缺乏症时较为重要。若患兽已有神经系统症状，可测量脑脊液中维生素 B_{12} 水平，一般在常规血清学检查未发现时使用。

【治疗】 当患有贫血或肝脏中毒性营养不良时，治疗量为 10～15μg/kg 体重，每隔一昼夜供应一次，直到病情改善。供给维生素 B_{12} 以皮下或肌内注射效果更好，口服效果不佳，因为肠壁不能完全吸收。珍禽肌内注射维生素 B_{12}，每次 25～50μg，每日或隔日一次。治疗神经疾患时，用量可酌增。狐、犬可用维生素 B_{12} 治疗，每 1kg 体重注射 10～15μg，1～2d 注射一次，治愈为止。恶性贫血细胞因子缺乏，影响维生素 B_{12} 的肠道吸收，必须肌内注射给药。补充维生素 B_{12} 同时应注意补钾，防止低钾血症。

【预防】 在种禽日粮中每吨加入 200g 维生素 B_{12}，可使其蛋能保持最高的孵化率，并使孵出的雏禽体内贮备足够的维生素 B_{12}，以使出壳后数周内有预防维生素 B_{12} 缺乏的能力。研究证明，给每只母禽肌内注射 2μg 维生素 B_{12}，可使维生素 B_{12} 缺乏的母禽所产的蛋，其孵化率在一周之内从 15% 提高到 80%。对雏禽、生长禽群，在饲料中增补鱼粉、肉屑、肝粉和酵母等，可满足其维生素 B_{12} 的需要。同时喂给氯化钴，可增加合成维生素 B_{12} 的原料。

水貂每昼夜的需要量为 3μg，狐、貉需要量是貂的 1 倍。饲料中维生素 B_{12} 可按标准给予，即每 418kJ 饲料中 1.5～2.5mg。

九、叶酸缺乏症
（folic acid deficiency）

叶酸缺乏症是指由于叶酸摄入不足或吸收不良引起的以巨幼红细胞贫血为特征的临床综

合征。叶酸又称维生素 B_{11}，在蛋白质代谢过程中起重要作用，与维生素 C 和维生素 B_{12} 共同参与红细胞和血红蛋白的生成。毛皮动物对叶酸需要量每 100g 干物质大约为 $5\mu g$。在贫血和肝脏有病的情况下，每 100g 干物质推荐供给 $0.2\sim0.3mg$。

【病因】

1. 摄入不足　　常见于营养不良、饲料成分单一或喂养不当的仔兽。叶酸衍生物不耐热，饲料加工调制不当可使其破坏引起摄入不足。

2. 吸收障碍　　影响空肠黏膜吸收的各类疾病如胃肠炎、口炎性腹泻和某些先天性疾病时的酶缺乏使小肠吸收叶酸受影响。

3. 治疗药物干扰叶酸代谢　　如抗惊厥药、磺胺嘧啶可引起叶酸吸收障碍。口服异烟肼、乙胺嘧啶、环丝氨酸等药物可影响叶酸的吸收和代谢。乙醇也影响叶酸代谢。

4. 需要量增加引起相对缺乏　　妊娠初期，叶酸需要量可增加 $5\sim10$ 倍。此外，哺乳母兽、仔兽感染、发热、甲状腺功能亢进、白血病、溶血性贫血、恶性肿瘤时叶酸需要量也增高，若不增加叶酸的摄入量则引起缺乏。

【症状】　　水貂易发生叶酸缺乏症，表现为体重减轻，消化紊乱和贫血，被毛变粗或颜色变浅，易患出血性胃肠炎。雏珍禽表现为生长停滞，贫血，颈部肌肉麻痹，导致头颈下垂、前伸。成年禽缺乏叶酸，易造成产蛋率下降，种蛋孵化后期会因破壳困难而死亡。

【诊断】　　根据临床表现及实验室检查，即可确诊。叶酸浓度检查，血清叶酸浓度<7nmol/L 可确定为叶酸缺乏，红细胞叶酸浓度<305nmol/L 为确定叶酸营养状况不足的标准。

【治疗】　　每千克日粮中添加 $5\sim10mg$ 叶酸进行治疗，也可肌内注射 $50\sim100\mu g$ 叶酸制剂，连用 7d。或口服，视病情确定治疗时间和剂量。

【预防】　　注意供给全价营养日粮，在饲料中搭配一定量的富含叶酸的原料，如胡麻饼、肝脏粉、苜蓿草粉、棉籽粕等，选用含有叶酸的多种维生素。

狐的肠道微生物可以合成一定数量的叶酸，但在日粮中长期补充不足或供给抗生素和磺胺药物时，也可以出现叶酸缺乏症状。母兽在怀孕期为了合成蛋白质而提高对叶酸的需要量，这个时期特别要注意补充叶酸。当动物患贫血症时叶酸作为药品供给动物会产生很好的效果；叶酸配合维生素 B_{12} 和维生素 C 最有效。

十、铜缺乏症
（copper deficiency）

铜缺乏症是由于饲料中缺铜或虽然铜供给充足但因其拮抗因子使铜吸收利用障碍所引起的临床上以贫血、骨关节异常、被毛受损和共济失调为特征的营养代谢病。铜缺乏症是一种慢性地方性疾病，往往成群发生或呈现地方性流行。鹿铜缺乏时，机体多种含铜酶活性降低，导致种种代谢障碍，发生运动失调的进行性瘫痪，即所谓晃腰病。

【病因】　　饲料中缺乏铜元素，或饲料中拮抗因子使铜吸收利用不良，引起铜缺乏症的发生。

【症状】　　病鹿精神沉郁，消瘦，被毛粗乱，眼周形成明显的白眼圈，常卧地，随群奔跑时落后，后躯明显运动失调，有的跌倒呈犬坐姿势。关节变形，两后肢间距变小，表现为运动不稳，后躯摇摆，有时向一侧摔倒，造成外伤。重者后躯瘫痪，长期卧地，形成褥疮，最终死亡。后期有的鹿出现抽搐等神经症状。食欲、体温、呼吸基本正常，心跳快，心律不齐。

【病理变化】　对重病鹿进行屠宰剖检，发现病鹿血液稀薄，凝固不良。鹿体消瘦，皮下无脂肪沉积。大脑组织出现不同程度的水肿、软化，颅腔内有淡黄色液体。心冠脂肪有散在点状出血。倒卧侧肺脏有部分瘀血。肝脏色彩不均，稍肿，较脆。脾脏肿大。肾脏被膜易剥离，切面血管扩张，肾盂内有黄色胶冻样物和少量黄色液体。肠壁变薄。跗关节面有类似"虫蚀样"痕迹，关节液黏稠。

【诊断】　根据临床症状，结合血液学检查（外周静脉血红细胞数和血红蛋白含量减少，血清铜蓝蛋白氧化酶活性降低）、血清和被毛中微量元素铜含量降低即可诊断。

【治疗】　重症成年鹿给予硫酸铜 1g，小病鹿给予 0.5g，混于饲料中每周 1 次，连用 4 周。1 个月后再给予 1 次。经治疗病鹿症状明显得到改善。

【预防】　改善鹿群饲养环境，减少应激，避免鹿群被惊扰。饲喂全价配合饲料，停喂干秸秆，改喂优质青干苜蓿，加强鹿群营养。应用 10g/L 硫酸铜液饮水，每 10～15d 给 1 次。

（原冬伟）

第二节　其他营养代谢病

一、低血糖综合征
（hypoglycemic syndrome）

低血糖综合征是指由多种原因所引起的血糖浓度低于正常值的一种临床现象。常见的有功能性低血糖与肝源性低血糖，其次为胰岛素瘤及其他内分泌性疾病所致的低血糖症。严重而长期的低血糖症可发生广泛的神经系统损害与并发症。本病临床上主要以出现神经症状为特征，常被误诊为癫痫、脑炎等，经过恰当治疗后，症状可迅速好转。早期识别本病甚为重要，可达治愈目的，延误诊断与治疗会造成永久性的神经病变而不可逆转，预后不佳。

【病因】

1. 新生仔兽　易发生低血糖症，一般多发生于出生后 1～3d 的仔兽，由于母兽营养不足，泌乳量少，或者母兽患有各种疾病，导致仔兽吃乳不足，出现原发性低血糖症。也可继发于仔兽的某些疾病，如先天性脑震颤、脑水肿、溶血性贫血等。

2. 成年兽　常因重度营养不良或饥饿过度，或妊娠后期营养底物不足，而突然发生低血糖症。长期糖摄入不足或吸收不良也易引起低血糖症。特种动物中，自然发生本病的报道多见于新生狐。仔狐吃乳量不足、狐舍保温条件差、仔狐抗寒能力差可诱发本病。

【症状】　多数病兽在出生后 3～4d 开始出现症状，仔狐发抖，被毛逆立，怕冷。患兽精神委顿，四肢软弱无力，甚至卧地不起，食欲减退或废绝，呈现全身性或局部性神经症状，肌肉抽搐，共济失调，失明，癫痫样发作，呼吸，心跳加快，四肢发冷，多汗等。仔兽发病多出现高度沉郁，甚至昏迷，并伴有面部肌肉抽搐，血糖浓度显著低于正常值。

【病理变化】

1. 狐、貉、貂等仔兽　剖检时可见特殊的肝脏变化，肝呈橘黄色，边缘锐利，质地易脆，稍碰即破，胆囊肿大，肾呈淡土黄色，有小出血点。其他脏器剖检病变不明显。

2. 珍禽　珍禽患病无特征性病理变化，常表现为胸腺萎缩，有出血点；胰腺、脾脏、肠系膜淋巴结和法氏囊萎缩，有出血点。肾脏肿大，呈花斑状；输尿管内有大量尿酸盐。

【诊断】　　本病可根据病史、临床症状，结合血糖测定结果做出诊断。病因学诊断需结合发病年龄、病史、原发病特点及对补糖的治疗性诊断综合分析。实验室诊断表现为血糖值显著低于正常值、血浆中胰岛素浓度升高。

【鉴别诊断】　　本病应与新生仔兽细菌性败血症和细菌性脑膜脑炎、病毒性脑炎、癫痫、铅中毒等引起明显的惊厥等疾病进行鉴别诊断。

【治疗】

（1）补糖：新生仔兽用 10%～20% 葡萄糖灌服，并配合维生素 C 1mL 和地塞米松 5mg，一次性腹腔注射，每隔 4h 一次，直到可用人工哺乳或喝到母乳为止。或用高浓度葡萄糖输液，然后慢慢喂食，借此经由胃肠道吸收葡萄糖，可以缓解低血糖综合征。

（2）严重低血糖时可肌内注射或皮下注射胰高血糖素 1～2mg。

（3）补充葡萄糖后还处于昏迷状态，可能伴有脑水肿，需静脉滴注 20% 甘露醇 20～40mL。

【预防】　　母兽在产前 1 周到产后 5d，每天补充白砂糖 50～100g，化水后拌入饲料中喂食，保证母兽提供优质充足的乳汁。对新生仔兽精心照顾，保暖防寒。对吃乳困难仔兽，应及时干预，更换母兽或人工哺乳。对多发此病养殖场，仔兽出生后立即给予 20% 的葡萄糖水，口服，每头 5mL，每天 4 次，连喂 3d。

二、貂、狐酮体病
（mink and fox ketosis）

貂、狐酮体症指由于饲料中糖和产糖物质不足及脂肪代谢障碍引起血液中糖含量减少，而酮体（乙酰乙酸、丙酮酸）含量异常增多，导致消化功能障碍和神经症状的一种营养代谢病。

【病因】　　本病的发生表现为幼龄动物重于成年动物，食欲旺盛的个体病情大多较重，患病蓝狐病情重于银黑狐，发病率也高于银黑狐的特点。其主要发病原因如下。

1. 与饲料及饲养管理有关　　在幼兽生长发育旺期，为满足其快速生长发育的需要，饲养过程中多采用高脂肪、中等蛋白质和低碳水化合物类型饲料，易造成动物代谢失调。由于碳水化合物摄入过低，使得动物机体单独依靠碳水化合物已不能满足其对能量的需要，需要借助一定的脂肪和蛋白质提供能量。脂肪和蛋白质在体内分解代谢会产生大量的 β-羟丁酸、乙酰乙酸、丙酮酸等中间产物，统称为酮体，酮体的产生与酮体的转化利用失衡，严重时便可引发酮体症。饲料配比不科学，饮水不足可诱发和加重酮体症的病情。

2. 发病有季节性　　酮体症多发生在天气较炎热的夏季。狐和水貂都是毛皮动物，皮肤汗腺不发达，十分怕热。天气炎热，机体内水分损失较大，故特别容易在其他因素协同作用下促进酮体症的发生。夏季遮阳效果较差、通风不良的养殖场更易发生，其他季节则较少发生。

3. 维生素 B_1 缺乏　　维生素 B_1 为羧化辅酶成分之一，羧化辅酶能使组织内代谢的中间产物丙酮酸脱羧解毒，故在维生素 B_1 缺乏时，羧化辅酶的合成就会受到影响，脑组织和血液中的丙酮酸会大量蓄积发生酮体症。在动物饲养中，饲喂未经熟制处理的淡水鱼时，其体内的硫胺素酶及饲料的氧化酸败都会大量破坏维生素 B_1，导致酮体在动物体内蓄积，进而发病。

【症状】

1. 狐　病狐食欲下降或废绝，鼻镜干燥，精神沉郁，活动减少；大多病兽体温、呼吸、心跳均基本正常；尿液呈酸性。本病还表现为幼狐重于成狐，食欲旺盛的个体病情大多较重。该病发病过程一般较长，常大群发病，且很少出现突然病死，一个狐群发病不波及临近狐场。

2. 水貂　大部分病貂初期食欲下降或废绝，精神沉郁，此后开始衰弱，步态摇晃，盲目行走，很快四肢间歇性抽搐和痉挛，1d 左右死亡，病貂死前偏瘦。

【病理变化】

1. 狐　头、颈胸、腹皮下脂肪黄染水肿，有的皮下有出血点，皮下脂肪变硬，呈黄褐色。脂肪细胞坏死，脂肪细胞间有大量黄褐色物质，具有蜡样性质，腹股沟两侧脂肪尤为严重。淋巴结肿大，胸腹腔有黄红色的渗出液。肠系膜及脏器沉积黄褐色脂肪，肝脏肿大，略呈土黄色，质地略脆弱，呈脂肪肝状，肾肿大黄染。有的胃肠黏膜肿胀出血，内容物呈红色或黑色，直肠处有煤焦油状稀便。有的膀胱内充满深色的尿液。死亡尸体消瘦，皮下组织干燥，但黄染不明显。

2. 水貂　肝脏质脆，表面红黄相间，呈花斑状；肺脏尖叶和心叶淤血；脾脏肿大，淤血，边缘梗死；肾脏肿大，皮质及肾乳头出血，皮质和髓质的交界模糊不清；肠系膜淋巴结肿大，出血；胃黏膜大面积出血，溃疡；膀胱积尿。

【诊断】　根据病因分析和发病特点、临床症状可做出初步诊断。检查血糖和血清酮含量，出现低血糖、高血酮现象即可准确诊断。

【治疗】　病情严重者，为减少脂肪分解产生更多酮体和促进酮体排出，静脉输入 20% 葡萄糖；为确保羧化辅酶的正常合成，促进酮体转化，输液时每日加入维生素 B_1 0.5mg；为纠正酸碱平衡，静脉注射 3% 碳酸氢钠注射液；为防止继发感染，输液时可加抗生素类药物。

发病狐群应普遍采取饲料疗法，进行饲料调整，加大饮水量。饲料疗法：减少动物性饲料比例，特别要减少富含脂肪的饲料比例，加大富含碳水化合物的谷物类饲料和蔬菜在日粮中的配比。在饲料中加入适量的白糖，有利于迅速提高机体血糖水平，减少酮体产生。每日在饲料中加入维生素 B_1 2～3mg，可提高动物体的脱羧解毒能力。经过 7～15d 的调整，待狐群恢复正常后，便可恢复正常饲养。

【预防】　在幼兽的生长旺期，采用高脂肪、中等蛋白质和低碳水化合物类型饲料饲养时，应处理好三大营养关系，要以蛋白质为核心，首先确定蛋白质的给量处于一年中中等水平（冬毛生长期最高），然后再确定三大营养关系列表中相应的脂肪和碳水化合物水平，并在浮动范围内，脂肪选择上限，而碳水化合物选择较低水平。不同饲养时期不能均选择脂肪水平最高值，以免造成脂肪水平过高；也不能均选择碳水化合物水平最低值，造成碳水化合物水平过低，否则会因营养供应失调而导致机体营养代谢失调，从而引发酮体症。

狐和水貂是肉食动物，饲料中要注重蔬菜及各种维生素添加剂的添加，以满足不同时期机体对维生素的需要及促进消化道的正常蠕动。为使机体保持正常代谢，预防酮体症的发生，日粮中适量应添加维生素。在炎热的季节应让兽群自由饮水，早饲应适当提前，晚饲要适当后延，中午补饲要快，以减小饲料的氧化酸败；以淡水鱼养狐和水貂，要注意熟喂。注意养殖场的通风，在地面上经常洒水降温，避免动物机体受到阳光直射。

三、特种珍禽痛风
（avian gout）

禽痛风是由于蛋白质代谢障碍或肾脏功能代谢障碍引起的一种营养代谢病。临床上以病禽行动迟缓，腿与翅关节肿大、厌食、跛行、衰弱和腹泻为特征。禽痛风遍布于世界各地，为家禽常见、多发病之一，火鸡、鸽、鹌鹑、鹤类、鹈鹕等珍禽痛风病也有发生，具有很高的发病率和死亡率。

【病因】　禽痛风可分为关节型痛风（articular gout）和内脏型痛风（visceral gout）两种。珍禽痛风是由多因素引起的营养代谢障碍性疾病，现仍不断有新的病因被证实。据统计，病因有数十种之多，而且这两种类型痛风的发病因素也有一定差异，主要病因归纳如下。

1. 饲料与饲养管理因素

（1）饲料因素：饲料中蛋白质含量过高，特别是大量饲喂富含核蛋白和嘌呤碱的蛋白质饲料，可产生过多尿酸，这类饲料有动物内脏（肝、肠、脑、肾、胸腺、胰腺）、肉屑、鱼粉、大豆、豌豆等。高钙日粮是造成痛风的重要原因之一。禽日粮中长期缺乏维生素 A，也能导致肾小管和输尿管上皮细胞代谢障碍，造成尿酸排出受阻。其次钠钾比例失调可诱发痛风和尿石症。一些其他维生素缺乏或过量，如维生素 D 和维生素 A 过多，泛酸、生物素、胆碱等缺乏都可直接或间接导致肾脏疾病，引起痛风。

（2）饲养管理性因素：禽类水供应不足或食盐过多，造成尿液浓缩，尿量下降，被认为是内脏型痛风常见的病因之一。禽舍环境过冷或过热、通风不良、卫生条件差、地面阴暗潮湿、空气污浊、密度过大、拥挤等均可引起肾脏损害，易发痛风。

2. 多种因素使尿酸排泄障碍

（1）传染性因素：凡具有嗜肾性，能引起肾功能损伤的传染病，如白痢、传染性支气管炎、传染性法氏囊、鸡包涵体肝炎、鸡产蛋下降综合征、禽流感等可引起肾炎、肾损伤，造成尿酸排泄障碍，引起痛风的发生。

（2）中毒性因素：能引起肾脏损伤的药物、细菌毒素等，可通过严重损害肾脏而引起高尿血症和内脏型痛风。化学毒物如铬、镉、铊、锌、铝、丙酮、石炭酸、升汞、草酸等；化学药品中主要是长期使用磺胺类药物、喹乙醇以及氨基糖苷类抗生素等；而霉菌毒素中毒因素更显重要，如赭曲霉毒素、黄曲霉毒素、桔青霉毒素和卵孢毒素等。

【症状】　两种类型禽痛风的发病率、症状存在较大差异，禽痛风多以内脏型痛风为主，关节型痛风较少发生。病禽表现为食欲减退，消瘦，羽毛松乱，精神萎靡，禽冠苍白，不自主地排出白色黏液状稀粪，含有多量尿酸盐。产蛋量降低，甚至完全停产，有的可突然死亡。

1. 内脏型痛风　病禽的胃肠道症状明显，如腹泻，粪便白色，肛门周围羽毛上常被多量白色尿酸盐黏附，厌食，虚弱，贫血，有的突发死亡。不同致病因素引起的内脏型痛风症状存在差异。肾型传染性支气管炎在痛风前表现气管啰音、打喷嚏等呼吸症状；维生素 A 缺乏则表现为消瘦、生长缓慢。而高钙引起的痛风则症状多不典型。

2. 关节型痛风　一般也呈慢性经过，病禽食欲降低，羽毛松乱，多在趾前关节、趾关节发病，也可侵害腕前、腕及肘关节。关节肿胀，初期软而痛，界限多不明显，中期肿胀部逐渐变硬，微痛，形成不能移动或稍能移动的结节，结节有豌豆大或蚕豆大小。病后期，结节软化或破裂，排出灰黄色干酪样物，局部形成出血性溃疡。病禽往往呈蹲坐或独肢站立姿势，行动困难，跛行。

【病理变化】 由于禽尿酸产生过多或排泄障碍导致血液中尿酸含量显著升高，进而以尿酸盐沉积在关节囊、关节软骨、关节周围、胸腹腔及各种脏器表面和其他间质组织中为特征。内脏型痛风典型的变化是内脏浆膜上（如心包膜、胸膜、肝、脾、肠系膜、气囊和腹膜表面）覆盖有一层白色尿酸盐沉淀物；关节型痛风病变较典型，在关节周围出现软性肿胀，切开肿胀处有米汤状、膏样的白色物流出。关节周围的软组织可见由于尿酸盐沉积而呈白色。

【诊断】 根据临床症状（跛行、关节痛风性结节、不自主地排出白色黏液状稀粪等）和病理剖检或镜检发现心、肾等实质器官尿酸盐沉着现象，即可确诊。

【治疗】 立即改变饲料成分比例和质量，降低饲料中蛋白质含量，控制在 20% 左右；提高维生素 A 和多维素的添加量；调节饲料中钙磷比例；给予充足饮水，使用补液盐饮水；也可用市售的肾肿解毒类药物饮水，提高肾脏对尿酸盐的排泄能力。别嘌醇抑制尿酸合成，可用于治疗痛风，饲料拌饲。饲料中添加铵盐类可酸化尿液，从而可减少尿酸盐结晶的形成；丙磺舒主要是促进尿酸盐的排泄，可用于治疗慢性痛风，对急性痛风无效；辛可芬可用于急、慢性痛风；另外，双氢克尿噻、碳酸氢钠、乌洛托品和地塞米松等对治疗痛风都有一定效果。

增加发病珍禽的光照和运动，有利于疾病的康复。

【预防】 由于痛风的发生大多与营养性因素有关，因此应根据珍禽的品种和不同的生长发育阶段，从饲养管理及饲料合理配制方面控制和预防本病的发生。首先蛋白质含量要适当，注意氨基酸平衡。确保日粮中各成分的比例，特别是钙、磷的含量。珍禽不宜长期应用磺胺类、链霉素和庆大霉素等药物。注意防止饲料发霉变质和维生素 A 由于高温潮湿等因素被破坏。在珍禽的管理方面应该按照不同生长阶段确定合理的光照制度、适宜的环境温度和供给充足的饮水。保持禽舍清洁、通风，降低禽舍湿度。针对传染性因素，主要是严格免疫程序，搞好环境清洁，定期消毒，减少与病原接触的机会。

四、鹿产后血红蛋白尿
（deer post parturient haemoglobinuria）

鹿产后血红蛋白尿是指鹿长期饲喂缺磷饲料，同时鹿产后产奶量增加导致磷排出量过多，造成低磷酸盐血症以及大量饲喂十字花科植物饲料导致血液中红细胞被溶解，释放出血红蛋白经肾脏排出而形成棕红色尿液，并伴有贫血、黄疸、衰弱、采食减少的种产后代谢性疾病。

【病因】 主要由于长期饲喂低磷饲料，导致血磷降低，加上母鹿产后产奶量增加致磷排出量过多，血液中磷含量过低而引起低磷酸盐血症，突然发生血管内溶血。如大量采食莲白菜、油菜、白菜等十字花科植物饲料，精料中又未加骨粉或磷酸氢钙，易促进本病发生。甜菜叶和苜蓿干草都含有皂角苷，具有溶血作用，饲喂此类饲料过多，也易促进本病发生。草地贫瘠、干旱、严冬等条件都可促进发病。本病因急性溶血，最终导致心力衰竭死亡。

【症状】 红尿是本病的明显症状，鹿产后突然发生血红蛋白尿，尿色由淡红到紫红色不等，小便次数少但尿量多，并有多量泡沫。轻型经过，一般全身无明显变化。严重贫血时，呼吸急促，心跳加快（每分钟 100 次以上），心音亢进，并有机能性杂音，颈静脉搏动增强，黏膜苍白；后期出现黄染，消化机能减退，食欲下降，粪便干硬，有时排恶臭稀粪。病末期变衰竭，走路摇晃，体温开始时可能略高，病末期低于正常体温，皮温下降，耳尖、鼻端、四肢厥冷，心率 $100\sim150$ 次 /min。幸存病鹿约 3 周才能恢复，常继发酮体症和异食现象。

【诊断】　　本病特征性的症状是血红蛋白尿，结合发病原因分析可初步诊断。

【鉴别诊断】　　注意和其他易出现血红蛋白尿的疾病区别开，如溶血性梭菌引起的血红蛋白尿、钩端螺旋体病及菜籽饼、洋葱等中毒时；还要和肾脏等泌尿器官出血性炎、尿石症引起的血尿鉴别。肾盂肾炎有血尿现象，且体温升高，而该病体温正常，甚至下降。膀胱尿道感染也可能出现血尿，但尿液中混有黏液及新鲜血凝块和脓块。排尿时弓背，有尿频、尿少、尿痛且翘尾不收等症状，而本病无此症状。双芽巴贝斯虫病、嗜血性支原体病、钩端螺旋体病等也有血尿，但体温升高，有拉稀、流产、黄疸等相关病状和病史，而本病无此症状。

【治疗】　　本病的治疗原则是消除病因、纠正低磷酸盐血症。常用的磷制剂为20%磷酸二氢钠、3% 次磷酸钙，按药物说明使用。同时辅以含磷丰富的饲料，如豆饼、花生饼、麸皮、米糠和骨粉等。此外，要注意适当补充造血物质，如叶酸、铜、铁、维生素 B_{12} 等。维持血溶量和保证能量供应常用复方生理盐水、5% 葡萄糖、葡萄糖生理盐水注射液等。

【预防】　　根据鹿机体的需要，应保证饲料中含有足够的磷元素（包括磷、钙及合适比例），在大量饲喂十字花科植物时，要给予适当的干草同时补磷，加强对鹿的监护，以便早期发现病鹿。此外，应注意油菜中毒，除上述溶血性贫血、血红蛋白尿外，鹿还可能发生突然失明、肺气肿和消化紊乱等症状。

（程振涛）

第八章

特种动物中毒病

第一节　中毒病概述

中毒病是指动物机体由于毒物的侵袭破坏导致生理功能紊乱，致使机体组织、器官发生功能性或器质性的损伤，严重时可致命的疾病。动物机体敏感性、毒物种类及剂量、摄入途径等因素均影响中毒病的产生。中毒病往往群发，所以一旦发生则导致严重经济损失。

一、中毒病常见病因

1. 自然因素　　动物误食天然有毒植物导致的中毒病，如鹿的栎树叶中毒；另外，动物采食特殊地区富集某矿物质元素的植物也会导致中毒病。通常动物具有避开有毒物的本能，但当长期饥饿或经历长时间的干草期后，动物常因"饥不择食"而误食有毒物。

2. 人为因素　　工业"三废"污染饲料或地下水常导致地区性动物中毒病的发生，杀虫剂、灭鼠药、化肥等日常有毒有害物质也会造成中毒病，饲料霉变、患黑斑病的红薯、患赤霉病的玉米、含棉酚的棉籽饼等均为动物中毒病的常见因素，此外，毒物与药物间的区别往往在于剂量，超出安全剂量范围的治疗用药也会导致动物中毒。

二、中毒病的诊断

1. 流行病学调查　　首先应通过调查群体发病情况、地方流行状况、有无传染性等特点，将中毒病与传染性疾病、营养代谢病等进行区分。

2. 临床检查　　了解中毒病发生的时间、地点、兽种、年龄、性别、病程、饲养管理、周围环境等病史信息，着重观察病兽黏膜、皮肤颜色、有无神经症状，缺氧性中毒病会表现出黏膜发绀，神经性中毒则会有兴奋、运动失调、痉挛等表现（表 8-1-1）。

表 8-1-1　中毒病常见的临床症状及诊断意义

临床症状		诊断意义
皮肤黏膜	黏膜发绀	亚硝酸盐、一氧化碳、有机磷、有机氯、菜籽饼、马铃薯、尿素中毒
	感光过敏	荞麦、苜蓿、金丝桃、三叶草、甚孢毒素、蚜虫中毒
	黄疸	黄曲霉毒素、四氯化碳、砷、铜、磷、羽扇豆中毒
消化系统	呕吐	砷、镉、铅、汞、蓖麻籽、毒芹属、马铃薯素中毒
	流涎	砷、铜、磷、氰化物、有机氯、草酸盐、氯化钠、马铃薯素中毒
	口渴	铬酸盐、砷、氯化钠中毒
	腹泻	砷、镉、铅、汞、亚硝酸盐、棉酚、蓖麻籽、马铃薯素中毒
	腹痛	黄曲霉毒素、铵盐、亚硝酸盐、砷、铜、铅、汞、铅酸、强碱中毒
神经系统	运动失调	黄曲霉毒素、铵盐、亚硝酸盐、砷、汞、氯化钠、四氯化碳、棉酚、蓖麻籽中毒
	肌肉震颤	有机氯、有机磷、亚硝酸盐、氯化钠（猪）、铅、磷、毒芹属、棉酚中毒

续表

临床症状		诊断意义
神经系统	痉挛与惊厥	氯化钠（猪）、有机氯、有机磷、有机氟、亚硝酸盐、草酸盐、串珠镰刀菌素中毒
	麻痹	有机磷、氰化物、烟碱、铜、锡、磷中毒
	昏迷	氰化物、烟碱、有机氯、有机磷、有机氟、硫化氢、马铃薯素中毒
眼睛	瞳孔散大	毒芹属中毒
	瞳孔缩小	有机磷、麦角中毒
	失明	黄曲霉毒素、铅、汞、硒、麦角中毒
其他	血尿	铜、汞、甘蓝、油菜中毒
	呼吸困难	铵盐、氰化物、亚硝酸盐、硫化氢、有机磷、草酸盐中毒
	贫血	镉、铜、铅、甘蓝中毒

3. 病理学检查 病理检查包含尸体剖检和组织学检查，此过程应着重检查以下几项：①检查消化道内残余毒物，根据内容物的气味、颜色以及消化道黏膜状况判断摄入毒物的种类及性质。如氰化物中毒者其消化道内容物有苦杏仁味，重金属盐中毒可导致消化道黏膜充血、出血、糜烂。②检查血液状况，氰化物及一氧化碳中毒者血液为鲜红色，亚硝酸盐中毒则会导致血液呈酱油色，华法令等毒鼠药则会造成全身广泛性出血。③检查内脏器官，尿素或氨中毒则会导致肺脏充血并水肿，黄曲霉素中毒则会造成肝脏的肿大或脂肪化。

4. 毒物化验 导致经济动物发生中毒病的毒物均为化学物质，因此可利用特定的化学反应来鉴别导致动物中毒的毒物。常采集发病动物的采食饲料和饮用的水、胃内容物、血液、病变明显的组织器官、乳汁、粪便等进行化验，此方法快速准确，是诊断经济动物中毒病的有力方法。

5. 动物试验 取中毒动物采食或饮用过的饲料及水喂给同种动物，若可复制出相同中毒症状则可大大缩小可疑物质的范围。但由于个体间存在差异，故应考虑喂给的量以及其他饲喂条件。

三、中毒病的治疗

1. 排除毒物

（1）去除毒源：一旦发现中毒应立即停止继续饲喂原来的饲料及饮水，彻底清除圈舍，洗消动物接触的食槽、饮具等物品。

（2）排除消化道毒物

1）催吐：经济动物刚摄入毒物不久适用此法，催吐应在动物清醒时进行以防止呕吐物呛入肺中造成二次伤害。

2）洗胃：在毒物摄入 4～6h 适用此法。

3）下泻：对毒物已进入肠道的应通过泻下来促进毒物排出。

4）灌肠：对毒物已摄入 16h 以上的动物可进行灌肠来清除毒物。

上述几种促进毒物排出的方法可结合进行以达到最佳效果。

（3）阻止或延缓毒物吸收：对重金属性毒物可利用蛋白质丰富的物质，如牛奶、蛋清等保护机体，活性炭、白陶土等吸附剂及 EDTA、鞣酸等沉淀剂也可有效阻止肠道吸收毒物。

2. 特效解毒药应用　　毒物种类众多与特效解毒药物的种类有限形成一对矛盾，但仍有常见的几种特效解毒药可供使用：如解磷定与阿托品用于有机磷中毒，美蓝或甲苯胺用于亚硝酸盐中毒，亚硝酸钠与硫代硫酸钠用于氢氰酸中毒。

3. 对症治疗　　维持体温、治疗休克、保持电解质平衡、消除水肿、补充能量等治疗手段可有效辅助动物中毒病的恢复。

四、中毒病的预防

1. 环境保护　　多数疾病都是由环境、动物机体、致病物三者之间相互作用产生的结果，环境作为人类与动物生存的基本要素至关重要，环境污染导致的动物中毒病的发生越发引起人们关注，加强生态环境保护，断绝各类污染源尤其是养殖场周边的污染物质可有效防护特种动物中毒病的发生。

2. 加强饲养环节的管理　　场址远离人流密集区域，构建有效的隔离带及洗消池；定期检查饮水及饲料的状况，若发现饲料霉变、饮水污染等问题应立即处理；杀虫灭鼠，防止害虫及鼠害滋生，同时严格管制好杀虫灭鼠药的使用，谨防毒药污染饲料及水源；定期洗消圈舍、饲槽及饮槽；放牧饲养的特种动物应注意检查草场以及林场中有无有毒植物的生长，清除有毒植被以防动物误食。

3. 规范用药　　养殖场应配备专业兽医人员，严格规范治疗用药，防止药物滥用造成的特种动物中毒病。

（曲伟杰）

第二节　真菌毒素及饲料中毒

一、黑斑病甘薯中毒
（sweet potato black rot poisoning）

鹿黑斑病甘薯中毒是指鹿只采食大量霉烂的、带有黑斑病的甘薯或甘薯叶茎，引起的一种中毒病，临床表现以极度呼吸困难、急性肺水肿及间质性肺气肿为特征，后期动物呈现缺氧及皮下气肿。本病多见于甘薯盛产区。在冬、春季节，许多鹿场以甘薯作为多汁饲料喂食常引起本病。

【病因】　　导致甘薯霉烂（见图8-2-1）的原因很多，如根腐病，黑痣病，温度和湿度变化，霉菌（如甘薯黑斑病真菌、茄饼镰刀菌、爪哇镰刀菌）及某些昆虫经破损的薯皮、虫咬部、自然裂口处侵入甘薯体。在适宜的温度和湿度条件下，各类霉菌产生或大量增殖，或导致甘薯内某些成分方式改变，产生致肺脏病变的毒素或因子，如甘薯酮、甘薯醇、甘薯宁、甘薯二醇等。这些毒素耐高温，经煮、蒸、烤和制酒发酵等处理，其毒素均不易被破坏。

图 8-2-1　发生黑斑病的甘薯

【症状】　　鹿食用黑斑病甘薯后出现中

毒，典型临床症状是呼吸困难。病初精神不振，食欲减退或废绝，体温一般无变化。随病情加重，病鹿出现呼吸困难、呼吸音强烈、可视黏膜发绀。过度呼气，肺泡失去弹性，发生肺泡气肿。肺泡破裂后，气体窜入间质，形成间质性肺气肿；间质中的气体由肺根窜入纵隔，又窜入到颈部、肩部或背部，形成广泛性皮下气肿。瘤胃触诊，内容物坚硬，反刍减少或停止，发生便秘，粪球小而硬，并呈黑色，附着黏液或血液。个别病鹿出现下痢。急性型病鹿多无前驱症状，常在几小时或1~2d内窒息死亡。

【病理变化】　肺脏肿大，呈典型的间质性肺气肿变化（图8-2-2），可见间质增宽，肿大，边缘肥厚、质脆，切面湿润，灰白色、透明清亮。间质因充气而明显分离与扩大，甚至形成中空的大气腔。重者在肺表面有若干大小不等的球状气囊。肺脏表面的胸膜脏层透明发亮，如白色塑料袋浸水后外观。纵隔腔气肿呈气球状。皮下有明显气肿现象。胃肠和心脏有出血斑点，胆囊和肝肿大，胰腺充血、出血和坏死，瘤胃内可见未消化完全的甘薯。

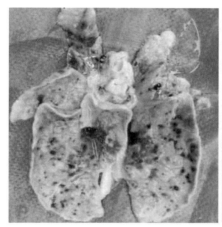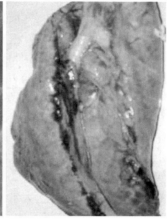

图8-2-2　黑斑病甘薯中毒引起的间质性肺气肿（可见肺脏内大气泡和坏死灶）

【诊断】　根据群发特征、发病季节、病史、采食情况、烂甘薯饲料的存在及呼吸困难的典型临床症状，即可做出初步诊断。确诊可通过动物饲喂试验，用黑斑病甘薯或其乙醇、乙醚浸出物饲喂鹿只，进行验证。

本病与出血性败血症相似，均表现呼吸困难，但本病体温不升高，也无败血症特征。此外，本病常与急性变态反应性肺气肿、栎树叶中毒、对硫磷中毒等相混淆，根据病史调查和实验室检查可鉴别诊断。

【治疗】　尚无特效解毒药，多采取对症治疗。治疗原则，主要是排出体内毒物，解除呼吸困难，缓解缺氧症状，提高肝脏解毒和肾脏排毒功能。

1. 解毒排毒　内服0.1%高锰酸钾1000~2000mL，破坏消化道内的毒物。口服木炭末50g，以吸附毒物，过一定时间后，也可灌服植物油、液体石蜡或盐类泻剂，如用250~300g硫酸镁，加微温水2000~3000mL，溶解后灌服，以加速胃肠道内毒物的排出。

2. 对症治疗　应用强心剂，然后静脉注射5%葡萄糖生理盐水500~1000mL。为提高肝肾解毒功能，可静脉注射维生素C和等渗葡萄糖溶液。缓解呼吸困难，可使用氧化剂，0.5%~1%过氧化氢溶液内服500~1000mL，或静脉注射5%~10%硫代硫酸钠溶液，每千克体重1~2mL。

3. 中药疗法　　白矾、大黄各 200g，黄连、黄芩、白芨、贝母、葶苈子、甘草、龙胆根各 50g，兜铃、栀子、桔梗、石苇、白芷、郁金、知母各 40g，花粉 30g，共研为细末，开水冲调，降为室温时加蜂蜜 200g 为引，1 次灌服。灌药后，每天可投服温盐水（每升加盐25g）3～4 次，每次 10～15L。用于缓解呼吸困难，排毒、解毒。待气喘缓解、肠道毒物基本排除后，用补中益气汤加味，可补益中气，疏肝理气，健肝益脾，恢复消化机能。

【预防】　　预防本病的根本措施是防止甘薯霉烂，故可采用温汤浸种法，用 50℃的温水浸渍 10min。收获甘薯时，尽量不要擦伤其表皮。贮藏甘薯时，地窖宜干燥密闭，温度宜控制在 11～15℃。对霉烂甘薯和病甘薯幼苗，应进行集中深埋、沤肥或火烧处理，严禁乱丢。妥善保管甘薯，避免发生霉变。禁止用霉烂甘薯及其加工副产品饲喂鹿只。

二、霉变饲料中毒
（moldy feed poisoning）

霉变饲料中毒是指鹿只采食发霉变质的饲料后引起的以消化系统机能障碍和神经症状为主的中毒性疾病。这类毒素亦可引起狐、貂等中毒。

【病因】　　玉米、大麦、小麦等饲料保管不当，特别是在气温高、湿度大的季节，极易发霉变质而产生霉变。迄今为止，已经有超过 300 种霉菌毒素被分离和鉴定出来，常见的有呕吐毒素、伏马毒素、赭曲霉毒素、玉米赤霉烯酮毒素、T_2 毒素以及桔青霉素等。伏马毒素使鹿只生长受阻，黄疸，肝组织损伤，急性肺水肿，免疫抑制。赭曲霉毒素造成动物肾脏组织、免疫系统及造血系统受损，消瘦，生长迟缓。玉米赤霉烯酮毒素使母鹿雌激素作用亢进，发情不规则或不发情，后备母鹿假发情，受胎率降低，流产、死胎。T_2 毒素主要侵害消化系统，动物食欲下降，口腔黏膜受损，后期出现拒食、呕吐，共济失调。桔青霉素主要侵害动物肾脏，致功能下降。鹿只一次大量或长期食用霉变饲料时，霉菌及其产生的毒素会导致中毒。我国南方气候温暖，空气潮湿，本病多见。

【症状】　　鹿霉变饲料中毒的主要特征是急性胃肠炎。病程一般 2～5d，较短促，个别较长。病鹿食欲减退或废绝，反刍停止，常有腹泻、腹痛。少数病例出现神经症状，初期兴奋，可见抽搐、震颤、角弓反张、癫痫性发作；后期精神沉郁，嗜睡，衰弱无力。粪便呈黄色糊状，混有大量黏液，严重者混有血液或呈煤焦油状。尿液黄色、混浊。可视黏膜黄染；呼吸急促，心跳加快。耳后、胸前和腹侧皮肤有紫红色瘀血斑。最后常因心力衰竭死亡。多数病鹿体温无明显变化或稍有降低。急性病例临床上也见未有任何症状而突然死亡。妊娠鹿可发生流产或早产。慢性霉变饲料中毒患貂表现食欲不振，被毛粗乱，消瘦，粪便干燥，1 周后出现神经症状，兴奋狂躁，步态不稳，啃咬笼壁，2 周后病情不能控制则可能导致死亡。

【病理变化】　　卡他性和出血性胃肠炎，胃肠内容物呈煤焦油状，肠内有暗红色凝血块。前胃、真胃及小肠黏膜充血、出血、溃疡、坏死。其他器官黏膜、浆膜有出血点，如肾脂肪囊黄染，有点状出血。脑及脑膜充血、出血，脑白质软化，切面有坏死灶，硬膜下腔、脑室内有淡黄色积液。肝、肺、肾等脏器淤血。有时可见肺水肿，脾脏通常无明显的肿大。

【诊断】　　根据采食霉变饲料的病史，并结合临床症状和病理变化常可做出初步诊断。确诊需对饲料进行实验室检查及动物试验。动物试验可将可疑饲料、病理材料或霉菌培养物做初步处理后，接种于易感动物或同种动物，观察被接种动物的发病、死亡及剖检变化等来确定是否霉变饲料引起。

【治疗】

（1）立即停喂发霉玉米或霉败饲料，给予优质易消化饲料，并用 1% 次氯酸钠清洗饲槽。

（2）投给盐类泻剂，如硫酸钠 250g 加 8 倍水稀释溶解后再加上制酵剂鱼石脂 10g 内服，可促进消化道内含毒饲料的排出。

（3）强心、补液、保肝，可静脉注射 10% 葡萄糖生理盐水 800～1000mL、维生素 C 1g、25% 安钠咖液 10～20mL，每日 2 次。还可内服稀糖盐水。病鹿兴奋时，可给予溴化物、氯丙嗪等镇静剂，避免二次伤害。乌洛托品对治疗鹿霉变饲料中毒效果良好。恢复期病鹿，可给予龙胆酊等健胃剂。

（4）中药治疗以清肠解毒为治则。芒硝 150g，苏打 100g，食盐 60g，开水冲调，候温，一次灌服，幼兽酌减。此方用于中毒初期，在未灌服其他泻剂的情况下使用。

【预防】　平时注意饲料的贮存，防止其发霉变质。禁止使用霉变严重的饲料饲喂鹿只。轻微发霉的饲料先进行脱霉处理，可反复水洗，除去霉变部分后煮熟，可阶段性用来饲喂动物。同时建立严格的饲料检查和保管制度，避免饲料雨淋、堆积发热，导致霉菌生长。

三、黄曲霉毒素中毒
（aflatoxicosis poisoning）

黄曲霉毒素中毒是动物摄入含黄曲霉毒素（AFT）的霉变饲料，而引发其靶器官肝脏受损的一种中毒性疾病，临床表现全身出血、消化机能紊乱、腹水、神经症状等主要特征；以肝细胞变性、坏死、出血、胆管和肝细胞增生为主要病理变化。

【病因】　　本病一年四季均可发生，多雨季节和地区呈现多发。在养殖业中使用的玉米、豆饼、花生饼及谷物饲料，贮存保管不当，在气温较高、湿度较大的环境下很容易发霉变质，霉菌在代谢过程中产生的有毒物质就是黄曲霉毒素。黄曲霉毒素在紫外光下，常发出蓝色或绿色的荧光，可用于初步检测。貂摄入被黄曲霉菌污染发霉的植物性饲料而发病。

【症状】　　患貂临床表现与食入毒素的量、时间及貂的年龄有关。患貂病初拒食，精神萎靡。少数病貂呕吐，但体温正常。粪便干燥，呈绿色或黄色糊状，有时带血；尿呈茶色。病程稍长者，食欲废绝，行动缓慢，反应迟钝，嗜睡，机体消瘦，被毛粗乱、无光泽，口鼻干燥。当口唇苍白、发黄时，可见腹围增大，触诊有波动感。穿刺时，有多量淡黄色到棕红色腹水流出。严重的粪便呈煤焦油样，后躯麻痹、痉挛。妊娠貂发生胎儿吸收、流产、死胎，哺乳母貂易发生缺乳，经 5～8d 死亡。毒素可从乳汁中排泄，哺乳仔貂常表现为发育不良。

【病理变化】　　死亡的水貂尸僵完全，但凝血不良。皮肤、皮下脂肪、浆膜及黏膜有不同程度黄染。胸腔和腹腔有大量淡黄色乃至橙黄色或污秽混浊的液体。急性病例以贫血和出血为主要特征，胸腹腔、浆膜表面可见出血或淤血点。肝严重脂肪变性和空泡变性、黄染、肿大、质脆易碎，被膜下有散在小出血点和坏死（图 8-2-3）。肾、胃及心内膜、外膜弥散性出血，可见典型的出血性卡他性肠炎变化。有时可见脾肿大、边缘出血性梗死。

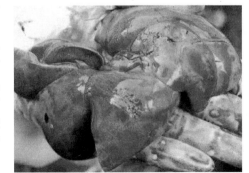

图 8-2-3　黄曲霉毒素中毒死亡貂的
肝脏肿大，脂肪变性

慢性病例可见肝胆管增生硬化，肝呈土黄色或苍白，体积缩小，发生肝硬化，肝的表面有粟粒大至绿豆大的坏死灶，胆囊扩张，胆汁稀薄。病程久者，多发现肝细胞癌或胆管癌。肾的脂肪囊黄染，肾皮质部有出血病变，肾近曲小管上皮轻度脱落或变性，间质中有少量淋巴细胞浸润。胃肠内容物呈煤焦油状，肠内有暗红色凝血块。胃肠黏膜充血、出血、溃疡、坏死。膀胱黏膜出血、水肿。心包积液，心脏扩张。脑及脑膜充血、出血。

【诊断】　根据饲喂发霉饲料的病史，结合临床症状（黄疸、出血、水肿、消化障碍及神经症状）、病理变化（肝细胞变性、坏死，肝细胞增生）及血清生化（肝脏功能受损）等，可做出初步诊断。确诊需进行实验室检查，如饲料中 AFT 含量的测定，可疑饲料产毒素菌的分离、培养与鉴定，以及动物毒性和本动物回归发病试验。

【治疗】　目前尚无特效药物治疗。当动物出现中毒现象时，应立即停喂霉变饲料，给予含碳水化合物和维生素较多的饲料。一般轻症病例，可自然恢复。重症病例主要采取排毒保肝和对症疗法。具体措施如下：

（1）投服泻剂如硫酸钠、人工盐等，加速胃肠道毒物的排出。

（2）采用保肝和止血疗法，可静脉滴注 25% 葡萄糖溶液、肝泰乐、维生素 C 和维生素 K；或者口服葡萄糖 15g、维生素 C 300mg、维生素 K 3mg、肝乐 0.1g 和肌醇 125mg（其中任何一种），1 次 /d，连服 7d。有心衰症状的可以注射安纳咖等强心剂。

（3）妊娠期母貂每次可注射维生素 K 10mg，产仔前母貂每次给 6mg，连续 7d。

【预防】　霉菌毒素引起的中毒，与维生素、微量元素缺乏症在临床症状上较为相似，可能造成误诊。因此，对该病的诊疗应从饲料品质、贮藏条件、霉变程度、饲喂时间、典型临床特征等方面进行综合考虑。早诊断、早治疗，并采取可行性措施，控制病情，减少死亡是关键。防止饲料霉变进行饲喂是预防的基础，同时加强饲料、饲草收获、运输和储存各环节的管理工作，谷物类饲料必须存放在干燥、低温、通风处，饲喂时要严格筛选。对于发霉的饲料要先进行脱霉处理，方可用来饲喂动物。霉菌毒素的脱毒有物理方法、化学方法和生物脱毒方法。

1. 物理方法　主要是采用吸附方式将饲料中的霉菌毒素去除。在饲料中添加能够吸附毒素的物质，同时这种物理吸附剂不会被动物体消化吸收，并能够有效地排出体外，安全高效。目前使用的吸附剂主要是活性炭类、酵母类等物质。

2. 化学方法　主要指某些酸、乙醚、碱、氧化剂能够降解霉菌毒素，其中氨化作用对黄曲霉毒素的降解效果比较显著。将发霉饲料粉用浓度为 0.1% 的高锰酸钾水溶液浸泡 10min，然后用清水冲洗两次；或在发霉饲料中加入 1% 的硫酸亚铁粉末，充分拌匀，在 95～100℃ 的条件下蒸煮 30min，即可达到去毒的效果。

四、动物性饲料中毒
（animal feed poisoning）

动物性饲料中毒是指貂、狐、貉等食肉经济动物采食腐败变质或被污染的肉、鱼、乳、蛋等饲料而引起的一类中毒病。

【病因】　腐败变质或被污染的动物性饲料中含有大量的沙门菌、肉毒梭菌、葡萄球菌、痢疾杆菌、链球菌等。沙门菌进入肠道中大量繁殖，多引起急性感染。在肠道中，大量的沙门菌裂解可释放内毒素，不仅对胃肠黏膜产生强烈的刺激作用，吸收后还影响体温调节中枢和血管运动中枢。肉毒梭菌、葡萄球菌、链球菌等，在腐败的动物性饲料中大量繁殖，产生外毒素，被动物吸收而引起中毒。毒鱼也是导致动物性饲料中毒的原因之一，可能产生组胺引起中毒。水貂的鱼中毒病例在我国曾有发生，子貂和母貂会有发生，老龄动物和公兽少发。

【症状】　动物性饲料中毒貂的主要表现为呕吐、腹泻等消化道症状，同时有昏迷、痉挛、麻痹等神经症状。沙门菌中毒，表现体温升高、呼吸加快、腹痛，排恶臭稀便并混有血液，后出现四肢麻痹；妊娠母貂可发生流产。葡萄球菌中毒，首先表现为腹痛、不安、腹泻、呕吐，随后发生呼吸困难、痉挛、惊厥，最后衰竭而死。毒鱼中毒主要表现为呼吸困难、四肢麻痹、痉挛、昏迷、瞳孔散大、黏膜发绀、呕吐、腹泻、心跳加快、体温降低，最后因呼吸麻痹而死亡。肉毒梭菌中毒表现流涎、吞咽困难、从后肢到前肢出现进行性麻痹、呼吸困难，进而昏迷死亡。

【病理变化】　剖检变化主要表现为胃肠道变化：胃肠黏膜充血、出血，肠系膜淋巴结肿大，肝、脾、肾、心、肺等实质性脏器肿大、充血。某些患貂表现脑膜充血和脑水肿。

【诊断】　根据饲料是否有腐败现象、发病情况和临床症状可做出初步诊断，确诊还需对可疑饲料和呕吐物等进行检验分析。

【治疗】　本病治疗主要采取催吐和泻下的方法。尽快排出胃肠道内的毒物，并进行对症治疗。发病后即停喂可疑饲料，换以新鲜、适口性好的饲料。

1. 排出毒物，洗胃　采用 0.1% 高锰酸钾溶液，或内服盐类泻剂硫酸钠、硫酸镁，每次 50～100g。

2. 补液疗法　5% 葡萄糖生理盐水 100～500mL、5% 碳酸氢钠注射液 10～50mL，静脉注射；同时加入维生素 C。

3. 抗生素疗法　可选用青霉素、硫酸卡那霉素、磺胺类药物等进行全身治疗。

4. 对症治疗　强心利尿，可使用安钠咖、双氢克尿噻；出现神经症状者，可选用溴化钾、氯丙嗪等药物。

【预防】　对动物性饲料要进行严格的兽医卫生检查，被污染、腐败变质的饲料及毒鱼不能饲喂动物；对不明品种的鱼，应先进行安全试验后再喂饲。平时对动物性饲料应加强管理，发病后应立即更换饲料并及时治疗。对存在污染的地区，貂群可以定期接种肉毒梭菌疫苗和沙门菌疫苗。

五、棉籽饼中毒
（cottonseed cake poisoning）

棉籽饼中毒是指长期连续或大量饲喂未经脱毒的棉籽饼，致使动物摄入过量棉酚而引起的中毒性疾病。本病多见于产棉区，各种动物均可发生，鹿较为多发。

【病因】　棉籽饼中含有棉酚及其衍生物，其中棉酚的含量最高，且毒性最大。棉酚中的游离棉酚是棉籽饼中主要的有毒物质，当其进入消化道后，对胃肠道黏膜产生刺激作用，引起卡他性或中毒性胃肠炎；当毒素进入血液后，可增强血管的渗透性，并能促进血浆和红细胞渗入周围组织，发生浆液浸润和出血性炎症；游离棉酚易与体内的铁结合，从而诱发缺铁性贫血，且能直接破坏红细胞，导致溶血。棉酚被吸收后分布于体内各器官，以肝脏浓度最高。棉酚在动物体内性质比较稳定，不易被破坏，排泄缓慢，表现蓄积作用。因此，即使饲喂量较少，若长期连续饲喂也易导致中毒。另外，一些诱发因素，如饲料中缺乏钙、铁和维生素 A 时，可能促进中毒的发生。

【症状】 棉籽饼中毒潜伏期较长，多呈慢性经过，中毒发生时间和症状与蓄积量有关。鹿只多在饲喂棉籽饼后 10～30d 发病，其食欲减退或废绝，反刍停止，呼吸困难，心脏功能出现障碍。同时，由于代谢紊乱常引发尿石症和维生素 A 缺乏症。妊娠母鹿发生中毒时可继发引起流产。

【病理变化】 眼睑、下颌间隙、颈部、胸部、腹下和四肢等部位出现水肿；皮下浆液性浸润；心脏扩张、心肌松软；心包、胸腔和腹腔内积有大量淡红色、透明渗出液；肝脏脂肪变性、肿大、淤血、色黄质脆；肺脏淤血、水肿或出现浆液性出血性炎症；胃肠出血；膀胱中积有红褐色透明尿液；全身淋巴结肿大、出血。

【诊断】 依据长期或单独饲喂棉籽饼的病史，结合具有出血性胃肠炎、肺水肿、频尿、血尿、视力障碍、神经紊乱等临床症状，可做出初步诊断。确诊需进行实验室分析，测定棉籽饼、血液和血清中游离棉酚的含量，以判断是否中毒。

【治疗】 本病尚无特效解毒药。治疗时应消除致病因素，加速毒物排出及对症治疗。

1. 改善饲养 发现中毒应立即停喂棉籽饼，禁饲 2～3d，给予青绿多汁饲料和充足饮水。

2. 排除胃肠内容物 用 1∶5000 的双氧水或 0.1% 高锰酸钾溶液，或 3%～5% 碳酸氢钠溶液，进行洗胃和灌肠；内服盐类泻剂硫酸钠或硫酸镁，每次 50～100g。

3. 药物治疗 出血性胃肠炎患鹿可使用止泻剂和黏附剂，内服 1% 鞣酸溶液 100～200mL；硫酸亚铁，每次 1～2g，1 次内服。

【预防】 预防本病的关键是限制棉籽饼和棉籽的饲喂量和持续饲喂时间。用脱毒的棉籽饼喂鹿只较为安全，脱毒方法主要有硫酸亚铁脱毒法、加热处理法、微生物脱毒法、水洗脱毒法等。饲喂用量，应视鹿只个体大小、食量多少灵活掌握，原则是宁少勿多，适当进行间断饲喂为宜。母鹿，尤其是妊娠期母鹿，以及仔鹿最好不给饲喂；种公鹿亦不宜饲喂棉籽饼。在饲用棉籽饼粕时，应在日粮中适当增加赖氨酸、蛋氨酸、维生素 D、钙、铁和青绿饲料，提高动物对棉酚的耐受性和解毒能力，可减缓本病的发生。

六、食盐中毒
（salt poisoning）

毛皮动物食盐中毒是因摄入食盐过量或饮水不足而出现的一种中毒性疾病，临床上以突出的神经症状和一定的消化紊乱为主要特征。各种动物均可发生，毛皮动物中水貂和北极狐对食盐最为易感。

【病因】

（1）误食过量食盐或大块结晶盐块未经充分搅拌的饲料，以及喂饲含盐量多的咸鱼或脱盐不充分的鱼粉所致。

（2）长期喂饲缺乏食盐饲料的情况下，如突然加喂大量食盐，特别是饮用含盐水，未加限制，也易引起中毒。

（3）饮水不足或炎热季节，动物多汗导致体液减少，对食盐的耐受性降低。

（4）当日粮中钙、镁不足，或缺乏维生素 E 和含硫氨基酸时，动物对食盐过量的敏感性增强。

【症状】　中毒动物食后不久即表现神经兴奋的症状，腺体分泌增加，烦渴，呕吐，癫痫，口、鼻腔流出泡沫样液体；体温降低，呼吸加快，可视黏膜呈青紫色；出现急性胃肠炎症状，拒食，腹泻，全身虚弱。有的表现出运动失调，做圆圈运动，排尿失禁，尾巴翘起，继而四肢麻痹。水貂和北极狐最终常于昏迷状态下而发生死亡。

【病理变化】　尸僵完整，口腔内有少量食物和黏液，肌肉暗红色、干燥。胃黏膜潮红、脱落，有广泛出血点或出血斑，肠壁薄而透明，肠黏膜有出血点，肠腔内有少量黏液；肺和肾血管扩张，肺水肿；心包积液，个别病例心内膜、心肌及肾脏有点状出血。脑脊髓各部可有不同程度充血、水肿，尤其急性病例软脑膜和大脑实质最明显，脑回展平，表现水样光泽。

【诊断】　根据过饲食盐或限制饮水的病史，结合饮水量增加、间歇性神经症状、脑炎症状、大脑灰质毛细血管周围的嗜酸性粒细胞浸润及一般的胃肠炎症状可做出初步诊断。必要时，可采集可疑饲料、饮水、胃内容物、血液、脑组织、肾脏、脾脏、心脏等样本，分析其中钠离子的含量。如要确诊，则需检测血清和脑脊液中的 Na^+ 浓度，当脑脊液中 Na^+ 浓度大于 100mmol/L、脑组织中 Na^+ 大于 1800μg/g 时即为食盐中毒。

【治疗】　无特效解毒药。治疗原则是促进食盐排出、恢复电解质平衡和对症治疗。

（1）发现中毒时，应立即停止饲喂可疑饲料，尚未出现神经症状的动物，需少量多次给予大量温水。已出现神经症状的动物，应严格限制饮水，以防加重脑水肿。

（2）对高度兴奋不安的动物，可以使用硫酸镁、溴化物等镇静解痉药。为降低颅内压，可快速静脉注射甘露醇或高渗葡萄糖液。

（3）促进钠从肾脏排出，可使用利尿剂或石蜡油等油类泻剂。

（4）为恢复血液中的阳离子平衡，可静脉注射 5% 葡萄糖酸钙 20～40mL 或 10% 氯化钙 10～20mL。重症者可用 5% 葡萄糖注射液 10～20mL，皮下多点注射。

【预防】　要严格控制日粮中食盐标准以及饲料原料中的食盐含量，添加食盐量要准确。饲料中的食盐用量应按标准添加，加工过程中要搅拌均匀，保证动物有充足的饮水，泌乳期动物尤其水的充分供给。当喂给咸鱼腌肉时，事先应彻底浸泡、洗净，以充分脱盐。在日粮中添加含盐量高的海鱼粉时，要根据动物营养需求按照检测结果添加食盐。

七、亚硝酸盐中毒
（nitrite poisoning）

亚硝酸盐中毒是动物因采食富含硝酸盐或亚硝酸盐的饲料或饮水而引起的一种急性或亚急性中毒病，临床表现血红蛋白变性、失去携氧功能而导致组织缺氧的症状，黏膜发绀，血液褐变，呼吸困难，胃肠道炎症。本病多发于鹿、羊、狐、貉等动物。

【病因】　谷物类饲料和菜类都含有一定量的硝酸盐。富含硝酸盐的作物包括燕麦干草、白菜、油菜、甜菜、羽衣甘蓝、大麦、小麦、玉米等。硝酸盐主要存在于植物的根和茎，含量可因大量使用硝酸铵、硝酸钠等硝酸盐类化肥或农药而增加。富含硝酸盐的青绿饲料放置过久或储存不当，如青绿饲料和块茎饲料，经堆垛存放而腐烂发热时，以及用温水浸泡、文火焖煮，常导致硝酸盐还原菌活跃，使硝酸盐还原为亚硝酸盐，亚硝酸盐具有强氧化剂的作用、扩张血管、并可能与食物中的胺类物质结合形成强致癌性的物质。动物大量采食这样的饲料或误饮用大量含有硝酸盐的水后会发生中毒。单胃动物，多是由于摄入亚硝酸盐中毒。鹿等反刍动物的瘤胃内含有大量的硝酸盐还原菌，有适宜的温度和湿度，可把硝酸盐还原为亚硝酸盐而引起中毒。

【症状】 鹿采食富含硝酸盐饲料后，常无明显的前驱症状，经 1～5h 始见发病。病鹿表现不安，呼吸困难，脉搏快而微弱，可视黏膜发绀，体温正常或偏低，躯体末梢部位发凉。此外还可能会出现流涎、频频吞咽、腹痛、腹泻，甚至呕吐等症状。临床上以呼吸困难和循环衰竭的临床表现更为突出。重症可能卧地不起，肌肉震颤，共济失调，四肢抽搐痉挛。慢性亚硝酸盐中毒可导致动物增重缓慢，泌乳减少，繁殖障碍，维生素 A 代谢及甲状腺机能异常。妊娠母兽发生流产。个别貂没有任何症状，或发生死亡。

【病理变化】 眼结膜呈暗褐色，尸僵不全，血液呈咖啡色或酱油色，凝固不良，暴露在空气中长时间不能转变为红色。胃肠道黏膜充血、出血，黏膜易脱落。胃内容物有硝酸样气味。十二指肠及空肠水肿，呈胶冻样。肠系膜充血，心肌点状出血，气管黏膜点状出血，肝淤血肿大。

【诊断】 依据黏膜发绀、血液褐变、呼吸困难等临床特征表现，结合饲料及其使用情况，特别是短而急促的疾病经过，起病突然、发病的群体性，采食与饲料调制失误的相关性，可做出诊断。通常采用特效解毒药美蓝做治疗性诊断。为了确诊还可在现场做变性血红蛋白和亚硝酸盐定性检验。若胃肠内容物或残余饲料汁液检出有亚硝酸盐存在，同时变性血红蛋白检验证明有血红蛋白变性，即可确诊。

1. **亚硝酸盐检验** 取胃肠内容物或残余饲料汁液 1 滴，滴在滤纸上，加 10% 联苯胺液 1～2 滴，再滴加 10% 醋酸液 1～2 滴，如滤纸变为棕色，即为阳性反应，证明有亚硝酸盐存在。

2. **变性血红蛋白检测方法** 取少许血液于小试管内，在空气中振荡后正常血液即转为鲜红色，振荡后为棕褐色的可初步认为是变性血红蛋白。进一步确定可采用分光光度计来测定。

【治疗】

1. **特效疗法** 美蓝是亚硝酸盐中毒的特效解毒药。1% 美蓝（亚甲蓝），1～2mL/kg 体重，静脉注射或肌内注射；或使用甲苯胺蓝，5mg/kg 体重，或配成 5% 溶液 1mL/kg 体重，静脉注射。

2. **辅助措施** 维生素 C 是一种还原剂，静脉注射有利于疾病恢复。同时使用25% 葡萄糖 250～500mL，对亚硝酸盐中毒也有一定的辅助疗效。

3. **其他** 同时配合泻下、促进胃肠蠕动和灌肠等排毒治疗措施。对重症病例，还应采用强心、补液和兴奋中枢神经等支持疗法。

【预防】 注意青绿饲料收割后，应采取青贮或摊开晾晒的方法，以减少亚硝酸盐的含量。无论生、熟青绿饲料，切忌堆积放置而发热变质。此外，接近收割的青绿饲料不能再用硝酸盐化肥，以减少饲料中的硝酸盐或亚硝酸盐的含量。

八、氢氰酸中毒
（ hydrocyanic poisoning ）

氢氰酸中毒是由于动物采食含有氰苷类植物或被氰化物污染的饲料、饮水而引起的一种急性中毒病。临床上以动物兴奋不安、流涎、腹痛、气胀、高度呼吸困难、呼出气体有苦杏仁味、结膜鲜红、震颤、惊厥等组织中毒性缺氧症为特征。各种动物均可发病，经济动物中鹿多发，偶见于水貂。

【病因】 主要由于采食或误食富含氰苷或可产生氰苷的饲料，误食或吸入氰化物农药，经胃内酶和盐酸的水解作用，产生游离的氢氰酸（HCN），抑制了细胞色素氧化酶的活性，呼吸链中断，引起组织缺氧，呼吸障碍，导致呼吸系统和神经系统受损。含有氰苷的饲料主要有：①木薯、高粱、玉米、马铃薯幼苗、亚麻籽或亚麻籽饼；②误食氰化物农药污染的水或饲料；③豆类海南刀豆、狗爪豆，许多野生和种植的青草、苏丹草、三叶草、甘薯苗等都含有氰苷，如不预先经水浸泡和滤去浸液，即易引起中毒事故；④蔷薇科植物如桃、李、梅、杏、樱桃等的叶和种子中也含有氰苷，当采食过量时可引起中毒；⑤误食或吸入氰化物农药，如钙氰酰胺或误饮冶金、淘金、电镀、化工等厂矿的废水；⑥人为投毒等。

【症状】 当动物采食大量含有氰苷的饲料后，15~20min 即可出现腹痛不安，呼吸急速或呼吸困难，可视黏膜呈鲜红色，流出白色泡沫状唾液。整个病程最长不超过30~40min。

1. **最急性型** 动物突然极度不安，惨叫后倒地死亡。神经症状表现为先兴奋，但很快转为抑制；呼出气体常带有苦杏仁气味。随后机体全身极度衰弱，步态不稳，很快倒地。体温下降，后肢麻痹，肌肉痉挛，瞳孔散大，反射机能减弱或消失，心动迟缓，呼吸浅表，脉搏细弱。最后陷于昏迷而死亡。

2. **急性型** 患鹿初期兴奋不安，眼和上呼吸道黏膜刺激症状，呼出气体带杏仁气味；随后出现流涎，呕吐，吐出物有杏仁气味，腹痛，气胀，腹泻，食欲废绝，心跳、呼吸加快，精神沉郁，衰弱，行走和呼吸困难，结膜鲜红，瞳孔散大，痉挛，继而昏迷，很快死亡。

【病理变化】 尸僵缓慢，尸体不易腐败，病初紧急解剖可见其血液呈鲜红色，病程较长者血液呈暗红色，凝固不良；在体腔和心包腔内有浆液性渗出液。胃肠道黏膜和浆膜有出血，各组织器官的浆膜和黏膜有出血斑点。胃及反刍动物瘤胃内有尚未咀嚼或咀嚼不完全的含氰苷的饲料，并可闻到苦杏仁味，胃黏膜脱落或易于剥离。气管及支气管内充满大量淡红色泡沫状液体；肺水肿，切面流出多量暗红色液体。肝脏、脾脏、肾脏充血肿大。

【诊断】 根据氰苷或产生氢氰酸饲草的接触史、典型的临床表现，中毒早期呼出气或呕吐物中有杏仁气味，皮肤、黏膜及静脉血呈鲜红色（但呼吸障碍时可出现紫绀），可做出初步诊断。确诊须在死亡后 4h 内采取动物胃内容物、肝脏、肌肉或剩余饲料，进行氢氰酸定性或定量检验。HCN 毒性检验：由于 HCN 易挥发损失，故取样和检测应及时进行。一般采集饲草植物、胃内容物、肝脏和肌肉等可疑样品。肝脏和瘤胃内容物在死后 4h 内采集，肌肉样品取样不超过 20h，浸泡在 1%~3% 氯化汞溶液中密封送检。

【鉴别诊断】 应注意与亚硝酸盐中毒、尿素中毒、蓖麻中毒、马铃薯中毒相鉴别。血液呈鲜红色的特征，可作为与亚硝酸盐中毒的区别。根据近邻地区同类动物的有关流行病学资料，也可与许多急性传染病相区别。要确诊本病，须进行毒物学检验。

【治疗】 由于本病的病程短促，一经发现，应及早诊断、及时治疗。通常应在做出临床诊断后，不失时机地实施紧急处理。

1. **特效疗法** 氢氰酸中毒可使用特效解毒药亚硝酸钠或硫代硫酸钠。5% 亚硝酸钠溶液，梅花鹿 20mL，马鹿 40mL，静脉注射；或 1% 美蓝溶液 30~50mL，同时静脉注射5%~10% 硫代硫酸钠溶液 50~100mL（每隔 3~4h 注射一次），能够快速进行解毒。为增强肝脏解毒功能，可静脉注射高渗葡萄糖溶液。

2. 促进毒物排出，防止毒物被吸收　可内服 1% 硫酸铜或吐根酊 20～50mL 催吐后，内服亚硫酸铁 10～15mL（与氢氰酸生成低毒且不易被吸收的普鲁士蓝，随粪排出）。可用 0.5% KMnO$_4$ 或 3% 双氧水洗胃，再服用 10% 亚硫酸铁 80～100mL。口服活性炭，吸附和阻止毒物的吸收，同时应结合使用泻剂，将毒物排出体外。为阻止胃肠道内氢氰酸的吸收，可用硫代硫酸钠内服或瘤胃内注射，1h 后重复给药。

3. 辅助措施　根据病情特点采用适当的对症疗法，强心利尿，呼吸极度困难的可进行吸氧，缓解病情，争取更充裕的抢救时机。

【预防】　含有氰苷配糖体的饲料，经过流水浸渍 24h 或漂洗后，再加工利用可作为动物的饲料来源。此外，不要在生长含氰苷配糖体植物的地方放牧，以免引起动物中毒。

（姚　华）

第三节　农药、灭鼠药中毒

一、有机磷化合物中毒
（organophosphorus poisoning）

有机磷中毒是指由于有机磷化合物进入动物体内，抑制胆碱酯酶的活性，导致乙酰胆碱大量聚集，引起以流涎、腹泻和肌肉痉挛等为特征的中毒性疾病。各种动物均可发病。

现已有有机磷农药 100 余种，我国生产数十种，因其具有触杀、胃毒、熏蒸、内服等杀虫作用，在植物体内残留时间较短，残留量较少，所以作为杀虫剂广泛应用。根据其毒性大小分为剧毒、强毒和低毒三类。剧毒类如甲拌磷（3911）、硫特普（苏化 203）、对硫磷（1605）、内吸磷（1059）、甲基对硫磷（甲基 1605）等；强毒类如敌敌畏（DDVP）、甲基内吸磷（甲基 1059）、异丙磷等；低毒类如乐果、杀螟松、马拉硫磷（4049，马拉松）、敌百虫等。引起动物中毒的主要是甲拌磷、对硫磷和内吸磷，其次是乐果、敌百虫和马拉硫磷等。

【病因】　有机磷农药可经消化道、呼吸道和皮肤进入机体而引起中毒。当饲料、水源、牧草地被有机磷农药污染或滥用有机磷农药治疗体外寄生虫病及超量灌服敌百虫驱除胃肠寄生虫、完全性肠便秘（作为泻剂）时，均可发生中毒。另外，人为投毒事件也时有发生。

【症状】

1. 鹿　主要表现流涎，腹痛不安，腹泻。继而出现肌肉震颤以致抽搐，呼吸困难，昏迷，瞳孔显著缩小，严重时几乎成线状，最终因呼吸中枢衰竭和循环衰竭而死亡。

2. 犬　主要表现精神高度沉郁，行走困难，流涎，腹泻，时常作呕，体温多正常。有的继发成肠套叠，急性病例因来不及治疗而死亡。

3. 水貂　主要表现明显的神经症状，步态蹒跚，后肢瘫痪，腹泻，尿失禁。

4. 狐　主要表现对外界刺激反应增强，以后出现视觉和听觉反射抑制，运动不协调。

【病理变化】　主要特征是胃内容物具有类似大蒜的臭味。毒物经消化道进入机体的，胃肠黏膜潮红或有点状出血，易脱落。皮肤发绀，肺脏明显淤血，常有肺水肿的特点。肝肾发生实质性变化。

【诊断】　依据有接触有机磷农药的病史，结合临床特征性症状和剖检变化，可作出初步诊断，必要时可测定血液中胆碱酯酶的活力。紧急时可作阿托品治疗性诊断，方法是皮下或肌内注射常规剂量的阿托品，如为有机磷中毒，则在注射后 30min 内心率减慢，流涎减少；否则很快出现口干，瞳孔散大，心率加快等现象。

【治疗】　　本病的治疗原则是：立即实施特效解毒，然后尽快除去尚未吸收的毒物。

实施特效解毒时，同时应用胆碱酯酶复活剂和乙酰胆碱对抗剂，疗效确实。胆碱酯酶复活剂有：解磷定（派姆，PAM）、氯解磷定（PAM-C1）、双解磷（TMTX-4）、双夏磷（DMO_4）、碘解磷定等，剂量按 10～30mg/kg 体重，用生理盐水配成 2.5%～5% 溶液，缓慢静脉注射；效果不理想时可在 30min 后重复用乙酰胆碱对抗剂一次，常用硫酸阿托品，剂量按 0.5～1mg/kg 体重，皮下或肌内注射；阿托品化的临床标准是口腔干燥，瞳孔散大，心跳加快等。为了巩固疗效，每隔 3～4d 注射一次，直至痊愈。注意：反刍动物用药后可能引起瘤胃臌胀，在实施特效解毒的同时或稍后，采用除去未吸收毒物的措施，经皮肤中毒的，用 5% 石灰水，0.5% 氢氧化钠液或肥皂水洗刷皮肤，但敌百虫中毒时不能用碱水洗刷，因其在碱性环境中可能变为毒性更强的敌敌畏；经消化道中毒的可用 2%～3% 碳酸氢钠液或盐水洗胃，并灌服活性炭。严重病例也应采取对症疗法。

【预防】　　避免饲料、放牧地、饮水被此类农药污染；不在刚喷洒农药的地方收割饲草；应用各种杀虫剂防治皮肤病、肠道疾病时，应严格控制使用的剂量和浓度，以防止发生中毒。

二、除草剂中毒
（herbicides poisoning）

除草剂分为无机和有机除草剂两大类，有机除草剂共有十大类，且多为选择性除草剂，对人兽毒性较低。其中苯氧羧酸类除草剂中的 2,4-D 和 2,4,5-T 是当今使用最广泛的除草剂，主要用于小麦、大麦、燕麦、黑麦和玉米等粮食作物出苗后禾本科阔叶杂草的控制。近年来报道，国内发生的除草剂中毒主要是 2,4-D 和五氯酚（PCP）中毒。

1. 2,4-D 和 2,4,5-T　　2,4-D 化学名为 2,4- 二氯苯氧乙酸；2,4,5-T 化学名为 2,4,5- 三氯苯氧乙酸，此类化合物在水中不易溶解，使用不便，多制成易溶于水的钠盐和铵盐及乳剂的丁酯。

2. PCP　　常用其钠盐，现已作为杀真菌剂、杀菌剂、灭螺剂和落叶剂，其商品五氯酚常混有有毒杂质氯化二苯 -P- 二噁英和氯二苯呋喃，对人兽均有毒性作用。

【病因】　　主要是误食喷洒过除草剂的大量精饲料，或过食新近被其处理的饲草，偶尔也因吸入大量的 2,4-D 喷洒剂而导致中毒。大多数动物内服时，LD_{50} 为 3000mg/kg 体重，犬更为敏感，2,4-D 的 LD_{50} 为 100mg/kg 体重。

动物口服或皮肤接触五氯酚时，LD_{50} 为 100～200mg/kg 体重；鸟的 LD_{50} 在食物中为 3400～5200mg/kg；鱼中毒量为 30～300μg/kg，水中最大无毒浓度为 0.2～0.6mg/kg，达 1mg/kg 鱼即死亡。五氯酚在水溶液中的分解产物为氯氨酸和氯化苯醌，其毒性可因高温环境，或动物身体活动过于剧烈，体况不佳，或和有机溶媒混合存在，以往接触过此类毒物，以及甲状腺功能亢进等因素影响而增强。

【症状】　　2,4-D 中毒时，反刍兽表现厌食、沉郁、瘤胃迟缓、消瘦、共济失调，有时腹泻，长期接触毒物时可导致口腔黏膜溃疡，臌气，死前无挣扎和惊厥症状。犬表现厌食，呕吐，肌肉僵直，后躯软弱，周期性强直痉挛，有时便血。禽表现呼吸困难，口、鼻流出浆液性分泌物，共济失调，红细胞和血红蛋白增加。PCP 中毒时病兽表现呼吸困难，咳嗽，流浆液性鼻液，肺部听诊有啰音，体温升高，脱水，血糖、尿糖升高。长期大量接触毒物可引起皮炎，同时表现结膜潮红和流泪。

【诊断】　结合临床症状和发病动物有采食喷洒除草剂饲草的历史，即可做出初步诊断。

【治疗】　无特效解毒药，只能对症治疗。中毒初期可用 5% 碳酸氢钠溶液洗胃，后用盐类泻剂（或吸附剂）导泻，静脉注射硫代硫酸钠溶液，禁止用温水洗胃。中、后期可静脉注射葡萄糖和电解质溶液以制止代谢性酸中毒和脱水，伴有肺水肿和肾衰者不宜大量、快速输液。为解除高热不退和降低代谢率，可浇冷水，头部置冷袋；注射甲基硫氧嘧啶或吩噻嗪。

【预防】　配制除草剂时要严防药物污染饲草、水源和容器。凡是被除草剂喷洒过或杀死的杂草不要饲喂动物。

三、抗凝血杀鼠药中毒
（anticoagulant rodenticides poisoning）

抗凝血杀鼠药中毒指毒物进入机体后干扰肝对维生素 K 的利用，抑制凝血因子，影响凝血酶原合成，延长凝血时间，致广泛性多器官出血为特征的中毒性疾病。各种动物均可发生。

【病因】　误食灭鼠毒饵，吞食死鼠造成二次中毒，作为抗凝血剂用于治疗疾病时用量过大或与保泰松配伍而增强其毒性。

【症状】　急性中毒时，多无前驱症状突然死亡。剖检时脑、心包腔、纵隔和胸腹腔内出血，亚急性中毒时，表现为吐血、便血和鼻出血，广泛的皮下血肿，特别是易受创伤的部位。有时可见巩膜、结膜和眼内出血。可视黏膜苍白，心律失常，呼吸困难，步态蹒跚，卧地不起。当脑、脊髓及硬膜下腔、蛛网膜下腔出血时，则出现痉挛、轻瘫、共济失调、抽搐、昏迷等神经症状而急性死亡。

【病理变化】　主要病理变化是组织器官广泛性出血。剖检可见广泛性皮下血肿，尤其是脑血管、心包腔、纵隔和胸腔发生大出血。有时可见巩膜、结膜和眼内出血。

【诊断】　依据抗凝血杀鼠药接触史和组织器官大面积出血可初步诊断。确诊需进行凝血项检验，主要依据凝血时间、凝血酶原时间及激活部分凝血活酶时间的测定，并综合分析。

【治疗】　治疗原则是止血、缓泻、清理胃肠道、消炎、补液、防止毒血症。使患兽保持安静，避免受伤，在凝血酶原尚未恢复正常之前，禁止实施任何外科手术。

为了排出毒物，用 0.1% 高锰酸钾溶液或 1% 鞣酸洗胃后，再灌服 8% 硫酸钠溶液。必要时，可肌内或静脉注射氢化可的松，以提高机体的解毒能力。

为了消除凝血障碍，应补给维生素 K 作为香豆素类毒物的拮抗剂，维生素 K_1 是首选药物，按 1mg/kg 体重，混于葡萄糖液内静脉注射，每隔 12h 一次，连用 2～3 次即有明显效果。在此基础上，可同时口服维生素 K_3，连用 3～5d，以巩固疗效。

出血严重的，为纠正低血容量，并补给有效的凝血因子，应输注新鲜全血，10～20mL/kg 体重，半量迅速输注，半量缓慢滴注。出血常在输血过程中短时间内逐渐停止。遗留的出血后贫血，可以按失血性贫血处置。

【预防】　加强对毒物的保管，灭鼠时要由专人投放毒饵并看管，防止动物误食，在田间投放毒饵时，应设立标记，严禁到放置毒饵的地区放牧。灭鼠工作结束后，要及时清理未被鼠食的剩余毒饵。中毒死亡的鼠尸及其他动物的尸体和内脏严禁饲喂动物，防止二次中毒。

四、磷化锌中毒
（zinc phosphide poisoning）

磷化锌中毒是指动物摄入磷化锌后引起的以中枢神经系统和消化系统功能紊乱为主要特征的中毒性疾病，各种动物均可发生。磷化锌是广泛使用的灭鼠剂和熏蒸杀虫剂，呈闪光的暗灰色结晶，不溶于水，能溶解在酸、碱和油中。在空气中容易吸收水分，放出呈蒜臭味的磷化氢气体，有剧毒，通常按 5% 比例制成毒饵灭鼠。

【病因】　动物误食毒饵或被磷化锌污染的饲料，食入磷化锌中毒的死鼠及动物的肉发生中毒。也有个别投毒情况。

【症状】　常在误食毒物不久突然发病，首先表现消化道刺激症状，呕吐，腹痛、腹泻，粪便混有血液，口腔及咽喉黏膜糜烂。呕吐物有蒜臭味，在暗处可见磷光。接着出现全身症状，动物极度衰竭，呼吸促迫，黏膜发绀，心跳减慢，节律失常，脉搏细弱，有的排血尿。瞳孔散大、共济失调，最后抽搐并陷于昏迷状态。病程较急，一般持续 2～3d，预后多不良。

【病理变化】　剖检可见静脉怒张，淤血、出血。胃肠内容物有大蒜气味，胃肠黏膜脱落、出血，有局灶性糜烂。实质器官损伤，全身各组织充血、水肿和出血。心、肝、肾极度充血、变性乃至坏死，肺脏充血、水肿。

【诊断】　依据动物有磷化锌接触史，结合临床症状和剖检变化，如呕吐物和胃内容物呈蒜臭味且在暗处出现磷光，可初步诊断。确诊需采取胃肠内容物或呕吐物进行磷化锌检验。

【治疗】　无特效解毒药。对中毒的动物应立即采取一般急救措施，尽快排除毒物，常用 1% 硫酸铜溶液内服，既能催吐，又能与磷化锌作用生成无毒的磷化铜沉淀。洗胃最好用 0.1% 高锰酸钾溶液，因其能使磷化锌变成磷酸盐。缓泻时应用芒硝，禁用油类泻剂。对症治疗时，可用高渗葡萄糖、氯化钙溶液、安钠咖、速尿等，以达到补液、强心、利尿等目的。

禽类中毒时，可迅速切开嗉囊，取出有毒内容物，然后用高锰酸钾溶液冲洗，效果良好。

【预防】　预防时，应加强鼠药的使用和保管，并制定严格的药物使用制度。大范围进行灭鼠时，可在毒饵内掺入酒石酸锑钾（磷化锌 10g、酒石酸锑钾 3.75g、拌食饵 986g），动物一旦误食毒饵，可发生呕吐，但老鼠却不能呕吐。

五、安妥中毒
（antu poisoning）

安妥中毒是指动物摄入安妥后，其有毒成分萘硫脲导致机体肺水肿和胸腔积液，引起以呼吸困难为特征的中毒性疾病。各种动物均可发生。安妥化学名称为甲萘硫脲，纯品为白色结晶，商品为灰色粉剂，通常按 2% 比例配成毒饵。

【病因】　保管不当，与其他药物混淆，造成误食。投放毒饵的地点、时间不当，动物采食后发生中毒。食肉动物捕食了中毒的老鼠造成间接（二次）中毒。

【症状】　中毒动物表现严重呼吸困难，两鼻孔流出带血色的泡沫状液体，高度兴奋不安，怪声嚎叫，呕吐或作呕，体温低下。肺区听诊有广泛的捻发音和水泡音，心音浑浊，脉搏加快，很快倒地挣扎死亡。

【病理变化】　主要病理变化是各组织器官淤血和出血。肺部病变最为突出，全肺暗红色，极度肿大，散在或密布出血斑，气管内充满血色泡沫，胸腔内渗漏多量水样透明液体。胃肠黏膜充血，肝呈暗红色且稍肿，肾脏表面有出血点。

【诊断】 依据患兽有误食安妥毒饵或食入安妥中毒病鼠、死鼠的病史，突然发病，并结合临床上以呼吸困难为主要表现，以及剖检时呈现严重的肺水肿、胸腔积液等特征，可做出初步诊断。必要时，可采取中毒 24h 内的患兽胃内容物、呕吐物或剩余饲料做安妥的定性检验和定量检验。

【治疗】 无特效解毒药物，对中毒的动物可采取中毒的一般急救措施，对症治疗。

首先可用 0.1%～0.5% 高锰酸钾溶液洗胃，洗胃后灌服盐类泻剂，促进毒物排出。禁止投服油类、牛奶及碱性药物，以免促进毒物吸收。

为缓解肺水肿，可用 20% 甘露醇和 50% 葡萄糖交替缓慢静脉注射。应用半胱氨酸减低安妥的毒性，一般按照 100mg/kg 体重使用。

同时采取强心、输氧、注射维生素 K 制剂等对症疗法。

【预防】 加强安妥及毒饵的管理，存放必须与饲料、饲草严格分开。投放毒饵以夜间为宜，次日早晨及时收取，以防人兽误食中毒。中毒死亡的鼠尸及动物尸体应及时深埋处理。

（刘明超）

第四节　有毒植物及矿物质中毒

一、栎树叶中毒
（oak leaf poisoning）

栎树叶中毒又称青杠叶中毒或像树叶中毒，是由于动物过食栎树的幼嫩枝叶或果实而发生的一种中毒性疾病，临床上以便秘或下痢、消化机能障碍、皮下水肿和肾脏损伤为特征。本病具有一定的地域性和季节性，是栎林区春季常见病之一。

【病因】 本病主要发生于农牧交错地带的栎林区，尤其是乔木被砍伐后形成的灌木栎林带。反刍动物采食栎树叶占日粮 50% 以上即可中毒，也有因采食栎树叶垫草而中毒的。栎树叶主要有毒成分为一种高分子酚类化合物，即栎叶丹宁，该物质进入消化道后，可使黏膜蛋白凝固、上皮细胞破坏，同时大部分栎叶丹宁在瘤胃微生物的作用下，水解为多种低分子酚类化合物。后者经黏膜吸收，进入血液循环而分布于全身器官组织，最终发生毒性作用。

主要是采食过多的栎树叶，尤其是砍伐完后萌发的丛生栎林，发生中毒。据报道，反刍兽采食栎树叶超过日粮的 50% 即可中毒，超过 75% 则会死亡。

栎树叶中毒具有一定的地域性和季节性。其区域取决于栎属植物的自然分布。栎树叶中毒多发生于春季，而其橡子中毒则发生于秋季。我国栎树叶中毒多发生于 3 月下旬至 5 月下旬，连续放牧 5～9d 的动物即发生中毒。

【症状】 病初患兽精神沉郁，食欲减退，喜吃干草，不吃青草，瘤胃蠕动音减弱，尿量少而浑浊，粪便干结而混有多量黏液或褐色血丝；中期食欲废绝，反刍停止，鼻镜干燥甚至龟裂，鼻孔周围黏附分泌物，粪球成串，严重时出现腥臭的糊状粪便，被覆大量红黄相间的黏稠物，尿量增多，长而清亮。后期主要表现尿闭，前胸下部、腹下、后肢股内侧、肛门、外阴部周围等处出现皮下水肿，触诊呈生面团状，压指留痕，多因肾功能衰竭而死亡。

【病理变化】 剖检时可见皮下脂肪呈胶样浸润，胸、腹腔积水，肝脏、肾脏水肿，肾脏呈土黄色或黄红色相间，红色区有针尖状出血点，肾盂淤血，有的充满白色脓样物，膀胱积尿或无尿，膀胱壁有散在出血点。胆囊增大1～3倍。水肿部位的皮下呈胶样浸润。瘤胃充满内容物，瓣胃内容物干涸，表面呈灰白色或深棕色相间。真胃底、十二指肠、盲肠底黏膜下有散在的褐色或黑褐色出血点，呈细沙粒样密布。整个肠道呈条状或点状出血，肠黏膜脱落、坏死，十二指肠和盲肠尤为严重。

【诊断】 根据动物有采食栎树幼芽、嫩枝、幼叶的生活史，多发于春季。结合有少尿、便秘、腹痛、肌肉震颤、水肿等临床症状，且尿蛋白阳性、尿密度下降，尿沉渣检查可见大量白细胞等，可做出初步诊断，必要时可检测血液和尿液中挥发性游离酚的含量。

【治疗】 一旦发现中毒应立即停止在栎树林区的放牧，改喂青草或干草。

无特效解毒药，对中毒的动物可采取中毒的一般急救措施，对症治疗。

病初可用硫酸镁500g，加温水适量灌服，以促进有毒栎树叶的排出。

对于初中期病例，可静脉注射5%～10%硫代硫酸钠溶液解毒，100～150mL，1次/d，连用3d。为促进毒物从尿液的排泄，可静脉注射5%碳酸氢钠溶液250～500mL。

严重病例，结合应用强心利尿剂、青霉素、普鲁卡因、生理盐水混合腹腔注射，灌肠等对症治疗。5%葡萄糖生理盐水1000～1500mL、25%葡萄糖溶液500mL、20%安钠咖10mL、40%乌洛托品50mL，一次静脉注射，每日两次。

【预防】 平时准备好充足的饲料。在有栎树地区，春季尽量不放牧，避免鹿、麝等吃到栎树的幼枝。在发病季节用高锰酸钾粉2～3g，清洁水4000mL溶解后一次口服，每日或隔日1次。或在饲料中加入氢氧化钙混合饲喂，可有效地预防本病发生。

二、蕨 中 毒
（bracken fern poisoning）

蕨中毒（bracken fern poisoning）是动物采食蕨属植物后引起的一种中毒性疾病。蕨属植物分布广泛，可引起反刍动物以骨髓损伤和再生障碍性贫血为特征的全身出血综合征，以及以膀胱肿瘤为特征的地方性血尿症。蕨还可以引起单胃动物的硫胺素缺乏症，并已证实对多种实验动物有致癌性。

【病因】 蕨中毒是因为蕨叶所含毒素有硫胺酶（引起单胃动物蕨中毒的主要因子）、蕨素、蕨苷、异槲皮苷和紫云英苷等，这些物质抑制骨髓造血机能，影响循环系统毛细血管脆性，使全身出现渗出性出血而发病。鹿或麝大量或长期食蕨叶后，会发生急性或慢性中毒。

【症状】

1. 反刍动物 常有数周潜伏期，初期表现精神沉郁，食欲减弱，消瘦虚弱，呆立，步态蹒跚，后躯摇摆。中后期病情急剧恶化时，体温突然升高，高达40～42℃，食欲锐减或废绝，瘤胃蠕动音减弱甚至消失。大量流涎，明显腹痛，频频努责，狂暴不安。粪便干燥，颜色暗红，排出少量稀软带血的糊状粪便，甚至排出凝血块。妊娠后期可导致流产。有的排血尿，排尿困难。眼结膜等可视黏膜有斑点状出血。被毛稀疏部位的皮肤有斑点状出血，注射后针孔常出血不止。贫血和黄染是本病重要的临床特征。终因心功能不全及呼吸困难而死亡。其特征性病理变化是四肢骨的黄骨髓严重胶样化及出血，红骨髓被黄骨髓取代。

2. 单胃动物 初期表现为轻度运动性共济失调，心率减慢且心律失常。随后出现典型蹒跚症状，四肢运动不协调，前肢或后肢交叉。站立时四肢外展，低头弓背，严重时肌肉震颤，皮肤知觉过敏。后期出现阵发性惊厥和角弓反张，体温多正常，濒死期才出现心动过速及体温升高。其特征病理变化是多发性末梢神经炎及神经纤维变性，尤其在坐骨神经和臂丛神经最为明显。另外，还可见特异性的充血性心力衰竭。

（1）急性中毒：主要表现出血综合征。动物摄食蕨后，最初体况下降，皮肤干燥、松弛。随后体温升高，下痢或排黑便，可视黏膜点状出血、贫血、黄染以及体表皮肤出血。

（2）慢性中毒：由于长期食用蕨类植物，患鹿永久性失明，瞳孔散大，对光反射微弱或消失。血液粒细胞减少和血小板数下降。后期呼吸和心率增速，常死于心衰竭。长期采食蕨的老龄麋鹿，可出现血尿综合征和膀胱肿瘤，有些出现消化道肿瘤。

【病理变化】　可视黏膜、皮下以及眼前房可见点状或斑状出血，被毛稀疏的部位也可见斑点状出血。四肢骨的黄骨髓严重胶样化及出血，红骨髓被黄骨髓取代。

【诊断】　根据病史、典型的临床症状，血检与病理变化，可做出诊断。本病的再生障碍性贫血的指标变化有：红细胞数、血红蛋白含量和红细胞压积值减少，并呈现红细胞大小不均匀等。发病麋鹿白细胞总数和分类计数均显示极度减少，血凝时间延长 25min 至 2h。骨髓象指标变化有：红细胞系、白细胞系和巨核细胞系均受损害，骨髓细胞总数显著减少。

【治疗】　对于鹿、麝等反刍动物尚无特效解毒药，应采取综合疗法。重症病例多预后不良，对轻症可考虑输血或输液、早期采用骨髓刺激剂鲨肝醇，改善骨髓的造血功能，刺激血细胞新生。鲨肝醇 1g、橄榄油 10mL，溶解后皮下注射，每天一次，连用 5d。或每日静脉内缓慢注射鲨肝醇悬液。同时配消炎、抗感染及对症治疗，如肌内注射青霉素、链霉素和强的松龙，并注射复合维生素 B 和口服健胃消食的药物以促进食欲等。

【预防】　在牧场可应用机械或化学方法，有效地制止蕨类植物的生长，从而预防鹿或麝的蕨中毒。

三、氟 中 毒
（fluorosis poisoning）

氟中毒是一种慢性经过的中毒病，是指动物长期连续摄入含氟（主要为无机氟化物）过多的饲料、饮水或吸入含氟气体而引起的以骨、牙病为特征的急、慢性中毒的总称。

【病因】

1. 地方性氟中毒　与地区土质及矿石含氟量高有关，如氟石、冰晶石、云母等矿物均为含氟量较大的矿石，其直接影响饲料和饮水的含氟量。根据相关报道，我国内蒙古、云南、贵州等为氟中毒高发地区。

2. 饲料氟中毒　是由于长期使用未经脱氟或脱氟不彻底的矿物质添加剂造成的。

3. 工业氟污染区　如磷肥厂、氟利昂厂、炼钢厂等地的高氟牧草，也是动物氟中毒的主要来源。

【症状】　病兽异嗜，生长发育不良，切齿面釉质粗糙少光泽，呈白垩状，并附有黄色、黄褐色至黑色的牙垢，并且普遍磨损严重，齿列不齐。

1. 急性氟中毒　多在食入氟化物半小时后出现临床症状，表现出急性肠胃炎，低血钙和低血镁，厌食，流涎，呕吐，腹痛、腹泻，粪便中带有血液和黏液，肌肉震颤，瞳孔扩大，虚脱死亡；另外，动物也表现为运动障碍，体温低，呼吸快而浅，脉搏细而快，呼吸困难。

2. 慢性氟中毒 主要表现为牙齿和骨骼损害的有关症状。另外，慢性氟中毒也可导致心血管系统、神经系统及肝肾损伤。胫骨、头骨、角柄处生成骨赘，有蚕豆大，甚至鸡蛋大，坚硬不移动。腰背僵硬，跛行，关节活动受到限制，骨骼变硬、变脆，容易出现骨折。有的动物可见腿变形，成"O"形或"X"形腿。牙齿表面粗糙不平、无光泽，有黄褐色以至黑棕色、不透明的斑块。牙齿变脆并出现缺损，病变大多呈对称发生。由于影响动物采食而消瘦。

【病理变化】 急性氟中毒主要表现为出血性胃肠炎的变化。慢性氟中毒除牙齿的特殊变化外，腕骨、掌骨、跗骨、桡骨、肋骨及下颌骨表面粗糙、发白，肋骨松脆，肋软骨连接处常膨大。骨质增生，骨密度降低，骨赘生长处的骨膜增厚、多孔。骨赘被大量的结缔组织所包裹。有的病例可见盆骨和腰椎变形。

【诊断】

1. 急性氟中毒 主要根据病史及肠胃炎等表现而确诊。

2. 慢性氟中毒 可根据骨骼、牙齿的特征性病理变化，结合相关症状，流行病学特点，可做出初步诊断。

确诊需查清氟源，确定病区，并进行牧草、饲料、饮水、空气及骨、尿、被毛等氟含量的测定，如氟含量超过正常的指标，即可确诊。

X线检查，骨密度增大，骨外摸呈羽状增厚，骨密质增厚，骨髓腔变窄。

【治疗】

1. 急性氟中毒 应立即进行抢救，可进行催吐，并灌服蛋白质含量高的蛋清、牛奶等进行胃肠道的保护。

2. 慢性氟中毒 无特效药物治疗。首先要停止摄入高氟牧草、饮水及饲料添加剂，并给予富含维生素的饲料和矿物质添加剂。修整牙齿。对跛行的动物可静脉注射葡萄糖酸钙。在饲料中加入少量硒，如亚硒酸钙片，可减轻氟中毒程度。

【预防】 预防本病的关键在于不饲喂氟污染的饲料和饮水，平时应给予富含维生素的饲料及矿物质添加剂。对地下水进行含氟量测定，不从高氟地区购入饲料，饲料中添加足量的钙磷以及维生素E、微量元素硒等。饲喂磷酸氢钙应注意氟含量，不饲喂氟超标的磷酸氢钙。补充蛋白质日粮可缓解氟对动物的毒性。

四、硒 中 毒
（selenium poisoning）

硒中毒是动物大量采食含硒牧草、饲料或补硒过多而引起精神沉郁、呼吸困难、步态蹒跚、脱毛及蹄壳脱落等综合症状的一种中毒性疾病。硒中毒多发于土壤和草料含硒量高的特定地区。

【病因】

（1）土壤含硒量高的富硒地区植物吸收土壤中硒，导致生长地粮食或牧草含硒量高。有些植物可富集硒，如紫云英、黄芪属、棘豆属、菊科、十字花科等硒含量较高。动物采食硒土壤生长的植物或可富集硒的植物而发生中毒。我国湖北及陕西为高硒地区。

（2）人为因素导致的硒中毒，如用亚硒酸钠防治动物白肌病时用量过大，或在动物饲料添加剂中含硒过多或混合不均匀等均可引起中毒。日粮中硒含量达5mg/kg即可出现明显中毒症状。

（3）工业污染的废水、废气中含有硒，硒容易挥发成气溶胶，在空气中形成二氧化硒，动物吸入后亦可引起慢性中毒。

【症状】

1. 急性硒中毒　多见于采食大量富硒植物或误用中毒剂量硒后。动物表现呼吸困难，精神沉郁，黏膜发绀，运动失调，腹痛、腹泻、腹胀，呕吐，数小时乃至数日内死于呼吸和循环衰竭，剖检可见动物心、肝、肾出血和坏死等病变。

2. 亚急性硒中毒　亚急性表现失明和神经症状，视力减弱，食欲废绝，病兽步态蹒跚，四肢与全身肌肉麻痹，到处乱撞，做转圈运动，吞咽障碍，流涎，数日内死于麻痹、虚脱及呼吸衰竭。

3. 慢性硒中毒　又称"碱性病""瞎撞病"。通常由于动物长期摄食含少量硒的饲料、牧草所致，动物表现脱毛、蹄损伤和蹄匣脱落，关节损伤，表现跛行。食欲下降、渐进性消瘦、贫血。禽类羽毛粗乱，鸡冠、肉髯发绀，排泄石灰样粪便。慢性硒中毒还会影响动物生殖系统，导致动物生殖机能下降，受胎率降低，新生仔兽死亡率上升，禽类产蛋与孵化率降低。

【诊断】　依据饲养地区的差异情况，如在富硒地区饲养或采食富硒植物及有硒制剂治疗史，结合失明、神经症状、消瘦、贫血、脱毛、蹄壳脱落等临床综合征，可做出初步诊断。确诊时可采集牧草、饲料，或发病动物毛、血、肝或尿液，测定硒含量。饲料中的硒长期超过 5mg/kg，毛硒 5～10mg/kg，疑为硒中毒；毛硒超过 10mg/kg，肝、肾硒 10～25mg/kg，蹄壳硒达 8～10mg/kg，尿硒超过 4mg/kg 时可诊断为硒中毒。

【治疗】

1. 急性硒中毒　目前尚无特效疗法。

2. 慢性硒中毒　可用砷制剂内服治疗。亚砷酸钠以 5mg/kg 加入饮水服用。对氨基苯胂酸按 10mg/kg 混饲，可以减少硒吸收，并促进硒排出。10%～20% 硫代硫酸钠以 5mg/kg 体重静脉注射，有助于减轻刺激症状。

【预防】

（1）在高硒牧场的土壤中加入氯化钡，可使植物吸收硒量降低 90% 以上。多施酸性肥料，可减少植物对硒的吸收。

（2）高蛋白质饲料对硒中毒有保护作用，可减轻中毒程度。饲喂富含硫酸盐的饲料或加入维生素 B_1、维生素 E 及一些含硫氨基酸，或加入砷、汞和铜元素也可以减轻或预防慢性硒中毒。

五、铜　中　毒
（copper poisoning）

铜中毒是由于动物摄食铜过多或长期食入含过量铜的饲料或饮水，所引起的一种以腹痛、腹泻、肝功能异常和溶血现象为主要症状的重金属中毒性疾病。根据病因分为原发性铜中毒和继发性铜中毒，原发性铜中毒是因为摄入过多铜导致；继发性铜中毒则是因为肝脏中铜蓄积过多，导致肝损伤，从而诱发溶血，出现慢性铜中毒。

各种动物对过量铜的敏感性不同。反刍动物较敏感，单胃动物对过量铜的耐受力较强。铜的中毒剂量因动物的品种，年龄，食物中的铜、硫酸盐含量等而异。

【病因】 动物铜中毒有急性和慢性两种。

1. 急性铜中毒 多见于误食或注射大剂量可溶性铜盐，如因驱虫杀菌、催吐或补铜给予过量硫酸铜，或者采食多量喷洒过铜盐溶液的植物。

2. 慢性铜中毒 多见于饲料内铜含量过高，饲料被铜污染，或者采食铜含量高的牧草，如白车轴草、天芥菜等，应用铜盐作为生长刺激剂不当也可引起动物慢性铜中毒。

【症状】

1. 反刍动物急性铜中毒 动物表现为急性胃肠炎、呕吐、腹痛、腹泻等症状。真胃溃疡、糜烂，粪便稀并混有蓝绿色黏液，有时可排出淡红色尿液。

2. 慢性铜中毒 早期是铜在体内积累阶段，动物食欲下降，机体增重减慢。后期为溶血现象阶段，动物表现烦渴，呼吸困难，排绿便或黑便，肝脏、肾脏、神经系统及免疫系统受损，生殖机能下降，可视黏膜黄染，血红蛋白含量降低，红细胞形态异常，出现血红蛋白尿等。

【病理变化】

1. 急性铜中毒 胃肠炎明显，真胃、十二指肠充血、出血，甚至溃疡。胸、腹膜腔黄染并有红色积液，膀胱出血。

2. 慢性铜中毒 肝呈黄色、质脆，有灶性坏死。肝窦扩张，肝小叶中央坏死。肾肿胀呈黑色，切面有金属光泽。脾脏肿大，弥漫性淤血和出血。

【诊断】

1. 急性铜中毒 可依据病史，结合突发腹痛、腹泻的重剧胃肠炎以及血红蛋白尿、黄疸的临床表现做出初步诊断。必要时可测定饲料饮水中铜含量。

2. 慢性铜中毒 由于溶血前期的临床症状多不明显，即使出现溶血现象也不易准确诊断，应结合肝铜、肾铜和血铜含量及酶活性测定结果等进行综合诊断。血清谷草转氨酶（AST）、精氨酸酶（ARG）、山梨醇脱氢酶（SDH）活性升高，红细胞压积（PCV）下降，血清胆红素水平升高，血红蛋白尿及红细胞内有较多的 Heinz 体，则可确诊。

诊断本病应注意与其他引起溶血、黄疸的疾病相区别。

【治疗】 治疗铜中毒的原则是立即切断铜源，减少铜吸收，促进铜排泄。

对急性中毒者，可用 1g/kg 亚铁氰化钾（黄血盐）溶液洗胃，对溶血现象期的动物静脉注射三硫钼酸钠，剂量为 0.5mg/kg，稀释成 100mL 溶液，3h 后根据病情可再注射一次。

对于亚临床铜中毒及用硫钼酸钠抢救脱险的病兽，可在日粮中补充 100mg/kg 钼酸铵和 1g 无水硫酸钠或 0.2% 的硫磺粉，拌匀饲喂，连喂数周。直至粪便中铜含量接近正常水平后停止饲喂。

【预防】 铜中毒主要是由于农业和治疗上使用了过量的铜盐，牧草中含铜量过高，饲料中添加高铜而引起。所以应从动物的生长环境、饲料、饮水及饲养管理等方面考虑，采取综合性预防措施。

1. 控制和净化"三废" 通过改革工艺、回收处理、严格执行工业"三废"的排放标准，最大限度地减少铜的污染。

2. 定期检测牧草、饲料和饮水中铜的含量 通过采样化验，及时采取相应的预防措施，减少动物铜中毒的发生。在高铜牧场喷洒磷钼酸可预防铜中毒。

3. 正确使用铜制剂 使用铜制剂时，必须注意浓度和用量并根据具体情况调整用量。由于不同地区土壤中铜含量不同，所以饲料添加剂中铜的加入量应因地制宜。慎用螯合铜

（有机铜），它比无机铜容易吸收，增加铜中毒的发生。

六、铅 中 毒
（saturnism）

铅中毒是由于动物采食或误食过量的铅化合物或金属铅，引起以神经机能紊乱、胃肠炎和贫血为特征的急、慢性中毒。中毒动物一般有铅或铅化合物接触史，以慢性中毒最为常见。各种动物都可发生。

【病因】

（1）动物误食或舔食含铅化合物，如含铅油漆、汽油、机油、润滑油、染料、电池、油毛毡、农药（砷酸铅）、含铅软膏（醋酸铅）等，常可发生中毒。

（2）环境污染是目前不可忽视的另一个原因，铅锌矿或冶炼厂排出的"三废"、汽车排放的尾气，污染植被、水源，动物长期生活在这种环境中，可发生中毒。

（3）有时长期使用含铅的自来水管、饲槽和饮水器等，也可发生铅中毒。

【症状】 动物铅中毒基本临床症状是兴奋狂躁、肌肉震颤等铅脑病症状；失明、运动障碍、轻瘫以致麻痹等外周神经变性症状；腹痛、腹泻等胃肠炎症状；肝损伤及钙代谢机能障碍；贫血症状。毛皮动物铅中毒分急性和慢性经过两种，主要表现为神经症状和消化紊乱。

1. **急性中毒** 初期表现为神经症状，主要症状是步态不稳，转圈，头颈震颤，口吐白沫，嚼齿，感觉过敏，惊厥而死。有的看不到症状就死亡。

2. **慢性中毒** 精神沉郁，厌食，流涎，腹泻，妊娠中断，流产，死胎，仔兽生命力弱，产仔率下降。

【病理变化】 铅中毒病变主要在神经系统、肝和肾。慢性铅中毒尸体营养不良，血液稀薄，肝质脆，呈红黄色，肾变性，肾小球囊壁增厚变性。肾小管上皮样细胞变性，皮下、胸腺和气管黏膜出血。急性中毒死亡的尸体营养良好，主要表现胃肠炎，脑软膜充血、出血，脑实质充血、水肿、斑状出血，脑回变平，脂肪肝变性、色淡、质脆，肾充血、出血，肾肿大，质脆，呈黄褐色。

【诊断】 根据动物有长期或短期铅接触、摄入的病史，结合有消化和神经机能紊乱、贫血等症状，即可初步诊断。测定血液、肝脏和胃内容物的含铅量，可作为确诊依据。

【治疗】

1. **急性铅中毒** 常来不及救治而死亡。若发现较早，立即用10%硫酸钠洗胃，也可内服蛋清或牛乳、豆浆等，之后再应用盐类泻剂。毛皮动物可用催吐剂催吐，以促进铅排出。

2. **慢性铅中毒** 解毒剂可选用依地酸钙钠，剂量为110mg/kg，溶于5%葡萄糖生理盐水100~500mL，静脉注射，每日2次，连用4d。同时灌服硫酸镁等盐类泻剂。亦可内服碘制剂，使沉积于内脏的铅移动，并使之排出体外。硒元素对铅中毒亦具有保护作用。对于兴奋不安、腹痛病例可用镇静剂，为恢复心脏功能可静脉注射10%葡萄糖注射液。

【预防】 预防该病的关键是禁止动物与铅或铅化合物接触，尤其是水貂，对铅特别敏感。禁止笼具和小室内涂铅油，其他饲养用具也不要涂铅油。

（曲伟杰）

参 考 文 献

陈焕春，文心田，董常生. 2013. 兽医手册. 北京：中国农业出版社.

陈溥言. 兽医传染病学. 2015. 北京：中国农业出版社.

郭小权. 2005. 高钙日粮致鸡痛风的机理研究. 南京：南京农业大学.

韩盛兰，李华周，闫立新，等. 2010. 高效新法养狐. 北京：科学技术文献出版社.

计成. 2008. 动物营养学. 北京：高等教育出版社.

计连泉，濮月龙. 2011. 常见鳖病的防治技术. 科学养鱼，（6）：54-55.

李和平. 2009. 经济动物生产学. 哈尔滨：东北林业大学出版社.

刘吉山，姚春阳，李富金. 2017. 毛皮动物疾病防治实用技术. 北京：中国科学技术出版社.

刘建柱，马泽芳. 2014. 特种动物疾病防治学. 北京：中国农业大学出版社.

刘收选，任战书. 2013. 特种动物高效饲养与疫病监控. 北京：中国农业大学出版社.

卢德勋. 2016. 系统动物营养学导论. 北京：中国农业出版社.

陆承平. 1999. 动物保护概论. 北京：高等教育出版社.

马泽芳，崔凯，高志光. 2013. 毛皮动物饲养与疾病防制. 北京：金盾出版社.

马泽芳，崔凯，王利华，等. 2017. 狐狸高效养殖关键技术有问必答. 北京：中国农业出版社.

马泽芳，刘伟石，周宏利，等. 2004. 野生动物驯养学. 哈尔滨：东北林业大学出版社.

钱国成，魏海军，刘晓颖. 2006. 新编毛皮动物疾病防治. 北京：金盾出版社.

冉懋雄，周厚琼. 2002. 中国药用动物养殖与开发. 贵阳：贵州科技出版社.

任二军. 2011. 蓝狐自咬症及遗传学基础研究. 北京：中国农业科学院.

王春璩. 2005. 养狐与狐病防治. 济南：山东科学技术出版社.

王振勇，刘建柱. 2009. 特种动物疾病学. 北京：中国农业出版社.